普通高等教育"十三五"规划教材

汇编语言与接口技术

Assembly Language
and Microcomputer Interface

李元章　王　娟　张全新　张华平　谭毓安 ◎ 编著

北京理工大学出版社
BEIJING INSTITUTE OF TECHNOLOGY PRESS

图书在版编目（CIP）数据

汇编语言与接口技术 / 李元章等编著. —北京：北京理工大学出版社，2018.10（2021.1 重印）

ISBN 978-7-5682-6426-6

Ⅰ．①汇…　Ⅱ．①李…　Ⅲ．①汇编语言–程序设计②微型计算机–接口技术

Ⅳ．①TP3

中国版本图书馆 CIP 数据核字（2018）第 231170 号

出版发行 / 北京理工大学出版社有限责任公司

社　　址 / 北京市海淀区中关村南大街 5 号

邮　　编 / 100081

电　　话 / （010）68914775（总编室）

　　　　　（010）82562903（教材售后服务热线）

　　　　　（010）68948351（其他图书服务热线）

网　　址 / http://www.bitpress.com.cn

经　　销 / 全国各地新华书店

印　　刷 / 北京虎彩文化传播有限公司

开　　本 / 787 毫米×1092 毫米　1/16

印　　张 / 24.25

字　　数 / 570 千字

版　　次 / 2018 年 10 月第 1 版　2021 年 1 月第 3 次印刷

定　　价 / 53.00 元

责任编辑 / 王玲玲

文案编辑 / 王玲玲

责任校对 / 周瑞红

责任印制 / 李　洋

前言

　　汇编语言与计算机接口技术是各高等学校计算机及信息类专业学生必修的专业基础课程。汇编语言的显著特点是可以直接控制硬件并充分发挥计算机硬件的功能，对于编写高性能的系统软件和需实时响应的应用软件具有不可忽视的作用；微机接口技术则侧重于计算机硬件的结构和 I/O 系统的组成，是实现高性能的存储与网络设备、提升计算机硬件性能所必须研究与解决的核心技术。

　　随着高等学校教学改革的深入，将汇编语言与微机接口技术结合起来，以 IEEE/ACM CS2013 课程体系为指导，融合为一门新的计算机基础专业课程，已经为许多高校所采用。为了满足新形势下计算机与信息类专业课程建设和教学内容改革的需求，作者在多年承担汇编语言、微机接口技术教学实践的基础上，积极跟踪汇编语言与计算机接口技术的最新发展，按照高等学校课程体系的要求，对标国际一流大学及 CS2013 课程体系，在对国内外汇编语言与接口技术教材进行充分调研的基础上，结合在相关科研项目中所取得的研究成果，进行了本教材的编写。

　　教材的编写在强调理论的基础上，着力引导学生进行实践，激发学生的主动性及创新能力。与国内现有同类教材比较，本教材的特色及创新包括以下几点：

1. 教材内容新颖

　　教材着眼于 32 位计算机的汇编语言与接口技术，大量增加了反映现代计算机领域内的先进技术的教学内容，体现计算机硬件技术的升级换代，淘汰了同类教材中比较陈旧的内容。在汇编语言程序设计方面，教材主要内容和实例程序以 Windows 操作系统及保护模式为主，对于学生了解现代计算机内部运行机制和操作系统细节、训练学生掌握最新的程序设计和调试技术等都具有重要的作用。在接口技术方面，去除传统的 ISA、IDE 等数据传输接口内容，增加了 USB3.0、Wi-Fi 等新的接口类型。相比于同类教材，本教材新增及加强的主要内容包括保护模式的原理及编程模型、多核技术、浮点运算寄存器结构及程序设计、高级可编程中断机制 APIC、USB 总线技术及应用等。

2. 组织结构合理

　　在组织形式上，教材编写过程中放弃了传统的知识点简单堆叠、汇编指令的简单罗列及芯片手册似的技术介绍，在结合典型应用的基础上，将汇编语言和接口技术融合，在对 CPU、硬件底层充分了解的基础上掌握汇编语言程序设计的基本方法和接口技术的基本原理，培养学生的硬件组成与设计思维，强调并介绍最新接口技术，并用汇编语言实现其典型应用。教材的编写遵循循序渐进的原则，注重从理论基础到实践应用的过渡，以微处理器、总线、外围接口为核心内容，将汇编语言与 PCI、USB、DMA、中断机制、保护模式、无线接口等具体应用紧密结合，在宏观上勾画出计算机硬件系统架构的同时，结合具体的程序设计技术，使学生对现代计算机系统具有更加全面深入的了解。

3. 理论与实践结合

本教材贯穿了理论、实践应用于一体的思想，重点突出了理论与实践相结合。本书的大部分实例内容来自编者多年的科研总结和项目成果，是学生口中"有用的"技术，能够极大地激发了学生的学习兴趣。本教材在编写过程中，注重将计算机中的各种复杂抽象的原理实例化，在介绍功能及概念之后，结合实例说明它们的应用，通过这种方式，使读者在获得知识的同时，还能够学会灵活地运用这些知识。书中通过屏幕截图、运行实例程序等手段，将抽象的计算机部件的运行机制以易于理解的形式展现出来，便于学生学习和掌握。

4. 开放式的实验环境

汇编与接口课程是实践性比较强的课程，需要通过实验加强学生对现代微机更深层次的理解，并且提高学生的动手能力。但是我们通过调研发现，大部分同类教材须依赖于某种实验箱或者实验设备才能搭建实验环境，使实验过程受到限制。同时，不同高校间由于实验设备的不同，不方便开展交流，且微机实验设备的更新换代需要大量投资等，为了解决这些问题，本教材采用开放式的实验环境和配套实验，只要有微机，就能开展接口实验，摆脱了实验箱的限制。本教材提供的实验均可以在基于 Intel 80x86 系列的微机上进行，利用最接近实用的技术，采用目前主流微机的接口，直接在微机主板上开展实验，既具有最大的广泛性，有利于推广，又具有最大的实用性，能极大地激发学生的学习兴趣。

参加本书编写的均为多年工作在教学和科研第一线、有着丰富经验的教师，本书适合用作高等院校计算机与信息类专业的课程教材。全书由李元章组织编写，参加本书各章节包括习题和实验设计与编写的还有王娟、张全新、张华平和谭毓安。李元章、谭毓安统阅了全稿。

本书在编写过程中得到了北京理工大学教务处的大力支持，在此表示诚挚的谢意，并对所参考的国内外教材和资料的创作者致以衷心感谢。

由于计算机技术发展迅速，再加上作者水平有限，书中难免会有不足之处，殷切希望得到广大同仁和读者的批评指正。

编　者

目　录

CONTENTS

第1章
微型计算机硬件系统

微型计算机系统包括计算机硬件系统和计算机软件系统。硬件系统是 CPU、内存、外部设备等实体部分，软件系统是指计算机硬件系统上运行的程序集合。一般书上常见的硬件划分方式是从组成计算机功能模块的角度出发，将冯·诺依曼型计算机的硬件分成五大部件，包括运算器、控制器、存储器、输入设备和输出设备。本书为了更直观、更切合实际地描述计算机硬件，给出微型计算机硬件系统组成，如图 1-1 所示。

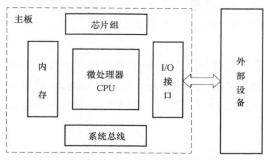

图 1-1 微机系统的硬件组成

图 1-1 中主要包括主板（含芯片组、内存、微处理器、系统总线、I/O 接口）和外部设备。本章主要讨论微处理器、主板、内存和 I/O 接口，系统总线和外部设备接口见第 7 章和第 8 章内容。

1.1 微处理器

微处理器（Microprocessor）简称 µP、MP 或 MPU（Microprocess Unit）。微处理器是微型计算机的核心，它的性能决定了整个计算机的各项关键指标。MPU 是采用大规模和超大规模集成电路技术将算术逻辑单元 ALU（Arithmetic Logic Unit）、控制单元 CU（Control Unit）和寄存器组（Registers）三个基本部分及内部总线集成在一块半导体芯片上构成的电子器件。微处理器又称为"中央处理单元"（Central Processing Unit），简称 CPU。自 20 世纪 80 年代以来，微型计算机大都采用 Intel 公司设计制造的 CPU 或 AMD 等公司的其他兼容产品。

1.1.1 微处理器概述

自 20 世纪 70 年代微处理器诞生以来，除了用于 PC、笔记本电脑、工作站及服务器上的通用微处理器（General-purpose Microprocessors）外，还包括一些专用的微处理器（Dedicated Microprocessors）。专用微处理器面向特定的应用，包括单片机（Single Chip Computer）和数字信号处理器（Digital Signal Processor，DSP）等。单片机又叫微控制器（Micro Controller Unit，MCU），常用于控制领域。芯片内部除了 CPU 外，还集成了其他如 RAM/ROM、输入/输出接口等主要部件，一个芯片配上少量的外部电路和设备就能构成具体的应用系统。比较著名的包括 Intel 公司的 8 位 MCS51 系列、16 位/32 位的 MCS96/98 系列及其他各大处理器厂商基于 ARM 架构的各系列处理器。数字信号处理器专注于数字信号的高速处理，这类微处理器主要在通信、消费类电子产品领域使用，比较知名的是美国德州仪器公司（Texas Instruments，TI）的系列产品，如 TMS320 系列各代 DSP 等。

通用微处理器和专用微处理器基本原理大同小异，技术上相通，应用在不同的领域，各具特色。本书主要讨论通用 Intel 80x86 系列微处理器的基本原理和接口，其基本原理可以推广适用于其他类型的应用系统。

1.1.2　80x86 系列 CPU 发展

自 20 世纪 70 年代开始出现微型计算机以来，CPU 经历了飞速的发展。而 Intel 公司也逐步取得了巨大的成功，成为这个领域的"霸主"。

1. 4 位微处理器

1971 年，Intel 成功设计了世界上第一个微处理器：4 位微处理器 Intel 4004。它有 45 条指令，执行速度为 50 KIPS（Kilo Instructions Per Second），即每秒执行 5 万条指令。直到今天，由于其良好的性能价格比，4 位微处理器仍然应用于一些嵌入式系统，比如微波炉、洗衣机、计算器等。

2. 8 位微处理器

1972 年，Intel 公司推出了世界上第一款 8 位处理器 8008，8008 可以支持到 16 KB 的内存。整体性能比 4004 有了较大的提升。基于 Intel 4004 和 Intel 8008 诞生了第一代的微机 MCS-4 和 MCS-8 微机。1973 年，Intel 推出的 8080，执行速度达到 500 KIPS，寻址范围达到 64 KB。1974 年，基于 Intel 8080 的个人计算机问世。微软（Microsoft）公司创始人 Bill Gates 为这种 PC 开发了 BASIC 语言解释程序。1977 年，Intel 推出了 8085，基于 8085 的微机执行速度达到 770 KIPS。这一时期的典型微机产品还有 Motorola 公司的 M6800、Zilog 公司的 Z80 等。

3. 16 位微处理器

1978 年 6 月，Intel 8086 问世，它是 Intel 公司的第一个 16 位 CPU。1979 年 6 月，Intel 推出了 Intel 8088，执行速度为 2.5 MIPS（Million Instructions Per Second）。8086 和 8088 都是 16 位 CPU，能够进行 16 位数据的运算和处理，寻址范围达到 1 MB。它们的主要区别在于外部数据总线的宽度，8086 的外部数据总线为 16 位，而 8088 为 8 位。当时与微处理器配套的外围接口电路大都是 8 位，因此，尽管 8086 的数据传输能力要强于 8088，但是 8088 的兼容性更好。8088 在市场上获得了极大的成功，IBM 选择 8088 作为 CPU，在 1981 年 8 月推出了它的第一代个人计算机 IBM PC。自此，Intel 逐步确立了 PC 行业的 CPU 霸主地位。同时，Microsoft 公司的 MS DOS 被 IBM 公司采用后，经过多年的经营，成为软件领域的"巨无霸"。

8086/8088 微处理器只能支持整数运算，浮点运算通过转换为整数指令来完成，即"浮点仿真"。为了提高浮点运算的速度，Intel 公司在 1976 年推出了数字协处理器 8087，它能够在 8086/8088 的控制下执行浮点运算指令，进行复杂的数学运算，大幅度提升运算速度。

1982 年，Intel 公司在 8086 的基础上，研制出了 80286 微处理器，该微处理器的最大主频为 20 MHz，内、外部数据传输均为 16 位，使用 24 位地址总线，内存寻址范围达到 16 MB。在 Intel 系列 CPU 中，80286 首次引入了保护模式。兼容 8086/8088 的运行模式称为实模式，而 80286 可以运行在实模式和保护模式下。

4. 32 位微处理器

1986 年，Intel 推出了 80386，它的数据总线和地址总线都是 32 位的，内部寄存器和操作也都是 32 位，能够进行 32 位数据的运算和处理，它的寻址范围达到 4 GB。80386 首次引入了虚拟 8086 模式，它可以运行在实模式、保护模式和虚拟 8086 三种模式。与 80286 相比，80386 的保护模式功能更强，支持内存分页机制。到目前为止，Windows 和 Linux 操作系统都运行在保护模式下，分页机制是这些操作系统实现虚拟内存所必需的硬件环境。

1989 年，Intel 公司推出了 80486，它集成了 80386、80387 和 8 KB 片内高速缓存（Level 1 Cache，也称 L1 Cache）。80387 是与 80386 配套的浮点协处理器。80486 的运行速度和处理能力比 80386 有了大幅度的提高，80486 推动了图形用户界面 GUI（Graphic User Interface）的广泛应用。从 80486 开始，Intel 采用了倍频技术，CPU 主频（处理器工作频率）可以设置为外频（系统总线工作频率）的若干倍，从而使 CPU 的工作频率远远高于其外围电路。

1993 年 3 月，Intel 推出新一代奔腾（Pentium）CPU。在此之前，Intel 以 80x86 来命名其 CPU，数字命名不能得到商标的保护，所以生产兼容 Intel CPU 的 AMD、Cyrix 等公司也采用与 Intel 相同的数字命名。从奔腾开始，Intel 不再使用数字来命名。

Pentium 不是 64 位 CPU，尽管它的外部数据总线为 64 位，一次内存总线操作可以存取 8 字节的数据，但 Pentium 内部的寄存器和运算操作仍然是 32 位，地址总线仍然为 32 位。Pentium 体系结构中包括了两个整型处理单元和一个浮点协处理单元，内设两条指令流水线，这种超级标量技术（Super Scalar）在每个时钟周期可并行执行两条 32 位的指令，并且通过动态转移预取技术，保证了流水线操作的连续性。因此 Pentium 被称为准 64 位 CPU。

Pentium 有许多不同主频的版本，如 60 MHz、66 MHz、75 MHz、90 MHz、100 MHz、120 MHz 等。66 MHz 的 Pentium 的指令执行速度为 110 MIPS。Pentium 的片内高速缓存为 16 KB，数据高速缓存（Data Cache）和指令高速缓存（Instruction Cache）各占 8 KB。

1995 年 11 月，Intel 推出的 Pentium Pro，地址总线为 36 位，寻址范围达到 2^{36}=64 GB。其片内高速缓存有两级，分别为 L1 和 L2，L2 缓存为 256 KB 或 512 KB。

1997 年 1 月，Intel 发布了 Pentium MMX 指令集，增强了对多媒体数据的支持。

1997 年 5 月，Intel 推出 Pentium Ⅱ（也称 P Ⅱ），它的主频达到 233～400 MHz。片内高速缓存为 32 KB，数据 Cache 和指令 Cache 各占 16 KB。它的 L2 缓存为 512 KB，但没有包含在 CPU 内部，采用新的封装形式 SECC（Single Edge Contact Cartridge，单边接触盒）来连接 P Ⅱ 和 L2 缓存。P Ⅱ 不是一个芯片，而是一个多芯片模组，包括：P Ⅱ CPU、L2 芯片组及电阻电容等配套电路。这几个部件被放置在一个电路板上，密封在一个保护壳的盒子里。Intel 为 P Ⅱ 的插座和插槽申请了专利（Slot1），目的是避免兼容厂商仿制。1998 年，Intel 为进入低端市场，推出了赛扬（Celeron）处理器，它是 P Ⅱ 的简化版，去掉了它的 L2 缓存，因此其性能比 P Ⅱ 的低，但价格低廉。

1999 年 2 月，Intel 推出 Pentium Ⅲ 处理器（也称 P Ⅲ），主频为 450 MHz、500 MHz。P Ⅲ 具有一个流式指令扩展 SSE（Streaming SIMD Extensions，SIMD 即 Single Instruction Multiple Data，单指令多数据流）的指令集，全面增强三维图形运算，也对动画、图像、声音、网络、语音识别等功能进一步增强。P Ⅲ 芯片内部都有一个 128 位处理器序号，每个 CPU 的序号是唯一的。这个序号的设计目的是识别用户，提高网上电子商务的安全性。用户可将这个功能关闭。

2000 年 11 月，Intel 推出 Pentium Ⅳ 处理器（也称 Pentium 4 或 P4），主频为 1.4 GHz。系统总线速度达到了 400 MHz，指令流水线达到 20 级，增加了 SSE2 指令集，进一步增强了多媒体、网络等密集运算能力。

2002 年，Intel 在 CPU 中加入了超线程技术 HT（Hyper-Threading）。之后主频逐步提高，达到了 3.2 GHz。

2004 年 2 月，Intel 发布了 Pentium 4 E 系列处理器，90 nm 制造工艺，800 MHz 系统总线频率，CPU 名称也改为数字命名，主要有 P4E 580/570/560/550/540/530/520，对应频率为 4.0 GHz /3.8 GHz /3.6 GHz /3.4 GHz /3.2 GHz /3.0 GHz/2.8 GHZ。

Intel 系列的 CPU 至今仍是桌面计算机的主流。采用 Intel CPU 制造的计算机，被称为 IA（Intel Architecture）架构。内部寄存器和运算位数为 32 位的 Pentium 系列 CPU 统称为 IA－32（Intel Architecture－32）。8086、80286、80386、80486、Pentium、P Ⅱ、P Ⅲ、P4 的一系列 CPU，被统称为 80x86 系列，也称为 x86 系列。这些 CPU 保持了兼容的特点，即后推出的 CPU 的指令系统完全覆盖了以前推出的 CPU 指令系统，因此各种已有软件可以在新推出的 CPU 上运行。

5. 64 位微处理器

由于 IA 结构的计算机在高端市场（大型服务器系统）中所占比例不够理想，其他的 RISC CPU 在 20 世纪 90 年代早期就发展了 64 位的 CPU，占据了高端市场的主流地位。为了在企业服务器与高性能运算市场上占据一席之地，HP（Hewlett-Packard，惠普）公司与 Intel 自 1994 年开始共同研发基于 IA－64（Intel Architecture 64）的 64 位 CPU，并于 2001 年推出了第一款 64 位的 Itanium（安腾）微处理器。Itanium 的微结构基于显式并行指令计算（Explicitly Parallel Instruction Computing，EPIC），由编译器来决定哪些指令并发处理。该架构彻底不同于其他 Intel 处理器采用的 x86（包含 x86－64）架构，也不与 x86 架构兼容，在市场上没有取得很大的成功。

与 Intel 公司抛开 IA－32 而发展新的 64 位 CPU 不同，一直生产 Intel 兼容 CPU 的 AMD 公司，沿袭了 IA－32 的思路，发布了与 x86 兼容的 64 位 CPU。它在 32 位 x86 指令集的基础上加入扩展的 64 位 x86 指令集，这款芯片在硬件上兼容原来的 32 位 x86 软件，并同时支持 64 位计算，使这款芯片成为真正的 64 位 x86 芯片，即 x86－64。x86－64 在市场上取得了很大的成功。

为了和 AMD 64 位技术竞争，Intel 也回到 x86 路线上，在 AMD 之后发布了与 x86 兼容的 64 位技术，命名为 Intel 64 位扩展技术（Extended Memory 64 Technology，EM64T）。该技术指令集和体系结构向下与 8086 兼容，在 Pentium 4 6xx、Pentium 4 5x1（如 541、551、561）、Celeron D 3x1 和 3x6（331、336、341、346）等处理器产品中采用。在体系结构上新增了一组附加的 SSE 寄存器，通过 SSE、SSE2 和 SSE3 指令访问。

　　在 x86 的 16 位和 32 位时代，技术上都是由 Intel 公司来主导，AMD 与之兼容。而在 x86 – 64 上，部分技术的主导权已经属于 AMD。例如，AX 和 EAX 是 Intel 公司命名的 16 位和 32 位的寄存器，而 AMD 将 x86 寄存器扩展为 64 位以后，命名为 RAX。Intel 的 EM64T 也使用了 RAX 作为寄存器名称。

1.1.3　CPU 的微结构

　　微结构（Micro-Architecture）也叫作计算机组织，它包含处理器内部的构成及这些构成的部分如何执行指令集。微结构通常被表示成流程图的形式来描述 CPU 内部元件的连接状况，如流水线（Pipeline）、缓存（Cache）设计及各种总线设计等。

　　Intel 系列 CPU 产品种类繁多，根据 CPU 的微结构，大致可以分为 i386、i486、P5、P6、Netburst、Pentium – M、Core（Merom、Penryn）、Nehalem（Nehalem、Westmere）、Sandy Bridge（Sandy Bridge、Ivy Bridge）、Haswell（Haswell、Rockwell）。市面上的多个 CPU 产品可能源于同一个微结构，属于同一类或同一代产品。同一个微结构下存在多款 CPU 的原因很多，例如版本简化的需要，或者根据市场的需要定制版本等。同一个名称的 CPU 也可以来自不同的微结构，如 Core i7 就包括有 Nehalem 微结构的和 Westmere 微结构的。不同微结构的 CPU 性能和价格都有差异，因此，购买 CPU 时不能只关注 CPU 的产品名称，还需要知道其来自哪个微结构。表 1 – 1 给出了 Intel 各种微结构和与之相应的产品型号。

表 1 – 1　Intel CPU 微结构和对应产品型号

发布时间	微结构	CPU 型号
1985 年	i386	80386DX，80386SX，80376，80386SL，80386EX
1989 年	i486	80486DX，80486SX，80486DX2，80486SL，80486DX4
1993 年	P5	Pentium，Pentium with MMX
1995 年	P6	Pentium Pro，Pentium Ⅱ，Celeron（Pentium Ⅱ –based），Pentium Ⅲ，Pentium Ⅱ 和Ⅲ Xeon，Celeron（Pentium Ⅲ CoppermINe-based），Celeron（Pentium Ⅲ TualatIN-based）
2000 年	NetBurst	（32 位）Pentium 4 Xeon，Mobile Pentium 4 – M，Pentium 4 EE，Pentium 4E，Pentium 4F，（64 位）Pentium D，Pentium Extreme Edition Xeon
2003 年	Pentium – M	Pentium M，Celeron M，Intel Core，Dual – Core Xeon LV，Intel Pentium Dual – Core
2006 年	Core	（64 位）Xeon，Intel Core 2，Pentium Dual Core，Celeron M
2008 年	Nehalem	Xeon，Core i7，Core i7 Extreme，Core i5
2010 年	Westmere	Xeon，Core i7，Core i7 Extreme，Core i5，Core i3，Pentium，Celeron
2011 年	sandy bridge	Xeon，Core i7，Core i7 Extreme，Core i5，Core i3，Pentium，Celeron
2012 年	Ivy　Bridge	Xeon，Core i7，Core i7 Extreme，Core i5，Core i3，Pentium，Celeron
2013 年	Haswell	Core i7，Core i7 Extreme，Core i5，Core i3，Pentium
2014 年	Broadwell	Haswell 架构的升级版本，Core i7 及 i5 的不同版本
2015 年	SkyLake	Core i3、i5 和 i7 的不同版本

1.1.4 微处理器性能指标

1. 速度指标

主频也叫主时钟频率，表示在 CPU 内数字脉冲信号振荡的速度。主频越高，一个时钟周期里完成的指令数也越多，CPU 的运算速度也就越快，执行程序的时间就能缩短。但由于微处理器内部结构不同，并非所有时钟频率相同的 CPU 性能也一样。

外频是系统总线的工作频率，即 CPU 与周边设备传输数据的频率。目前绝大部分计算机系统中外频也是内存与主板之间同步运行的速度。在这种方式下，可以理解为 CPU 的外频直接影响内存的访问速度，外频越高，CPU 就可以同时接收更多的来自外围设备的数据，从而使整个系统的速度进一步提高。目前外频有 66 MHz、100 MHz 和 133 MHz。

倍频是指 CPU 和系统总线之间工作频率相差的倍数，当外频不变时，倍频越高，CPU 主频也就越高。倍频可使系统总线工作在相对较低的频率上，而 CPU 速度可以通过倍频来提升。CPU 主频的计算方式变为：主频=外频×倍频。倍频可以从 1.5 一直到 23，甚至更高，以 0.5 为一个间隔单位。例如，当外频等于 200 MHz 时，倍频为 9，则主频为 200 MHz×9＝1.8 GHz。

例 1.1 假定购买了一颗 CPU，它的工作频率是 2.4 GHz，倍频系数设定为 18，请问外频是多少？

2.4 GHz/18≈133 MHz，因此，在设置主板跳线时，应将主板频率置为 133 MHz。

前端总线（Front Side Bus，FSB）是指处理器到北桥之间的总线。前端总线的数据带宽＝（总线频率×数据位宽）÷8。在 Pentium 4 出现之前和初期，前端总线频率与外频是相同的，因此以前往往直接称前端总线为外频，将二者混淆了。前端总线的速度是指处理器和北桥之间的总线速度，更实质性地表示了 CPU 和外界数据传输的速度。而外频的概念是建立在数字脉冲信号震荡速度基础之上的，它影响总线的频率。随着处理器工作频率的增加，流水线的加长，CPU 对总线带宽的要求越来越高。前端总线频率直接影响 CPU 与内存直接数据交换速度，前端总线频率越大，代表着 CPU 与内存之间的数据传输量越大，更能充分发挥出 CPU 的功能，因此采用了 QDR（Quad Date Rate）技术及其他类似的技术实现这个目的。这些技术使得前端总线的频率成为外频的 2 倍、4 倍甚至更高。如 Intel 公司在 Pentium 4 处理器采用了 4 倍传输率的前端总线，该技术可以使系统总线在一个时钟周期内传送 4 次数据。常见 CPU 所能达到的前端总线频率有 266 MHz、333 MHz、400 MHz、533 MHz、800 MHz 几种。

近年来，随着计算机技术的发展，内存控制器被逐步集成到了处理器中，CPU 直接和内存通信，不再通过北桥，前端总线也就消失了。如 AMD 速龙 64 系列（K8）以后，处理器集成了内存控制器，前端总线消失，取而代之的就是超传输技术（HyperTransport，HT）总线。HT 总线带宽更大，内存性能超过 Intel 公司的产品。Intel 微处理器相对滞后，直到 Core i 系列以后，内存控制器才集成到了 CPU 中，改变了内存性能被超越的状况。取代 Intel 平台前端总线的就是快速通道互联（QuickPath Interconnect，QPI）总线。AMD 的 HT 总线和 Intel 的 QPI 总线具有相同的原理，只不过不同的公司采用不同的名称。

目前，最高的 QPI 速率为 6.4 GT/s，QPI 的传输速率比 FSB 的传输速率快一倍。QPI 总线采用的是 2:1 比率，意思就是实际的数据传输速率两倍于实际的总线时钟速率。所以 6.4 GT/s 的总线速率其实际的总线时钟频率是 3.2 GHz。

2. 高速缓冲存储器

集成电路设计技术及制造工艺的发展使得 CPU 运算速度飞速提高，但 CPU 处理的数据都是由内存提供的，因此 CPU 与内存之间的通道（即内存总线的速度）对整个系统的性能提升尤为重要。CPU 与主存之间数据交换的速度成为整个计算机处理能力的"瓶颈"。为了协调 CPU 主频和内存总线频率之间的差异，计算机中设置了高速缓冲存储器（Cache）。

高速缓存的容量和工作速率对提高计算机的性能有着重要的作用。CPU 的缓存一般包括一级和二级缓存，高端一点的 CPU 具有三级缓存。一级缓存，即 L1 Cache，其集成在 CPU 内部，一般采用与 CPU 相同的频率工作，用于 CPU 在处理过程中暂存数据和指令。目前的微机 L1 常采用哈佛结构，分为数据缓存和指令缓存，一般 L1 缓存的容量通常在 8～256 KB。二级缓存，即 L2 Cache，其工作主频比较灵活，可与 CPU 同频或不同频。现在普通台式机 CPU 的 L2 缓存一般为 128 KB～2 MB 或者更高，笔记本、服务器和工作站上用 CPU 的 L2 高速缓存最高可达 1～3 MB。冯•诺依曼结构的计算机中二级缓存的容量和大小是整个计算机处理能力的重要参数。三级缓存，即 L3 Cache，设置三级缓存的目的是进一步降低内存延迟，同时提升大数据量计算时处理器的性能。早期的 CPU 采用的是外置三级缓存，现在大多采用内置方式。在计算机的存储系统中，一级缓存的速度比二级缓存的快，而二级缓存的速度比三级缓存的快，三级缓存的速度比内存的要快，内存比外部存储器要快。CPU 在读取数据时的顺序是先在 L1 中寻找，再从 L2 寻找，然后是 L3，再是内存，最后是外部存储器。

3. 制造工艺

制造工艺的数值线宽是 IC 生产工艺可达到的最小导线宽度。制造工艺的发展趋势是向密集度愈高的方向发展。线宽越小，意味着在同样面积的 IC 中，可以集成更多的晶体管，实现更复杂的功能和更高的性能。同时，随着集成度不断提高，处理器的核心会进一步缩小，降低功耗，并且降低成本。芯片制造工艺在 1995 年以后，从 0.5 μm、0.35 μm、0.25 μm、0.18 μm、0.15 μm、0.13 μm、0.09 μm（90 nm）、65 nm、45 nm，到现在的 14 nm（2016 年，Core i7 Kabylake 架构）及用于移动平台的 10 nm（2017 年，高通 Qualcomm 骁龙 835 处理器）和 7 nm（2018 年，三星/台积电制程），将来还有可能会进一步缩小。

4. 核心电压

CPU 的工作电压（Supply Voltage），即 CPU 正常工作所需的电压，一般包括 CPU 的核心电压与 I/O 电压两部分。核心电压即驱动 CPU 核心芯片的电压，I/O 电压则指驱动 I/O 电路的电压。通常 CPU 的核心电压小于等于 I/O 电压。

计算机的发展过程中，CPU 的核心电压有一个非常明显的下降趋势，降低电压是 CPU 主频提高的重要因素之一。较低的工作电压能够降低 CPU 的功耗，减少发热量，如在便携式和移动系统中的微处理器常采用比台式机低得多的核心电压，从而使 CPU 发热量减少，降低功耗，使得相同的电池可以工作更长时间。同时，发热量减少还能有效减缓高温环境下的元器件老化，延长器件的使用寿命。但核心电压也不一定是越低越好，很多实验表明，在超频的时候适度提高核心电压，可以加强 CPU 内部信号，对 CPU 性能的提升会有很大帮助。

早期 CPU（286～486 时代）的核心电压与 I/O 一致，通常为 5 V。随着 CPU 的制造工艺提高，CPU 的工作电压有逐步下降的趋势，如 P Ⅲ 的电压为 1.7 V，P4 工作电压是 1.3 V，从 Athlon 64 开始，AMD 公司在基于 Socket 939 接口的处理器上采用了动态电压，不再标明 CPU 的默认核心电压。同一核心的 CPU，其核心电压可变；不同的 CPU，可能会有不同的核心电压，如 1.30 V、1.35 V 或 1.40 V 等。较新的主板中嵌入的电压调节器可以通过 CPU 特殊的电压 ID（VID）引脚来设置合适的电压级别。

5. 封装形式

CPU 封装是采用特定的材料将 CPU 芯片或 CPU 模块固化在其中以防损坏的保护措施，一般必须在封装后 CPU 才能交付用户使用。CPU 的封装方式取决于 CPU 的安装形式和器件集成设计。早期的 4 位、8 位、16 位 CPU 多采用双列直插式封装技术，也叫 DIP 封装（Dual In-Line Package），如图 1－2 所示。Socket 架构的常采用插针网格阵列封装技术（Pin Grid Arry Package，PGA）、球栅阵列封装技术（Ball Grid Array Package，BGA）或者触点阵列（Land Grid Array，LGA）封装。PC 机中这种 CPU 比较主流，如图 1－3 所示。Slot 架构的属于单边接触型，在早期的 P Ⅱ、P Ⅲ 处理器中曾用到，Intel 把它称为"Slot 1"。AMD 也有过这种架构，称为"Slot A"。这类 CPU 全部采用 SEC（单边接插盒）的形式封装，如图 1－4 所示。此外，还包括 PLGA（Plastic Land Grid Array）、OLGA（Organic Land Grid Array）等封装技术。由于市场竞争日益激烈，CPU 封装技术的发展方向以节约成本、便于散热为主。

图 1－2　8086 双列直插式封装　　图 1－3　Core i7 触点阵列封装　　图 1－4　P Ⅱ 单边接插盒封装

1.1.5　微处理器软件特性

1. 工作模式

CPU 工作模式是指各种影响 CPU 可以执行的指令和芯片功能的操作环境。不同的工作模式决定了 CPU 如何管理内存。从 80386 开始，CPU 具有三种工作模式：实模式、保护模式和虚拟实模式，这三种工作模式称为传统的 IA－32（Legacy Intel Architecture－32 Mode）模式。传统的 IA－32 模式中，实模式是为了和 8086 处理器兼容而设置的。实模式下，80386处理器就相当于一个 8086 处理器，在系统加电时处于实模式，如果运行了一个 32 位操作系统（Windows、Linux 等），它将 CPU 切换到 32 位保护模式，保护模式为主要的工作模式。虚拟 86 模式是为了在保护模式下继续兼容 8086 处理器。虚拟 86 模式下，内存的寻址方式和8086 的相同，可以寻址 1 MB 的空间，但同时支持保护模式下的任务切换、内存分页管理和优先级管理等。

具有 64 位扩展技术（Extended Memory 64 Technology，EM64T）的处理器除了支持传统 IA－32 模式外，还支持 IA－32e（Intel Architecture－32 Extension）模式。IA－32e 模式是处理器在运行 64 位操作系统的时候使用的一种模式。带有 64 位扩展技术的处理器初始将进入传统的页式地址和保护模式。扩展功能激活寄存器（Extended Feature Enable Register，IA32_EFER）中的第 10 位（bit_{10}）控制着 EM64T 是否激活，该位被称为 IA－32e 模式有效（IA－32e Mode Active）或长模式有效（Long Mode Active，LMA）。当 $bit_{10}=0$ 时，处理器便

作为一个标准的 32 位（IA32）处理器运行在传统 IA – 32 模式；当 $bit_{10}=1$ 时，EM64T 便被激活，处理器会运行在 IA – 32e 扩展模式下。

2. 指令系统

CPU 依靠指令来计算和控制系统，每款 CPU 在设计时就规定了一系列与其硬件电路相配合的指令系统。指令的强弱也是 CPU 的重要指标，指令集是提高微处理器效率的最有效工具之一。从现阶段的主流体系结构讲，指令集可分复杂指令集和精简指令集两大类。

（1）复杂指令集

复杂指令集，也称为 CISC（Complex Instruction Set Computer）指令集。在 CISC 微处理器中，程序的各条指令是按顺序串行执行的，每条指令中的各个操作也是按顺序串行执行的。顺序执行的优点是控制简单，但计算机各部分的利用率不高，执行速度慢。Intel 生产的 x86 系列（即 IA – 32 架构）CPU 及其兼容 CPU，如 AMD、VIA，包括 x86 – 64，都属于 CISC 的范畴。

● MMX 指令集

1997 年 1 月，Intel 发布了 Pentium MMX（MultiMedia eXtension，多媒体扩展）指令集。MMX 指令专门为高级视频处理、音频和图形数据而设计，新增了 57 条指令，提高了多媒体处理功能。但在执行过程中，MMX 与浮点寄存器相互重叠，在 MMX 代码中插入浮点运算指令时，必须先清除 MMX 状态，频繁地切换状态将严重影响性能。因此，MMX 指令不适合需要大量浮点运算的程序，如三维几何变换、裁剪和投影等。

● SSE 指令集

在多媒体等应用程序中，经常使用大量的重复循环，这部分程序占用了 CPU 90%的执行时间，因此，由 Intel 公司开发的 MMX 技术增加了单指令多数据（Simple Instruction Multi Data，SIMD）功能。SIMD 使一条指令可以对多个数据同时进行操作，从而提高程序的运行速度。

SSE（Streaming SIMD Extensions，单指令多数据流式扩展）指令集包括了 70 条用于图形图像和声音处理的指令。SSE 兼容 MMX 指令，它通过 SIMD 和单时钟周期并行处理多个浮点数据来有效地提高浮点运算速度，如一条 SSE 指令可以同时对四个浮点数据进行操作。此后，Intel 公司在 SSE 的基础上发展了一系列指令，包括 SSE2、SSE3、SSSE3、SSE4.1、SSE4.2 等。

● 3DNOW！指令集

由 AMD 公司开发，包括 27 条指令，用来缓解 CPU 与三维图形加速卡之间在三维图像建模和纹理数据取用中的传输“瓶颈”。3DNOW！和 SSE 技术相似，但指令数要少一些，复杂度要低一些。3DNOW！和 SSE 指令格式不同，互不兼容，所以支持 SSE 编写的软件不支持 3DNOW！，支持 3DNOW！的软件也不支持 SSE。

（2）精简指令集

精简指令集，被称为 RISC（Reduced Instruction Set Computer）指令集。这种指令集的特点是指令数目相对较少，执行时间短。每条指令都采用标准字长，方便快速译码。大部分的操作数由寄存器提供，寻址模式简单，并且硬件中只支持少数的数据类型，适合流水线操作。RISC 精简指令集的出现是计算机系统架构的一次深刻革命。MIPS 指令集就是一种典型的精简指令集。

计算机指令集合的发展过程中，RISC 与 CISC 这两大类指令集在竞争的过程中相互学习，相互影响。一方面，现在的 RISC 指令集也达到数百条，运行周期也不再固定；另一方面，目前最常见的复杂指令集 x86 CPU，虽然指令集是 CISC 的，但为了提高运算速度，也应用了 RISC 的思路，将常用的简单指令以硬件线路控制来全力加速，不常用的复杂指令则交由微码循序器执行。

3. 超线程技术

理论上，实行超线程技术（Hyper-Threading Technology）后，一个物理处理器核上会模拟出两个逻辑内核，每一个内核模拟成一个 CPU 芯片，实现线程级别上并行处理。对于操作系统而言，它会把这个物理处理器视为两个独立的逻辑处理器，每个逻辑处理器可以各自对请求做出响应，运行不同的线程。两个逻辑处理器共享一组处理器执行单元，即每个 CPU 执行单元同时为两个"处理器"服务，并行完成各种操作，实现更高的整体性能。一般支持超线程技术的 CPU 除了需要芯片组等硬件支持外，还需要软件的支持，才能比较理想地发挥该项技术的优势。如必须采用支持双处理器的操作系统，设计软件时，要在线程层面上进行优化处理等。如果缺乏软件的支持，则无法获得效能的大幅提升。

4. 超标量和超长指令字

超标量（Super Scalar）结构和超长指令字（Very Long Instruction Word，VLIW）结构在单核高性能微处理器中被广泛采用。但是它们的发展都遇到了难以逾越的障碍。

超标量技术指的是 CPU 在同一时刻执行两条或两条以上指令的能力。超标量结构使用多个功能部件同时执行多条指令，实现指令级的并行（Instruction Level Parallelism，ILP）处理。但其控制逻辑复杂，实现困难。研究表明，超标量结构的 ILP 一般不超过 8。Intel 及其兼容的 CPU 芯片一般被认为是 CISC 芯片。从奔腾系列起，为了更好地应用超标量结构，CPU 将 CISC 指令分解成更多的 RISC 指令，因为 RISC 指令更小，易于并行高速执行。使用超标量结构，Intel 把 RISC 处理器的高速专用执行指令的优点融入了 CISC 处理器中。

VLIW 体系结构是美国 Multiflow 和 Cydrome 公司于 20 世纪 80 年代设计的体系结构。VLIW 使用多个相同功能部件执行一条超长指令，实现指令级的并行处理，从而提高性能。该体系结构要求编译程序能够控制所有功能单元，精确地调度在何处执行每个操作，对编译技术提出了极高的要求。目前 VLIW 发展的"瓶颈"在于编译技术支持和二进制兼容问题。从 VLIW 中衍生出了显式并行指令代码（Explicitly Parallel Instruction Code，EPIC）体系结构。EPIC 结构是 Intel 的 64 位芯片架构，本身不能执行 x86 指令，但通过译码器能兼容旧有的 x86 指令，只是运算速度比真正的 32 位芯片有所下降。

5. 动态执行技术

动态执行是对多路分支预测、数据流分析和猜测执行这三种技术进行的革新式的组合。动态执行使 CPU 通过更符合逻辑的顺序而不是简单地按指令序列来执行，以获得更高的效率。这是 Pentium Pro 及以后的芯片和兼容芯片的特征之一。

多路分支预测通过几个分支来预测程序的执行。CPU 通过特殊的取指/译码单元使用优化的算法，可以预测到指令流中的跳转和分支，并且在多级分支调用和返回中预先执行指令。通过提前预测要执行的指令，指令就可以不用等待而马上得到执行。

数据流分析是 CPU 分析和调度指令，使指令以更优的顺序执行（也称乱序执行）。CPU 利用一个特殊的发布/执行单元检测软件指令并确定它们是否是 CPU 可用的或者与先执行的指令没有任何关系，然后才决定处理的最优顺序，并以最高效的方式执行指令。

猜测执行是指 CPU 提前执行指令，其结果保存在一个缓冲池中，以供以后参考。在确定执行顺序之后，这些结果可能被抛弃，或者被保留下来。提前执行能在总体上缩短程序的运行时间。

1.1.6　多核技术

纵观微处理器的发展，从 Intel 80286 到 Intel Pentium 4，大概二十多年的时间都是单核处理器的天下。在多核处理器出现之前，单个硅晶片上集成的晶体管数目按照摩尔定律每 18 月翻一番的速度快速增长，时至今日，单核处理器的性能已经发挥到极致，性能的增长受到了功耗、互连线延时和设计复杂度三个物理规律的限制。

1. 单核处理器面临的困境

（1）功耗

晶体管通过翻转来提供信息计算，翻转的同时会产生热量。从 Intel 80286 到 Pentium 4，提升处理器性能的路线一直是通过提高处理器频率，从而让晶体管翻转得越来越快，以获得更高的计算能力。这种方式的最大好处在于同一个程序在频率更高的芯片上可以跑得更快。但随着处理器频率变快，功耗也急剧增长，发热量越来越高。一个很明显的现象是单核处理器问世初期不需要散热，但到了 Pentium 4 处理器，却需要散热片结合功能强劲的风扇。按照摩尔定律的规律，晶体管的翻转速度的上升带来功耗的急剧增长，但是单核处理器的散热能力无法跟上需要，单核处理器的性能发展在散热问题上受到了严峻的挑战。

（2）互连线延迟

处理器芯片上除了晶体管，就是互连线。以前晶体管翻转很慢，它每翻转一次所需的时间内，互连线能够把数据从芯片的一头送到另一头，而现在晶体管速度急剧提升，但是互连线延迟却没有大的变化，对角线传输得花几个晶体管翻转的时间。这种情况带来的最大问题是，完成一项工作过程中，大量的时间都花在把数据从一个晶体管传输到另一个晶体管上。如在 Pentium 4 中执行一条指令采用 20 级流水线，数据从一个流水段送到另一个流水段上需要花费很多时间，不利于性能的提高。克服互连线延迟的最好办法是缩短传输的距离，用较小的核组成一个多核的芯片，运算尽量集中在一个小核中完成。这种方式能有效地降低互连线延时。

（3）设计复杂度

随着晶体管数量的增加，芯片设计的设计空间、设计复杂度和验证难度都大幅度增加。如 Intel 6 核的 Core i7 上集成了超过十亿个晶体管。如果采用多个重复设计处理器核，那么单个核的设计复杂度就会大大降低，出错机会也会减少，从而降低设计成本。

2. 多核处理器的产生与发展

多核是指在一个处理器中集成两个或多个完整的计算引擎（内核）。多核处理器是单枚芯片（也称为"硅核"），能够直接插入单一的处理器插槽中，操作系统会利用所有相关的资源，将它的每个执行内核作为分立的逻辑处理器。通过在多个执行内核之间划分任务，多核处理器可在特定的时钟周期内执行更多任务，实现更好的并行处理。

多核技术是处理器发展的必然，是技术发展和应用需求的必然产物。多核处理器代表了计算技术的一次创新。多核技术能通过不断地增加计算核心的数量来提升处理器的计算能力，从而延续摩尔定律。大量的简单核心将比少量的复杂核心带来更大的系统计算吞吐量。跟传统的单核处理器相比，多核处理器带来了更强的并行处理能力、更高的计算密度、更低的时钟频率，计算功耗产生的热量更少，更易于扩充。目前，在几大主要芯片厂商的产品线中，双核、四核甚至八核 CPU 已经占据了主要地位。

随着多核处理器的发展，需要有更多的支持并行的程序，软件厂商正在探索全新的软件并发处理模式。目前操作系统软件如 Windows 的某些版本、Linux 都支持多处理器，可以直接应用在多核处理器的微机中。可编程性是多核处理器发展中面临的最大问题之一。当核心数目超过 8 个时，只有执行的程序能够并行处理，才能够真正发挥多核的优势。多核之难不在核上，而在互连与编程两大挑战上。

自 1996 年斯坦福大学研制出世界上第一款多核处理器的原型系统 Hydra 以来，多核技术发展迅速，目前多核处理器芯片已经成为通用微处理器市场的主流产品。2005 年 4 月，Intel 公司推出简单封装双核的奔腾 D 和奔腾 4 至尊 840 处理器，AMD 公司也发布了双核皓龙（Opteron）和速龙（Athlon）。2006 年被认为是双核元年，Intel 公司推出了基于酷睿（Core）架构的处理器。从此微处理器开始从单核到双核、三核、多核（Multi-core）乃至众核（Many-core）等方向发展。

多核处理器蕴含着巨大的潜能，同时在体系结构、软件、功耗和安全性设计等方面也面临着巨大的挑战，目前为学术界所关注的关键技术包括片上网络（Networks on Chip，NOC）、存储层次、并行编程模型等。多核系统中，由于内核数量的增加，传统的基于共享总线的互连结构无法满足处理期间的高速通信需求，片上网络成为解决这一需求的关键技术，其相关研究包括高效路由算法、交换技术、拓扑结构、QoS 及片上网络的功耗、资源占用的优化等；其次，计算机主存的访问速度远远落后于微处理器的性能增长速度，单个芯片中的多个处理器内核对片外内存的高速并发访问需求使本来就是性能"瓶颈"的内存系统面临更大的压力，研究合理的存储层次结构，为多个处理器内核提供高带宽低延迟的数据访问接口成为提高性能的关键；此外，传统的串行编程的模型和思路不能最大限度地发挥多核处理器的性能，为用户提供简单易行的多核系统软件和软件并行编程模型是一个值得研究的问题。

3. 多核技术在中国

如今多核技术已经应用到多个领域，尤为突出的是超级计算机。超级计算机的发展成为衡量一个国家科技能力和国力的标准。中国从 1978 年开始，历经 5 年研制，中国第一台被命名为"银河"的亿次巨型电子计算机在国防科技大学诞生，它的研制成功向全世界宣告了中国成了继美、日等国之后，能够独立设计和制造巨型机的国家。

1992 年，国防科技大学研制出"银河 –Ⅱ"通用并行巨型机，峰值速度达每秒 10 亿次，主要用于天气预报。

1993 年，国家智能计算机研究开发中心（后成立北京市曙光计算机公司）研制成功"曙光一号"全对称共享存储多处理机，这是国内首次以基于超大规模集成电路的通用微处理器芯片和标准 UNIX 操作系统设计开发的并行计算机。

1995 年，曙光公司推出"曙光 1000"，峰值速度每秒 25 亿次浮点运算，该机器与 Intel 公司 1990 年推出的大规模并行机体系结构及实现技术相近，与国外的差距缩小到 5 年左右。

1997 年，国防科技大学研制成功"银河 –Ⅲ"百亿次并行巨型计算机系统，峰值性能为每秒 130 亿次浮点运算。

1997—1999 年，曙光公司先后在市场上推出"曙光 1000A""曙光 2000-Ⅰ""曙光 2000-Ⅱ"超级服务器，峰值计算速度突破每秒 1 000 亿次浮点运算。

1999 年，国家并行计算机工程技术研究中心研制的"神威Ⅰ"计算机，峰值运算速度达每秒 3 840 亿次，在国家气象中心投入使用。

2004 年，由中科院计算所、曙光公司、上海超级计算中心三方共同研发制造的"曙光 4000A"实现了每秒 10 万亿次运算速度。

2008 年，联想研制出国内第一个性能突破每秒百万亿次的异构机群系统"深腾 7000"。

2008 年，"曙光 5000A"实现峰值速度 230 万亿次，可以完成各种大规模科学工程计算、商务计算。

2009 年 10 月 29 日，中国首台千万亿次超级计算机"天河一号"诞生。这台计算机每秒 1 206 万亿次的峰值速度和每秒 563.1 万亿次的 LINpack（Linear system package，线性系统软件包）实测性能，使中国成为继美国之后世界上第二个能够研制出千万亿次超级计算机的国家。2010 年 11 月 14 日，中国首台千万亿次超级计算机系统"天河一号"在全球超级计算机前 500 强排行榜排名第一。直到 2011 年才被日本超级计算机"京"超越。

2013 年 6 月，由国防科技大学研制的"天河二号"超级计算机系统，以峰值计算速度每秒 5.49 亿亿次、持续计算速度每秒 3.39 亿亿次双精度浮点运算的优异性能位居榜首，成为全球最快超级计算机。截至 2015 年 3 月，"天河二号"已经多次蝉联全球最快的超级计算机冠军。

在 2017 年全球超级计算机 500 强排名中，中国的"神威·太湖之光"和"天河二号"超级计算机分列冠亚军。500 强榜单中，中国占了 202 台，美国仅有 143 台。此外，中国超算的总性能也超越美国，占该榜单总处理能力的 35.4%，美国则占 29.6%。

超级计算机的每一项研究成果都代表着中国国力在不断提升，中国的国际地位在不断提升，然而，很遗憾的是，这些超级计算机虽然是中国研制的，但是它们的处理器除少量采用国产处理器（"神威·太湖之光"采用了国产申威处理器）外，都是进口的，中国在微处理器领域的发展还需要奋起直追。

1.2　主板

1.2.1　主板结构

主板（Main Board，Mother Board，System Board）是微型机各种硬件的载体。微型机的 CPU、内存及芯片组等部件都安装在一块电路板上，这块电路板称为主机板（主板）。它的主要功能是完成微机系统的管理和协调各部件工作。主板的结构有一些通用的外形规格，这些规格包括底板硬件尺寸大小及元器件的布局、排列、形状等，所有主板的厂商都必须遵循。装配计算机时，要注意不同的主板选择合适的机箱、电源等。

比较通用的主板结构主要包括 AT、ATX 和 BTX 三大类，其中各类包含许多变种。

1. AT 结构

1984 年，IBM 公司公布了 PC AT（Advanced Technology）主板结构。AT 结构主要在早期的微型计算机中使用，目前已经被淘汰。AT 结构的初始设计是让扩展总线以微处理器相同的时钟速率来运行，即 6 MHz 的 286，总线也是 6 MHz；8 MHz 的微处理器，总线是 8 MHz。

这种主板尺寸非常大，板上可放置较多元器件和扩充插槽。但随着电子元件集成化程度的提高，相同功能的主板不再需要全 AT 的尺寸，因此主板制造厂商在保持基本 I/O 插槽、外围设备接口及主板固定孔的位置不动的基础上，对其他结构进行微调，推出了各种规格的 Baby/Mini AT。Baby AT 主板比 AT 主板布局紧凑而功能不减。

2. ATX 结构

由于 Baby AT 主板市场的不规范和 AT 主板结构过于陈旧，Intel 公司在 1995 年 1 月发布了扩展 AT（Advanced Technology eXtended）主板结构，即 ATX 主板标准，取代了 AT 主板规格。这是计算机机壳与主板设计的重大变革，这一标准得到世界主要主板厂商的支持，是目前最广泛的工业标准。在计算机的发展过程中，为了降低个人电脑系统的总体成本与减少电脑系统对电源的需求量，诞生了 ATX 结构的简化版 Micro ATX（也称 Mini ATX）。Micro ATX 保持了 ATX 标准主板背板上的外设接口位置，与 ATX 兼容。目前很多品牌机主板使用了 Micro ATX 标准，在 DIY 市场上也常能见到。此外，ATX 结构还有其他的如 LPX、NLX、Flex ATX、EATX 和 WATX 等变种，后两个多用于服务器/工作站主板。

3. BTX 结构

BTX（Balanced Technology eXtended）是 Intel 公司 2003 年发布的新型主板架构，目标是取代 ATX 结构。新架构的发展目标是完全取消传统的串口、并口、PS/2 等接口，并很好地支持 PCI Express 和串行 ATA 等新技术。新架构能够向后兼容，并且对接口、总线、设备有新的要求。BTX 诞生初期，其发展势头很好，短时间内已经有数种派生版本推出。但由于与 ATX 的兼容问题及产业换代成本过高，BTX 规范于 2006 年被 Intel 放弃。

1.2.2　芯片组

芯片组（Chipset）是主板的核心组成部分，是主板的灵魂。对于主板而言，芯片组几乎决定了这块主板的全部功能，进而影响到整个计算机系统性能的发挥。对于服务器/工作站、台式机、笔记本等不同类型的用途，有不同的芯片组与之对应。主板上的芯片组包括控制芯片组、主板 BIOS 芯片和 CMOS 芯片等。

1. 控制芯片组

主板上常见的控制芯片组模式有南北桥体系结构模式和单芯片组体系结构模式。

（1）南北桥体系结构

微型计算机大多采用 CPU+北桥+南桥的体系结构模式。早期的 8 位微型机，CPU 的控制信号线和地址线通过简单的译码器就可以实现 CPU 和存储器的连接。随着 CPU 和存储器结构的改进及性能的提升，CPU 和内存之间需要专门的内存控制器进行连接，这个内存控制器就是北桥芯片。同时，随着计算机接口技术的发展，新的 I/O 控制器不断出现，于是把各种 I/O 控制器集成在一个芯片上，这个芯片就是南桥芯片。北桥芯片和南桥芯片统称为芯片组（Chipset），如图 1-5 所示。

1）北桥芯片（North Bridge）

北桥芯片用来控制 CPU、内存和图形加速器接口（AGP）等设备之间的数据传输，通常在主板上靠近 CPU 插槽的位置。这类芯片发热量一般较高，通常需要安装散热片。北桥芯片内部集成有内存控制器，故称为内存控制器集线器（Memory Controller Hub，MCH），负责对内存的读写控制和数据传输，提供不同类型的总线接口。Intel 处理器在采用 Nehalem 架构之前，内存控制器集线器 MCH 连接了 CPU、GPU、内存、I/O 控制器集线器等。

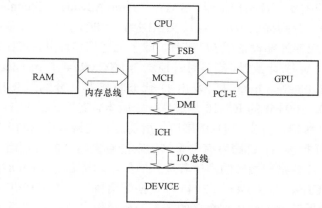

图 1-5　南北桥芯片组

　　MCH 提供 CPU 前端总线 FSB（Front Side Bus）接口连接 CPU。FSB 是最繁忙的系统总线，CPU 读写存储器或外部设备的数据，都需要通过前端总线 FSB 进行传输。它的工作频率和带宽极大地影响到 CPU 的性能。前端总线的频率可以是 400 MHz、533 MHz、800 MHz、1 333 MHz，对应的外频为 100 MHz、133 MHz、200 MHz、333 MHz。

　　数据传输速率是表示数据总线或接口每秒钟传输的数据量，也称带宽，单位是 MB/s（兆字节/秒）或 GB/s（吉字节/秒）。目前前端总线的宽度是 64 位，提高到 128 位的难度很大，增加前端总线带宽的方式主要是通过提升频率的方式来实现。Intel 公司在 Pentium 4 处理器采用了四倍传输率（quad-pumped）的前端总线，该技术可以使系统总线在一个时钟周期内传送 4 次数据。外频为 200 MHz 时，前端总线频率为 800 MHz。此时前端总线的数据传输性能峰值为：

$$200 \text{ MHz} \times 4 \times 64 \div 8 = 6\,400 \text{ MB/s} = 6.4 \text{ GB/s}$$

　　MCH 提供内存接口连接 RAM，MCH 芯片的类型决定着 RAM 的类型和容量。MCH 通过接收 CPU 的读写命令，控制对 RAM 的读写。

　　MCH 还提供显卡接口。早期的 MCH 提供的显卡接口是 AGP（Accelerated Graphics Port）总线接口，但现在已被数据传输速率更快的 PCI-E（Peripheral Component Interconnect-Express）总线接口所代替。若北桥芯片集成有显卡核心，即图形处理器（Graphis Processing Unit，GPU）核心，则这样的北桥芯片称为图形和内存控制中心（Graphics and Memory Controller Hub，GMCH）。采用这种北桥芯片的计算机，可以不用在主板的扩展插槽上安装显卡，而使用 GMCH 中的集成显卡把数字信号转换为视频信号。除此之外，MCH 还提供南桥接口连接南桥芯片。

　　2）南桥芯片

　　南桥芯片（South Bridge）又称为 I/O 控制中心（I/O Controller Hub，ICH）。它集成有各种 I/O 控制器，负责对 I/O 设备的读写控制和数据的传输处理，提供各种外部设备的接口来实现硬盘和光驱等设备之间的数据传输。其一般在远离 CPU 插槽，靠近 PCI 槽的位置，这种布局是考虑到它所连接的 I/O 总线较多，离处理器远一点有利于布线。南桥芯片相对于北桥芯片来说，其数据处理量并不算大，所以南桥芯片一般都没有覆盖散热片。

ICH 内部一般集成有 IDE（Integrated Drive Electronics）控制器、USB（Universal Serial Bus）控制器、PCI 控制器、音频控制器、SATA（Serial Advanced Technology Attachment）控制器和网络控制器等，分别提供 IDE 接口、USB 接口、PCI 接口、音频接口、SATA 接口和网络接口，来连接相应的外部设备或 I/O 芯片。除了上述接口以外，ICH 芯片还集成有 DMA 控制器、中断控制器、定时/计数器、实时时钟控制器 RTC（Real-Time Clock）和 CMOS RAM，并支持高级电源管理功能等。Intel 共开发出 11 代 ICH 产品，分别是 ICH0～ICH10，功能随版本的升高越来越强。2008 年的 ICH10 是最后一个版本，支持 6 条 PCI-E 通道、4 个主 PCI 接口、12 个 USB 2.0 接口，并支持 USB 接口禁用功能、支持 6 个 SATA 3 Gb/s 接口等。

当一种新的 CPU 推出后，都跟着有一系列的功能越来越强的芯片组与之搭配使用。在每个芯片组中，北桥芯片要搭配相应的南桥芯片。例如，北桥芯片 Intel 82P31、82P35 分别搭配南桥芯片 ICH7、ICH9，而 82P43、82P45 都是搭配南桥芯片 ICH10/ICH10R。常规情况下，主板芯片组就是以北桥芯片的名称来命名的。一般台式机、笔记本和服务器三类芯片组各具特点，台式机芯片组要求有强大的性能，良好的兼容性、互换性和扩展性，对性价比要求也最高，并适度考虑用户在一定时间内的可升级性，扩展能力在三者中最高。在最早期的笔记本设计中并没有单独的笔记本芯片组，均采用与台式机相同的芯片组，随着技术的发展，笔记本专用 CPU 的出现，就有了与之配套的笔记本专用芯片组。笔记本芯片组要求较低的能耗、良好的稳定性，但综合性能和扩展能力在三者中却也是最低的。服务器/工作站芯片组的综合性能和稳定性在三者中最高，部分产品甚至要求全年满负荷工作，在支持的内存容量方面也是三者中最高的，能支持高达十几吉字节甚至几十吉字节的内存容量，并且其对数据传输速度和数据安全性要求最高，所以，其存储设备也多采用 SCSI 接口而非 IDE 接口，并且多采用 RAID 方式提高性能和保证数据的安全性。

（2）单芯片组体系结构

随着各种功能模块陆续整合到处理器内部，目前某些微型计算机已采用 CPU+南桥的单芯片组体系结构模式。在这种体系结构中，不仅内存控制器集成到 CPU 里面，同时北桥芯片的其他部分，包括 GPU 核心、PCI-E 控制器等，也都被集成到 CPU 里面。于是，北桥芯片被取消，微型计算机的体系结构模式变成了 CPU+南桥的单芯片组体系结构模式，称为平台控制器集线器（Platform Controller Hub，PCH），如图 1-6 所示。

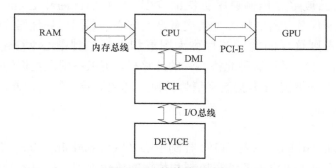

图 1-6　单芯片组结构

采用 Intel Core i3、i5、i7 CPU 的微型计算机的体系结构就属于单芯片组体系结构模式。对于 Intel H55/H61/H67 等一代或二代单芯片主板来说，没有南北桥结构，只有 PCH 结构。

在这些计算机中，原来的前端总线已经完全消失，CPU 采用一种新的总线，称为直接媒体接口（Direct Media Interface，DMI）总线，连接南桥芯片。DMI 实际上是基于 PCI−E 总线，因此具有 PCI−E 总线的优势。这个高速接口集成了高级优先服务，具备并发通信和真正的同步传输能力。它的基本功能对于软件是完全透明的，因此早期的软件也可以兼容。

2. BIOS 及 CMOS 芯片

BIOS（Basic Input/Output System，基本输入/输出系统）全称是 ROM−BIOS，即只读存储器基本输入/输出系统。在 BIOS 芯片中记录了系统的一些基本设置信息，包括开机上电自检程序和系统启动自举程序、系统设置信息等。一块主板性能优越与否，在一定程度上取决于主板上 BIOS 管理功能的强弱。BIOS 芯片是主板上唯一贴有标签的芯片，一般为双排直插式封装（DIP），上面一般印有"BIOS"字样。另外，还有许多 PLCC 封装的 BIOS，笔记本上常用 SOJ 封装。早期的 BIOS 多为可重写 EPROM 芯片，上面的标签起着保护 BIOS 内容的作用，因为紫外线照射会使 EPROM 内容丢失，所以不能随便撕下。现在的 ROM BIOS 多采用 Flash ROM，通过刷新程序，可以对 Flash ROM 进行重写，方便地实现 BIOS 升级。

CMOS 芯片是电脑主板上的一块可读写的 RAM 芯片，用它来保存当前系统的硬件配置和用户对某些参数的设定。现在的厂商们把 CMOS 程序固化到 BIOS 芯片中，开机时按特定键进入 CMOS 设置程序对系统进行设置，设置的结果保存在 CMOS RAM 中。

主板上的 CMOS 电池是用来为 CMOS RAM 芯片供电的，使存放在其中的信息不会丢失。如果忘记了计算机的开机密码或 BIOS 密码，可以通过放电操作，清除自行设置的 BIOS 信息。对现时的大多数主板来讲，都设计有 CMOS 放电跳线，以方便用户进行放电操作，这是最常用的 CMOS 放电方法，具体操作可以参考主板说明书。如果找不到放电跳线，也可以通过取下 CMOS 电池或者短接电池插座的正负极进行放电。

3. 多通道内存技术

（1）单通道内存技术

过去内存模块在频率与带宽方面的发展，始终与中央处理器保持一定程度的差距。随着中央处理器的运算速度越来越快，在理想的状况下，必须同时提升前端总线（Front Side Bus）及内存总线（Memory Bus）的速度，以便让计算机系统能够表现出预期的性能。内存总线是指从北桥芯片到内存之间的总线，目前内存总线的宽度是 64 位。在单通道系统中，北桥芯片内部只有一个内存控制器，系统安装的多个内存条连接到同一个内存总线上。多个内存条相当于串行工作，一次只有一个内存条工作，内存条数目增多，只能增加容量，并不能增加带宽。

例 1.2　假定 2 条 DDR 400 内存条，工作在 200 MHz 频率下，每个时钟可以传送 2 次 64 位数据，则单通道系统中内存总线的总带宽是多少？

$$200 \text{ MHz} \times 2 \times 64 \div 8 = 3\,200 \text{ MB/s} = 3.2 \text{ GB/s}$$

随着 Intel 公司将前端总线外频提升至 800 MHz，中央处理器与北桥芯片之间的数据传输频宽提升至 6.4 GB/s，原有的单通道内存技术无法满足 FSB800 对频宽的需求，双通道技术诞生。

（2）双通道内存技术

双通道内存技术是主板芯片组采用的一种新技术，与内存本身无关，任何 DDR 内存都可工作在支持双通道技术的主板上，不存在所谓内存支持双通道的说法。在双通道系统中，芯片组内部有两个内存控制器，构成双通道内存总线（Dual Channel Memory Bus）。内存条利用并联方式运行，当连接两条内存时，总线宽度达到 $64 \times 2 = 128$ 位，从而提高内存带宽。

理论上，双通道能提升内存两倍的性能；但对系统整体性能来说，受各种硬件条件制约，实际提升性能与理论值有较大差距。

打开双通道模式必须有芯片组的支持，各款芯片组设置方式不一，不同厂家生产的主板也可能不同，因此，必须要参考使用说明书，以正确方式安装。一般来说，双通道要求按主板上内存插槽的颜色成对使用，如双通道系统中安装两条 2 GB 的内存比安装一条 4 GB 的效果要好，因为一个内存条无法发挥双通道的优势。最好使用两条规格（容量、时钟频率、延迟、颗粒、品牌、周期）相同的存储器。此外，有些主板还要在 BIOS 做一下设置，一般主板说明书会有相关说明。当系统已经打开双通道后，有些主板在开机自检时会有提示，显示"Dual Channel Mode Enable"或类似消息，表示正确激活双通道。也可以用一些软件查看，比如 cpu-z 在"memory"这一项中有"channels"项目，如果这里显示"Dual"这样的字，就表示已经实现了双通道。

例 1.3 假定 2 条 DDR 400 内存条，工作在 200 MHz 频率下，每个时钟可以传送 2 次 64 位数据。双通道系统中内存总线的总带宽是多少？

$$2 \times 200\ \text{MHz} \times 2 \times 64 \div 8 = 6\ 400\ \text{MB/s} = 6.4\ \text{GB/s}$$

（3）三通道内存技术

三通道内存技术是随着 Intel Core i7 平台发布而出现的，实际上可以看作是双通道内存技术的后续技术发展。三通道内存的理论性能比同频率双通道内存提升 50%以上。如 DDR2 667 双通道内存带宽是 10.67 GB/s，双通道 DDR2 800 所能提供的带宽为 12.8 GB/s，如果装配在三通道内存系统内，则 CPU 和内存交互的位宽为 3 个 64 位，即 192 位，搭配 DDR3 1333 内存，总的带宽可达 32 GB/s。

三通道系统安装也比较简单，只要将同色的 3 根内存插槽插上内存即可，系统会自动识别，并进入三通道模式。但注意，如果插上非 3 或非 6 根内存，如 4 根内存，系统会自动进入单通道模式。

1.2.3　主板插槽

主板上除了芯片组外，还包括多种跳线、开关、电池、电容、电阻及各种插槽。主板上的插槽主要包括 CPU 插槽、内存插槽、扩展槽及各种 I/O 接口等。

1. CPU 插槽

CPU 要插接到主板上才能使用。选择好 CPU 以后，必须选择带有与之对应插槽类型的主板。CPU 经过多年的发展，采用的接口方式有引脚式、卡式、触点式、针脚式等。引脚和针脚等接口由于 CPU 自身带针脚，CPU 插拔时，针脚容易损坏，安装时要特别注意。目前的 CPU 大多使用触点式接口。CPU 接口类型不同，在插孔数、体积、形状方面都有变化，所以不能互相接插。常见的 CPU 插槽类型可分为 Slot 架构和 Socket 架构两种。表 1-2 给出了 Intel 系列 CPU 的插槽类型。

表 1-2　Intel CPU 插槽

类型	CPU	封装方式	代表型号
通用型插槽	Pentium Ⅱ 以前 CPU 通用	PGA	Socket1，Socket2，Socket3，Socket4，Socket5，Socket6，Socket7，Super Socket7

续表

类型	CPU	封装方式	代表型号
桌面系统插槽	—	Slot	Slot1
	—	PGA	370，423（W），478（N）
	—	LGA	775（T），1366（B），1156（H1），1155（H2），1150（H3），2011（R），1151
服务器	Xeon 处理器	Slot	Slot2
		PGA	603，604
		LGA	771（J），1366（B），1356（B2），1156（H1），1567（LS），1155（H2），1150（H3），2011（R）
	Itanium 处理器		418，611，1248
	—	—	Socket8
移动接口	—	—	Socket479，Socket495，Socket M，Socket P，Socket G1，Socket G2，Socket G3

　　随着技术发展，未来主板上可能不再提供 CPU 插槽，而采用"主板+CPU"套装的形式进行销售。

2. 内存插槽

　　内存插槽是指主板上用来连接内存条的插槽。主板所支持的内存种类和容量都由内存插槽来决定。内存插槽通常最少有 2 个，多的为 6 个或者 8 个。内存插槽多的主板，价格相对更高。某些芯片组及系统可以支持 32 GB、64 GB 或者更大的内存。

　　早期的 8 位和 16 位 SIMM（Single Inline Memory Module）内存模组使用 30 引脚（Pin）接口，32 位 SIMM 模组使用 72 引脚接口。内存发展到 SDRAM 时，开始使用 DIMM 结构的插槽。SDRAM 内存的接口与 DDR 内存的接口不同，SDRAM DIMM 为 168 引脚 DIMM 结构，金手指每面为 84 引脚。金手指上有两个卡口，用来避免插入插槽时，错误地将内存反向插入而导致烧毁。DDR DIMM 则采用 184 引脚 DIMM 结构，金手指每面有 92 引脚。金手指上只有一个卡口。卡口数量的不同，是二者最为明显的区别。DDR2、DDR3 DIMM 为 240 引脚 DIMM 结构，金手指每面有 120 引脚，与 DDR DIMM 一样，内存条上也只有一个卡口，但是卡口的位置与 DDR DIMM 的稍微有一些不同，因此 DDR 内存是插不进 DDR2 或 DDR3 DIMM 的，同理，DDR2 或 DDR3 内存也是插不进 DDR DIMM 的，因此，在一些同时具有 DDR DIMM 和 DDR2 DIMM 的主板上，不会出现将内存插错插槽的问题。

3. 电源插槽

　　电源插座主要有 AT 电源插座和 ATX 电源插座两种。AT 电源插座为 12 芯单列插座，目前已被淘汰，如图 1－7（a）所示。ATX 电源插座早期为 D 型 20 芯双列插座，经历了 ATX 1.1、ATX 2.0、ATX 2.01、ATX 2.02、ATX 2.03 和 ATX 12 V 这几个版本。从 ATX 12 V 2.0 开始，电源接口从传统的 20 芯升级为 24 芯，如图 1－7（b）所示。24 芯电源插槽兼容 20 芯电源，多出的 4 芯主要是为了解决功耗较大的 PCI－E 显卡供电问题，如果不使用大功耗显卡，只接

20 芯完全够用。

随着 CPU 的功耗的升高，单靠 CPU 接口的供电方式已经不能满足需求。2000 年，为了支持 P4 处理器的高功耗，Intel 修订了 ATX 标准，推出"P4 电源"规范 ATX 12 V 1.0，增加了一只 4 芯+12 V 的接插头，单独向处理器供电，如图 1-7（c）所示。服务器平台上由于对供电要求更高，很早引入了更强的 8 引脚 12 V 接口，目前一些主流的主板也使用了 8 芯 CPU 供电接口，提供更大的电流，更好地保证了 CPU 的稳定性，如图 1-7（d）所示。主板上除了 CPU 的电源插槽外，还有风扇插槽，如图 1-7（e）所示。Intel 从 915 主板芯片组开始引入了 4 芯风扇接口，和传统的 3 芯接口相比，该接口支持 PWM 温度控制，可根据 CPU 的温度对风扇进行调速，用户可以在 BIOS 上设置这个温度的范围，使散热效能和风扇噪声处于一个平衡点。

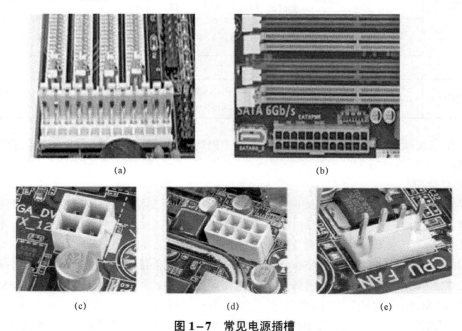

图 1-7 常见电源插槽

（a）AT 电源接口；（b）ATX 电源接口；（c）4 芯 CPU 供电；（d）8 芯 CPU 供电；（e）CPU 风扇供电

4. PCI 插槽和 PCI-E 插槽

PCI（Peripheral Component Interconnect，外设部件互连）是 Intel 公司 1991 年推出的用于定义局部总线的标准，支持即插即用。PCI 是在 CPU 和原来的 ISA 总线之间插入的一级总线，为各种 PCI 设备提供了连接接口。PCI 插槽一般为白色，工作频率一般为 33 MHz/66 MHz，提供 32 位和 64 位两种位宽，33 MHz 下最大数据传输率为 133 MB/s（32 位）和 266 MB/s（64 位）。PCI 曾是 PC 机中使用最为广泛的接口，目前已逐步被 PCI-E（PCI Express）所取代。2001 年年底，包括 Intel、AMD、DELL、IBM 在内的 20 多家业界主导公司开始起草，并在 2002 年完成的新技术规范，正式命名为 PCI Express，以代替 PCI 接口。PCI-E 完全兼容 PCI，为 PCI 所设计的操作系统可以不做任何修改来启动 PCI-E 设备。PCI-E 插槽有多种形状，较短的 PCI-E 卡可以插入较长的 PCI-E 插槽中使用，同时，还能够支持热插拔。如图 1-8 所示，由上而下分别为 PCI-E 插槽：×4、×16、×1、×16（数值代表通道数），最下方为

32 位 PCI 插槽。

5. IDE 和 SATA 接口

IDE 与 SATA 是存储器接口，也就是传统的硬盘与光驱的接口，如图 1－9 所示。IDE 也称作并行 ATA（Parallel ATA）。ICH 有 2 个 IDE 通道，每个通道上可以连接 2 个 IDE 设备（如硬盘、光驱等），其中一个为主设备（Master），另一个为从设备（Slave）。硬盘和光驱等 IDE 设备都遵循 ATA 标准，2000 年发布的 ATA－6 的传输速率可以达到

图 1－8　PCI 和 PCI－E 插槽

100 MB/s。现在主流的 Intel 主板大都不提供 IDE 接口，但主板厂商为照顾老用户，通过第三方芯片提供支持。SATA（Serial ATA）是一种新型硬盘接口类型，它采用串行方式传输数据，只需要 7 芯电缆就能连接主板和硬盘。SATA 结构简单，支持热插拔，数据传输可靠性高，传输的速度达到 600 MB/s 甚至更高，具有比 IDE 接口更高的性能。IDE 接口已经被 SATA 接口所取代，硬盘与光驱都有 SATA 版本。

6. 机箱连接线

机箱连接线用来连接主板和机箱面板，主要用作计算机状态指示及外延主板开关和接口，如图 1－10 所示。接线时要注意正负位，一般黑色/白色为负，其他颜色为正。其中 PW 表示电源开关，RES 表示重启键，HD 表示硬盘指示灯，PWR_LED 表示电源灯，SPEAK 表示 PC 喇叭。MSG 表示信息指示灯，与机箱的 HD_LED 相连来表现 IDE 或 SATA 总线是否有数据通过，一般主板说明书上均会给出详细的安装说明。

图 1－9　IDE 和 SATA 接口

图 1－10　机箱接线槽

1.2.4　外部接口

除了主板内部接口外，主板背板上还有很多外部接口。不同的主板可能有不同的对外接口，主板外部接口主要包括用于操作控制、音视频输入/输出、网络接入、外置存储接入等接口。如图 1－11 所示。

1. PS/2 接口

PS/2 命名来源于 Personal 2（IBM 公司在 20 世纪 80 年代推出的一种个人电脑）。PS/2 是用于鼠标、键盘等设备的输入装置接口，不是传输接口。所以 PS/2 接口只有采样率，没有传输速率。理论上较高的采样率可以获得较高的精度。在 Windows 环境下，PS/2 鼠标的采样率

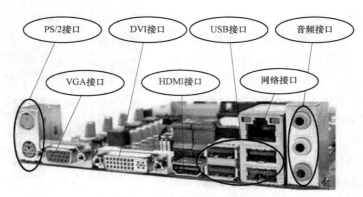

图1-11 主板外部接口

默认为 60 次/s，而 USB 鼠标的采样率为 120 次/s。一般情况下，PS/2 接口的鼠标为绿色，键盘为紫色。PS/2 可以与 USB 接口互相转换，即 PS/2 接口设备可以转成 USB，USB 接口设备也可以转成 PS/2。

2. VGA、DVI 和 HDMI 接口

主板上常见的视频输出接口有 VGA、DVI 和 HDMI。其中 VGA 传输模拟信号，DVI 和 HDMI 传输数字信号。后两者传输数字信号的抗干扰性和传输稳定性比 VGA 的更好。与 DVI 相比，HDMI 的主要优势是能够同时传输音频数据，在视频数据的传输上没有差别。一般在高分辨率下应该尽可能使用 DVI 接口，如果连接高清平板电视，则最好使用 HDMI 接口。最新的高清数字显示接口标准 DisplayPort 诞生于 2006 年，简称 DP 接口。它是专门面向液晶显示器开发设计的一种标准，能够传输视频和音频，可以连接电脑和显示器，也可以连接电脑和家庭影院，DisplayPort 的出现将有可能取代 DVI 和 VGA 接口。

3. USB 接口

1996 年由 Intel 公司牵头推出的通用串行总线 USB（Universal Serial Bus）接口已成功取代串口和并口，成为当今电脑与智能设备的必配接口。USB 是连接计算机系统与外部设备的一种串口总线标准，也是一种输入/输出接口的技术规范，可连接如鼠标和键盘等 127 种外设，广泛地应用于个人电脑和移动设备等信息通信产品。USB 版本经历了多年的发展，到如今已经发展为 3.0 版本，传输速度达到 4.8 Gb/s。

4. e-SATA 接口

e-SATA 即扩展的 SATA 接口，简单地说，就是通过 e-SATA 技术，让外部 I/O 接口使用 SATA 功能，它并不是一种独立的外部接口技术标准。拥有 e-SATA 接口的电脑，可以把 SATA 设备直接从外部连接到系统当中，而不用打开机箱。

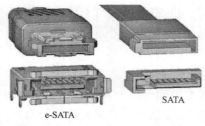

图1-12 SATA 与 e-SATA 接口

但由于 e-SATA 本身并不带供电，因此，外接 SATA 设备时，还需要外接电源，使用不方便。为了解决 e-SATA 不提供供电的缺陷，2009 年爱国者（aigo）结合 USB 和 e-SATA 发布了 USB PLUS 接口，在接口中提供 5 V 供电和 3.0 GB/s 的传输速度。同时，该接口还可以单独连接 USB 接口或 e-SATA 接口，如图 1-12 所示。

5. 网络接口

计算机网络采用的典型接口类型是 RJ−45 以太网接口，遵循 IEEE 802.3 标准，传输速率通常为 10/100/1 000 Mb/s，可工作在全双工、半双工模式。如图 1−13 所示，RJ−45 插头的线序常用有两种：568A 标准和 568B 标准引脚顺序，EIA/TIA 标准采用 568A，但我国一般都用 568B 标准。

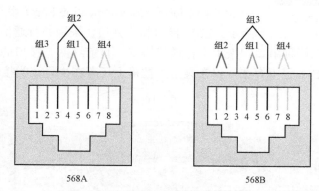

图 1−13　两种 RJ−45 接口线序标准

RJ−45 接口的双绞连接线主要包括直通线和交叉线两种。两端线序完全相同的网线叫做直通线，用于计算机到集线设备的连接。如果要用双绞线直接连接两台计算机，则一端的线序要做调整，称为交叉线。两种不同的线序配置见表 1−3。

表 1−3　直通线和交叉线线序

针脚	直通线		交叉线	
	颜色	颜色	颜色	颜色
1	白橙	白橙	白橙	白绿
2	橙	橙	橙	绿
3	白绿	白绿	白绿	白橙
4	蓝	蓝	蓝	蓝
5	白蓝	白蓝	白蓝	白蓝
6	绿	绿	绿	橙
7	白棕	白棕	白棕	白棕
8	棕	棕	棕	棕

6. 音频接口

主板一般集成了多声道声卡，安装好音频驱动并设置后，就能打开多声道模式输出功能获得多声道模式输出。常见的主板外部音频接口如图 1−11 所示。根据不同的声道，一般蓝色表示声道输入，绿色表示声道或者前置扬声器输出，粉红色表示麦克风输入，黑色表示后置扬声器输出，橙色表示中置和低重音输出，灰色表示侧置扬声器输出等。

7. IEEE 1394 接口

IEEE 1394 是苹果公司开发的串行标准，俗称火线接口（Firewire）。IEEE 1394 接口提供

图 1-14 IEEE 1394 接口

电源，支持外设热插拔，并且提供较高的接口带宽，其在生活中应用最多的是高端摄影器材。部分主板提供这种接口，如图 1-14 所示。但目前该接口的普及率远远不及 USB 接口。

8. 串并行接口

有些主板上还提供 LPT（Line Print Terminal）并行接口和 COM（Cluster Communication Port）串行接口，如图 1-15 所示。LPT 接口简称并口，采用并行通信协议，常用于打印机等设备。COM 接口简称串口，采用串行通信协议。目前这两个接口的功能基本上已经被 USB 所取代，新型 PC 上已不存在，仅在某些工控机上还存在少量该类接口。

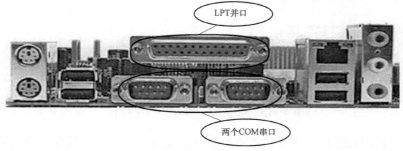

图 1-15 并口和串口

1.3　内存

1.3.1　基本概念

1. 内存和外存

内存存放当前正在执行的程序和使用的数据，CPU 可以直接存取。它由半导体存储器芯片构成，其存取速度快，但成本高，容量比外存的小，断电后内存中的内容会丢失。某些计算机带有后备电池，在断电后为内存提供电源，因此可在断电后维持内存的内容。

外存可用来长期保存大量的程序和数据，CPU 需要通过 I/O 接口访问外存，例如硬盘或 CDROM、DVD 等。与内存相比，其成本低，容量大，但存取速度较慢。

2. 存储器容量

存储器的容量以字节（byte）为单位。字节可用大写字母 B 表示，1 个字节占用一个存储单元，包含 8 个二进制位（bit），二进制位可用小写字母 b 表示。在描述比较大的存储容量时，经常使用 KB、MB、GB、TB 等单位。它们之间的关系为：

$$1\text{ KB} = 2^{10}\text{ B} = 1\ 024\text{ B}$$
$$1\text{ MB} = 2^{20}\text{ B} = 1\ 024\text{ KB} = 1\ 048\ 576\text{ B}$$
$$1\text{ GB} = 2^{30}\text{ B} = 1\ 024\text{ MB} = 1\ 073\ 741\ 824\text{ B}$$
$$1\text{ TB} = 2^{40}\text{ B} = 1\ 024\text{ GB} = 1\ 099\ 511\ 627\ 776\text{ B}$$
$$1\text{ PB} = 2^{50}\text{ B} = 1\ 024\text{ TB} = 1\ 125\ 899\ 906\ 842\ 624\text{ B}$$
$$1\text{ EB} = 2^{60}\text{ B} = 1\ 024\text{ PB} = 1\ 152\ 921\ 504\ 606\ 846\ 976\text{ B}$$

目前，微机的内存容量可以达到 64 GB，而 1 块硬盘容量可以达到几个太字节（TB），磁盘阵列中可以包括上百块硬盘，达到 PB 级的容量，某些大型数据中心甚至可以达到 EB 级容量。

注意，有的存储器厂家采用这样的公式：

$$1 \text{ KB} = 10^3 \text{ B} = 1\,000 \text{ B}$$

$$1 \text{ MB} = 10^6 \text{ B} = 1\,000 \text{ KB} = 1\,000\,000 \text{ B}$$

$$1 \text{ GB} = 10^9 \text{ B} = 1\,000 \text{ MB} = 1\,000\,000\,000 \text{ B}$$

这就导致这些产品的实际存储容量达不到厂家标称的数值。例如："SEAGATE ST336752FSUN36G"硬盘的标称容量为 36 GB，其容量为 36 420 074 496 字节，约为 36.42 GB。它是按照 1 GB = 1 000 000 000 B 计算的。

$$36\,420\,074\,496/1\,000\,000\,000 = 36.420\,074\,496$$

但是，如果按照 1 GB =1 073 741 824 B 计算，则有：

$$36\,420\,074\,496/1\,073\,741\,824 = 33.918\,837\,547\,302\,246\,093\,75$$

这款硬盘容量约为 33.92 GB。

3. 内存地址及内容

为了正确区分不同的内存单元，给每个单元分配了唯一的地址，地址从 0 开始编号，顺序递增 1。在机器中，地址用无符号二进制数表示，可简写为十六进制数形式。一个存储单元中存放 1 个字节信息，称为该单元的内容。CPU 在读写这个字节时，首先给出这个字节的内存地址，然后内存将数据写入这个地址对应的存储单元，或者将存储单元中的数据读出送给 CPU。这里的地址指的是物理地址（Physical Address），在本书后面的部分还会介绍逻辑地址（Logical Address）。

图 1–16 所示为存储器中部分存储单元的地址及内容。这里的地址和内容都用十六进制表示。

地址	内容
00001000H	25H
00001001H	90H
00001002H	D6H
00001003H	0EH
00001004H	25H
00001005H	40H
00001006H	FCH
00001007H	00H
00001008H	00H
00001009H	00H
0000100AH	00H
0000100BH	00H
0000100CH	25H
0000100DH	60H
0000100EH	FCH
0000100FH	00H

图 1–16 物理存储单元的地址及内容

在一些工具软件中，常用图 1-17 所示的格式紧凑显示存储器内容。

00001000	25	90	D6	0E	25	40	FC	00	–	00	00	00	00	25	60	FC	00
00001010	00	00	00	00	00	00	00	00	–	00	00	00	00	00	00	00	00
00001020	00	00	00	00	00	00	00	00	–	00	00	00	00	00	00	00	00
00001030	00	00	00	00	00	00	00	00	–	00	00	00	00	25	20	EA	0E
00001040	00	00	00	00	67	40	27	0F	–	67	E0	7A	00	00	00	00	00

图 1-17　物理存储单元的地址及内容

最左边表示存储器的地址。每一行可显示 16 个字节的内容，字节间用空格隔开，前后 8 个字节之间用连字符隔开。在这种格式中，全部使用十六进制数表示。在 Intel 汇编语言语法中，规定十六进制数以 0～9 数字开头，以 H 结尾。因此，若 1 个十六进制数以 A～F（大小写任意）开头，则在前应加 0，例如，十六进制数 E0 应表示为 0E0H。但图 1-17 中的所有十六进制数并未加 H，这是因为这些软件显示存储器内容时，默认为十六进制数形式。

从中可知，00001000H 单元中的内容为 25H，00001001H 单元中的内容为 90H，00001047H 单元中的内容为 0FH，00001048H 单元中的内容为 67H。可以记为：

$$(00001048H) = 67H，或 \ [00001048H] = 67H$$

4. 字节、字、双字

（1）字节

字节是 PC 机中内存存取信息的基本单位。1 个字节包含 8 个二进制位，这 8 个二进制位按照自左至右的顺序称为第 7、6、…、1、0 位，相应位编号为 b_7、b_6、…、b_1、b_0，b_7 是最高位，b_0 是最低位。如图 1-18 所示，25H 占 1 个字节，它的 8 个二进制位从高到低依次是 0、0、1、0、0、1、0、1，最高位为 0，最低位为 1。

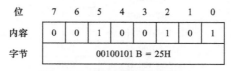

图 1-18　字节和二进制位

在有些资料中，把数字的最高位简写为 MSB（Most Significant Bit），最低位简写为 LSB（Least Significant Bit）。

16 位及 16 位以上的 CPU 可以在一次操作过程中处理更多的二进制位。例如：80386/80486/Pentium 系列处理器可以进行 32 位的计算，8086、8088 处理器可以进行 16 位的计算。因此，就需要使用字和双字的概念。

（2）字

1 个字包含 16 个二进制位，即两个字节，分别称为高字节和低字节。其位编号为 b_{15}～b_0，b_{15} 是 MSB，b_0 是 LSB。其中，b_{15}～b_8 位是高字节，b_7～b_0 位是低字节。显然，1 个字占用两个存储单元。如图 1-19 所示，9025H 是 1 个字，它的高字节是 90H，低字节是 25H。

9025H 的最高位为 1，最低位也为 1。

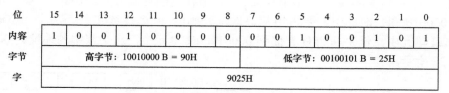

图 1-19　字的高字节和低字节

（3）双字

1 个双字包含 32 个二进制位，其位编号为 $b_{31} \sim b_0$，b_{31} 是 MSB，b_0 是 LSB。也可以说它包含 4 个字节或者 2 个字，这 2 个字分别称为高字和低字。显然，1 个双字占用 4 个存储单元。

如图 1-20 所示，双字 0ED69025H 的高字为 0ED6H，低字为 9025H。

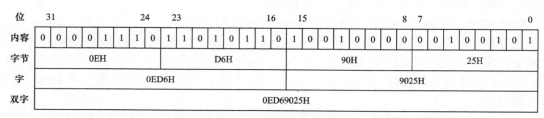

图 1-20　双字的高字和低字

（4）四字

1 个四字包含 64 个二进制位，其位编号为 $b_{63} \sim b_0$。1 个四字占用 8 个存储单元。

1.3.2　存储器访问

内存最基本的存取单位是字节，内存的物理地址也是以字节为单位的。在访问字节数据时，直接给出所在的地址号即可。但对于字、双字、四字数据类型，由于它们每个数据都要占用多个单元，从而对应多个地址，在访问时如何指定地址呢？数据的存储顺序又是如何确定的呢？

对于字、双字、四字数据类型，Intel CPU 在访问这些数据时，只需给出最低单元的地址号，然后依次存取后续字节即可。Intel CPU 采用低字节在前（Little Endian）的存储格式。即低地址中存放低字节数据，高地址中存放高字节数据，这就是有些资料中称为“逆序存放”的含义。本书在没有特别说明的情况下，均采用低字节在前的存储格式。

存储 1 个字占用两个连续单元，这个字的低字节存放在低地址中，高字节存放在高地址中。在存取这个字时，给出其低字节对应的地址即可。例如，把 9025H 存储到 1000H 地址中，则低字节 25H 存储到 1000H 单元，高字节 90H 存储到 1001H 单元，访问时，地址为 1000H，如图 1-21 所示。

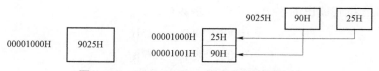

图 1-21　Little Endian 格式存储字型数据

存储 1 个双字要占用 4 个连续地址,其低字存放在低地址中,高字存放在高地址中。而在存储每一个字时,同样采用低字节在前、高字节在后的存储方式。例如,将双字 0ED69025H 存储到 00001000H 地址中,要占用从该地址开始的 4 个连续字节。高字 0ED6H 存储到 00001002H 单元中,低字 9025H 存储到 00001000H 单元中,这个双字的地址为 00001000H,如图 1-22 所示。

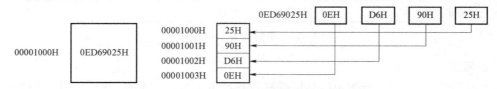

图 1-22 Little Endian 格式存储双字型数据

"低字节低地址、低字低地址"从表面上看起来是十分自然的,但是和我们的阅读习惯有很大的差距。例如,这是内存中的一部分数据:

00001000: 25 90 D6 0E 25 40 FC 00 00 00 00 00 25 60 FC 00

从 00001000H 中取出 1 个字,应该是 2590H,还是 9025H 呢?从 00001000H 中取出 1 个双字,应该是 2590D60EH,还是 0ED69025H 呢?直观的答案是前者,符合我们的阅读习惯。但是,正确答案是后者,后者才符合 Intel CPU "低字节在前、低字在前"的 Little Endian 的存储格式。

在 Intel CPU 体系结构中,不要求字的地址一定是偶数地址,双字的地址也不一定是 4 的倍数。对字型数据而言,若其存储在偶数地址,则称为对准字,否则称为未对准字。对双字型数据,若其存储地址是 4 的倍数,则称为对准双字,否则称为未对准双字。在读取和写入这些未对准的字和双字时,其效率要比读取和写入对准字和对准双字的低。在编程时,应尽量使用对准字和对准双字。

Intel 系列 CPU 采用的是低字节在前(Little Endian)的存储格式,而 PowerPC、SPARC、PARC 等 CPU 则采用高字节在前(Big Endian)的存储格式,TCP/IP 网络协议也采用 Big Endian 的方式传输数据,所以,有些资料也把 Big Endian 方式称为网络字节序。在 Big Endian 格式中,不允许出现未对准字和未对准双字,如果 CPU 存取 1 个未对准字,即它的地址不是偶数,则 CPU 会产生一个异常。当两台采用不同字节序的主机通信时,在发送数据前,必须经过字节序转换,使之成为网络字节序后再进行传输。

例 1.4 对于以下数据,分别按 Little Endian、Big Endian 存储格式读出 0000100C 地址的字节、字、双字数据。

00001000: 25 90 D6 0E 25 40 FC 00 00 00 00 00 25 60 FC 00

按 Little Endian 格式读出的字节、字、双字数据(后缀 H 表示是十六进制数):

$$(0000100C)_{字节} = 25H$$

$$(0000100C)_{字} = 6025H$$

$$(0000100C)_{双字} = 00FC6025H$$

按 Big Endian 格式读出的字节、字、双字数据:

$$(0000100C)_{字节} = 25H$$

$$(0000100C)_{字} = 2560H$$

$$(0000100C)_{双字} = 2560FC00H$$

显然，Big Endian 存储格式更符合人们的阅读习惯。但是，由于本书采用的编程环境是 Intel CPU 及其兼容系列，因此，在没有特别说明的情况下，均采用低字节在前（Little Endian）的存储格式。

例 1.5　对于以下信息，按 Little Endian 存储格式读出字节、字、双字数据。

00002000：12 34 45 67 89 0A BC DE F0 00

则对于不同的数据类型，00002001 号地址的数据是：

$$(00002001)_{字节} = 34H$$
$$(00002001)_{字} = 4534H$$
$$(00002001)_{双字} = 89674534H$$

1.4　扩展卡

常见的扩展卡有显卡、网卡和声卡。

1. 显卡

显卡（Video Card，Graphics Card）又叫作显示卡、显示适配卡（Video Adapter）或显示适配器卡。它将计算机系统所需的显示信息进行转换，以驱动显示器，并向显示器提供行扫描信号，控制显示器的显示内容。显卡可分为普通显卡和专业显卡。普通显卡强调用合理的硬件成本提供办公、多媒体、游戏等方面的性能；而专业显卡则追求更高的性能、稳定性、精确性等方面，常用于图形工作站和三维动画等专业应用。

某些显卡集成在主板上，称为集成显卡。例如，Intel 公司的 G、GL 系列芯片组，就是在 MCH 的基础上，集成了显卡的功能，称为 GMCH（Graphics and Memory Controller Hub）。集成显卡没有显存，使用系统的一部分主内存作为显存，具体的容量可以根据需要自动动态调整。显然，如果使用集成显卡运行，需要大量占用显存的程序，对整个系统的影响会比较明显。此外，系统内存的频率通常比独立显卡的显存低很多，因此，集成显卡的性能比独立显卡的差很多。

与集成显卡相对应，独立显卡作为独立的板卡，需要插在主板的 AGP 接口或 PCI 接口上。独立显卡上具备专门的显存，不占用系统内存，能够提供更好的显示效果和运行性能。

2. 网卡

网卡（Network Interface Card，NIC）又叫作网络接口卡，或者网络适配器（Network Interface Adapter）。网络线缆通过网卡连接到计算机，为计算机之间相互通信提供一条物理通道，并通过这条通道进行高速数据传输。

在局域网中，每一台联网计算机都需要安装一块或多块网卡。网卡完成物理层和数据链路层的大部分功能，包括网卡与网络线缆的物理连接、介质访问控制、数据帧的拆装、帧的发送与接收、错误校验、数据信号的编/解码、数据的串/并行转换等功能。

每块网卡都有唯一的网络节点地址，它是网卡生产厂家在生产时写入 ROM（只读存储芯片）中的，称为 MAC（Media Access Control）地址。MAC 地址采用十六进制数表示，共 6 个字节（48 位）。其中，前 3 个字节是由 IEEE 的注册管理机构 RA 负责给不同厂家分配的代码（高位 24 位），后 3 个字节（低位 24 位）由各厂家自行指派给生产的适配器接口，称为扩展标识符，具有唯一性。在 Windows 环境下，在打开的 CMD 命令窗口中输入 "ipconfig /all"，可以查看 MAC 地址，或者以图形方式打开网络连接详细信息，也可以获取 MAC 地址。

3. 声卡

声卡（Sound Card）又叫作音频卡，用来实现声波模拟信号和数字信号相互转换。声卡决定着多媒体声音的品质。大部分主板都集成了声卡，如 Audio CODEC'97 等。集成声卡成本低廉、兼容性好，能够满足普通用户的绝大多数音频需求。如果追求声音品质的精益求精，追求极致的音乐享受，应采用独立声卡。

习题 1

1.1 简述微型计算机硬件系统的组成及各部分作用。

1.2 查找资料，分析总结移动平台处理器的发展历程。

1.3 什么是南北桥芯片组？什么是单芯片组？

1.4 简述多通道内存技术。

1.5 试比较单通道和双通道的区别。

1.6 什么是外频、倍频、主频？

1.7 Intel Pentium 4 处理器中，主频为 3.2 GHz，外频为 200 MHz 时，试问倍频是多少？已知数据位宽 64 位，则前端总线频率为多少？前端总线的数据传输性能峰值为多少？

1.8 假定 2 条 DDR 600 MHz 内存条，工作在 200 MHz 频率下，试计算可能达到的最大内存总线带宽。

1.9 自 12FA:0000 开始的内存单元中存放以下数据（用十六进制形式表示）：03 06 11 A3 13 01，试分别写出 12FA:0002 的字节型数据、字型数据及双字型数据的值。

1.10 把 3E2D1AB6H 按低字节在前的格式存放在地址 00300010H 开始的内存中，请问，00300012H 地址中字节的内容是多少？从地址 00300011H 中取出一个字，其内容是多少？

1.11 查找资料，分析并总结主板控制芯片组发展趋势。

1.12 查找资料，分析并总结视频接口的最新发展及技术参数。

第 2 章
微处理器管理模式

了解微处理器管理模式是进行内核编程的前提。微处理器可运行在不同模式下，支持存储器的分段管理机制与分页管理机制；支持多任务；支持 4 个特权级和配套的特权检查机制，区分不同级别的代码。这些都是操作系统所必需的，通过这些特性，操作系统能够实现虚拟内存、内核/用户模式、多任务等特性。

2.1 微处理器的基本结构

80x86 系列从 4 位计算机发展到 32 位计算机，微处理器内部结构虽然有些变化，但是大同小异。80x86 系列成员都采用并行处理技术，即微处理器中有多个处理单元在同一个时间段内协同工作，每个处理单元负责一项工作，并行处理得越多，则微处理器的性能就越高。

8086/8088 微处理器只有两个处理单元：总线接口单元（Bus Interface Unit，BIU）和执行单元（Execution Unit，EU）。总线接口单元负责 CPU 与存储器和外设之间的信息传送，执行单元执行程序指令，并进行算术逻辑运算等。80286 微处理器包括四个处理单元：总线单元、指令单元、执行单元和地址单元。80386 微处理内部的处理单元更多，包括总线接口单元（BIU）、中央处理单元（CPU）和存储器管理单元（MMU）三大部分，如图 2 – 1 所示。

总线接口单元通过数据总线、地址总线、控制总线来与外部环境联系，包括从存储器中预取指令、读写数据，从 I/O 端口读写数据及其他的控制功能。数据总线和地址总线都是 32 位的，由于它们是分开的，所以从存储器中存储数据最快也需要在两个时钟周期内完成。如图 2 – 1 所示，数据访问时，存储地址来自分页单元；代码访问时，存储地址由指令预取单元提供。通常没有其他总线请求时，BIU 将自动取出下条指令送到指令预取队列。

中央处理单元（CPU）：由指令部件和执行部件组成。指令部件包括指令预取单元（Instruction Prefetch Unit，IPU）和指令译码单元（Instruction Decode Unit，IDU）两部分。指令预取单元负责从存储器取出指令，放到一个 16 字节的 FIFO 指令队列中，这个队列叫作指令预取队列，该队列存放着从存储器取出的未经译码的指令。指令预取单元管理一个线性地址指针和一个段预取界限，负责段预取界限的检验。指令预取的优先级别低于数据传送等总线操作，绝大部分情况下是利用总线空闲时间预取指令。指令译码单元从指令预取队列中取出指令，进行译码，并将译码后的可执行指令放入已译码指令队列中，以备执行部件执行。执行部件

（Execution Unit，EU）执行从已译码指令队列中取出的指令。它包含 8 个 32 位通用寄存器、1 个 32 位的算术逻辑单元 ALU、1 个 64 位的桶形移位器和乘/除硬件。执行部件负责具体指令的执行操作，如果是算术、逻辑或者移位指令，则交给 ALU 处理；若指令执行时需要段或者页单元产生操作数地址，则交给分段或者分页单元进行处理。

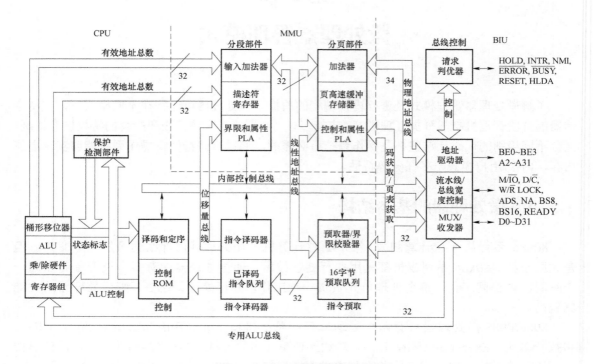

图 2-1　80386 内部结构示意图

存储器管理单元由分段部件和分页部件组成，提供存储器管理和保护服务，实现从逻辑地址到物理地址的转换，既支持段式存储管理、页式存储管理，也支持段页式存储管理。分段单元完成逻辑地址到线性地址的转换，分页单元实现保护模式下的分页模型，其中的页高速缓冲存储器用来存放近期使用的页目录表和页表。

2.2　CPU 工作模式

在保护模式下，CPU 可寻址高达 4 GB（甚至更多）的物理地址空间，支持存储器分段管理机制和分页管理机制，支持多任务，支持 4 个特权级和配套的特权检查机制，区分不同级别的代码。这些都是现代操作系统，如 Windows、Linux 等所必需的。如果 CPU 不支持这些特性，那么操作系统就不可能实现虚拟内存、内核/用户模式、多任务等特性。

从 80386 开始，32 位 CPU 具有 3 种运行模式：实模式、保护模式和虚拟 8086 模式。CPU 运行模式及其转换关系如图 2-2 所示。

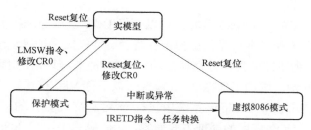

图 2-2　CPU 的 3 种运行模式及其切换

2.2.1　实模式

CPU 被复位（加电）时，自动进入实模式。在实模式下，这些 CPU 就相当于高性能的 8086，使用 1 MB 地址空间及 16 位的"段首址:偏移"的地址格式，CPU 的其他功能没有得到发挥。实模式下不支持硬件上的多任务切换；CPU 不能对内存进行分页管理，所有的段都是可以读、写和执行的；同时，实模式也不支持特权级，即所有程序均可执行特权指令。在实模式下对一系列的寄存器进行设置，就可以进入保护模式。

DOS 操作系统运行于实模式下，而 Windows、Linux 操作系统运行于保护模式下。

2.2.2　保护模式

在保护模式下，CPU 支持内存分页机制，提供段式和页式内存管理功能，协助操作系统高效地实现虚拟内存，支持多任务和特权级等。工作在保护模式的时候，物理寻址空间高达 4 GB（80386/80486）或 64 GB（Pentium 及以上 CPU）。保护模式下，CPU 执行 JMP/CALL/IRET 等指令，就可实现任务切换。任务执行环境的保护/恢复工作由 CPU 自动完成。在保护模式下，不同的程序可以运行在不同的特权级上。如图 2-3 所示，在保护模式下，CPU 有 4 个特权级，分别为特权级 0、1、2、3。操作系统运行在最高的特权级（Ring 0）上，存储器的管理（包括虚拟存储器）、任务间的通信、设备 I/O 等服务属于这一层次，称为核心态；特权级 1，依赖于核心态，一般典型地用于系统服务，包括文件共享、显示管理及数据通信等；特权级 2 专用于用户扩展，而应用程序运行在低的特权级（Ring 3）

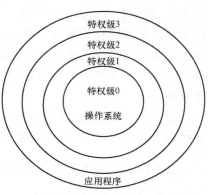

图 2-3　CPU 的 4 个特权级

上，理论上，处于特权级 3 的应用程序之间及它们和操作系统之间相互隔离，应用程序不能直接修改操作系统的程序和数据，也不能对其他应用程序的操作造成影响，形成保护。特权级 1 和特权级 2 目前在 Windows 和 Linux 操作系统中没有被使用。

通过修改控制寄存器 CR0 的控制位 PE（位 0）来实现从实模式切换到保护模式。在这之前，还需要建立保护模式必需的一些数据表，如全局描述符表 GDT 和中断描述符表 IDT 等。

2.2.3 虚拟 8086 模式

在实模式下运行时，CPU 与 8086 兼容，可以运行 DOS 及以 8086 为平台的几乎所有软件，但实模式下，处理器不能发挥自身的虚拟内存管理、特权级保护等功能，不支持多用户、多任务操作系统的运行。为了充分发挥处理器的功能，同时能兼容以前的 DOS 及应用程序（即 8086 程序），从 80386 开始，增加了虚拟 8086 模式（以下称 V86 模式）。

V86 模式是为了在 Windows、Linux 系统中执行 DOS 程序而设计的，它是一种经过"修改"的保护模式。为了和 DOS 程序的寻址方式兼容，V86 模式采用和 8086 一样的寻址方式，即用段寄存器乘以 16 作为基址，再加上偏移地址形成物理地址，寻址空间为 1 MB。V86 模式是以任务形式在保护模式上执行的，每个任务都有自己的任务状态段，各个 V86 任务所拥有的 1 MB 地址空间是相互独立的。操作系统利用分页机制将这些任务的地址空间映射到不同的物理地址，这样每个 V86 任务看起来都认为自己在使用 1 MB 的地址空间。CPU 可以同时支持多个真正的 80386 任务和多个 V86 模式任务。操作系统中，有一部分程序专门用来管理 V86 模式的任务，称为 V86 管理程序或 V86 监控程序。

V86 模式又不等同于 8086。DOS 程序中有相当一部分指令在保护模式下属于特权指令，如屏蔽中断指令 CLI、中断指令 INT、中断返回指令 IRET 等。这些指令在 DOS 程序中是合法的。如果不让这些指令在 V86 模式中执行，DOS 程序就无法工作。为了解决这个问题，V86 管理程序采用模拟的方法来完成这些指令。这些特权指令在 V86 模式中执行时，引起保护异常。V86 管理程序在异常处理程序中检查产生异常的指令，如果是中断指令 INT，则从 V86 任务的中断向量表中取出中断处理程序的入口地址，并将控制转移过去。例如，当 V86 程序使用 DOS 功能调用"INT 21H"向屏幕上输出一个字符时，由 V86 监控程序将这个显示操作转换为对操作系统的调用，由其他代码在保护模式下将这个字符在 V86 程序所在的窗口上显示出来。如果是危及操作系统的指令，如 CLI 等，则简单地忽略这些指令，继续执行下一条指令。通过这些措施，DOS 程序就可以在 V86 模式下工作，又不会危及操作系统。

在保护模式下，当标志寄存器 EFLAGS 中的 VM 位为 1 时，处理器就处于 V86 模式。此时，当前特权级（CPL）由处理器自动设置为 3。

2.2.4 64 位 CPU 的工作模式

CPU 的发展已经进入了 64 位时代，主流 CPU 使用的 64 位技术主要有 AMD 公司的 AMD64 位技术、Intel 公司的 EM64T 技术和 IA－64 技术。其中 IA－64 是 Intel 独立开发的，不兼容现在的传统的 32 位计算机，仅用于 Itanium（安腾）及后续产品 Itanium 2，一般用户不会涉及，因此这里仅介绍 Intel 的 EM64T 技术。

Intel 公司的 EM64T 技术全名是扩展 64 位内存技术（Extended Memory 64 Technology）。EM64T 是在 IA－32 指令集的基础上进行扩展的，通过 64 位扩展指令来实现兼容 32 位和 64 位的运算。EM64T 技术设定了 IA－32 和 IA－32e 两种模式。

IA－32 就是传统的模式（Legacy Mode）。这种模式是为了使 64 位 CPU 没有障碍地执行现有的 32 位和 16 位程序而设计的，这个模式本质上是把 CPU 中所有为 64 位计算而新增的运算机制都屏蔽起来，现有的 x86 程序无须做任何的改变就能运行，实际上就是 32 位 x86 时代的 IA－32 模式。

IA－32e 模式有两个子模式：兼容模式和 64 位模式。IA－32e 模式只能在装载 64 位操作系统的情况下才能激活。兼容模式（Compatibility Mode）是目前在 64 位操作系统下最常用的模式。因为现存的大量 32 位应用程序不可能在短期内为 x86－64 指令集而重新开发，为了保证现有的 32 位程序能够继续在 64 位 CPU 上顺利执行，兼容模式就像传统的保护模式一样，允许 64 位操作系统运行基于 32 位和 16 位代码的程序，即 32 位程序无须重编译即可以运行，而 16 位程序则要依赖于操作系统和驱动程序是否支持保护模式。兼容模式下，应用程序必须使用 16 位和 32 位地址和操作数，只能存取线性地址空间中的第一个 4 GB，处理标准 IA－32 指令前缀和寄存器，不提供 REX 前缀。

纯 64 位模式（Full 64 bit Mode）是 EM64T 技术中最为高效的模式。这种模式需要纯 64 位环境的支持，包括 64 位操作系统和 64 位应用程序。在 64 位操作系统和相应驱动程序的支持下，系统和应用程序能够访问 EM64T 所支持最大容量的扩展内存。当然，运行于此模式下的程序需要修改其微代码，以便支持 64 位指令操作。

2.3　寄存器

寄存器可分为程序可见寄存器组和程序不可见寄存器组两部分。所谓程序可见寄存器，是指汇编语言程序设计人员在应用程序设计期间可以使用的寄存器，它可以在指令中出现。程序可见寄存器的应用是本课程必须熟练掌握的。而程序不可见寄存器则是指在应用程序设计时不能直接使用，但系统程序或系统运行程序期间可能要用到的寄存器。80386 以上 CPU 才包含程序不可见寄存器组。

2.3.1　程序可见寄存器

80386 及其以上型号的 CPU 能够处理 32 位数据，其寄存器长度是 32 位的。但为了与早期的 8086 等 16 位机的 CPU 保持良好的兼容性，80386 以上型号的 CPU 中程序可见寄存器组包括多个 8 位、16 位和 32 位寄存器，64 位寄存器同样如此。Intel 80x86 系列程序可见寄存器组包括通用寄存器、段寄存器和控制寄存器。

图 2－4 中给出了 Intel 8086～Core2（含 64 位扩展）的 CPU 寄存器组。

其中阴影部分为 8086～80286 中使用的 16 位寄存器模型。80386～Core2 使用 6 个 16 位的寄存器（CS，DS，SS，ES，FS 和 GS）和其他 32 位的寄存器，包括 4 个数据寄存器 EAX、EBX、ECX、EDX；3 个指针寄存器 EIP、ESP 和 EBP，其中实模式下使用 16 位 IP/SP/BP，保护模式下使用 EIP/ESP/EBP；2 个变址寄存器 SI/ESI 和 DI/EDI；1 个标志寄存器 EFlags，R8～R15 只用于 Pentium 4 和 Core 2 中。64 位扩展允许的情况下，这 8 个 64 位寄存器可以按照 64、32、16、8 位大小寻址。

1. 通用寄存器

通用寄存器（General-Purpose Registers，GPRs）可以被程序访问，常用于传送和暂存数据，也可参与算术逻辑运算，并保存运算结果。除此之外，它们还各自具有一些特殊功能，表 2－1 中列举出了通用寄存器功能。

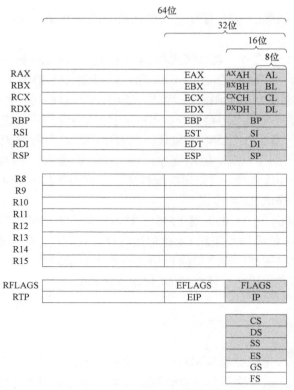

图 2-4　Intel 8086～Core2（含 64 位扩展）寄存器组

表 2-1　通用寄存器功能

寄存器	常用功能	64 位	32 位	16 位	8 位
RAX	累加器，乘法、除法运算等指令的专用寄存器	RAX	EAX	AX	AH，AL
RBX	保存数据，可用作基址寄存器	RBX	EBX	BX	BH，BL
RCX	保存数据、计数值（用于循环、串指令等），80386 以上 CPU 也可用于访问存储器的偏移地址	RCX	ECX	CX	CH，CL
RDX	保存数据，乘法、除法运算指令的专用寄存器，80386 以上 CPU 也可用于访问存储器的偏移地址	RDX	EDX	DX	DH，DL
RBP	保存访问存储单元时的偏移地址	RBP	EBP	BP	无
RDI	用于寻址串指令的目的操作数	RDI	EDI	DI	无
RSI	用于寻址串指令的源操作数	RSI	ESI	SI	无

　　表 2-1 所列通用寄存器中，RAX、RBX、RCX 和 RDX 可以作为 64 位、32 位、16 位和 8 位寄存器使用，微处理器访问不同长度数据时，可以直接引用表中的命名。如利用 MOV 指令修改 DX 的值：MOV DX, 0010h。指令给 DX 寄存器赋值 0010h，指令执行结果只会改变寄存器低 16 位，RDX 的其他部分保持不变。又如，EAX 的值为 6BC30E9FH，那么，AX=0E9FH（其中 AH=0EH，AL=9FH）。

64 位系统中新增了 8 个 64 位寄存器：R8～R15。这些寄存器可以按照字节、字、双字或者四字方式寻址，见表 2－2。可以通过添加控制字的方式访问 R8～R15 寄存器的低位，B 表示低位字节，指 7～0 位，W 表示低位字，指 15～0 位，D 表示低位双字，指 31～0 位。对于完整的 64 位寄存器访问时，不需要任何控制字。值得注意的是，为了保证 32 位程序无须修改就能工作，Intel 规定，在 64 位模式中，一个合法的高字节寄存器（AH、BH、CH 或者 DH）不能够与一个由 R8～R15 的寄存器所表示的字节在同一个指令中寻址。

表 2－2　R8～R15 寄存器 8、16、32 和 64 位访问控制字

访问位数	控制字	寄存器位置	示　例
8	B	7～0	MOV R8B，R9B
16	W	15～0	MOV R9W，AX
32	D	31～0	MOV R10D，EAX
64	无	63～0	MOV R11，RAX

2. 段寄存器

80x86 系列 CPU 对存储器采用分段或分页的方式管理，存储器寻址时，要用到段寄存器。段寄存器用来确定一个存储段在内存中的起始地址。80286 以前的 CPU 有 4 个段寄存器，分别称为代码段寄存器 CS（Code Segment）、数据段寄存器 DS（Data Segment）、堆栈段寄存器 SS（Stack Segment）、附加数据段寄存器 ES（Extra Segment）。自 80386 CPU 开始，增加了 FS 和 GS 两个段寄存器。

一个程序可以由多个段组成，但对于 8086～80286 CPU，由于只有 4 个段寄存器，所以，在某一时刻正在运行的程序，只可以访问 4 个当前段，而对于 80386 及其以上的机器，由于有 6 个段寄存器，因此可以访问 6 个当前段。在实模式下，段寄存器存放当前正在运行程序的段基址的高 16 位，在保护模式下，存放当前正在运行程序的段选择符。段选择符用以选择描述符表中的一个描述符，描述符描述段的基地址、长度和访问权限。在保护模式下，段寄存器仍然是选择一个内存段，只是不像实模式那样直接存放段基址的高 16 位。

CS 指定当前代码段的段基址，代码段中存放正在运行的程序。SS 指定当前堆栈段的段基址。堆栈段是在内存开辟的一块特殊区域，其中的数据访问按照后进先出（LIFO）的原则进行，允许插入和删除的一端叫作栈顶。SP（32 位下为 ESP）指向栈顶，SS 指向堆栈段基地址。DS 指定当前运行程序所使用的数据段。ES 指定当前运行程序所使用的附加数据段。段寄存器 FS 和 GS 只对 80386 以上机器有效，用于指定当前运行程序的另外两个存放数据的存储段。虽然 DS、ES、FS、GS（甚至 CS、SS）所指定的段中都可以存放数据，但 DS 是主数据段寄存器，在默认情况下使用 DS 所指向段的数据。若要引用其他段中的数据，需要使用段超越前缀显式地说明。

3. 专用寄存器

Intel 8086～Core2 专用型寄存器包括指令指针寄存器、堆栈指针寄存器和标志寄存器等。

（1）指令指针寄存器 IP/EIP/RIP

指令指针指向程序的下一条指令。当微处理器为 8086/8088、80286 或者工作在实模式下

时，使用 16 位 IP；80386 及更高型号的微处理工作于保护模式下时，使用 32 位 EIP。指令指针可以由转移指令或者调用指令修改。在 64 位模式中，RIP 包含 40 位地址总线，可以寻址 2^{40}=1 TB 平坦模式地址空间。

（2）堆栈指针寄存器 SP/ESP/RSP

堆栈指针，指向栈顶单元。这个寄存器作为 16 位寄存器时，使用 SP；作为 32 位寄存器时，使用 ESP；作为 64 位寄存器时，使用 RSP。

（3）标志寄存器 FLAG/EFLAG/RFLAG

状态标志寄存器，用来指示微处理器状态并控制它的操作。图 2-5 为 Intel 80x86～Pentium 全系列的微处理器 EFLAG 和 FLAG 寄存器。从 8086 开始，直到 Pentium 微处理器，向下兼容。8086/8088 和 80286 使用 16 位 FLAG 寄存器。80386 及更高微处理器使用 32 位 EFLAG 寄存器。64 位版本中的 RFLAG 包含 EFLAG 和 FLAG 寄存器。

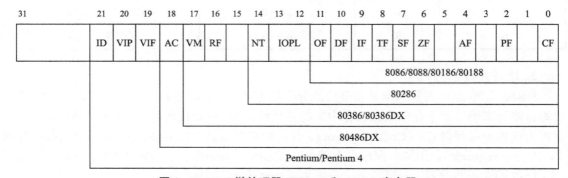

图 2-5　Intel 微处理器 EFLAG 和 FLAG 寄存器

32 位 EFLAG 和 16 位 FLAG 标志寄存器用于指示微处理器的状态并控制它的操作。标志寄存器中最右边的 5 个标志和溢出标志（OF）根据算术运算或者逻辑运算指令结果改变。16 位 FLAG 标志寄存器有效位含义如下。

① D0：进位标志 CF（Carry Flag）。当结果的最高位（字节操作时的第 7 位或字操作时的第 15 位）产生一个进位或借位时，CF=1；否则 CF=0。在移位或循环移位指令中，会把操作数的最高位（左移时）或最低位（右移时）移入 CF 中。

② D2：奇偶标志 PF（Parity Flag）。Intel 微处理器中采用奇校验，当执行结果的低 8 位中二进制 1 的个数为奇数时，PF 为 0；否则为 1。例如，6DH+6DH=DAH 完成后，DAH=1101 1010B，结果中有 5 个 1，因此 PF 为 0。

③ D4：辅助进位标志 AF（Auxiliary Carry Flag）。在字节操作时，若低半字节（一个字节的低 4 位）向高半字节有进位或借位；在字操作时，若低位字节向高位字节有进位或借位，则 AF=1，否则 AF=0。这个标志用于十进制算术运算指令中，即通过二进制数运算调整为十进制数表示的结果。

④ D6：零标志 ZF（Zero Flag）。当运算结果为零时，ZF 为 1；否则为 0。

⑤ D7：符号标志 SF（Sign Flag）。它与运算结果的最高位相同。对字节操作（8 位运算）来说，是结果的第 7 位；对字操作（16 位运算）来说，是结果的第 15 位。当 SF=0 时，结果为正数或 0；当 SF=1 时，结果为负数。

⑥ D8：单步标志 TF（Trap Enable Flag）。当 TF=1 时，CPU 进入单步方式，在每条指令执行以后产生一个内部中断（单步中断）；当 TF=0 时，CPU 执行指令后，不产生单步中断。

⑦ D9：中断允许标志 IF（Interrupt Enable Flag）。当 IF=1 时，允许 CPU 接收外部中断请求，此时为"开中断"状态；当 IF=0 时，屏蔽外部中断请求，此时为"关中断"状态。

⑧ D10：方向标志 DF（Direction Flag）。在字符串操作指令中，当 DF=0 时，串操作为自动增址；当 DF=1 时，串操作为自动减址。STD 指令置位 DF，CLD 指令清除 DF。

⑨ D11：溢出标志 OF（Overflow Flag）。带符号数运算时，当其运算结果超出了 8 位或 16 位带符号数所能表达的范围时，将产生溢出，置 OF 为 1，否则 OF 清 0。溢出 OF 与进位 CF 是两个不同性质的标志。

为了保证兼容性，80386 的 EFLAG 中位 11 到位 0 和 8086 的 FLAG 完全相同。80386 CPU 中新增了四个标志位：IOPL、NT、RF 和 VM。

① D13～D12：IOPL（I/O Privilege Level），表示 I/O 特权级，IOPL 占 2 位，取值为 0、1、2、3，对应四个特权级。只有特权级高于 IOPL 的程序才能够执行 I/O 指令，否则会产生异常，并将任务挂起。

② D14：NT（Nest Task），嵌套任务位。此位只用于保护模式，如果保护模式下当前的任务嵌套在其他任务中，此位为 1，否则为 0。IRET 指令会检测 NT 的值。若 NT=0，则执行中断的正常返回；若 NT=1，则执行任务切换操作。

③ D15：RF（Resume Flag），与程序调试有关的一个控制位，在程序调试时使用。

④ D17：VM（Virtual 8086 Mode），V86 模式位。VM=1 时，表示当前 CPU 正工作在 V86 模式下；VM=0 时，表示当前 CPU 工作在实模式或保护模式下。VM 位只能在保护方式中由 IRET 指令置位（如果当前特权级为 0）或在任意特权级上通过任务切换而置位。

Pentium 系列新增了四个标志位：ID、VIP、VIF 和 AC。

① D18：AC（Alignment Check），地址对齐检查位。寻址一个字或者双字时，当地址不在字或者双字的边界上时，AC=1，否则 AC=0。80486 以上微处理器支持这个标志。

② D19：VIF（Virtual Interrupt Flag），虚拟中断标志。与 VIP 一起使用，在虚拟方式下提供中断允许标志位 IF 的副本。只有 Pentium～Pentium 4 处理器才有。

③ D20：VIP（Virtual Interrupt Pending），虚拟中断挂起标志。为 Pentium～Pentium 4 处理器提供有关虚拟模式中断的信息。它用于多任务环境下，为操作系统提供虚拟中断标志和中断挂起信息。

④ D21：ID（Identification），微处理器标识标志，用来指示 Pentium～Pentium 4 处理器，支持 CPUID 指令。CPUID 指令是 Intel IA-32 架构下获得 CPU 信息的汇编指令，可以得到 CPU 类型、型号、制造商、商标、序列号、缓存等一系列 CPU 相关的信息。

2.3.2　保护模式下的寄存器

80386 新增了一系列寄存器用于支持 CPU 工作于保护模式下，除了控制寄存器组有一些新增加的特性和变化外，其他更高级的处理器与 80386 微处理器本质上相同，因此本书主要介绍 80386 相关的新增寄存器，其他更高级的微处理器中的变化可以通过查看相关的微处理器手册获得。

1. 控制寄存器

80386 中有四个系统控制寄存器：CR0～CR3（Control Register），如图 2－6 所示。CR0 的低 5 位是系统控制标志，被称为机器状态字（Machine Status Word，MSW），分页机制中用到 CR3、CR2 和 CR0。

CRx	31	30 ～12	11～5	4	3	2	1	0
CR0	PG	0000000000000000000	0000000	ET	TS	EM	MP	PE
CR1	保留未用							
CR2	页故障线性地址							
CR3	页目录基址		000000000000					

图 2－6　80386 微处理器的控制寄存器结构

CR0 中机器状态字的含义如下：

① PE（Protection Mode Enable）：保护模式允许标志。PE=0 为实模式，CPU 复位时自动进入实模式；PE=1 为保护模式，可以通过软件设置 PE 进入或退出保护模式。

② MP（Monitor Coprocessor Extension）：运算协处理器存在位。MP=1 表示系统中有协处理器。

③ EM（Emulate Processor Extension）：仿真位。设置该位可以使每条 ESC 指令引起 7 号中断（ESCape 指令用来对 80387 协处理器指令编码）。EM=1 时，可以利用 7 号中断，用软件来仿真协处理器的功能；EM=0 时，用硬件控制浮点指令。

④ TS（Task Switched）：任务切换标志。TS=1 时，表明任务已经切换，在保护模式下，TR 的内容改变将自动设置此位为 1。

⑤ ET（Extension Type）：协处理器选择标志。早期 80386 里面没有 80387 协处理器，因此设置此位。当处理器复位时，ET 位被初始化，以指示系统中数字协处理器的类型。如果系统中存在 80387 协处理器，那么 ET 位置 1；如果系统中存在 80287 协处理器或者不存在协处理器，那么 ET 位清 0。80386 以后的系统中，ET 位置为 1，表示系统中存在协处理器。

⑥ PG（Paging Enable）：分页标志。PG=1 时，存储器管理单元允许分页，线性地址通过页表转换获得物理地址。PG=0 时，分页功能被关闭，线性地址等于物理地址。当 PG=0 时，CR2 和 CR3 寄存器无效；PG=1 时，二者用于分页管理机制。

80386 首次将分页机制引入 80x86 结构，每页大小为 4 KB。CR3 也被称作页目录基址寄存器 PDBR（Page Directory Base Register），它的高 20 位用于保存页目录表的起始物理地址的高 20 位。值得注意的是，向 CR3 中装入一个新值时，低 12 位必须为 0，这是由于页目录是页对齐的，所以仅高 20 位有效，低 12 位保留未用；从 CR3 中取值时，低 12 位被忽略。

CR2 也被称作页面故障线性地址寄存器（Page Fault Linear Address Register），用于发生页异常时报告出错信息。如在访问某个线性地址时，该地址的所在页没有在内存中，则发生页异常，处理器把引起页异常的线性地址保存在 CR2 中。操作系统中的页异常处理程序可以检查 CR2 的内容，定位故障页。Pentium 以后的微处理器还增加了 CR4 控制寄存器，用于新增的几个控制位。

2. 调试和测试寄存器

80386 提供 8 个 32 位的调试寄存器和 8 个 32 位的测试寄存器。调试寄存器为调试软件错误提供硬件支持，其中 DR0～DR3 保存线性断点地址供分析；DR4、DR5 为保留位；DR6 为调试状态寄存器，通过该寄存器的内容可以检测异常，并允许或禁止进入异常处理程序；DR7 为调试控制寄存器，用来规定断点字段的长度、断点访问类型、"允许"断点和"允许"所选择的调试条件。

测试寄存器中 TR0～TR5 保留，用户可见的只有 TR6、TR7。它们用于转换检测缓冲区（Translation Look-aside Buffer，TLB）中测试相关存储器。

3. 全局描述符表寄存器

全局存储器是一种共享系统资源，该存储器可以被所有任务访问。全局描述符表（Global Descriptor Table，GDT）是用来定义全局存储器空间的一种机制，它用段描述符来描述一个全局存储器中的段，每个 GDT 最多含有 $2^{13}=8\ 192$ 个描述符（$8\ 192×8=64\ KB$）。全局描述符表可以存储在内存的任何位置，通过全局描述符表寄存器（Global Descriptor Table Register，GDTR）给出它的位置和大小。LGDT 指令可以将描述符表的起始位置装入 GDTR。GDTR 中的 32 位基址是线性地址，经过分页部件转换为物理地址。

如图 2-7 所示，GDTR 是 48 位的寄存器。其最低 16 位是限长，给出 GDT 的字节大小（其值比 GDT 的长度少 1）；其高 32 位是基址，指出 GDT 在物理存储器中存放的基地址。

图 2-7　GDTR 寄存器

例 2.1　已知 GDTR=0E003F0003FFH，则全局描述符表的基址是多少？这个全局描述符表有多大？里面有多少个描述符？

GDT 的地址为 0E003F00H；长度为 3FFH+1=400H；可容纳 400H/8=80H 个段描述符。

4. 中断描述符表寄存器

同 GDTR 一样，中断描述符表寄存器（Interrupt Descriptor Table Register，IDTR）也在存储器中定义了一个表，该表称为中断描述符表（IDT）。IDT 中保存的不是段描述符，而是中断门描述符。每个门描述符也包含 8 字节，IDT 最多包含 256 个门描述符，因为 CPU 最多支持 256 个中断。中断门指向的是中断服务程序的入口。

如图 2-8 所示，IDTR 是 48 位的寄存器。其最低 16 位是限长，给出 IDT 的字节大小（其值比 IDT 的长度少 1），其高 32 位是线性地址，经过分页部件转换为物理地址，指出 IDT 在物理存储器中存放的基地址。

图 2-8　IDTR 寄存器

例 2.2　已知 IDTR=0E003F40007FFH，则中断描述符表的基址是多少？这个中断描述符表有多大？里面有多少个描述符？

IDT 的地址为 0E003F400H；长度为 7FFH+1=800H；可容纳 800H/8=100H 个描述符。

保护模式下的中断描述符表的功能，类似于实模式下的中断向量表，所不同的是，IDT 的位置是可变的，由相应的描述符说明，而实模式下的中断向量表的地址是固定在物理地址 00000H 处的。

GDTR 和 IDTR 的值必须在进入保护模式之前装入。在实模式下执行 LGDT 和 LIDT 指令装入 GDTR 和 IDTR。

5. 局部描述符表寄存器

保护模式提供了多任务的环境，系统中除了一个公用的全局描述符表 GDT 外，还为每个任务建一个局部描述符表（Local Descriptor Table，LDT）。LDT 只含有与系统中某一个任务相关的各个段的描述符，即 LDT 定义的是某项任务用到的局部存储器地址空间。这样就可以使每一任务的代码段、数据段、堆栈段与系统其他部分隔离开。多任务环境下，由于每项任务都有自己的 LDT（且每项任务最多只能有一个 LDT），因此，保护模式下可以有多个 LDT，而和所有任务有关的公用段的描述符放在全局描述符表 GDT 中。

与 GDTR 不同，由于 LDT 是面向某个任务的，局部描述符表寄存器 LDTR 并不直接指出 LDT 的位置和大小。LDTR 的内容是一个 16 位的选择符，指向一个 LDT 描述符。LDT 描述符指出 LDT 的位置和大小。在任务切换时，CPU 从新任务的任务状态段中装入 LDTR，从而使用新任务的局部存储器空间。

由 LDTR 寄存器确定 LDT 的位置和限长的过程如图 2-9 所示。①和②步由 GDTR 确定了 GDT 表在存储器中的位置和限长。LDTR 中是一个选择符，它包含了 LDT 描述符在 GDT 中的索引。③步是依据 LDTR 在 GDT 中取出 LDT 描述符的过程。在 LDT 描述符中，包含有 LDT 的位置和限长，即④和⑤步。

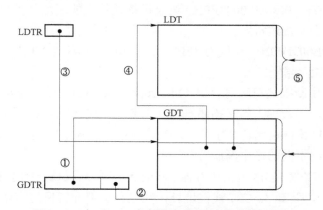

图 2-9　由 LDTR 寄存器确定 LDT 的位置和限长

6. 任务寄存器

任务寄存器（Task Register，TR）在保护模式的任务切换机制中使用。TR 是 16 位的选择符，其内容为索引值，它选中的是 TSS 描述符。TR 的初值由软件装入，当执行任务切换指令时，TR 的内容自动修改。

在多任务环境下，每个任务都有属于自己的任务状态段（Task State Segment，TSS），TSS

中包含启动任务所必需的信息。任务状态段 TSS 在存储器的基地址和限长（大小）由 TSS 描述符指出。TSS 描述符放在全局描述符表 GDT 中，TR 内容为选择符，它指出了 TSS 描述符在 GDT 中的顺序号。由于保护模式支持多任务，每个任务都有自己的 TSS，所以 TR 的功能是用于选择 TSS 描述符，由描述符说明各 TSS 的位置和限长。

例 2.3 假定全局描述符表的基址为 00011000H，TR 为 2108H，问 TSS 描述符的起始范围是多少？

TSS 起始地址 =00011000H+2108H=00013108H。

由于描述符为 8 字节，故 TSS 终止位置为 00013108H+7H=0001310FH。

由任务寄存器 TR 取得 TSS 的过程如图 2-10 所示。①和②步由 GDTR 确定了 GDT 表在存储器中的位置和限长。TR 是一个选择符，这个选择符中包含了 TSS 描述符在 GDT 中的索引。③步依据 TR 在 GDT 中取出 TSS 描述符。在第④和⑤步中，在 TSS 描述符中取得 TSS 的基址和限长。

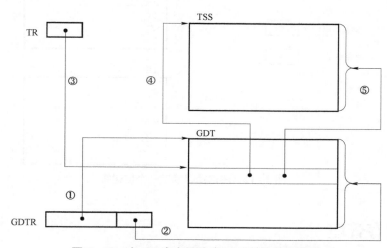

图 2-10 由 TR 寄存器确定 TSS 的位置和限长

7. 段选择符

段寄存器在实模式、V86 模式和保护模式下有不同的内容。实模式和 V86 模式下，它们的用法兼容 16 位 CPU，即段寄存器保存 20 位段基址的高 16 位，段基址的低 4 位为 0。在保护模式下，段寄存器的意义与实模式下的段寄存器则完全不同。它不直接存放段基址，而是存放一个索引，称为段选择符（Segment Selector）。由段选择符从全局描述符表或局部描述符表中找到 8 个字节长的段描述符，从而确定关于这个段的全部描述信息。选择符格式如图 2-11 所示。

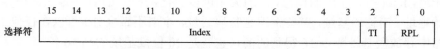

图 2-11 选择符的格式

段选择符中各字段含义如下：

① RPL（Requestor Privilege Level）：请求特权级，表示将要访问的段的特权级。取值范

围为 0～3。00～11 分别代表特权级 0、1、2 和 3。

② TI（Table Indicator）：表指示符。为 0 时，从全局描述符表（GDT）中选择描述符；为 1 时，从局部描述符表（LDT）中选择描述符。

③ Index：索引。指出要访问描述符在段描述符表中的顺序号，Index 占 13 位。因此，顺序号的范围是 0～8 191。每个段描述符表（GDT 或 LDT）中最多有 8 192=2^{13} 个描述符。

如图 2-12 所示，当 DS=0023H=0000 0000 0010 0011B 时，可知：Index=0 0000 0000 0100B=4，TI=0，RPL=11B=3。因为 TI=0，DS 的段描述符在 GDT 中。Index×8=4×8=0020H，该描述符在 GDT 表中的位置是 0020H～0027H，占 8 个字节，RPL=3，请求特权级为 3。

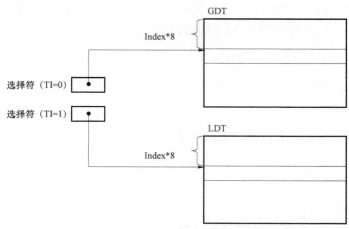

图 2-12 由选择符确定一个描述符

2.4 内存管理

CPU 通过对内部存储器的管理实现任务切换和资源调配。早期的 16 位 CPU 通过分段方式实现对内存的管理，32 位 CPU 采用分段和分页结合的方式实现对内存的管理。

2.4.1 实模式下分段管理

8086/8088 CPU 有 20 位地址总线，最大可寻址内存空间应为 2^{20}=1 MB，其物理地址范围为 00000H～FFFFFH。而 8086 CPU 寄存器都是 16 位的，其表示范围是 0～2^{16}-1，即 0000H～FFFFH。寄存器的大小是 16 位（范围是 64 KB），物理地址的大小是 20 位（范围是 1 MB），这就造成一个矛盾：单独使用一个 16 位数不能表示或确定某一内存单元的物理地址。为了解决这个矛盾，Intel 引入了段的概念，段的大小可以变化，16 位 CPU 中最大的段为 2^{16}=64 KB。段的起始地址（简称段基址，某些情况也称段首址，本书不做区分）可以在任何 16 的倍数上，段寄存器中存放段基址除以 16 得到的商（也就是 20 位段基址的高 16 位）。

当存储器采用分段管理后，一个内存单元地址要用段基地址和偏移量两个逻辑地址来描述，表示为"段基址:偏移量"。因此，程序中给出的内存单元地址只是逻辑地址，而不是物理地址，真正的物理地址要通过 CPU 部件自动计算得到。物理地址是从微处理器引脚上输出的地址信号所决定的地址空间，也是地址总线的寻址空间。

对于实模式寻址，要求其段基址必须定位在地址为 16 的整数倍上，这种段起始边界通常称作节或小段。有了这样的规定，1 MB 空间的 20 位地址的低 4 位可以不表示出，而高 16 位就可以完全放入段寄存器了。同样，由于 16 位长的原因，在实模式下段长不能超过 64 KB，但是对最小的段并没有限制，因此可以定义只包含 1 个字节的段。段间位置可以相邻、不相邻或重叠。

存储器采用分段管理后，其物理地址的计算方法为：

$$10H×段基址+偏移量 \quad （其中 H 表示是十六进制数）$$

因为段基址和偏移量一般用十六进制数表示，所以简便的计算方法是在段基址的最低位补以 0H，再加上偏移量。例如，某内存单元的地址用十六进制数表示为 1234:5678，则其物理地址为 179B8H，如图 2-13 所示。

例 2.4　计算实模式下 1000:1F00、11F0:0000、1080:1700 的物理地址。

1000:1F00=10H×1000+1F00=11F00H；

11F0:0000=10H×11F0+0000=11F00H；

1080:1700=10H×1080+1700=11F00H。

从上例可以看出，同一个物理地址可以用不同的"段基址:偏移量"表示，其物理意义也是显而易见的，"段基址:偏移量"的地址格式也通常称为逻辑地址。

程序执行时，其当前段的段基址放在相应的段寄存器中。例如，当前正在执行的代码段的段基址放在 CS 中，当前正在访问的数据段的段基址放在 DS 中，当前正在使用的堆栈段的段基址放在 SS 中，偏移量视访问内存的操作类型决定，可能放在寄存器中或通过操作数寻址方式得到。

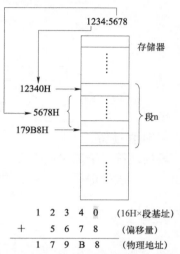

图 2-13　实模式下物理地址的形成过程

2.4.2　保护模式下分段管理

实模式下，由"段基址:偏移量"形成的逻辑地址通过地址形成部件转换为物理地址，CPU 可对该地址的内存进行数据存取。保护模式下，逻辑地址同样由"段基址:偏移量"的格式形成，只不过，原来用来存储段基址的段寄存器不再表示段的起始位置，而是用来表示段选择符，偏移量在保护模式下也是由 32 位的寄存器或存储器寻址方式给出的。保护模式下，该地址表示形式称为虚拟地址，对应的地址空间称为虚拟地址空间。

以 CS:EIP 为例，CS 中存放了一个 16 位的段选择符，EIP 是 32 位偏移量。16 位段选择符加上 32 位偏移量，总共是 48 位，其中段选择符的 2 位 RPL 与虚拟地址的转换无关，因此可以认为虚拟地址是 46 位的，段选择符的 Index 和 TI 占 14 位，偏移量为 32 位，虚拟地址空间为 2^{46} B=64 TB，虚拟地址 CS:EIP 在全局存储空间中寻址的示例如图 2-14 所示。

①、②：由全局描述符表寄存器 GDTR 给出全局描述符表 GDT 的基址和限长；

③：代码段选择符寄存器 CS 中的索引 Index 指向某个代码段描述符；

④、⑤：该描述符描述了某代码段内存区域的基址和限长；

⑥：逻辑地址中的 EIP 作为偏移量指向该代码段内存区域的某个位置，从该位置取出待执行的代码传递给 CPU 执行。

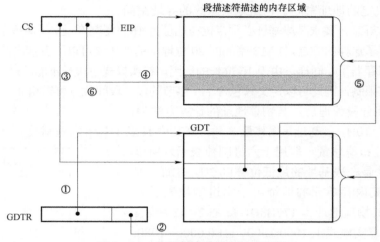

图 2-14 全局存储空间中寻址示例

1. 段描述符

段描述符用于描述代码段、数据段和堆栈段。段描述符的格式如图 2-15 所示。段限长指出了一个段的最后一个字节的偏移地址。

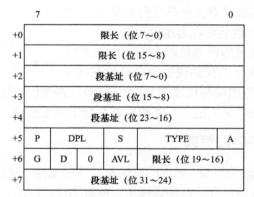

图 2-15 段描述符的格式

段描述符位于 GDT 或 LDT 中，占 8 字节（64 位），包括：段基址（32 位）、限长（20位）、访问权限（8 位）和属性（4 位）。访问权限字节中各个位的定义如图 2-16 所示。

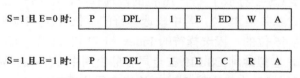

图 2-16 访问权限字节的格式

① P（Present）：存在位。P=1 时，表示该段已装入内存；P=0 时，表示该段没有在内存中，此时访问该段会产生段异常。操作系统将某个段从物理内存中交换到磁盘时，设置此位为 0。

② DPL（Descriptor Privilege Level）：描述符特权级，说明该段的特权级，取值为 0～3。

③ S（System）：描述符类型位。S=1 时，这个段为代码段、数据段或堆栈段；S=0 时，为系统段描述符。

④ E（Executable）：可执行位，用来区分代码段和数据段。S=1 且 E=1 时，这是一个代码段，可执行；S=1 且 E=0 时，这是一个数据段或堆栈段，不可执行；E=0 时，后面的两位为 ED 和 W；E=1 时，后面的两位为 C 和 R。

⑤ ED（Expansion Direction）：扩展方向位（对数据段或堆栈段）。ED=0 时，段向上扩展（从低地址向高地址扩展），偏移量小于等于限长。ED=1 时，段向下扩展（从高地址向低地址扩展），偏移量必须大于限长。限长是指地址上限。一般情况下，ED 位为 0。有的资料中将 ED=1 的段称为堆栈段，这是不恰当的。SS 段描述符的 ED 位也可以为 0。

⑥ W（Writeable）：写允许位（对数据段或堆栈段）。W=0 时，不允许对这个数据段写入；W=1 时，允许对这个数据段写入。对数据段进行读操作总是被允许的。

⑦ C（Conforming）：一致位（对代码段）。C=0 时，这个段不是一致代码段；C=1 时，这个段是一致代码段。一致代码段就是操作系统拿出来被共享的代码段，这些代码段允许被低特权级的用户直接调用访问。一致代码段正常情况下用于库或者异常处理程序，它们可以提供服务给调用程序，但无须访问保护的系统设施。此时特权级高的程序不允许访问特权级低的代码，即核心态不允许调用用户态的代码；特权级低的程序可以访问到特权级高的代码，但是特权级不会改变，即用户程序调用系统和心态代码段时，不改变特权级，还是在用户态下运行。除了一致代码段外，其他的代码段称为非一致代码段。非一致代码段常用于那些为了避免低特权级的访问而被操作系统保护起来的系统代码。非一致代码段只允许特权级相同的程序间访问，绝对禁止不同级访问，即核心态不使用用户态，用户态也不使用核心态。

⑧ R（Readable）：读允许位（对代码段）。R=0 时，不允许读这个段的内容；R=1 时，允许读这个段的内容。对代码段进行写操作总是被禁止的。

⑨ A（Accessed）：访问位。A=1 表示段已被访问（使用）过；A=0 表示段未被访问过。操作系统利用这个位对段进行使用统计，可以将那些很长时间没有被访问过的段从内存中调出，释放其内存给其他程序所使用。

属性位包括 G、D、AVL 等。

① G（Granularity）：粒度。G=1 时，限长以页为单位；G=0 时，限长以字节为单位。

② D（Default Operation Size）：默认操作数宽度。D=1 时，为 32 位数据操作段；D=0 时，为 16 位数据操作段。

③ AVL（Available field）：可用位。这一位保留给操作系统或应用程序来使用。

限长位在描述符中一共占 20 位。G=1 时，限长的内容加上 1 后就是段所占的页数，1 页的大小为 $2^{12}=4$ KB；G=0 时，段限长以字节为单位，限长的内容 +1 就是段所占的字节数。

见表 2-3，G=1 时，限长位为 FFFFFH 时，段所占的页数是 FFFFFH+1=100000H，即 2^{20} 页，段的大小为 $2^{32}=4$ GB，有效偏移量的范围是 00000000H～FFFFFFFFH；G=0 时，限长位为 FFFFFH 时，段的大小为 $2^{20}=1$ MB，有效偏移量的范围是 00000000H～000FFFFFH。

表 2-3　根据粒度位和限长位确定段的长度

G	限长位	限长加 1	段的长度
1	FFFFFH	100000H=2^{20}	100000000H=2^{32}=4 GB
1	00000H	00001H=2^0	00001000H=2^{12}=4 KB
0	FFFFFH	100000H=2^{20}	100000H=2^{20}=1 MB
0	00000H	00001H=2^0	00001H=2^0=1 B

例 2.5　设段基址为 0CD310000H，段界限为 001FFH。G 位分别为 0 和 1 时，求段的起始地址和段的结束地址。

段的起始地址＝段基址＝0CD310000H；

（G=0）段的结束地址＝段基址＋段限长＝0CD310000H＋001FFH＝0CD3101FFH

（G=1）段的结束地址＝段基址＋段限长＝0CD310000H＋（001FFH+1）×4 KB−1

　　　　　　　＝0CD50FFFFH

例 2.6　段描述符的实际应用。

下面是 Windows XP 中各段寄存器及段描述符的值：

CS=001B　DS=0023　ES=0023　SS=0023　FS=0030　GS=0000

GDTbase=E003F000　Limit=03FF

E003F000　00 00 00 00 00 00 00 00 − FF FF 00 00 00 9B CF 00

E003F010　FF FF 00 00 00 93 CF 00 − FF FF 00 00 00 FB CF 00

E003F020　FF FF 00 00 00 F3 CF 00 − AB 20 00 20 04 8B 00 80

E003F030　01 00 00 F0 DF 93 C0 FF − FF 0F 00 00 00 F3 40 00

E003F040　FF FF 00 04 00 F2 00 00 − 00 00 00 00 00 00 00 00

选择符	类型	段基址	结束地址	DPL		
0008	Code32	00000000	FFFFFFFF	0	P	RE
0010	Data32	00000000	FFFFFFFF	0	P	RW
001B	Code32	00000000	FFFFFFFF	3	P	RE
0023	Data32	00000000	FFFFFFFF	3	P	RW
0028	TSS32	80042000	000020AB	0	P	B
0030	Data32	FFDFF000	00001FFF	0	P	RW
003B	Data32	00000000	00000FFF	3	P	RW
0043	Data16	00000400	0000FFFF	3	P	RW
0048	Reserved	00000000	00000000	0	NP	

这里的数字都是十六进制形式的。以 CS=001BH 为例，001BH=0000 0000 0001 1011b，001BH 是段选择符，Index=0 0000 0000 0011b=3H，TI=0，RPL=11b=3H。Index×8=3H×8=0018H，因此，在 GDT 表中的位置 0018H 处开始的 8 个字节，存放的就是 001BH 选择符对应的段描述符。GDT 表的基址为 E003F000H，这个段描述符从 E003F000H+0018H=0003F018H 开始，取出这 8 个字节为：FF FF 00 00 00 FB CF 00。

上面的 8 个字节的含义如图 2-17 所示。

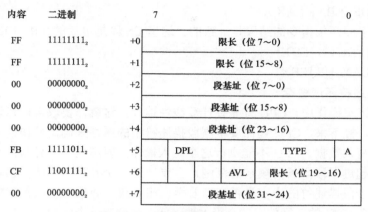

图 2-17　段描述符示例

段基址（位 31～24）=00H，段基址（位 23～16）=00H，段基址（位 15～8）=00H，段基址（位 7～0）=00H，所以段基址（位 31～0）=00000000H。

限长（位 19～16）=FH，限长（位 15～8）=FFH，限长（位 7～0）=FFH，所以限长（位 19～0）=FFFFFH。

G=1，限长是以页为单位的，段的大小为（FFFFFH+1）×2^{12}=100000H×2^{12}=2^{32}=4 GB。段的基址为 00000000H，长度为 4 GB，其线性地址范围为 00000000H～FFFFFFFFH。

其他的各位解释如下：

① D=1，因此这是一个 32 位的段。

② AVL=0。

③ P=1，这个段在内存中。

④ DPL=11_2=3_{16}，段的特权级为 3。

⑤ S=1，这不是一个系统段，而是一个代码、数据段或堆栈段。

⑥ E=1，这是一个代码段（可执行）。

⑦ C=0，非一致代码段。因为 E=1，这一位是 C；若 E=0，这一位代表 ED。

⑧ R=1，可以对这个段进行读操作。因为 E=1，这一位是 R；若 E=0，这一位代表 W。

读者可自行解释 DS=0023H 所对应的段。

2. 段的属性

在 Windows/Linux 操作系统中，代码段、数据段、堆栈段等占据了全部 4 GB 的线性地址空间，并且这些段的地址空间都是完全相同的，都是 00000000～FFFFFFFF，即段基址为 00000000，长度为 FFFFFFFF。在这种情况下，CS:[EBX]、DS:[EBX]、SS:[EBX]都表示同一个内存单元。DS 段的线性地址范围为 00000000～FFFFFFFF，与 CS 段完全相同。那么，00000000～FFFFFFFF 究竟是代码段还是数据段呢？段的属性是由段选择符来决定的，对于同样一个线性地址范围，不同的选择符有不同的属性。

假设 EBX 指向一个有效的数据单元，但下面指令执行时会产生异常：

MOV CS:[EBX], EAX

因为 001BH 所代表的段是一个代码段（S=0，E=1），不允许写入。

而下面的指令就可以执行：

    MOV DS:[EBX], EAX

也就是说，下面两条指令的结果是一致的。这里 CS 段是可读的（R=1）。

    MOV EAX, CS:[EBX]

    MOV EAX, DS:[EBX]

3. 段描述符高速缓存

在内存读写操作中，CPU 首先要计算线性地址，这就需要取得段描述符中的基地址，再加上偏移量。接下来，CPU 还需要根据段描述符中的属性来确定操作的合法性。如程序要向一个只读段写入数据，CPU 不能执行这个写入操作，要产生一个异常；或者当指定的内存操作数偏移量超过了段限长所规定的范围，也要产生一个异常。因此，读写内存单元时，CPU 需要经常检查段描述符的内容是否和当前操作相一致。如果每一次都需要到内存中去读取段描述符，那么 CPU 的运行效率就会极大地降低。为解决这个问题，CPU 在内部设置了段描述符高速缓存。段描述符高速缓存总是与 CS、DS、ES、SS、FS、GS 段寄存器和描述符的当前值保持一致，只有段寄存器的值发生改变时，才需要到 GDT 或 LDT 中装入段描述符。因此，除非这些段寄存器内容改变，CPU 不需要读取 GDT 或 LDT 中的段描述符，而可以直接引用高速缓存中的段描述符，避免了到主存中频繁读取描述符的过程。如执行类似"MOV DS, AX"的指令时，将选择符的值装入段寄存器。选择符的 TI 位选中 GDT 或 LDT 的描述符表，再由索引值 Index 选中表内的一个段描述符，段描述符的内容被自动装入相应的一个缓存器中，如图 2-18 所示。这些缓存器是不可见的，即没有专门的指令来对这些缓存器进行操作。

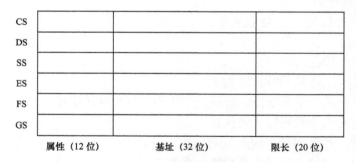

图 2-18　段描述符高速缓存

4. 段式地址转换

CPU 的分段部件完成将虚拟地址转换为线性地址。图 2-19 表示了虚拟地址到线性地址的转换过程。根据虚拟地址中的段选择符，在 GDT 或 LDT 中查找到对应的段描述符，段描

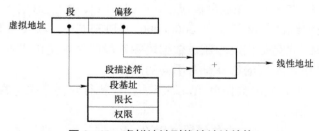

图 2-19　虚拟地址到线性地址转换

述符中包括这个段的段基址、限长和权限等信息。取出段的基址后，再加上偏移部分，就得到了线性地址。

　　CPU 的分页部件将线性地址转换为物理地址。如果禁止 CPU 的分页功能，线性地址就直接作为物理地址。从虚拟地址到线性地址，再到物理地址的转换过程如图 2-20 所示。

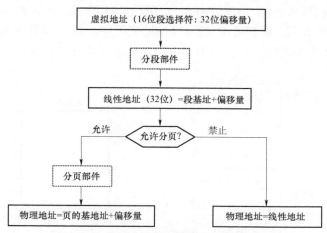

图 2-20　虚拟地址到物理地址的转换过程

2.4.3　页式内存管理

　　保护模式下的 CPU 支持分页机制，并且分页管理是在分段管理机制的基础上工作的，它将分段管理机制得到的线性地址转换为物理地址。使用分页机制的好处在于它可以把每个活动任务当前所必需的少量页面放在内存中，而不必将整个段调入内存，从而提高了内存的使用效率。例如，一个段的线性地址空间为 4 GB，而实际上这个段并不用占据全部 4 GB 的内存空间，只有使用到的页面才被放到内存中。

1. 分页

　　每一个任务都有它自己的一个线性地址空间，由于线性地址是 32 位的，所以线性地址空间为 $2^{32}=4$ GB。分段管理时，段的长度不固定，段和段之间也允许重叠；而页面的划分则严格得多。所有页的长度固定，页与页之间也没有重叠。假定页面大小为 4 KB，则 32 位 CPU 将 4 GB 的线性地址空间划分成 2^{20} 页。固定长度的页可能会产生碎片，浪费一些内存空间。例如，程序需要 10 KB 内存，为满足需要，必须分配 3 个页面，占据 12 KB 内存空间，而其中最后一个页面有 2 KB 内存被浪费掉了。而使用段来描述和管理内存就可以十分精确，段的基址可以在内存的任何地址上，段的长度也可以以字节为单位来设置，因此不会浪费内存。

　　完全使用段式内存管理时，段要么全部装入内存，要么全部从内存中释放，效率很低。而使用页式内存管理，以页为单位调度内存空间，只有那些被需要的页才被装入内存。在需要释放内存空间时，可以将那些不常用的页面调出，简化了存储器管理，更加灵活。Windows 和 Linux 操作系统中，一般将段式内存管理和页式内存管理结合起来，主要是依赖页式内存管理来调度内存。操作系统将每个任务的整个线性地址空间都作为一个段来处理，这个段总是在内存中（段描述符的 P 位等于 1）。基于页式内存管理机制，实际这个段并没有全部装入内存，而是仅仅根据程序的需要为其分配了一定大小的地址空间，将那些当前被使用到的页装入内存。

2. 线性地址到物理地址的映射过程

线性地址以页（4 KB）为单位映射到物理地址。每一个线性页面都映射到一个物理页面上。但是这个映射不一定是一一对应的，每一个线性页面只能映射到一个物理页面上，但是多个线性页面可以映射到同一个物理页面上。如图 2-21 所示，任务 A 的页 1 和任务 B 的页 1，映射到同一个物理页面。在任务 B 的线性地址空间中，页 1 和页 2 是连续的，但是它们映射到的物理页面却并不连续；而任务 B 的页 3，还不在物理内存中。

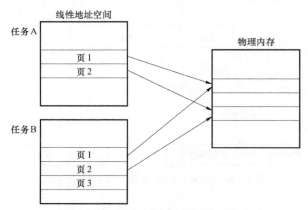

图 2-21 线性地址到物理地址的映射

分页机制就是一种将线性地址的页面映射到物理地址页面的手段，也就是从线性地址到物理地址的转换过程。分页机制中用到了两个表：页目录表和页表。

如图 2-22 所示，32 位线性地址被划分为 3 个部分：页目录索引（10 位）、页表索引（10 位）、页面字节索引（12 位），其中第 1 项是对页目录（Page Directory）的索引，第 2 项是对页表（Page Tables）的索引，第 3 项是线性地址在页面（Page Frame）内的偏移。

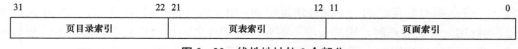

图 2-22 线性地址的 3 个部分

图 2-23 说明了线性地址转换为物理地址的过程。

①：页目录的地址由 CR3 的最高 20 位决定，CR3 又被称作页目录基址寄存器 PDBR（Page Directory Base Register），CR3 的低 12 位 =000H。页目录的大小为 4 KB，由 1 024 个页表描述符组成，每个页表描述符占 4 个字节。

②：线性地址中高 10 位为页目录索引，页目录基地址加上页目录索引乘以 4 获得的地址指向页目录表中一个页表描述符。

③：页表描述符的高 20 位给出了页表的基地址。页表同样占 4 KB，由 1 024 个页描述符组成，每个页描述符占 4 字节。

④：线性地址中的页表索引（10 位），指示了被访问的页在页表中的序号。根据页表基地址加上 10 位页表索引乘以 4 指向页表中的一个页描述符。

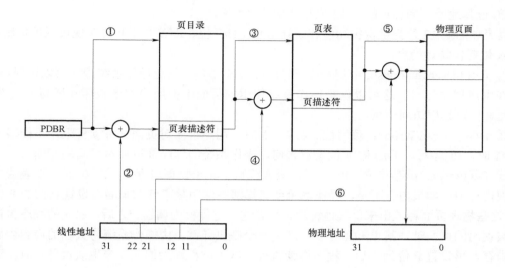

图 2−23　页目录和页表的索引过程

⑤：页描述符的高 20 位给出了物理页面的基地址的高位 20 位。

⑥：物理页面的基地址再加上线性地址中 12 位字节的页内偏移量，得到物理地址。

3. 片内转换检测缓冲器

页式内存管理中，每次内存操作都需要将线性地址转换为物理地址，转换过程中需要两次访问内存，分别访问页目录表和页表来取得页表描述符和页描述符，时间开销大。为了提高转换效率，CPU 内部设置了片内转换检测缓冲器 TLB（Translation Look-aside Buffer），其中保存了 32 个页描述符，它们都是最近使用过的。从线性地址转换为物理地址时，如果线性地址的页描述符已在 TLB 中，则可以直接引用。如果线性地址的页描述符没有在 TLB 中，则需要访问页目录表和页表来取得页表描述符和页描述符，并将这个页描述符存在 TLB 中。由于计算机程序具有时间局部性，即访问某一个内存单元后，程序在以后的运行过程中很有可能再次访问这个单元。因此绝大部分的转换操作都可以依赖于 TLB 中的页描述符高速缓存来完成。

4. 页表项

页表项就是在分页转换时用到的页表描述符和页描述符，它们都是 32 位的，其格式相同，如图 2−24 所示。

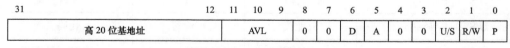

图 2−24　页表项的格式

页目录表、页表和页面的基地址的低 12 位全部为 0，定位在页的边界上。页表描述符的高 20 位就是页表基地址的高 20 位；页描述符的高 20 位就是物理页面基地址的高 20 位。即对于页表项中的 20 位基址，如果页表项在页表描述符中，那么指出的是页表的高 20 位基地址，页表的低 12 位基地址始终为 0；如果页表项在页描述符中，那么指出的就可能是物理页的高 20 位基地址，物理页的低 12 位基地址始终为 0。

页表项的低 12 位提供保护功能和统计信息。U/S 位、R/W 位、P 位实现页保护机制；D 位和 A 位提供统计信息。

① U/S（User/Supervisor）：用户/管理员位。U/S=0 时，只有操作系统程序可以访问该页，不允许用户程序访问，这可以保护操作系统使用的页面不被用户程序破坏（读写）；U/S=1 时，允许用户程序访问该页。

② R/W（Read/Write）：读写位。R/W=0 时，用户程序对页面只有读权限，不能写入；R/W=1 时，可读/写。不论 R/W 位设置如何，操作系统的程序都可以对页面进行读写。

③ P（Present）：存在位。P=1 时，页表或页存在于物理内存中；P=0 时，页表或页不在物理内存中。如果内存不足，操作系统会选择那些使用频率低的页面，设置它们的 P 位为 0，将这些物理页面释放出来供其他程序使用，这个过程称为调出。之后，原先的程序再访问这些被调出的页面时，其 P 位等于 0，产生一个缺页异常，由操作系统将页面的内容由磁盘调入内存，再设置 P 位为 1 后，程序继续执行，这个过程称为调入。产生缺页异常时，程序中使用的 32 位线性地址被保存在 CR2 中。

④ A（Accessed）：访问标志。如果对某页表或页访问过，CPU 设置页表项中的 A 位为 1。操作系统定期扫描该项，统计使用次数。当需要调出（释放）页面时，操作系统一般选择那些最少使用的或长期不用的页。

⑤ D（Dirty）：写入位。D=1 时，表示对该页进行过写操作；D=0 时，表示对该页还没有进行过写操作。D 位只用于页描述符，它是写入标志。当需要释放某个物理页面时，若其 D=0，表示磁盘中交换页面的内容和物理页面的内容一致，不需要向磁盘重写；若 D=1，则需要将这个页面写到磁盘，否则下一次从磁盘调入这个页面时，其中的内容不正确。

⑥ AVL 占 3 位，保留，可以由操作系统使用。

对属于操作系统的页面，页表项中的 U/S 位设置为 0，禁止用户程序读写该页。这里的用户程序指的是那些在特权级 3 上执行的程序，操作系统程序指的是那些在特权级 0、1、2 上执行的程序。

见表 2-4，U/S 位和 R/W 位的 4 种组合代表了不同类型的页面。

表 2-4　U/S 位和 R/W 位对页面的保护

页表项权限	用户程序	系统程序	用途
U/S=0, R/W=0	不可读写	可读写	系统页面
U/S=0, R/W=1	不可读写	可读写	系统页面
U/S=1, R/W=0	只能读	可读写	代码页面
U/S=1, R/W=1	可读写	可读写	数据/堆栈页面

页表描述符的保护属性（U/S 和 R/W）对页表中所有的页都适用，而页描述符的属性只适用于它描述的页。一个物理页存在两级保护属性，一个是页表描述符中的保护属性，另一个是页描述符中的保护属性。在两级保护属性不一致的情况下，CPU 从二者中取一个较严格的保护权限。例如，页表描述符的属性 R/W=0（只读），页描述符的属性 R/W=1（可读写），

则最后结果是 R/W=0（只读）。

例如，线性地址 0E003F000H～0E003F3FFH 中存放的是 GDT 表，在应用程序中执行下面的指令：

> MOV　EAX, DWORD PTR DS:[0E003F000H]

会引起一个异常。启动 SoftICE 后，按 Ctrl+D 组合键进入 SoftICE（按 x+Enter 组合键退出 SoftICE）。在 SoftICE 中，用 page 命令显示该页面的信息如下：

> :page e003f000
>
> | Linear | Physical | Attributes |
> |---|---|---|
> | E003F000 | 0003F000 | P D A S R W |

这表示线性地址 E003F000H 对应于物理地址为 0003F000H，P=1，D=1，A=1，U/S=0，R/W=1，即不允许用户程序访问该页面。

再观察当前指令代码所在的页面：

> :page eip
>
> | Linear | Physical | Attributes |
> |---|---|---|
> | 00401015 | 09B1D015 | P　A U R |

EIP=00401015H，00401015H 是线性地址，其物理地址为 09B1D015H，P=1，D=0，A=1，U/S=1，R/W=0。U/S=1，允许用户程序使用该页面。R/W=0，不允许用户程序写入该页面。

对数据区中的一个内存单元（地址为 0040404FH），其信息如下：

> :page 0040404f
>
> | Linear | Physical | Attributes |
> |---|---|---|
> | 0040404F | 0FE1204F | P　A U R W |

即线性地址 0040404FH 的物理地址为 0FE1204FH，允许用户程序读写该页面。

5. 线性地址转换为物理地址实例

例 2.7　根据图 2−25 简述线性地址 02032070H 转换为物理地址的过程。

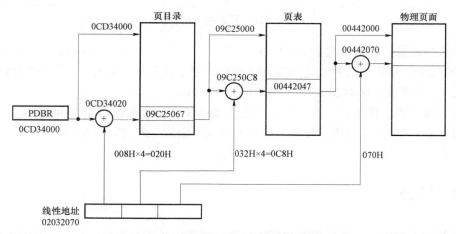

图 2−25　线性地址转换为物理地址的过程

首先线性地址为 02032070H，分解为 3 个部分：页目录索引（10 位）、页表索引（10 位）、字节索引（12位）。按二进制形式表示 02032070H 如图 2-26 所示。

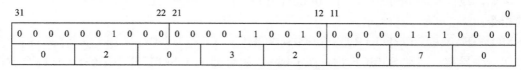

图 2-26　线性地址的分解

因此，页目录索引为 00 0000 1000B=008H，页表索引为 00 0011 0010B=032H，页面索引为 0000 0111 0000B=070H。

页表描述符的地址为页目录的基地址 + 页目录索引 ×4=0CD34000H+008H×4=0CD34000H+020H=0CD34020H，故取得的页表描述符为 09C25067H。按二进制形式表示如图 2-27 所示。

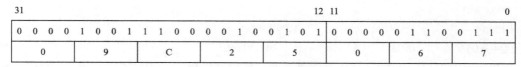

图 2-27　页表描述符的分解

可知页表描述符的各属性位如下：P=1，R/W=1，U/S=1，A=1，D=1。它的基址部分为 09C250H，页表的基地址为 09C25000H。页表索引为 0000110010B=032H。页描述符的地址为页表的基地址 + 页表索引 ×4=09C25000H+032H×4=09C25000H+0C8H=09C250C8H。取得的页描述符为 00442047H。按二进制形式表示如图 2-28 所示。

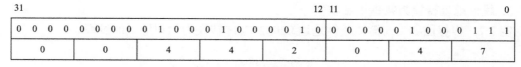

图 2-28　页描述符的分解

可知页描述符的各属性位如下：P=1，R/W=1，U/S=1，A=0，D=1。它的基址高 20 位部分为 00442H，物理页的基地址为 00442000H。字节索引 070H，所以物理地址 =物理页的基地址 + 字节索引 =00442000H+070H=00442070H。

经过二级查表转换过程，将线性地址 02032070H 转换为物理地址 00442070H。尽管叙述起来略显复杂，但 CPU 在进行转换时的效率很高，因为 CPU 内部专门有一个分页部件来完成这项工作。

2.5　任务

完成某项功能的多个程序的集合称为任务，系统中至少存在一个任务。80386 以后 CPU 允许系统中存在多个任务，并能够以分时的方式使各程序轮流执行，其效果会使用户感觉到所有的任务是在同时运行。在保护模式下，每个任务是独立的，CPU 提供了实现任务间快速切换的高效机制。保护模式下，在任何时刻都有一个当前任务，由 TR 寄存器指定，CPU 在这个任务的环境下执行。当运行一个应用程序后，操作系统就为这个程序创建一个任务。每个任务都由两个部分组成：任务执行环境（Task Execution Space，TES）和任务状态段（Task State Segment，TSS）。

2.5.1 任务执行环境

任务执行环境包括一个代码段、堆栈段和数据段等，任务在每一个特权级上执行时，都有一个堆栈段，如图 2-29 所示。

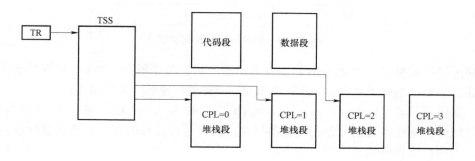

图 2-29 任务执行环境

在 Windows、Linux 系统中，没有使用特权级 1 和 2，操作系统内核的 CPL=0，应用程序的 CPL=3，因此任务有两个堆栈段，内核堆栈段和用户堆栈段在线性地址空间中完全重合，但使用了不同的段描述符。CPL=0 时，SS=0010H；CPL=3 时，SS=0023H。

| 0010 | Data32 | 00000000 | FFFFFFFF | 0 | P | RW |
| 0023 | Data32 | 00000000 | FFFFFFFF | 3 | P | RW |

每个任务都有一个 LDT 描述符表，构成一个局部地址空间，局部空间的数据和代码不能被其他任务访问。每个 CPU 核有一个 GDT 描述符表，构成一个全局地址空间，所有的任务都可以共享全局地址空间。

2.5.2 任务状态段

任务状态段（TSS）中保存了任务的各种状态信息。它在任务切换过程中起着重要作用，通过它可以实现任务的挂起和恢复。任务切换是指挂起当前正在执行的任务，恢复或启动另一项任务。在任务切换过程中，首先 CPU 中各寄存器的当前值被自动保存到 TR 所指定的 TSS（当前任务状态段）中；然后下一任务的 TSS 的选择符被装入 TR；最后从 TR 所指定的 TSS 中取出各寄存器的值送到处理器的各寄存器中。也就是说，在任务挂起时，TSS 中保存了任务现场各寄存器的完整映像；任务恢复时，从 TSS 装入各寄存器的值。

任务状态段在主存中的位置、大小和属性等信息由任务状态段描述符（即 TSS 描述符）来描述。TSS 描述符属于系统描述符，S 位等于 0，它必须放在 GDT 表中，而不能放在 LDT 或 IDT 中。TSS 描述符的格式如图 2-30 所示。

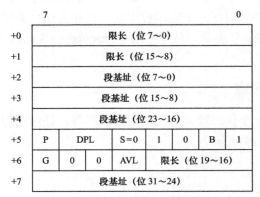

图 2-30 TSS 段描述符的格式

在任务切换或执行 LTR 指令时，会将新的任务状态段选择符装载到 TR 寄存器。此时，TSS 描述符中的段基地址和段界限等信息被装入 TR 的高速缓冲寄存器中。

TSS 描述符的类型位 TYPE 为：1001 或 1011。TSS 要么为"忙"（B=1），要么为"可用"（B=0）。如果一个任务是当前正在执行的任务，或者是被挂起的任务，那么该任务是"忙"的任务；否则，该任务为"可用"任务。

任务状态段 TSS 的格式如图 2-31 所示。TSS 的基本格式由 104 字节（000H~067H）组

31	16	15	0	偏移
0000 0000 0000 0000		链接字段		+00
ESP0				+04
0000 0000 0000 0000		SS0		+08
ESP1				+0C
0000 0000 0000 0000		SS1		+10
ESP2				+14
0000 0000 0000 0000		SS2		+18
CR3				+1C
EIP				+20
EFLAGS				+24
EAX				+28
ECX				+2C
EDX				+30
EBX				+34
ESP				+38
EBP				+3C
ESI				+40
EDI				+44
0000 0000 0000 0000		ES		+48
0000 0000 0000 0000		CS		+4C
0000 0000 0000 0000		SS		+50
0000 0000 0000 0000		DS		+54
0000 0000 0000 0000		FS		+58
0000 0000 0000 0000		GS		+5C
0000 0000 0000 0000		LDTR		+60
I/O 许可位图偏移			T	+64

图 2-31 TSS 的基本格式

成。这 104 字节的基本格式是不可改变的，在此之外，系统软件还可在 TSS 段中定义若干附加信息。基本的 104 字节可分为寄存器保存区域、内层堆栈指针区域、地址映射寄存器区域、域链接字段区域、I/O 许可位图等。

寄存器保存区域位于 TSS 内偏移 20H～5FH 处，用于保存通用寄存器、段寄存器、指令指针和标志寄存器。当 TSS 对应的任务正在执行时，保存区域中的值是无意义的；在当前任务挂起时，这些寄存器的当前值就保存在该区域。当下次切换回原任务时，再从保存区域恢复出这些寄存器的值，从而使处理器恢复成该任务换出前的状态，最终使任务能够恢复执行。寄存器保存区按照 32 位保存各种寄存器，16 位段寄存器保存时，高 16 位未用，设置为 0。

内层堆栈指针区域是为了保存不同特权级下的堆栈指针。同一个任务在不同的特权级下使用不同的堆栈，一个任务可能具有 4 个堆栈，对应 4 个特权级，分别称为 0 级、1 级、2 级、3 级堆栈。当从外层特权级 3 变换到内层特权级 0 时，任务使用的堆栈也从 3 级变换到 0 级堆栈。但 TSS 的内层堆栈指针区域中只有 3 个堆栈指针，每一个堆栈指针包括 16 位的选择符 SS 和 32 位的偏移量 ESP，分别指向 0 级、1 级和 2 级堆栈的栈顶。TSS 中没有指向 3 级堆栈的指针。因为当发生向高特权级转移时，系统会把适当的堆栈指针装入 SS 及 ESP 寄存器，以变换到高特权级堆栈，低特权级堆栈的指针保存在高特权级的堆栈中。3 级是最低特权级的堆栈，任何一个向高特权级进行的转移都不可能转移到 3 级，因此不需要保存。但是，当高特权级向低特权级转移（如执行 RET 指令）时，CPU 并不把高特权级的堆栈指针 SS:ESP 保存到 TSS 中。当然，可以在程序中通过指令来修改 TSS 中的堆栈指针。因此，在 TSS 中的堆栈指针保持不变的情况下，如果任务多次切换到某一个高特权级，则使用的都是同一个堆栈指针。

地址映射寄存器区域用来保存任务相关寄存器供地址转换使用，如页目录基址寄存器等。从虚拟地址空间到线性地址空间的地址映射由 GDT 和 LDT 确定，与特定任务相关的部分由 LDT 确定，而 LDT 又由 LDTR 确定。如果采用分页机制，那么由线性地址空间到物理地址空间的映射由页目录基址寄存器（PDBR，即 CR3）确定。所以，LDTR 和 CR3 的值与特定任务相关，随着任务的切换，LDTR 和 CR3 的值也要切换。TSS 中保存了该任务的 CR3 和 LDTR。在任务切换时，处理器自动从新任务的 TSS 中取出这两个字段，分别装入寄存器 CR3 和 LDTR。这样就改变了虚拟地址空间到物理地址空间的映射。但是，在任务切换时，处理器并不把旧任务的 CR3 和 LDTR 的内容保存到其 TSS 中。因此，如果程序改变了 LDTR 或 CR3，那么必须把它们的值保存到 TSS 中。

链接字段位于在 TSS 偏移 0 开始的双字中，其高 16 位未用，而低 16 位保存前一任务的 TSS 的选择符。如果当前的任务由段间调用指令 CALL、中断/异常而激活，那么当前任务 TSS 中的链接字段保存被挂起任务的 TSS 的选择符，并且标志寄存器 EFLAGS 中的 NT 位被置为 1，表示嵌套。当前任务中执行返回指令 RET 或中断返回指令 IRET 时，如果 NT 标志位为 1，则将恢复到链接字段所指向的任务（即前一个任务），即返回到原先的任务继续执行。

I/O 许可位图区域是为了实现输入/输出的保护。I/O 许可位图作为 TSS 的扩展部分，TSS 内偏移 66H 处的字用于存放 I/O 许可位图在 TSS 内的偏移（从 TSS 的头开始计算）。

T 调试陷阱位设置为 1 时，当一个任务切换到此任务时，会发生一个调试异常（中断 1）。

2.5.3　门

门（Gate）可以看作是一种转换机构，可以实现不同特权级别之间的控制传送。门的类型有 4 种：调用门、任务门、中断门、陷阱门。其中调用门用于控制传送，改变任务或者程序的特权级别；任务门像个开关一样，用来执行任务切换；中断门和陷阱门用来指出中断服务程序的入口地址。

1. 系统描述符

门描述符属于系统描述符，门描述符的格式如图 2−32 所示。系统描述符也是 8 字节 64 位，其中 S 位用来区分系统描述符和段描述符，S=0 表示系统描述符，S=1 表示段描述符。系统描述符中设置了一个类型（TYPE）字段，4 位可表示 16 种类型，以此来区分各种系统描述符。

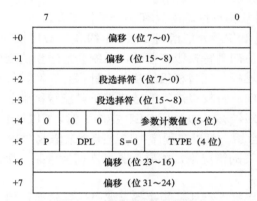

图 2−32　门描述符的格式

表 2−5 列出了这 16 种类型。其中的 80286 表示 16 位门描述符，80386 表示 32 位门描述符，供 80386 及更高的 CPU 使用。

表 2−5　16 种系统描述符类型

TYPE	含　义	TYPE	含　义
0	非法	8	非法
1	80286 可用任务状态段（Available TSS）	9	80386 可用任务状态段（Available TSS）
2	局部描述符表（LDT）	A	保留
3	80286 忙任务状态段（Busy TSS）	B	80386 忙任务状态段（Busy TSS）
4	80286 调用门（Call Gate）	C	80386 调用门（Call Gate）
5	任务门（Task Gate）	D	保留
6	80286 中断门（Interrupt Gate）	E	80386 中断门（Interrupt Gate）
7	80286 陷阱门（Trap Gate）	F	80386 陷阱门（Trap Gate）

2. 调用门

系统描述符的类型为 4 或 C 时，表示调用门，其中 4 为 80286 调用门，80386 及更高的 CPU 使用类型 C，见表 2−5。调用门可以实现当前任务从低特权级到更高特权级的间接控制转移，它在更高级特权级的段中定义了一个入口点，该入口点的虚拟地址（目标选择符和偏移量）包含在调用门中。调用门可以驻留在 GDT 中，也可以驻留在 LDT 中，但是不可在 IDT 中。调用门描述符中的参数计数值表示有多少个参数必须从主程序（低特权级代码段）的堆栈复制到被调用子程序（高特权级代码段）的堆栈。当程序的特权级改变时，会激活一个新的堆栈。原有的指令指针（CS:EIP）、堆栈指针（SS:ESP）及其他现场参数被保存到新的堆栈中。从门描述符中取得参数计数值，将它乘以 4（32 位系统）或者乘以 2（16 位系统），得到参数在堆栈中的字节数，将这些参数从原有的堆栈复制到新的堆栈中，供高特权级的子程序使用。如果参数计数值为 0，则没有参数被复制。在调用门中，5 位计数域最多能复制 31 个字或者双字。如果需要传递更多的参数，由于被调用的程序具有更高的特权级，因此，被调用的程序可以使用旧栈的 SS:EIP（保存在 TSS 中）直接访问这些参数。处理器不会检查传送给被调用程序的值。其他门描述符的参数计数值无意义。

例 2.8　使用调用门进行段间调用操作过程示例。

如图 2−33 所示，调用指令"CALL X:Y"指令中虚拟地址 X:Y，其中 X 是一个选择符，由它指向了一个调用门描述符（第①步），而 Y 的值不起作用。调用门描述符中的选择符指向了一个段描述符（第②步），段描述符指出了被调用段的段基址（第③步），而入口点的偏移量就是门描述符中的偏移量（第④步），决定了调用哪一个代码段及子程序在代码段中的偏移。这种形式的 CALL 指令可以通过调用门转移到更高的特权级，在更高的特权级下执行所调用的子程序。子程序执行完毕后，由 RET 指令返回 CALL 指令所在的较低级别的程序。

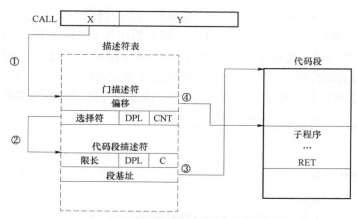

图 2−33　通过调用门转移到更高特权级

3. 任务门

任务门指示任务。任务门内的选择符必须指示 GDT 中的任务状态段 TSS 描述符，门中的偏移量无意义。任务的入口点保存在 TSS 中。利用段间转移指令 JMP 和段间调用指令 CALL，通过任务门可实现任务切换。任务门的格式如图 2−34 所示。

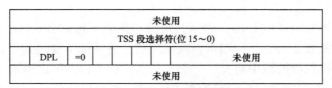

未使用					
TSS 段选择符(位 15～0)					
DPL	=0				未使用
未使用					

图 2-34 任务门描述符的格式

4. 中断门和陷阱门

中断门和陷阱门描述中断/异常处理程序的入口点。中断门和陷阱门内的选择符必须指向代码段描述符，门内的偏移就是对应代码段的入口点的偏移。中断门和陷阱门只有在中断描述符表 IDT 中才有效。中断门和陷阱门的详细内容将在第 9 章中介绍。

2.5.4 任务切换

处理器在以下四种情况时，发生任务切换。

① 当前的程序、任务、过程执行远程 JMP 或者 CALL 指令，选择了 GDT 中的 TSS 描述符，此时指令中的偏移量忽略。

② 当前的程序、任务、过程执行远程 JMP 或者 CALL 指令，从 GDT 或者 LDT 中选择了任务门，目标地址的偏移量部分被忽略，新的 TSS 选择符在门中。

③ 发生了中断或异常，中断向量选择了 IDT 中的任务门。新 TSS 选择符在门中。

④ 当 FLAGS 中的 NT=1 时，执行 IRET 指令，目的任务选择符在执行 IRET 任务的 TSS 链接域中。要注意的是，RET 指令从堆栈中取得返回地址（EIP）和代码段寄存器（CS），所以不能通过 RET 指令实现任务切换。

任务切换的方式包括直接任务切换或者间接任务切换。

1. 直接任务切换

在 JMP/CALL X:Y 指令中，X 是一个段选择符。当 X 指向一个可用任务状态段 TSS 描述符时，CPU 就从当前任务切换到由该可用 TSS 对应的任务（目标任务）。可用 TSS 的 B 位必须为 0。目标任务的入口点由目标任务 TSS 内的 CS 和 EIP 字段所规定的指针确定。这时 JMP 或 CALL 指令内的偏移（Y）没有被使用。直接任务切换如图 2-35 所示，先由指令中的 X 段描述符查全局描述符表，获得 TSS 描述符；TSS 描述符提供新任务状态段的基地址和限长。

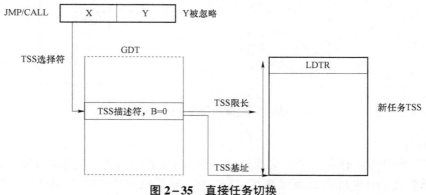

图 2-35 直接任务切换

TSS 描述符的 DPL（DPL_{TSS}）规定了访问该描述符的最低特权级，只有在相同级别或更高级别的程序中才可以访问它，即 $DPL_{TSS} \geq MAX(CPL,RPL)$，RPL 是 X 的最后 2 位。

2. 间接任务切换

间接任务切换通过任务门来完成。任务的入口点保存在 TSS 中。利用段间转移指令 JMP 和段间调用指令 CALL，通过任务门可实现任务切换。间接任务切换如图 2-36 所示。

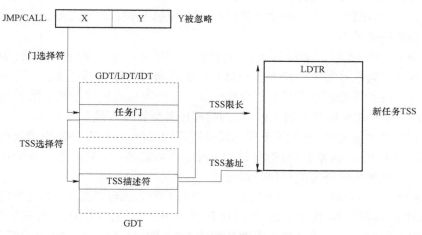

图 2-36 间接任务切换

间接任务切换时，指令中的段寄存器内容为任务门描述符。当使用 JMP/CALL X:Y 指令时，由 X 指向一个任务门描述符去查找 GDT 或者 LDT；为中断响应时查找 IDT，获得任务门。取出任务门中的 TSS 选择符，去 GDT 中查找获得新 TSS 描述符，注意新 TSS 的 B 位必须为 0。新 TSS 的描述符提供基址和限长，并且新任务的入口点由新 TSS 的 CS 和 EIP 字段的内容确定。这时 JMP 或 CALL 指令内的偏移（Y）没有被使用。

处理器采用与访问数据段相同的特权级规则控制对任务门的访问。任务门的 DPL（DPL_{GATE}）规定了访问该任务门的最低特权级，只有在同级或更高级别的程序中才可以访问它。即 $DPL_{GATE} \geq MAX(CPL, RPL)$，RPL 是任务门选择符 X 的最后 2 位。

3. 任务切换的步骤

任务切换主要包括：①特权级检查；②是否存在内存和限长检查；③更新 TR，并保存旧的 TSS 动态部分；④加载 TR，使新任务 B=1，加载任务中各种寄存器内容。当 CR0 中 TS 被置位时，表示任务切换完毕。

例如，通过 JMP X:Y 或 CALL X:Y 指令进行任务切换时，假定从任务 A 切换到任务 B，此时任务 A 为当前任务，B 为目标任务。切换的具体步骤如下：

① 保存寄存器现场到当前任务的 TSS（任务 A 的 TSS）。把通用寄存器、段寄存器、EIP 及 EFLAGS 的当前值保存到当前 TSS 中。保存的 EIP 值是返回地址，指向引起任务切换指令的下一条指令。注意，LDTR 和 CR3 的当前内容不保存到 TSS 中。

② 把目标任务（任务 B）TSS 的选择符装入 TR 寄存器中，同时把对应 TSS 的描述符装入 TR 的高速缓冲寄存器中。此后当前任务 A 改称为原任务 A，目标任务 B 改称为当前任务 B。

③ 恢复当前任务（任务 B）的寄存器现场。根据任务 B 的 TSS 中各字段的值，恢复各通用寄存器、段寄存器、EFLAGS 及 EIP。在装入寄存器的过程中，为了能正确地处理可能发生的异常，只把对应选择符装入各段寄存器，而此时选择符的 P 位为 0。接下来再装载 CR3 寄存器。

④ 进行链接处理。由 JMP 指令引起的任务切换没有链接/解链处理；由 CALL 指令、中断引起的任务切换要实施链接处理；NT 位为 1 时，由 IRET 指令引起的任务切换要实施解链处理。对于 JMP 或 IRET 指令，清除当前任务 TSS 中的 B 位；对于 CALL、异常或中断引起的任务，置当前任务的 B 位为 1。

⑤ 把 CR0 中的 TS 标志置为 1，这表示已发生过任务切换，在当前任务使用协处理器指令时，产生故障（向量号为 7）。由故障处理程序完成有关协处理器现场的保存和恢复。在任务切换时，并不进行协处理器现场的保存和恢复，这样可以缩短任务切换所需的时间。

⑥ 把 TSS 中的 CS 选择符的 RPL 作为当前任务特权级，设置为 CPL。又因为装入 CS 高速缓冲寄存器时要求 CPL 必须等于代码段描述符的 DPL，所以 TSS 中的选择符所指示的代码段描述符的 DPL 必须等于 CS 选择符的 RPL。任务切换可以在一个任务的任何特权级发生，并且可以切换到另一任务的任何特权级。

⑦ 装载 LDTR 寄存器。一个任务可以有自己的 LDT，也可以没有。当任务没有 LDT 时，TSS 中的 LDT 选择符为 0。如果 TSS 中 LDT 选择符不为 0，则将 LDT 选择符装入 LDTR 中，从 GDT 中读出对应的 LDT 描述符，再把所读的 LDT 描述符装入 LDTR 高速缓冲寄存器。

⑧ 装载代码段寄存器 CS、堆栈段寄存器 SS、各数据段寄存器及其高速缓冲寄存器。在装入代码段高速缓存之前，也要进行特权检查，处理器调整 TSS 中的 CS 选择符的 RPL=0，装入之后，调整 CS 的 RPL 等于目标代码段的 DPL。堆栈指针使用的是 TSS 中的 SS 和 ESP 字段的值，而不是 TSS 中保存的堆栈指针（SS0、SS1、SS2 及 ESP0、ESP1、ESP2）。这与任务内的特权级转换不同。

需要注意的是，任务切换不能递归，因为每个任务都只有一个 TSS，如果微处理器允许第二次调用一个任务，将导致第二次保存的值覆盖 TSS，并且破坏任务链接字段。在 JMP 指令引起任务切换时，不实施链接，不导致任务的嵌套，它要求目标任务是可用任务（B=0）。切换过程中，把原任务置为"可用"（B=0），目标任务置为"忙"（B=1）。在段间调用指令 CALL 或由中断/异常引起任务切换时，实施链接，导致任务的嵌套。它同样要求目标任务是可用的任务（B=0），在切换过程中，把目标任务置为"忙"（B=1），原任务仍保持"忙"（B=1）；标志寄存器 EFLAGS 中的 NT 位被置为 1，表示当前任务是嵌套任务。

如果在执行 IRET 指令时引起任务切换，那么实施解链。要求目标任务是"忙"的任务（B=1）。在切换过程中把原任务置为"可用"（B=0），目标任务仍保持"忙"（B=1）。

4. 任务内特权级变化时 TSS 中堆栈指针的使用

在使用 CALL 指令通过调用门向高特权级转移时，不仅特权级提升，控制转移到一个新的代码段，而且也切换到高特权级的堆栈段。只有在特权级变化时，才会切换堆栈。

TSS 中包含有指向 0 级、1 级和 2 级堆栈的指针。在特权级提升时，根据新的特权级使用 TSS 中相应的堆栈指针对 SS 及 ESP 寄存器进行初始化，建立起一个空栈。再把低特权级程序的 SS 及 ESP 寄存器的值压入堆栈，以使相应的返回指令可恢复原来的堆栈。然后，从低特权级堆栈复制以双字为单位的调用参数到高特权级堆栈中。调用门中的 CNT 字段值决定了参数的个数。这些被复制的参数是主程序通过堆栈传递给子程序的。通过复制栈中的参数，使高特权级的子程序可以访问主程序传递过来的参数。最后，调用的返回地址（低特权级程序的 CS 及 EIP 寄存器）被压入堆栈，以便在调用结束时返回。

与使用CALL指令通过调用门向高特权级转移相反，使用 RET 指令实现向低特权级转移。段间返回指令 RETF 从堆栈中弹出返回地址，采用调整 ESP 的方法（RETF n），在堆栈中跳过那些被复制到高特权级堆栈的参数。返回地址的选择符指示要返回的代码段的描述符，从而确定返回的代码段。选择符的 RPL 确定返回后的特权级，而不是由对应代码段描述符的 DPL 来决定。这是因为段间返回指令 RET 可能使控制返回到一致代码段，而一致代码段在执行时，特权级并不一定等于其 DPL 规定的特权级。需要注意的是，RET 指令所使用的返回地址的选择符只能是代码段描述符，而不能是系统描述符或门描述符。与 CALL 指令不能向低特权级转移相对应，RET 指令不能向高特权级转移。

执行"RETF n"指令时，步骤如下：

① RET 指令先从堆栈中弹出返回地址（CS3 和 EIP3）。如果弹出地址的选择符的 RPL 比当前 CPL 特权级低，那么就返回到 RPL，向低特权级代码转移。

② 为返回低特权级代码，跳过高特权级堆栈中的参数（P2 和 P1），再从高特权级栈中弹出指向低特权级堆栈的指针（SS3 和 ESP3），并装入 SS 及 ESP，切换到低特权级堆栈。

③ 调整 ESP，跳过主程序压入低特权级堆栈的参数（P2 和 P1）。

④ 检查数据段寄存器 DS、ES、FS 及 GS，以保证寻址的段在低特权级是可访问的。如果段寄存器寻址的段在低特权级是不可访问的，那么装入一个空选择符，以避免在返回后子程序访问高特权级的数据。

⑤ 返回到主程序的下一条指令（CS3 和 EIP3）执行。

上述 5 个步骤是对带立即数的段间返回指令"RETF n"而言的，立即数 n 规定了堆栈中要跳过的参数的字数。对于无立即数的段间返回指令（RETF），不需第②步和第③步。若 RET 指令不需要向低特权级返回，那么就只有①和⑤两步。

图 2−37 表示了从子程序通过段间返回指令"RETF n"返回到主程序之前的状态。

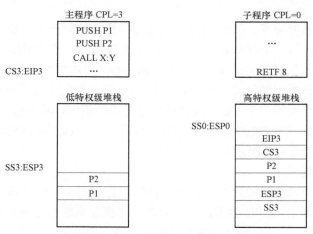

图 2−37 执行 RETF n 指令前的环境

对于通过堆栈传递参数的子程序，需要使用带立即数的返回指令（RETF n）返回，否则，返回低特权级代码时，ESP 的值不能自动恢复。如果不使用 RETF n 指令返回，需要在主程序中调整 ESP。

2.6   保护

Intel 80286 以后的 CPU 提供一种硬件保护机制，防止多个程序任务之间的彼此干扰，这些构成了操作系统保护规则的基础。Intel 处理器的保护通过四个特权级区分系统程序和应用程序。这种特权级机制阻止了用户程序对系统程序的非法访问，限制了软件模块的可访问性，保证高特权级的代码或数据不被低特权级的程序所破坏。

2.6.1   数据访问保护

通过段式、页式内存管理，操作系统可以将各个任务的地址空间隔离，一个任务不能修改、破坏其他任务的数据，这样如果某一个任务在执行过程中崩溃，也不会影响其他任务继续正常运行。在存储器分段模型中，段是一个具有保护属性的线性地址空间，它的属性由段描述符中的访问权限和限长定义。保护模式下程序要访问某一个段时，都要完成类型、限长和特权级三种形式的检查。如类似"MOV DS, AX"的指令实现将段的选择符赋给段寄存器，此时 AX 中的内容为选择符。在将选择符赋给 DS 之前，CPU 依据选择符的 TI 位在 GDT 或 LDT 中读入段描述符，并自动执行验证以下各项：

（1）类型检查

无论何时，处理器在加载段选择符到段寄存器中时，会检查段描述符的段类型是否与目标一致，例如，将一个段选择符装入 CS 时，段描述符中的 E 位必须为 1，标记为可执行的段；装入 DS、SS 等寄存器时，E 位必须为 0；只有可写的数据段选择符才能够被加载到 SS 寄存器中等。如果试图加载一个不适当的段类型，则会产生保护异常。即使段加载通过了类型检查，程序执行过程中，如果试图操作和访问属性不一致，也会产生异常。例如，数据段描述符的 W 位为 0 时，不能对数据段进行写操作；代码段描述符的 R 位为 0 时，不能对代码段进行读操作。

（2）限长检查

保护模式下段的长度可变，CPU 利用段描述符中给出的限长来防止程序的存储器寻址超出段边界。如果试图访问一个存储器的操作数，只要有任何一部分超出限长，CPU 都会产生保护异常。如使用"段选择符:偏移量"的形式访问内存，段选择符说明操作数在哪一个段中，偏移量则说明操作数在段中的位置。此时 CPU 将检查操作数的偏移量是否超出段的边界。段描述符中的限长指明了段的大小，如果操作数超过了段的范围，则引起一个异常。此外，GDT 和 IDT 等描述符表进行访问的时候，也要做限长检测，防止程序访问到超出末端的数据而加载非法的描述符，如图 2-38 所示。

（3）其他属性检查

如数据访问时，当前段描述符 P=1，表示在物理存储器中，能正常操作；如果 P=0，表示数据不在物理存储器中，CPU 会引发一个异常，由操作系统程序进行处理。

（4）特权级检查

通过特权级检查，处理器能决定是否允许当前程序访问这个段。CPU 在加载段选择符入寄存器时，检查特权级，主要包括 CPL、DPL、RPL。它们的含义如下：

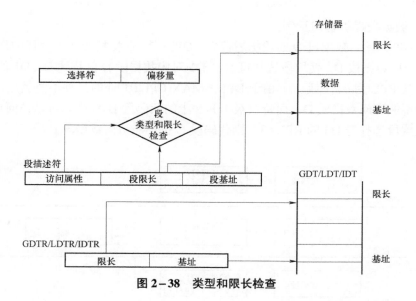

图 2-38　类型和限长检查

① CPL（Current Privilege Level）是当前正在运行程序的特权级。CPL 是 CS 段寄存器的最低 2 位。如 CS=001BH，则 CPL 等于 3；CS=0000H，则 CPL 等于 0。在任何时候，CPU 总在某一个特权级上运行。

② DPL（Descriptor Privilege Level）是描述符特权级，位于段描述符中。它规定了可以访问此段的最低特权级，只有相同级别或更高级别的程序中才可以访问它。

③ RPL（Requestor Privilege Level）是请求特权级，是要赋给段寄存器的 16 位数字的最低 2 位。它表明了程序"要求"以什么样的特权级来访问这个段，RPL 一般用来指出一个选择符创建者的特权。如在"MOV DS, AX"的例子中，AX 的最低 2 位就是 RPL。如果 RPL＞CPL，那么当前程序就降级来与 RPL 匹配。

CPL、DPL、RPL 含义如图 2-39 所示。

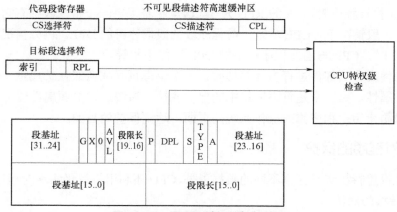

图 2-39　段访问时的特权级检查

在给段寄存器赋值时，CPU 要根据 CPL、DPL、RPL 来检查特权级是否满足要求：DPL≥MAX(CPL, RPL)，即程序只能访问特权级相同或者较低的数据。这里≥和 MAX 操作都是按照数字的大小来进行的，数字越大，表示特权级越低。

例 2.9 数据段保护访问示例。

如图 2-40 所示，数据段 D 的段描述符中，DPL=2。在特权级 3 下运行的代码段 A 中的程序，要想访问数据段 D，使用段选择符 D1，D1 对应数据段 D 的描述符。D1 的 RPL=3（程序也可设置其 RPL 为 0、1 或 2），由于 DPL≥MAX(CPL,RPL) 的条件不能满足，所以代码段 A 中的程序不能访问数据段 D。而特权级 1 和 2 上的代码段 B 和 C 则可以访问这个数据段。这里如果设置段选择符 D3 的 RPL=3，则代码段 C 也不能访问数据段 E。

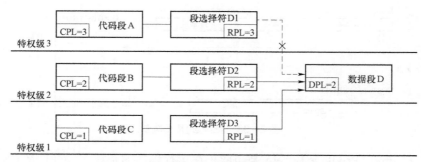

图 2-40 特权级保护数据段访问的一个例子

在执行"MOV DS, AX"指令时，CS=001BH，AX=0010H。则当前程序的特权级 CPL=3，AX 最低 2 位就是 RPL，RPL=0。AX 作为段选择符，从 GDT 中取得一个段描述符，其 DPL=0。这时，DPL≥MAX(CPL, RPL) 的条件不能满足，因为 DPL=0，而 MAX(CPL, RPL)=3。DPL=0，表示数据段是一个操作系统的数据段；而 CPL=3，表示当前运行的程序是应用程序，那么这个保护使应用程序不能设置 DS=0010H，也就是不能对操作系统的数据进行访问。而操作系统程序可以读取/修改应用程序的数据段。

在给 SS 赋值时，除了要满足 DPL≥MAX(CPL,RPL) 的条件之外，还必须满足 RPL=CPL。也就是说，SS 的 RPL 总是等于当前执行程序的 CPL。在特权级 0 执行程序时，SS 的 RPL 为 0；在特权级 3 执行程序时，SS 的 RPL 为 3。这意味着，每一个特权级都有它自己独立的堆栈段选择符。一般情况下，CPL 就是当前程序段的段描述符的 DPL。例外情况是当前程序段的一致位 C=1 时，CPL 与当前程序段中的 DPL 可能不相等。

此外，在使用分页部件进行内存管理时，一个物理页存在两级保护属性，一个是页表描述符中的保护属性，另一个是页描述符中的保护属性。系统通过页面属性位 U/S、R/W 位的设置，还可以防止用户程序修改操作系统的页面，达到保护的目的。

2.6.2 对程序的保护

除了通过设置特权级来区别不同的数据以外，CPU 还利用特权级实现对程序执行的控制。

1. 直接转移的保护

程序控制在同一代码段内转移时，显然转移前后不重新加载 CS，特权级不发生变化，使用普通的跳转（JMP）或调用（CALL）指令即可。这时只需要检查限长，CPU 只需要访问描述符高速缓冲存储器里面的限长部分，保证程序转移后的目标地址不超过当前代码段的边界，确保指令没有试图将控制权传送到段外。

如果要进行段间调用或跳转（统称转移），则需使用远跳转或远调用指令，指令的格式如："JMP X:Y""CALL X:Y"等，其中 X 是 16 位段选择符，Y 是 32 位偏移。此时需要重新加载 CS 寄存器，处理器除了要检查限长以外，还要执行特权检查。这种在指令中直接提供段选择符的方式叫作直接转移。

CPU 在进行特权级检查时，分为以下三种情况，其中 CPL 是当前程序的特权级，DPL 是 X 选择符的段描述符的特权级。

① CPL=DPL，允许跳转和调用。转移后，CPL 没有改变。

② CPL<DPL，禁止。高特权级的程序不能直接转移到低特权级的程序。

③ CPL>DPL，此时要检查段描述符的 C 位。如果 C 位为 1，表示这是一致代码段，允许转移，转移后 CPL 并不改变，这里"一致"可以理解为代码段被调用执行时，不使用自己描述符的 DPL，特权级与调用者保持一致。这样允许低特权级的程序转移到高特权级的程序段，但程序特权级并没有改变（提升）。如果 C 位等于 0，则禁止转移。

在图 2-41 中，代码段 D 不是一致代码段（C=0），只能由特权级相同的程序来调用或跳转。特权级较高的代码段 C 和特权级较低的代码段 A 都不能调用代码段 D。C=0 时，还要求 RPL≤CPL。

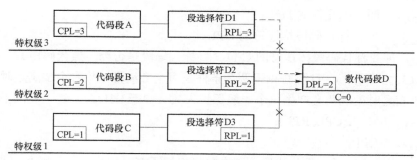

图 2-41　C=0 的代码段

在图 2-42 中，代码段 E 是一致代码段（C=1），可以由特权级相同或更低的程序来调用或跳转。特权级较高的代码段 C 不能调用代码段 E，而特权级相同的代码段 B 和特权级更低的代码段 A 可以转移到代码段 E 上，转移后特权级 CPL 不变。

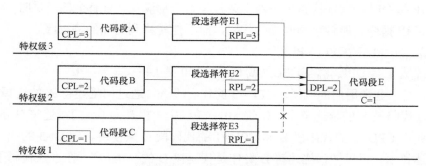

图 2-42　C=1 的代码段

在直接转移的情况下，C=0 的代码段只能由相同特权级的代码段来调用或跳转。C=1 的代码段，可以由同级或更低特权级的程序来调用（或跳转），但特权级 CPL 并没有改变，程序继续在较低的特权级下执行，尽管子程序是属于较高特权级的代码段。如用户程序调用操作系统程序来完成某些功能，用户程序执行 CALL X:Y 指令，其中 X 为操作系统代码段的段选择符，这就是一个直接转移，特权级不能从用户级（CPL=3）提升到操作系统级（CPL=0）。因此，必须提供另外的方法来完成特权级的提升，这就是间接转移。

2. 间接转移的保护

当 CPL>DPL_{TSS} 时，就不能采用直接切换，必须通过任务门进行任务切换。此时，指令中包含的是任务门选择符。选择符指向的是任务门描述符，门中的 TSS 选择符选中新任务的 TSS 描述符，激活新的 TSS，启动新的任务。这种方式叫作间接转移。如间接任务切换时，JMP/CALL X:Y 指令中 X 不再是 16 位段选择符，而是一个门选择符。

使用调用门时，CPU 要进行特权及存在检查，以决定是否允许通过调用门转移到目标代码段。特权检查时，要检查以下几个要素：

① 当前特权级 CPL，即 JMP 或 CALL 指令所在的程序的特权级；

② 请求特权级 RPL，即选择符 X 的最低 2 位；

③ DPL_{GATE}，即门描述符的 DPL；

④ DPL_{CODE}，即目标代码段描述符的 DPL；

⑤ C_{CODE}，即目标代码段描述符的 C 位（目标代码段是否为一致代码段）。

使用 CALL 指令时，CPU 检查以下两个条件是否全部满足，只有全部满足时，才允许使用调用门，不满足时处理器会产生一个一般保护失效（中断 DH）：

① $DPL_{GATE} \geqslant MAX(CPL, RPL)$；

② $DPL_{CODE} \leqslant CPL$。

如果 C_{CODE} 为 1，表示一致代码段，则当前特权级不变；如果 C_{CODE} 为 0，则当前特权级提升为 DPL_{CODE}（$DPL_{CODE} < CPL$）或者维持不变（$DPL_{CODE} = CPL$）。$DPL_{CODE} \leqslant CPL$ 的条件是防止执行调用门后，当前特权级降低。

如果门描述符 P=0，表示目标代码段没在主存储器中，处理器将产生段失效中断（中断 BH），操作系统会要求将段加载到存储器并重启指令。

使用 JMP 指令时，CPU 检查以下两个条件是否全部满足，只有全部满足时，才允许使用调用门。即 JMP 指令只能转移到同级的代码，而不能转移到更高的特权级。

① $DPL_{GATE} \geqslant MAX(CPL, RPL)$；

② C_{CODE} 为 1 且 $DPL_{CODE} \leqslant CPL$，或 C_{CODE} 为 0 且 $DPL_{CODE} = CPL$。

图 2-43 是一些调用门的例子。CPL=3 的代码段 A，通过门描述符 A 的选择符 A1 转移到代码段 E，代码段 E 的描述符中，C 位 =0，CPL 从 3 提升为 0。门描述符 B 的 DPL=2，因此，它只允许 CPL=2 的代码段 B 和 CPL=1 的代码段 C 来使用，CPL=3 的代码段 A 则不能使用门描述符 B。可以把门描述符 B 看作是代码段 D 的"哨兵"。在进入代码段 D 后，由于代码段 D 的描述符中 C 位 =1，CPL 维持不变。

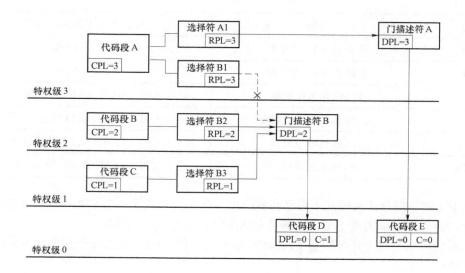

图 2-43　调用门的特权级检查

2.6.3　输入输出保护

为了支持多任务环境，某些 I/O 端口对系统的运行起着至关重要的作用，如果应用程序能够随意对这些端口进行操作，整个系统就不能正常运行。CPU 采用 I/O 特权级 IOPL（I/O Privilege Level）和 TSS 段中 I/O 许可位图的方法来控制输入/输出，实现对应用程序 I/O 指令的限制。

1. I/O 敏感指令

在 EFLAGS 寄存器中，有 2 位是输入/输出特权级 IOPL。CPL≤IOPL 时，可以执行 I/O 敏感指令。IOPL 位于如图 2-44 所示的标志寄存器中的 D13 和 D12 位，取值 00 对应特权级 0，01 对应特权级 1，10 对应特权级 2，11 对应特权级 3。

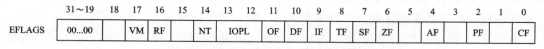

图 2-44　EFLAGS 标志寄存器中的 IOPL

除了 IOPL 外，任务状态段中的 I/O 许可位图也影响 I/O 敏感指令的执行。I/O 许可位图规定了 I/O 空间中的哪些地址可以由该任务的任何特权级程序所访问，而不受 IOPL 的限制。

表 2-6 列出了与 I/O 有关的指令，这些指令只有在满足表中所列条件时才可以执行，所以把它们称为 I/O 敏感指令。从表 2-6 中可见，当前特权级 CPL 比 IOPL 高或者相同时，可以正常执行所有 I/O 敏感指令；CPL 特权级比 IOPL 特权级低时，执行 CLI 和 STI 指令将引起通用保护异常，而其他 4 条指令是否能够执行，要根据访问的 I/O 地址及任务的 I/O 许可位图来决定，如果条件不满足，那么将引起保护异常。

表 2-6 I/O 敏感指令

指令	功能	保护方式下的执行条件
CLI	置 IF 位 =0，关中断	CPL<=IOPL
STI	置 IF 位 =1，开中断	CPL<=IOPL
IN	从 I/O 地址读数据	CPL<=IOPL 或 I/O 位图许可
INS	从 I/O 地址连续读数据	CPL<=IOPL 或 I/O 位图许可
OUT	向 I/O 地址写数据	CPL<=IOPL 或 I/O 位图许可
OUTS	向 I/O 地址连续写数据	CPL<=IOPL 或 I/O 位图许可

这些 I/O 敏感指令在实模式下总是可执行的。在保护模式下，当 CPL=0 时，这些指令也可以执行，所以可以认为关于 I/O 敏感指令的限制是针对应用程序的。

操作系统可以为每个任务设置 EFLAGS 值和独立的 TSS，所以每个任务的 IOPL 和 I/O 许可位图都可以不同。

2. I/O 许可位图的保护

只用 IOPL 来限制 I/O 指令的执行会使得在特权级 3 执行的应用程序要么可以访问所有 I/O 地址，要么不能访问所有 I/O 地址，使用很不方便，不能满足实际需要。而在实际情况下，I/O 地址空间中，只有一部分是需要严格保护的，必须由操作系统来控制；而其他部分可以由应用程序来使用。而不同的任务又可能使用不同范围的 I/O 地址，这需要将 I/O 地址分配给某一个应用程序，而禁止其他应用程序来访问。

因此，在任务状态段中设置了 I/O 许可位图。每个任务的 I/O 许可位图都可以由操作系统来设置。I/O 许可位图就是一个二进制位串。位串中的每一位对应一个 I/O 地址，位串的第 0 位对应 I/O 地址 0，位串的第 n 位对应 I/O 地址 n。如果位串中的第 n 位为 0，那么 I/O 地址 n 就可以由任何特权级的程序访问，而不加限制；如果第 n 位为 1，I/O 地址 n 只能由在 IOPL 特权级或更高特权级运行的程序访问，如果低于 IOPL 特权级的程序访问许可位为 1 的 I/O 地址，那么将引起通用保护异常。如果一条 I/O 指令涉及多个 I/O 地址，例如"IN EAX, DX"涉及 4 个 I/O 地址，则在检查许可位时，这条指令用到的所有 I/O 地址的许可位都必须为 0，才允许访问；如果其中的任何一个许可位为 1，则引起保护异常。

由于 I/O 地址空间按字节进行编址，Intel 80x86 系列计算机的 I/O 地址空间范围是 0000H～0FFFFH，所以 I/O 许可位图的二进制位串最大为 8 KB。一个任务实际需要使用的 I/O 许可位图大小通常要远小于这个数目。用 E_n 表示 I/O 地址 n 的许可位，I/O 许可位图的格式如图 2-45 所示。

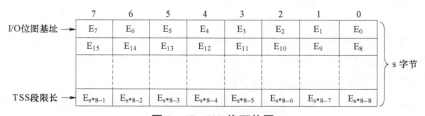

图 2-45 I/O 许可位图

TSS 内偏移 66H 的字确定 I/O 许可位图在 TSS 段中的位置，即 I/O 位图基址。I/O 许可位图的大小 s 等于 TSS 段的长度减去 I/O 位图基址，它定义了 I/O 地址空间 0～s×8 - 1 的许可位。CPU 认为大于或等于 s×8 的 I/O 地址许可位全部为 1，即未在 I/O 位图中说明的 I/O 地址的许可位为 1，禁止低于 IOPL 特权级的程序访问这些 I/O 地址。由于 I/O 许可位图最长可达 8 KB，所以开始偏移应小于 56 KB，但必须大于等于 104 B，因为 TSS 中前 104 字节为 TSS 的固定格式，用于保存任务的状态。

3. 对 IOPL 的保护

输入/输出的保护与 EFLAGS 中的 IOPL 密切相关，显然不能允许随意地改变 IOPL，否则就不能有效地实现输入/输出保护。如果应用程序能将 IOPL 设置为 3，那么任何 I/O 指令都能够执行。同样，对 EFLAGS 中的 IF 位也必须加以保护，否则应用程序不通过 CLI 和 STI 指令而直接修改 IF 位也可以达到关中断和开中断的目的。此外，EFLAGS 中的 VM 位决定着处理器是否按虚拟 8086 方式工作，这个位也不允许随意改变。

CPU 对 EFLAGS 中的这 3 个字段（IOPL、IF、VM）的处理比较特殊，只有在高特权级程序中执行的 IRET、POPF、CLI 和 STI 等指令才能改变它们。表 2-7 列出了不同特权级下对这 3 个字段的处理情况。

表 2-7　对 EFLAGS 中特殊字段的保护

特权级	IOPL 字段	IF 字段	VM 字段
CPL=0	可变	可变	可变（除 POPF 指令外）
CPL=IOPL	不变	可变	不变
CPL>IOPL	不变	不变	不变

只有在特权级 0 下执行的程序才可以修改 IOPL 位及 VM 位；只有 IOPL 级或更高的特权级的程序才可以修改 IF 位。指令 POPF 不能改变 VM 位，而 PUSHF 指令所压入的标志中的 VM 位总为 0。应用程序执行时，特权级为 3。如果 EFLAGS 中的 IOPL 设置为 0（1 或 2），应用程序在读写某一 I/O 端口时，CPU 会检查当前任务的 TSS 状态段中的 I/O 许可位图的对应位，来决定是否允许对这一 I/O 端口进行读写。而读写某一 I/O 端口且 I/O 许可位为 1 时，就会引起一个异常，由操作系统进行处理；如果 EFLAGS 中的 IOPL 设置为 3，应用程序就能够访问任何的 I/O 端口而不取决于 I/O 位图。因此，应用程序能够访问的 I/O 地址空间是受到操作系统限制的。当 CPL≤IOPL 的条件不能满足时，应用程序能够访问的 I/O 端口就取决于 I/O 位图。I/O 位图在任务状态段 TSS 中指出，而 I/O 位图的大小设置为 0，就表示所有 I/O 端口的许可位全部为 1，不允许应用程序访问任何 I/O 端口。

习题 2

2.1　80386 CPU 由哪些部分组成？它们的主要功能各是什么？

2.2　IA-32 CPU 中有哪些寄存器？寄存器的位数是多少？各有什么用途？

2.3　IA-32 标志寄存器中有哪些标志位？这些标志位的作用是什么？

2.4 在 8088 中，逻辑地址、物理地址分别指的是什么？请举例说明。

2.5 以下为实模式下用段地址:偏移量形式表示的内存地址，试计算它们的物理地址。

（1）12F8:0100　　（2）1A2F:0103　　（3）1A3F:0003　　（4）1A3F:A1FF

2.6 什么是物理地址、逻辑地址和线性地址？IA-32 CPU 中它们之间有什么关系？表示的范围各为多少？

2.7 简述为什么要采用虚拟地址。

2.8 实模式下某程序数据段中存有两个数据字：1234H 和 5678H，若已知 DS=5AA0H，它们的偏移地址分别为 245AH 和 3245H，试画出它们在存储器中的存放情况。

2.9 已知某数据段描述符存放在 01010550H 起始的单元，该描述符的字为 01010550H=2014H，01010552H=0000H，01010554H=1A20H，01010556H=0428H。该数据段的基址为多少？限长为多少？试分析该数据段属性。

2.10 IA-32 微处理器有哪几种工作模式？各有什么特点？

2.11 虚拟地址是如何转换为线性地址的？

2.12 简述分页情况下，线性地址是如何转换为物理地址的？

2.13 80386 以上的 CPU 的特权级有几级？哪一级的特权最高？

2.14 若保护模式程序将 001BH 装入 DS 寄存器，请求特权级 RPL 是什么？从哪里获取数据段描述符，描述符的偏移地址为多少？

2.15 若某段选择符为（0000 0000 0010 1011）B，GDTbase=E003F000H，Limit=03FFH，物理内存部分内容如下：

E003F000　00 00 00 00 00 00 00 00 - FF FF 00 00 00 9B CF 00

E003F010　FF FF 00 00 00 93 CF 00 - FF FF 00 00 00 FB CF 00

E003F020　FF FF 00 00 00 F3 CF 00 - AB 20 00 20 04 8B 00 80

E003F030　01 00 00 F0 DF 93 C0 FF - FF 0F 00 00 00 F3 40 00

则 GDT 内有多少个描述符？该段选择符对应的 RPL 是什么？段描述符所在地址范围是什么？段描述符内容和属性各为什么？

2.16 任务状态段中包括哪些主要内容？有什么作用？

2.17 什么是任务？简述直接任务切换的过程。

2.18 简述间接任务切换的过程。

2.19 简述在保护模式下是如何实现对数据访问的保护的。

2.20 简述在保护模式下是如何实现对程序转移的保护的。

2.21 已知 CPL=0，DPL=2 和 RPL=2，试问如下程序段是否可以执行？为什么？

　　　　 MOV AX, 0042h

　　　　 MOV DS, AX　　　　　　　　　;DPL=2 在段描述符中

2.22 已知 CPL=3，RPL=0 和 DPL=0，试问题 2.21 是否可以执行？为什么？

2.23 已知某数据段 D 段描述符中的 DPL=1，CS 寄存器中的当前内容为 0200H，当执行下列两组指令时，是否可以访问数据段 D？说明理由。

（1）MOV　AX, 0003H

　　　MOV　DS, AX

（2）MOV　AX, 0000H

　　　　MOV　　DS, AX

2.24　已知某时刻寄存器中的内容如下所示（十六进制）：

CS=001BH　　DS=0023H　　ES=0023H　　SS=0023H　　FS=0030H　　GS=0000H

GDTbase=E003F000H　　Limit=03FFH，内存中部分地址的内容如下所示（十六进制）：

E003F000:　　00 00 00 00 00 00 00 00 – FF FF 00 00 00 9B CF 00

E003F010:　　FF FF 00 00 00 93 CF 00 – FF FF 00 00 00 FB CF 00

E003F020:　　FF FF 00 00 00 F3 CF 00 – AB 20 00 20 04 8B 00 80

E003F030:　　01 00 00 F0 DF 93 C0 FF – FF 0F 00 00 00 F3 40 00

E003F040:　　FF FF 00 04 00 F2 00 00 – 00 00 00 00 00 00 00 00

　　有指令 JMP 000AH:00300030H，试说明此刻的 CPL、RPL 和 DPL 各是多少，段基址是多少？能否跳转成功？说明理由。

第3章
指 令 系 统

一台计算机所拥有的全部指令的集合构成了它的指令系统。随着 Intel 系列 CPU 的陆续推出，软硬件体系结构不断改进，指令系统不断增强，使 80x86 系列处理器的性能和功能越来越强。若把 Intel 8086 的指令系统看作基本指令集，则 80286 除了增强基本指令集功能外，还增加了系统控制指令，而 80386 及其以上 CPU 的指令集除了对其前一型号已有指令的功能增强外，还增加了专用指令，使功能更加强大。从 386、486 到 Pentium 系列、Core 系列、双核、多核等，CPU 的每一次升级都伴随着指令集的更新与扩充。

计算机解决实际问题是通过执行指令序列实现的。一条指令一般应能提供以下信息：执行什么操作、操作数从哪里得到、结果送到哪里等。为了提供以上信息，一条指令通常由操作码域和操作数域两部分组成，操作码域指示计算机要执行的操作，操作数域则提供与操作数或操作数地址有关的信息。例如，汇编指令"ADD EAX, EBX"指令中的 ADD 是操作码的助记符，表示执行二进制加法操作；EAX 和 EBX 为操作数，给出了两个加数和和的位置。本章对 80x86 的基本指令集及其寻址方式做简单介绍。

3.1 数据寻址方式

寻址方式指的是指令按什么方式寻找到操作数或操作指令。寻址方式分为与数据有关的寻址方式和与转移地址有关的寻址方式。本节讨论与数据有关的寻址方式，这种寻址方式与操作数有关，即 CPU 按照什么样的方式找到操作数。

为了讨论方便，以数据传送指令 MOV 为例来说明。MOV 指令的汇编格式为：

MOV 目标, 源　　　　　　　　　　;把源操作数传送给目标

在汇编语言中，MOV 是实现数据传送功能的操作码助记符，简称为操作码；目标和源是操作数，中间用逗号隔开；注释内容从";"开始。其中，源和目标都涉及寻址方式问题。

3.1.1 CPU 操作数寻址

参与运算的操作数来自 CPU 内部，包括以下两种寻址方式。

1. 立即寻址方式

操作数直接包含在指令中，紧跟在操作码之后的寻址方式称为立即寻址方式，把该操作数简称为立即数，也称为立即数寻址方式。

使用立即寻址方式可以为一个寄存器或内存单元赋初值。

例 3.1　MOV　BL,9　　　　　　　　;执行结果（BL）= 9

例 3.2　MOV　EAX,1234H　　　　　;执行结果（EAX）= 1234H

上两例中的 9 和 1234H 都是立即数，它们的寻址方式是立即寻址方式，这种寻址方式只能出现在源操作数的位置。除立即寻址方式外，以下介绍的寻址方式既可以出现在源操作数，也可以出现在目标操作数位置。

2. 寄存器寻址方式

操作数直接包含在寄存器中，由指令指定寄存器的寻址方式。

寄存器可以是通用寄存器，包括 8 位、16 位、32 位通用寄存器；也可以是段寄存器，但目标寄存器不能是 CS。

使用寄存器寻址方式可以存取寄存器操作数。

例 3.3　MOV　ECX, 9AH

例 3.4　MOV　BX, AX

其中，ECX、BX、AX 均为寄存器寻址方式，9AH 为立即寻址方式。

立即寻址方式的操作数在指令中，寄存器寻址方式的操作数在寄存器中，这两种方式在指令执行时，操作数都存储于 CPU 中。除以上两种寻址方式外，下一节介绍的寻址方式的操作数都存储于存储器中，即访问存储器操作数时，要使用 3.1.2 节介绍的寻址方式。

3.1.2　存储器操作数寻址

参与运算的操作数来自存储器（RAM），包括以下 6 种寻址方式。

1. 直接寻址方式

操作数的有效地址 Effective Address（EA）直接包含在指令中的寻址方式称为直接寻址方式。操作数保存在内存中，直接寻址方式可以存取单个内存变量。

由本节所介绍的寻址方式得到的只是 EA。EA 就是操作数地址的偏移量部分，其物理地址是通过把有效地址与段基址相加得到的。对于内存分段管理情况，若 80x86 工作在实模式下，段基址为段寄存器中的内容乘以 16 得到的值；若工作在保护模式，则通过段寄存器（存放段选择符）中的描述符索引，从描述符表中得到描述符，再从描述符中得到段基址。

当计算操作数的物理地址时，要注意段基址和有效地址的来源，表 3-1 给出了它们的配合情况。

表 3-1　段基址和偏移量配合情况

操作类型	默认段寄存器	允许指定的段寄存器	偏移量
1. 普通变量*	DS	ES、SS、CS、GS、FS	EA
2. 字符串指令的源串地址	DS	ES、SS、CS、GS、FS	SI、ESI
3. 字符串指令的目标串地址	ES	无	DI、EDI
4. BP、EBP 用作基址寄存器	SS	DS、ES、CS、GS、FS	EA
* 普通变量是指除第 2~4 种操作类型以外的内存变量。			

例 3.5　MOV　EAX, [00404011H]

[00404011H]是直接寻址方式的一种表示形式。注意，这里的 00404011H 用[ ]括起来，它

是一个普通变量的有效地址，而不是操作数本身。

按照表 3-1 中访问普通变量的缺省情况（类型 1），该指令的源操作数来自 DS 所指向的段，执行结果是把 00404011H 单元中的内容送给 EAX。

例 3.6 MOV EAX, VAR

VAR 是一个内存变量名，它代表一个内存单元的符号地址。由于在汇编语言中用符号表示地址，所以本指令中的源操作数 VAR 的寻址方式是直接寻址方式。若该符号对应的偏移量是 00404011H，则该指令与例 3.5 的执行结果相同。实际上，在汇编语言源程序中所看到的直接寻址方式通常都是用符号表示的，只有在反汇编环境下，才有[00404011H]这样形式的表示。

执行指令"MOV EAX, VAR"时，CPU 从指令中知道 VAR 的地址为 00404011H，再从 00404011H 中取出一个双字，送给 EAX。这里，VAR 是一个内存操作数，它的地址是直接从指令码中取出的，而不必经过计算或其他操作，所以叫作直接寻址。

对于表 3-1 中的第 3 种操作类型，其段寄存器只能是 ES。对于第 1、2、4 种操作类型，当允许指定段寄存器时，可以使用段超越前缀显式地说明。段超越前缀的功能是明确指出本条指令所要寻址的内存单元在哪个段。

段超越前缀格式为：段寄存器名:存储器寻址方式。

例 3.7 MOV EBX, ES: MEM

该指令源操作数的有效地址是用变量名表示的 MEM，前边使用了段超越前缀"ES:"，明确表示使用 ES 所指向的附加数据段中的变量，而不是默认的 DS 所指向的数据段。因此，该指令执行后，EBX 的内容为附加数据段中 MEM 变量的 32 位值。

2. 寄存器间接寻址方式

操作数的有效地址在寄存器而操作数本身在存储器中的寻址方式称为寄存器间接寻址方式。对于 16 位寻址，这个寄存器只能是基址寄存器 BX、BP 或变址寄存器 SI、DI；对于 32 位寻址，允许使用任何 32 位通用寄存器。

若指令中使用的是 BX、SI、DI、EAX、EBX、ECX、EDX、ESI、EDI，则默认操作数在数据段，即它们默认与 DS 段寄存器配合；若使用的是 BP、EBP、ESP，则默认操作数在堆栈段，即它们默认与 SS 段寄存器配合。这两种情况都允许使用段超越前缀。

例 3.8 MOV AL, [BX]

其中，[BX]的寻址方式为寄存器间接寻址方式，注意，BX 用[ ]括起来，它表示 BX 寄存器中是有效地址而不是操作数，这也是寄存器间接寻址方式与寄存器寻址方式在汇编格式上的区别。

例 3.8 运行在实模式下，若(DS)=3000H, (BX)=78H, (30078H)=12H，则物理地址=10H×(DS)+(BX)=30078H，该指令的执行结果是(AL)=12H。

例 3.9 MOV AX, [BP]

例 3.9 运行在实模式下，若(SS)=2000H, (BP)=80H, (20080H)=12H, (20081H)=56H，则物理地址=10H×(SS)+(BP)=20080H，该指令的执行结果是(AX)=5612H。注意，BP 在默认情况下与 SS 配合。

例 3.10 MOV EAX, [ESI]

该指令和 "MOV EAX, ESI" 指令是有区别的，它不是把 ESI 的内容送给 EAX。ESI 外面加一对方括号，表示把 ESI 作为地址，从内存中取出一个双字。

利用这种寻址方式再配合修改寄存器内容的指令可以方便地处理一维数组。

3. 寄存器相对寻址方式

操作数的有效地址是一个寄存器的内容和指令中给定的一个位移量（disp）之和。对于 16 位寻址，这个寄存器只能是基址寄存器 BX、BP 或变址寄存器 SI、DI；对于 32 位寻址，允许使用任何 32 位通用寄存器。位移量可以是 8 位、16 位、32 位（只适用于 32 位寻址情况）的带符号数。即

$$EA = （基址＜或变址＞寄存器）+ disp$$

或
$$EA = （32 位通用寄存器）+ disp$$

与段寄存器的配合情况同寄存器间接寻址方式。即若指令中寄存器相对寻址方式使用 BP、EBP、ESP，则默认与 SS 段寄存器配合；使用其他通用寄存器，则默认与 DS 段寄存器配合。这两种情况都允许使用段超越前缀。

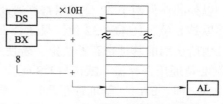

例 3.11　MOV　AL, 8[BX]　　;8 是位移量

也可以表示为：MOV　AL, [BX+8]

指令中源操作数的寻址方式为寄存器相对寻址方式，该指令执行情况如图 3-1 所示。

图 3-1　寄存器相对寻址执行情况

实模式下，若(DS)=3000H, (BX)=70H, (30078H)=12H，则物理地址 =10H×(DS)+(BX)+8=30078H，该指令的执行结果是(AL)=12H。

例 3.12　MOV　EDI, [ESI+4]

ESI 加上 4 后得到一个操作数的地址。从该地址中取出一个双字送给 EDI。

使用这种寻址方式可以访问一维数组。其中，TABLE 是数组起始地址的偏移量（即数组名），寄存器中是数组元素的下标乘以元素的长度（一个元素占用的字节数），下标从 0 开始计数。

4. 基址变址寻址方式

对于 16 位寻址，操作数的有效地址是一个基址寄存器（BX、BP）和一个变址寄存器（SI、DI）的内容之和。对于 32 位寻址，允许使用变址部分除 ESP 以外的任何两个 32 位通用寄存器的组合。两种寄存器均由指令指定。默认使用段寄存器的情况由所选用的基址寄存器决定。若使用 BP、ESP 或 EBP，默认与 SS 配合；若使用 BX 或其他 32 位通用寄存器（386 以上），则默认与 DS 配合。允许使用段超越前缀。

即，EA =（基址寄存器）+（变址寄存器）。

80386 以上支持的 32 位基址变址寻址方式组合如图 3-2 所示。

例 3.13　MOV　AL, [BX][SI]　/　MOV　AL, [BX+SI]
　　　　　MOV　EAX, [EBX][ESI]

如图 3-3 所示，使用这种寻址方式可以访问一维数组。其中，BX 存放数组起始地址的偏移量，SI 存放数组元素的下标乘以元素的长度，下标从 0 开始计数。

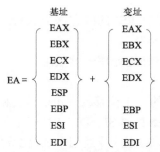

图 3-2　80386 以上 32 位基址变址寻址方式组合

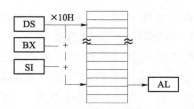

图 3-3　实模式基址变址寻址方式

5. 相对基址变址寻址方式

对于 16 位寻址，操作数的有效地址是一个基址（BX、BP）和一个变址寄存器（SI、DI）的内容与指令中给定的一个位移量（disp）之和。对于 32 位寻址，允许使用变址部分除 ESP 以外的任何两个 32 位通用寄存器及一个位移量的组合。两种寄存器均由指令指定。位移量可以是 8 位、16 位、32 位（只适合于 32 位寻址情况）的带符号数。默认使用段寄存器的情况由所选用的基址寄存器决定。若使用 BP、EBP 或 ESP，默认与 SS 配合；若使用 BX 或其他 32 位通用寄存器，默认与 DS 配合。允许使用段超越前缀。

即，EA＝（基址寄存器）＋（变址寄存器）＋disp

80386 以上支持的 32 位相对基址变址寻址方式组合如图 3-4 所示。

例 3.14　MOV　AL, ARY[BX] [SI]　/　MOV　AL, ARY [BX+SI]

　　　　　　MOV　EAX, ARY[EBX] [ESI]

实模式下，其执行情况如图 3-5 所示，执行结果为（DS:[BX+SI+ARY]）→ AL。

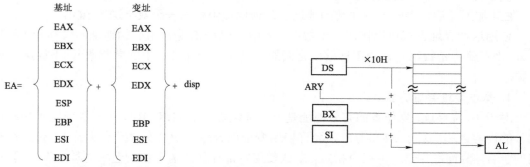

图 3-4　80386 以上 32 位相对基址变址寻址方式组合　　　图 3-5　相对基址变址寻址方式执行情况

使用这种寻址方式可以访问形如 ARY[3][2]的二维数组，下标从 0 开始计数。假设数组在内存中以行的形式存放（即先存第一行的所有元素，然后依次存第二行……）。其中，ARY 为数组起始地址的偏移量，基址寄存器（例如 EBX）为某行首与数组起始地址的距离（即 EBX＝行下标×一行占用的字节数），变址寄存器（例如 ESI）为某列与所在行首的距离（即 ESI＝列下标×元素长度）。若保持 EBX 不变而 ESI 改变，则可以访问同一行的所有元素；若保持 ESI 不变而 EBX 改变，则可以访问同一列的所有元素。

6. 比例变址寻址方式

这种寻址方式是 80386 以上的微处理器才提供的。

操作数的有效地址由以下几部分相加得到：基址部分（8 个 32 位通用寄存器）、变址部分（除 ESP 以外的 32 位通用寄存器）乘以比例因子、位移量（disp）。比例因子可以是 1（默认值）、2、4 或 8，1 可用来寻址字节数组，2 可用来寻址字数组，4 可用来寻址双字数组，8 可用来寻址 4 字数组。位移量可以是 8 位、32 位的带符号数。默认使用段寄存器的情况由所选用的基址寄存器决定。若使用 ESP 或 EBP，默认与 SS 配合；若使用其他 32 位通用寄存器，默认与 DS 配合。允许使用段超越前缀。

$$有效地址 EA＝（基址寄存器）＋（变址寄存器）× 比例因子 ＋disp$$

比例变址寻址方式组合如图 3－6 所示。可以看出，它实际上是 386 以上 CPU 存储器操作数寻址方式的通用公式。除比例因子不能单独使用外，其他各项都可以独立存在或以组合形式出现。例如，若只含有第一列或第二列，就变成寄存器间接寻址方式；若含有第一列和第二列，就变成基址变址寻址方式。

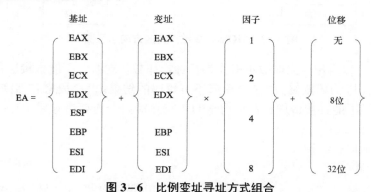

图 3－6　比例变址寻址方式组合

例 3.15

MOV	EAX, ARY[EBX][ESI]	;（DS:[ARY+EBX+ESI]）→ EAX
MOV	ECX,[EAX+2*EDX]	;（DS:[EAX+2*EDX]）→ ECX
MOV	EBX,[EBP+ECX*4+10H]	;（SS:[EBP+ECX*4+10H]）→ EBX
MOV	EDX, ES:ARY[4*EBX]	;（ES:[ARY+4*EBX]）→ EDX

使用这种寻址方式可以方便地访问数组。其中，变址寄存器的内容等于数组下标，比例因子为元素长度。

3.2　数据运算指令

80x86 的指令系统可分为：数据传送指令、算术运算指令、逻辑指令、程序控制指令、处理机控制指令、串操作指令、条件字节设置指令等。本节主要介绍和数据及运算相关的常用指令。指令可以用大写、小写或大小写字母混合的方式书写。8086、8088、80286 可以处理 8 位、16 位长操作数，80386 以上 CPU 可以处理 8 位、16 位、32 位长操作数。

3.2.1　数据传送指令

1. 通用数据传输指令

数据传送指令可以实现数据、地址、标志的传送。除了目标地址为标志寄存器的传送指令外，本组的其他指令不影响标志。

（1）传送指令 MOV（Move）

格式：MOV　DST, SRC

功能：SRC（源）→DST（目标）。

说明：MOV 指令可以实现一个字节、一个字、一个双字（80386 以上）的数据传送，注意源操作数和目标操作数的数据类型匹配问题，即应同为字节、字或双字型数据。

MOV 指令可实现的数据传送方向如图 3-7 所示。

图 3-7　MOV 指令数据传送方向示意图

从图 3-7 中可以看出，立即数不能作为目标操作数；立即数不能直接送段寄存器；目标寄存器不能是 CS，因为随意修改 CS 会引起不可预料的结果；两个段寄存器间不能直接传送；两个存储单元之间不能直接传送。在使用 MOV 指令时，一定要遵守以上这些限制，否则汇编时会出错。

例 3.16　正确指令举例。

```
MOV     AL, 5
MOV     BL, 'A'                      ;字符 A 的 ASCII 码 41H 送 BL
MOV     AX, BX
MOV     BP, DS
MOV     DS, AX
MOV     [EBX], EAX
MOV     ES:VAR, 12
MOV     WORD PTR [EBX], 12
MOV     EAX, EBX
```

注意指令"MOV DWORD PTR [EBX], 12"中的"DWORD PTR"，它明确指出 EBX 所指向的内存单元为双字型，立即数 12 被汇编为 32 位的二进制数。若要生成 8/16 位的二进制数，则需要用"BYTE PTR/WORD PTR"，这里的类型显式说明是必需的，因为汇编时无法确定立即数的长度，因此会出错。对于例 3.16 中的其他指令，因为其中总有一个操作数是寄存器或内存变量名，它们的类型汇编程序是知道的，所以不需要显式说明就可以正确汇编。

例 3.17　错误指令举例。

```
MOV     1000H, EAX               ;错误原因：立即数作为目标操作数
MOV     DS, 1000H                ;错误原因：立即数直接送段寄存器
MOV     VAR, [EBX]               ;错误原因：两个存储单元之间直接传送
MOV     CS, AX                   ;错误原因：目标寄存器是 CS
MOV     ES, DS                   ;错误原因：两个段寄存器间直接传送
```

　　MOV 指令除了可以实现数据传送外，还可实现地址传送，方法是借助于 OFFSET 和 SEG 操作符。

　　例 3.18　设 TAB 为一条语句的符号地址，则可以有以下指令：

MOV	AX, SEG TAB	;把 TAB 的段基址送给 AX 寄存器
MOV	DI, OFFSET TAB	;把 TAB 的偏移量送给 DI 寄存器

　　而指令"MOV　BX, TAB"是把 TAB 的值传送给 BX 寄存器，两者是不一样的。

　　从以上例子可以看出，MOV 指令功能很强，使用不同的寻址方式，就可以形成数十条不同功能的机器指令。

　　（2）带符号扩展的数据传送指令 MOVSX（Move with Sign – Extend）

　　MOVSX 指令只有 80386 以上 CPU 才提供。

　　格式：MOVSX　DST, SRC

　　功能：SRC→DST，DST 空出的位用 SRC 的符号位填充。

　　说明：DST 必须是 16 位或 32 位寄存器操作数，SRC 可以是 8 位或 16 位的寄存器或存储器操作数，但不能是立即数。

　　例 3.19

MOV	DL, 98H	
MOVSX	AX, DL	;AX 中得到 98H 的带符号扩展值 0FF98H
MOV	CX, 1234H	
MOVSX	EAX, CX	;EAX 中得到 1234H 的带符号扩展值 00001234H
MOV	VAR, 56H	
MOVSX	AX, VAR	;AX 中得到 56H 的带符号扩展值 0056H

　　使用 MOVSX 指令可以方便地实现对带符号数的扩展。

　　（3）带零扩展的数据传送指令 MOVZX（Move with Zero – Extend）

　　MOVZX 指令只有 80386 以上 CPU 才提供。

　　格式：MOVZX　DST,SRC

　　功能：SRC→DST，DST 空出的位用 0 填充。

　　说明：DST 必须是 16 位或 32 位寄存器操作数；SRC 可以是 8 位或 16 位的寄存器或存储器操作数，但不能是立即数。

　　例 3.20

MOV	DL, 98H	
MOVZX	AX, DL	;AX 中得到 98H 的带零扩展值 0098H
MOV	CX, 1234H	
MOVZX	EAX, CX	;EAX 中得到 1234H 的带零扩展值 00001234H
MOV	VAR, 56H	
MOVZX	AX, VAR	;AX 中得到 56H 的带零扩展值 0056H

　　使用 MOVZX 指令可以方便地实现对无符号数的扩展。

　　（4）堆栈操作指令

　　堆栈数据的存取原则是"后进先出"。在 PC 中，栈基地址放在 SS 堆栈段寄存器中，栈顶地址放在 SP（16 位）或 ESP（32 位）堆栈指针寄存器中，SP 或 ESP 始终指向栈顶。堆栈主要用于对现场数据的保护与恢复、子程序与中断服务返回地址的保护与恢复等。

1）进栈指令 PUSH

格式：PUSH　SRC

功能：先修改堆栈指针，使其指向新的栈顶（若 SRC 是 16 位操作数，则堆栈指针减 2，若 SRC 是 32 位操作数，则堆栈指针减 4），然后把 SRC 压入栈顶单元。

说明：在 8086、8088 中，SRC 只能是 16 位寄存器操作数或存储器操作数，不能是立即数。在 80286 以上的机器中，SRC 可以是 16 位或 32 位（80386 以上）立即数、寄存器操作数、存储器操作数。

例 **3.21**　若有以下指令序列（设操作数及堆栈地址长度均为 16 位），其执行操作如图 3-8 所示。

> PUSH　AX
>
> PUSH　1234H　　　　　　　　　　;80286 以上可用

从图 3-8 中可以看出，随着执行 PUSH 指令条数的增加，栈中数据也随之增多，堆栈可用空间逐渐减少。若开辟的堆栈空间不够大，最终会导致堆栈溢出。因此，程序设计者应注意堆栈空间的初始设置要足够大。

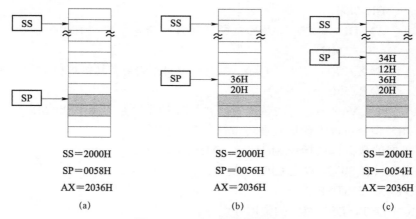

图 3-8　PUSH 指令执行情况

（a）指令序列执行前；（b）PUSH AX 执行后；（c）PUSH 1234H 执行后

2）出栈指令 POP

格式：POP　DST

功能：先把堆栈指针所指向单元的内容弹出到 DST，然后修改堆栈指针以指向新的栈顶（若 SRC 是 16 位操作数，则堆栈指针加 2，若 SRC 是 32 位操作数，则堆栈指针加 4）。

说明：DST 可以是 16 位或 32 位（80386 以上）的寄存器操作数和存储器操作数，也可以是除 CS 寄存器以外的任何段寄存器。若 DST 是 16 位的，则堆栈指针加 2；若 DST 是 32 位的，则堆栈指针加 4。

例 **3.22**　若当前堆栈如图 3-9（a）所示，现有以下指令序列（设操作数及堆栈地址长度均为 16 位），则其执行操作如图 3-9（b）、（c）所示。

> POP　BX
>
> POP　AX

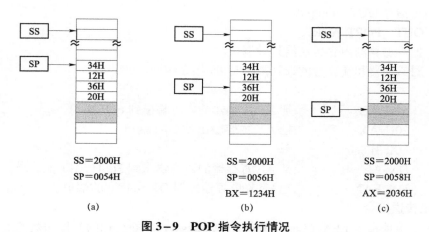

图 3-9　POP 指令执行情况

（a）指令序列执行前；（b）POP BX 执行后；（c）POP AX 执行后

从图 3-9 中可以看出，随着执行 POP 指令条数的增加，SP 的值也随之增加，堆栈可用空间逐渐加大，当 SP 的值已大于初始设置时，则出现堆栈异常。编程时，应注意避免此类问题发生。

（5）交换指令 XCHG（Exchange）

格式：XCHG　OPR1, OPR2

功能：交换两个操作数。

说明：OPR 是操作数，可以是 8 位、16 位、32 位（80386 以上），两个操作数均不能是立即数，可以是寄存器操作数和存储器操作数，并且其中之一必须是寄存器操作数。

例 3.23　XCHG　AX, BX

设（AX）= 1234H，（BX）= 4567H，则本条指令执行后，（AX）= 4567H，（BX）= 1234H。

例 3.24　XCHG　ECX, WORD PTR [EBX]　　;ECX 值与 EBX 所指向的内存单元值交换。

2. 输入/输出指令

由于外设端口独立编址，所以指令系统应提供专门的输入/输出指令。它们专用于 CPU 与外设之间的数据传送。

（1）输入指令 IN（Input）

格式：IN　ACR, PORT

功能：把外设端口（PORT）的内容传送给累加器（ACR）。

说明：可以传送 8 位、16 位、32 位（80386 以上）的数据，相应的累加器选择 AL、AX、EAX。若端口号在 0～255 之间，则端口号直接写在指令中；若端口号大于 255，则端口号通过 DX 寄存器间接寻址，即端口号应先放入 DX 中。

例 3.25

IN	AL, 61H	;把 61H 端口的字节内容输入到 AL
IN	AX, 20H	;把 20H 端口的字内容输入到 AX
MOV	DX, 3F8H	
IN	AL, DX	;把 3F8H 端口的字节内容输入到 AL
IN	EAX, DX	;把 DX 所指向的端口双字内容输入到 EAX

（2）输出指令 OUT（Output）

格式：OUT   PORT, ACR

功能：把累加器的内容传送给外设端口。

说明：对累加器和端口号的选择限制与 IN 指令相同。

例 3.26

```
OUT      61H, AL           ;把 AL 寄存器的内容输出到 61H 端口
OUT      20H, AX           ;把 AX 内容输出到 20H 端口
MOV      DX, 3F8H
OUT      DX, AL            ;把 AL 寄存器的内容输出到 3F8H 端口
OUT      DX, EAX           ;把 EAX 内容输出到 DX 所指向的端口
```

3. 地址传送指令

传送有效地址指令 LEA（Load Effective Address），指令传送的是操作数的地址，而不是操作数本身。

格式：LEA   REG, SRC

功能：把源操作数的有效地址送给指定的寄存器。

说明：源操作数必须是存储器操作数。

例 3.27

```
LEA   BX, ASC            ;同 MOV BX, OFFSET ASC 指令
LEA   BX, ASC[SI]        ;把 DS:[ASC+SI]单元的 16 位偏移量送给 BX
LEA   DI, ASC[BX] [SI]   ;把 DS:[ASC+BX+SI]单元的 16 位偏移量送给 DI
LEA   EAX, 6[ESI]        ;把 DS:[6+ESI]单元的 32 位偏移量送给 EAX
```

4. 标志传送指令

这组指令中的 POPF、POPFD、SAHF 指令影响标志位，其他不影响。

（1）16 位标志进栈指令 PUSHF（Push Flags Register onto the Stack）

格式：PUSHF

功能：先使堆栈指针寄存器 SP 减 2，然后压入标志寄存器 FLAGS 的内容到栈顶单元。

（2）16 位标志出栈指令 POPF（Pop Stack into Flags Register）

格式：POPF

功能：先把堆栈指针所指向的字弹出到 FLAGS，然后使堆栈指针寄存器 SP 加 2。

标志：影响 FLAGS 中的所有标志。

（3）32 位标志进栈指令 PUSHFD（Push Eflags Register onto the Stack）

格式：PUSHFD

功能：先使堆栈指针寄存器 ESP 减 4，然后压入标志寄存器 EFLAGS 的内容到栈顶单元。

（4）32 位标志出栈指令 POPFD（Pop Stack into Eflags Register）

格式：POPFD

功能：先把堆栈指针所指向的双字弹出到 EFLAGS，然后使堆栈指针寄存器 ESP 加 4。

标志：影响 EFLAGS 中的所有标志。

3.2.2 算术运算指令

算术运算指令包括二进制和十进制算术运算指令，本书主要介绍二进制算术运算指令。

对于其中的双操作数指令，其两个操作数寻址方式的限定同 MOV 指令，即目标操作数不允许是立即数和 CS 段寄存器，两个操作数不能同时为存储器操作数等。除类型转换指令外，其他指令均影响某些运算结果特征标志。

这组指令可以实现二进制算术运算，参与运算的操作数和计算结果都是二进制数（虽然在书写指令时可以用十进制形式表示，但经汇编后成为二进制形式），它们可以是 8 位、16 位、32 位（80386 以上）的无符号数和带符号数。带符号数在机器中用补码形式表示，最高位为符号位，0 表示正数，1 表示负数。

1. 类型转换指令

这类指令实际上是把操作数的最高位进行扩展，用于处理带符号数运算的操作数类型匹配问题。这类指令均不影响标志。

（1）字节扩展成字指令 CBW（Convert Byte to Word）

格式：CBW

功能：把 AL 寄存器中的符号位值扩展到 AH 中。

例 3.28

```
MOV    AL, 5
CBW                      ;执行结果为(AX)= 0005H
MOV    AL, 98H
CBW                      ;执行结果为(AX)= 0FF98H
```

（2）字扩展成双字指令 CWD（Convert Word to Doubleword）

格式：CWD

功能：把 AX 寄存器中的符号位值扩展到 DX 中。

例 3.29

```
MOV    AX, 5
CWD                      ;执行结果为(DX)= 0，AX 值不变
MOV    AX, 9098H
CWD                      ;执行结果为(DX)= 0FFFFH，AX 值不变
```

（3）双字扩展成四字指令 CDQ（Convert Doubleword to Quad–Word）

格式：CDQ

功能：把 EAX 寄存器中的符号位值扩展到 EDX 中。

说明：80386 以上 CPU 支持此指令。

例 3.30

```
MOV    EAX, 5
CDQ                      ;执行结果为(EDX)= 0，EAX 值不变
MOV    EAX, 90980000H
CDQ                      ;执行结果为(EDX)= 0FFFFFFFFH，EAX 值不变
```

（4）AX 符号位扩展到 EAX 指令 CWDE（Convert Word to Doubleword Extended）

格式：CWDE

功能：把 AX 寄存器中的符号位值扩展到 EAX 的高 16 位。

说明：80386 以上 CPU 支持此指令。

例 3.31

```
MOV   AX, 5
CWDE                    ;执行结果为(EAX₃₁~EAX₁₆)= 0，AX 值不变
MOV   AX, 9098H
CWDE                    ;执行结果为(EAX₃₁~EAX₁₆)= 0FFFFH，AX 值不变
```

2. 二进制加法指令

这类指令中的每一条均适用于带符号数和无符号数运算。

（1）加法指令 ADD（Add）

格式：ADD   DST, SRC

功能：（DST）+（SRC）→ DST

说明：对于操作数的限定同 MOV 指令。即源和目标均可以是 8 位、16 位、32 位的操作数；要注意源和目标操作数的类型匹配，即它们的长度要一致；目标不能是立即数和 CS 段寄存器，两个操作数不能同时为存储器操作数等。

标志：影响 OF、SF、ZF、AF、PF、CF 标志。

例 3.32

```
ADD   AX, 535
ADD   AL, '0'
ADD   WORD   PTR[BX], 56
ADD   EDX, EAX
```

（2）带进位加法指令 ADC（Add with Carry）

格式：ADC   DST, SRC

功能：（DST）+（SRC）+ CF → DST

说明：除了执行时要加进位标志 CF 的值外，其他要求同 ADD。因为它考虑了 CF，所以可用于数值是多字节或多字的加法程序。

标志：影响 OF、SF、ZF、AF、PF、CF 标志。

例 3.33   ADC   AX, 35   ;执行后为(AX)=(AX)+ 35 + CF

（3）加 1 指令 INC（Increment）

格式：INC   DST

功能：（DST）+ 1 → DST

说明：使用本指令可以很方便地实现地址指针或循环次数的加 1 修改。

标志：不影响 CF 标志，影响其他 5 个算术运算特征标志。

例 3.34   INC   BX

（4）互换并加法指令 XADD（Exchange and Add）

格式：XADD   DST, SRC

功能：（DST）+（SRC）→ TEMP，（DST）→ SRC，TEMP → DST。

说明：TEMP 是临时变量。该指令执行后，原 DST 的内容在 SRC 和 DST 中。只有 80486以上 CPU 才支持 XADD 指令。

标志：影响 OF、SF、ZF、AF、PF、CF 标志。

例 3.35   XADD   AL, BL

若(AL)= 16H，(BL)= 35H，则本条指令执行后，(AL)= 4BH，(BL)= 16H。

两个二进制数进行加法运算时，如果把数解释为无符号数，则其结果可能是溢出的；若解释为带符号数，则其结果可能是不溢出的。反之也一样。其判定条件如下：

无符号数相加，结果若使 CF 置 1，则表示溢出；带符号数相加，结果若使 OF 置 1，则表示溢出。一旦发生溢出，结果就不正确了。表 3-2 以 8 位数为例说明了这种情况。

表 3-2 对二进制数加法结果的解释

类别	二进制数加法	解释为无符号数	解释为带符号数
1. 带符号数和无符号数都不溢出	00000100 +00001011 ————— 00001111	4 +11 —— 15 CF=0	+4 +(+11) ———— +15 OF=0
2. 无符号数溢出	00000111 +11111011 ————— CF ← □100000010	7 + 251 ——— 258(错) CF=1	+7 +(−5) ———— +2 OF=0
3. 带符号数溢出	00001001 +01111100 ————— 10000101	9 +124 —— 133 CF=0	+9 +(+124) ———— −123(错) OF=1
4. 带符号数和无符号数都溢出	10000111 +11110101 ————— CF ← □101111100	135 +245 —— 124(错) CF=1	−121 +(−11) ———— +124(错) OF=1

从表 3-2 的第 2 种情况可以看出，最高位向前有进位，该进位记录在 CF 中。7 加 251 应该等于 258，但在有效的 8 位结果中，只看到 2，这是因为丢掉了 $2^8=256$。所以，对于无符号数来说，通过判断 CF=1，便可知该结果是错的。对于第 3 种情况，因为两同号数相加，和的符号却与加数符号相反，所以对于带符号数来说，该结果是错的，发生这种情况后，系统会置 OF=1，可通过 OF 来判断结果是否正确。

3. 二进制减法指令

这类指令中的每一条均适用于带符号数和无符号数运算。

（1）减法指令 SUB（Subtract）

格式：SUB　DST, SRC

功能：（DST）−（SRC）→DST。

说明：除了是实现减法功能外，其他要求同 ADD。

标志：影响 OF、SF、ZF、AF、PF、CF 标志。

例 3.36

SUB　AX, 35
SUB　AL, '0'

```
SUB    WORD PTR[BX], 56
SUB    EDX, EAX
```

（2）带借位减法指令 SBB（Subtract with Borrow）

格式：SBB   DST, SRC

功能：（DST）−（SRC）− CF→DST

说明：除了操作时要减进位标志 CF 的值外，其他要求同 ADC。因为它考虑了 CF，所以可用于数值是多字节或多字的减法程序。

标志：影响 OF、SF、ZF、AF、PF、CF 标志。

例 3.37   SBB   AX, 35   ;执行后（AX）=（AX）− 35 − CF

（3）减 1 指令 DEC（Decrement）

格式：DEC   DST

功能：（DST）− 1→DST

说明：使用本指令可以很方便地实现地址指针或循环次数的减 1 修改。

标志：不影响 CF 标志，影响其他 5 个算术运算特征标志。

例 3.38   DEC   BX

（4）比较指令 CMP（Compare）

格式：CMP   DST, SRC

功能：（DST）−（SRC），影响标志位。

说明：这条指令执行相减操作后，只根据结果设置标志位，并不改变两个操作数的原值。其他要求同 SUB。CMP 指令常用于比较两个数的大小。

标志：影响 OF、SF、ZF、AF、PF、CF 标志。

例 3.39   CMP   AX, [BX]

（5）求补指令 NEG（Negate）

格式：NEG   DST

功能：对目标操作数（含符号位）求反加 1，并且把结果送回目标。即实现 0−（DST）→DST。

说明：利用 NEG 指令可实现求一个数的相反数。

标志：影响 OF、SF、ZF、AF、PF、CF 标志。其中，对 CF 和 OF 的影响如下：

① 对操作数所能表示的最小负数（例：若操作数是 8 位，则所能表示的最小负数为−128）求补，原操作数不变，但 OF 被置 1。

② 当操作数为 0 时，CF 清 0。

③ 对非 0 操作数求补后，CF 置 1。

例 3.40   求一个数的绝对值。

```
MOV  EAX, −66     ;（EAX）=0FFFFFFBEH= −66
NEG  EAX          ;（EAX）=00000042H=66
```

例 3.41   实现 0 −（AL）的运算。

```
NEG  AL
```

由于以上减法指令适用于带符号数和无符号数两种运算，它们与加法指令一样，也存在判断结果正确性的问题。若指令执行后使 CF=1，则对无符号数而言发生了溢出；若指令执行后使 OF=1，则对带符号数而言发生了溢出。具体情况请读者自己分析。

例 3.42　试编写两个 3 字节长的二进制数加法程序，加数 FIRST、SECOND 及和 SUM 的分配情况如图 3-10 所示。

分析：设（FIRST）=112233H，（SECOND）=445566H，存放顺序如图 3-10 所示。算法类似于手工计算，从最低字节数据开始加起，计算高字节时，要考虑低字节的进位问题。为了简化讨论，假设和不会超过 3 字节，即最高位不会有进位产生。为了最大限度地用到我们所学的指令和寻址方式，本程序不使用循环结构，不考虑优化问题。因为是 3 字节数据，所以不能用字或双字加法指令实现。

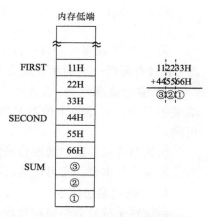

图 3-10　3 字节长加法程序示意图

经过分析，汇编程序如下：

```
LEA    DI, SUM         ;建立和的地址指针 DI
ADD    DI, 2           ;DI 指向和的低字节
MOV    BX, 2
MOV    AL, FIRST[BX]   ;取 FIRST 的低字节（本例为 33H）
ADD    AL, SECOND+2    ;两个低字节相加，和①在 AL 中，进位反映在 CF 中
MOV    [DI], AL        ;把低字节和存到 DI 指向的单元（本例为 SUM+2 单元）
DEC    DI              ;修改和指针，使其指向中字节
DEC    BX              ;修改加数指针，使其指向中字节
MOV    AL, FIRST[BX]   ;取 FIRST 的中字节（本例为 22H）
ADC    AL, SECOND+1    ;两个中字节相加且加 CF，和②在 AL 中，进位反映在 CF 中
MOV    [DI], AL        ;把中字节和存到 DI 指向的单元（本例为 SUM+1 单元）
DEC    DI              ;修改和指针，使其指向高字节
DEC    BX              ;修改加数指针，使其指向高字节
MOV    AL, FIRST[BX]   ;取 FIRST 的高字节（本例为 11H）
ADC    AL, SECOND      ;两个高字节相加且加 CF，和③在 AL 中，进位反映在 CF 中
MOV    [DI], AL        ;把高字节和存到 DI 指向的单元（本例为 SUM 单元）
```

说明：程序中用到的形如 SECOND+2 的寻址方式是直接寻址方式，SECOND+2 单元中存放 66H。程序中的注释以分号开始。

讨论：

① 两个 ADC 指令能否换为 ADD？答案是否定的。因为在对高字节计算时，要考虑到低字节的进位，这个进位在执行上一条加法指令时已反映在 CF 中。

② DEC　DI 和 SUB　DI, 1 指令的功能从表面上看是等价的，是否可以互换？在本程序中答案是否定的。因为上一条加法指令对 CF 的影响后边要用到，所以不能破坏 CF 值，使用 DEC 指令正好不影响 CF。但是可以用以下指令序列代替本程序中的 DEC DI，以保证得到正确的 CF 值。

```
PUSHF                   ;保存包括 CF 的 FLAGS 值
```

```
SUB   DI,1                    ;修改 DI
POPF                          ;恢复原 FLAGS 值
```

③ 多字节或多字加减时，CF 始终有意义（前边的反映进/借位，最后一次反映溢出情况），而 OF 只有最后一次的才有意义。

④ 溢出情况判断：若是两个无符号数相加，则当最后一次的 CF 被置 1 时，表示溢出，结果不正确；若是两个带符号数相加，则当最后一次的 OF 被置 1 时，表示溢出，结果不正确。

从该例可以看出，选取合适的算法、恰当的指令、灵活的寻址方式对汇编语言程序设计人员来讲十分重要，它可以达到事半功倍的效果。

4. 二进制乘法指令

系统对无符号数和带符号数分别提供了二进制乘法指令。

（1）无符号数乘法指令 MUL（Unsigned Multiple）

格式：MUL $SRC_{reg/m}$

功能：实现两个无符号二进制数乘。

说明：该指令只含一个源操作数，必须注意这个源操作数只能是寄存器（reg）或存储器操作数（m），不能是立即数。另一个乘数必须事先放在累加器中。该指令可以实现 8 位、16 位、32 位无符号数乘。若源操作数是 8 位的，则与 AL 中的内容相乘，乘积在 AX 中；若源操作数是 16 位的，则与 AX 中的内容相乘，乘积在 DX:AX 这一对寄存器中；若源操作数是 32 位（80386 以上）的，则与 EAX 中的内容相乘，乘积在 EDX:EAX 这一对寄存器中。

具体操作为：

字节型乘法：$(AL) \times (SRC)_8 \rightarrow AX$

字型乘法：$(AX) \times (SRC)_{16} \rightarrow DX:AX$

双字型乘法：$(EAX) \times (SRC)_{32} \rightarrow EDX:EAX$

标志：若乘积的高半部分（例：字节型乘法结果的 AH）为 0，则对 CF 和 OF 清 0，否则置 CF 和 OF 为 1。其他标志不确定。

例 3.43

```
MOV   AL, 8
MUL   BL                     ;（AL）×（BL），结果在 AX 中
MOV   AX, 1234H
MUL   WORD  PTR  [BX]  ;（AX）×（[BX]），结果在 DX:AX 中
MOV   EAX, 0F901H
MUL   EBX                    ;（EAX）×（EBX），结果在 EDX:EAX 中
```

（2）带符号数乘法指令 IMUL（Signed Multiple）

功能：实现两个带符号二进制数乘。

1）IMUL $SRC_{reg/m}$

说明：这种格式的指令除了实现两个带符号数相乘且结果为带符号数外，其他均与 MUL 指令相同。所有的 80x86 CPU 都支持这种格式。

具体操作为：

字节型乘法：$(AL) \times (SRC)_8 \rightarrow AX$

字型乘法：$(AX) \times (SRC)_{16} \rightarrow DX{:}AX$

双字型乘法：$(EAX) \times (SRC)_{32} \rightarrow EDX{:}EAX$

标志：若乘积的高半部分（例：字节型乘法结果的 AH）为低半部分的符号扩展，则对 CF 和 OF 清 0，否则置 CF 和 OF 为 1。其他标志不确定。

例 3.44

```
MOV    AL, 8
IMUL   BL                    ;(AL)×(BL)，结果在 AX 中
MOV    AX, 1234H
IMUL   WORD  PTR  [BX]       ;(AX)×([BX])，结果在 DX:AX 中
MOV    AL, 98H
CBW                          ; AL 中的符号扩展至字
IMUL   BX                    ;(AX)×(BX)，结果在 DX:AX 中
MOV    AX, 1234H
CWDE                         ; AX 中的符号扩展至 EAX
IMUL   ECX                   ;(EAX)×(ECX)，结果在 EDX:EAX 中
```

以下格式只在 80286 以上有效，对于 32 位操作数，只有 80386 以上 CPU 才支持。

2）IMUL　REG, SRC$_{reg/m}$

说明：REG 和 SRC 的长度必须相同，目标操作数，REG 必须是 16 位或 32 位通用寄存器，源操作数 SRC 可以是寄存器或存储器操作数。

具体操作为：

$(REG)_{16} \times (SRC)_{16} \rightarrow REG_{16}$

$(REG)_{32} \times (SRC)_{32} \rightarrow REG_{32}$

标志：若乘积完全能放入目标寄存器（例如：若目标 REG 是 16 位的，则结果的有效数字不超过 16 位），则对 CF 和 OF 清 0，否则置 CF 和 OF 为 1。其他标志不确定。

例 3.45

```
IMUL   CX, WORD  PTR  [BX]          ;(CX)×([BX])，结果在 CX 中
IMUL   ECX, EBX                     ;(ECX)×(EBX)，结果在 ECX 中
```

3）IMUL　REG, imm$_8$

说明：目标操作数 REG 可以是 16 位或 32 位通用寄存器，源操作数 imm$_8$ 只能是 8 位立即操作数，计算时系统自动对其进行符号扩展。

具体操作为：

$(REG)_{16} \times imm_8$ 符号扩展 $\rightarrow REG_{16}$

$(REG)_{32} \times imm_8$ 符号扩展 $\rightarrow REG_{32}$

标志：对标志位的影响同格式 2。

例 3.46

```
IMUL   CX, 98H                      ;(CX)× 0FF98H，结果在 CX 中
IMUL   CX, 68H                      ;(CX)× 0068H，结果在 CX 中
```

4）IMUL　REG, SRC$_{reg/m}$, imm$_8$

说明：REG 和 SRC 的长度必须相同，目标操作数 REG 必须是 16 位或 32 位通用寄存器；

源操作数 SRC 可以是寄存器或存储器操作数；操作数 imm_8 正如它的英文缩写那样，只能是 8 位立即操作数。

具体操作为：

$(SRC)_{16} \times imm_8$ 符号扩展 $\rightarrow REG_{16}$

$(SRC)_{32} \times imm_8$ 符号扩展 $\rightarrow REG_{32}$

标志：对标志位的影响同格式 2。

例 3.47

| IMUL | CX, BX, 98H | ；$(BX) \times 0FF98H$，结果在 CX 中 |
| IMUL | ECX, DWORD PTR [EBX], 68H | ；$([EBX]) \times 0068H$，结果在 ECX 中 |

5. 二进制除法指令

系统对无符号数和带符号数分别提供了二进制除法指令。

（1）无符号数除法指令 DIV（Unsigned Divide）

格式：DIV SRC$_{reg/m}$

功能：实现两个无符号二进制数除法。

说明：该指令只含一个源操作数，该操作数作为除数使用。注意，它只能是寄存器或存储器操作数，不能是立即数。被除数必须事先放在隐含的寄存器中。可以实现 8 位、16 位、32 位无符号数除。若源操作数是 8 位的，则被除数在 AX 中，商在 AL 中，余数在 AH 中；若源操作数是 16 位的，则被除数在 DX:AX 一对寄存器中，商在 AX 中，余数在 DX 中；若源操作数是 32 位（80386 以上）的，则被除数在 EDX:EAX 一对寄存器中，商在 EAX 中，余数在 EDX 中。

具体操作为：

字节型除法：$(AX) \div (SRC)_8 \rightarrow \begin{cases} 商：AL \\ 余数：AH \end{cases}$

字型除法：$(DX:AX) \div (SRC)_{16} \rightarrow \begin{cases} 商：AX \\ 余数：DX \end{cases}$

双字型除法：$(EDX:EAX) \div (SRC)_{32} \rightarrow \begin{cases} 商：EAX \\ 余数：EDX \end{cases}$

标志：不确定。

例 3.48 实现 $1000 \div 25$ 的无符号数除法。

MOV	AX, 1000	
MOV	BL, 25	
DIV	BL	；$(AX) \div (BL)$，商在 AL 中，余数在 AH 中

例 3.49 实现 $1000 \div 512$ 的无符号数除法。

MOV	AX, 1000	
SUB	DX, DX	；DX 清 0
MOV	BX, 512	
DIV	BX	；$(DX:AX) \div (BX)$，商在 AX 中，余数在 DX 中

（2）带符号数除法指令 IDIV（Signed Divide）

格式：IDIV SRC$_{reg/m}$

功能：实现两个带符号二进制数除。

说明：除了实现两个带符号数相除且商和余数均为带符号数外，其他均与 DIV 指令相同。余数符号与被除数相同。

例 3.50　实现（−1000）÷（+25）的带符号数除法。

```
MOV    AX, −1000
MOV    BL, 25
IDIV   BL              ;(AX)÷(BL)，商在 AL 中，余数在 AH 中
```

例 3.51　实现 1000÷（−512）的带符号数除法。

```
MOV    AX, 1000
CWD                    ; AX 的符号扩展到 DX
MOV    BX, −512
IDIV   BX              ;(DX:AX)÷(BX)，商在 AX 中，余数在 DX 中
```

注意：若除数为 0 或商超出操作数所表示的范围（例如：字节型除法的商超出 8 位），会产生除法错中断，此时系统直接进入 0 号中断处理程序，为避免出现这种情况，必要时在程序中应事先对操作数进行判断。

3.2.3　位运算指令

位运算指令提供了对二进制位的控制与运算。常见的位运算指令包括逻辑运算指令、位测试指令、基本移位指令和循环移位指令等。

1. 逻辑运算指令

逻辑运算指令包括逻辑非（NOT）、逻辑与（AND）、逻辑测试（TEST）、逻辑或（OR）和逻辑异或（XOR）指令。这些指令的操作数可以是 8 位、16 位、32 位，其寻址方式与 MOV 指令的限制相同。表 3−3 给出了这些指令的名称、格式、功能及对标志位的影响。

表 3−3　逻辑运算指令

名称	格式	功能	标志
逻辑非	NOT　DST	(DST)按位变反送 DST	不影响
逻辑与	AND　DST, SRC	DST←(DST)∧(SRC)	CF 和 OF 清 0，影响 SF、ZF 及 PF，AF 不定
逻辑测试	TEST　OPR1, OPR2	OPR1∧OPR2	同 AND 指令
逻辑或	OR　DST, SRC	DST←(DST)∨(SRC)	同 AND 指令
逻辑异或	XOR　DST, SRC	DST←(DST)∨(SRC)	同 AND 指令

逻辑与和逻辑测试的区别在于，后者执行后，只影响标志位而不改变操作数本身。

根据逻辑运算的运算规则，可知各逻辑运算指令的用途是：逻辑非指令可用于把操作数的每一位均变反的场合；逻辑与指令用于把某位清 0（与 0 相与，也可称为屏蔽某位）、某位保持不变（与 1 相与）的场合；逻辑测试指令可用于只测试其值而不改变操作数的场合；逻辑或指令用于把某位置 1（与 1 相或）、某位保持不变（与 0 相或）的场合；逻辑异或指令用

于把某位变反（与 1 相异或）、某位保持不变（与 0 相异或）的场合。

例 3.52 对 AL 中的值按位求反。

MOV	AL, 00001111 B	
NOT	AL	;(AL)= 11110000 B

例 3.53 将 EAX 寄存器清 0。

AND	EAX, 0

例 3.54 把 AL 中的 0～9 二进制值转换成十进制数的 ASCII 码形式输出。

OR	AL, 30H	;AL 中的高 4 位变成 0011 B，低 4 位不变

例 3.55 使 61H 端口的 D_1 位变反。

IN	AL, 61H
XOR	AL, 2
OUT	61H, AL

例 3.56 将 EAX 寄存器清 0。

XOR	EAX, EAX

这种清 0 方式比用 MOV AX, 0 指令占用空间少，执行速度快。

例 3.57 转换 AL 中字母的大小写。

XOR	AL, 20H

例 3.58 设某并行打印机的状态端口是 379H，其 D_7 位是忙闲位。若 D_7 为 0，表示忙，为 1 表示闲。测试该打印机的当前状态，若为忙，则继续测试，否则，顺序执行下一条指令。

	MOV	DX, 379H	
WT:	IN	AL, DX	;读入状态字节
	TEST	AL, 80H	;只关心 D_7 位，其他位屏蔽，若结果使 ZF=1，表示 D_7=0
	JZ	WT	;若 ZF=1，则跳转到 WT 继续测试，否则，顺序执行下一条指令

2. 位测试指令

从 80386 开始增加了位测试指令，它们包括 BT（Bit Test）、BTS（Bit Test and Set）、BTR（Bit Test and Reset）和 BTC（Bit Test and Complement）。这些指令可以直接对一个 16 位或 32 位的通用寄存器或存储单元中的指定二进制位进行必要的操作，它们首先把指定位的值送给 CF 标志，然后对该位按照指令的要求操作。表 3-4 给出了位测试指令的名称、格式、功能及对标志位的影响。

表 3-4 位测试指令

名称	格式	功 能	标 志
位测试	BT DST, SRC	测试由 SRC 指定的 DST 中的位	所选位送 CF，其他标志不定
位测试并置位	BTS DST, SRC	测试由 SRC 指定的 DST 中的位并置 1	同上
位测试并复位	BTR DST, SRC	测试由 SRC 指定的 DST 中的位并清 0	同上
位测试并取反	BTC DST, SRC	测试由 SRC 指定的 DST 中的位并取反	同上

说明：目标可以是 16 位或 32 位的寄存器或存储器操作数，源可以是 8 位的立即数、寄

存器或存储器操作数，若是后两种情况，其长度一定要和目标的长度相同。若源操作数是立即数形式，则其值不应超过目标操作数的长度。目标操作数的位偏移从最右边位开始，从 0 开始计数。

例 3.59

```
MOV    EAX, 2357H
MOV    ECX, 3
BT     AX, 0              ;CF=1，(AX)= 2357H
BT     AX, CX             ;CF=0，(AX)= 2357H
BTS    EAX, ECX           ;CF=0，(EAX)= 235FH
BTR    AX, CX             ;CF=0，(EAX)= 2357H
BTC    AX, 3              ;CF=0，(EAX)= 235FH
```

3. 基本移位指令

这类指令实现对操作数移位，包括 SHL（Shift Logical Left）、SAL（Shift Arithmetic Left）、SHR（Shift Logical Right）和 SAR（Shift Arithmetic Right）指令。表 3–5 给出了基本移位指令的名称、格式、功能及对标志位的影响。可以看出，SHL 和 SAL 指令的功能相同，在机器中，它们对应的实际上是同一种操作。

表 3–5 基本移位指令

名称	格式	功能	标 志
逻辑左移	SHL DST, CNT	□ ← ←——— ← 0	CF 中总是最后移出的位，ZF、SF、PF 按结果设置，当 CNT= 1 时，移位使符号位变化，OF 置 1，否则清 0
算术左移	SAL DST, CNT	□ ← ←——— ← 0	同上
逻辑右移	SHR DST, CNT	0 →→ ———→ □	同上
算术右移	SAR DST, CNT	→→ ———→ □	同上

注：1. 当 CNT>1 时，OF 值不确定。
说明：DST 可以是 8 位、16 位或 32 位的寄存器或存储器操作数，CNT 是移位位数。
2. 对 CNT 的限定是：
当 CNT=1 时，直接写在指令中（8086 和 8088 环境）；
当 CNT>1 时，由 CL 寄存器给出；在 80286 以上 CPU 环境下，也可由指令中的 8 位立即数给出。
3. 功能图中的符号表示：□为 CF；←—为数据流向；[————————]为操作数

使用这组指令除了可以实现基本的移位操作外，还可以用于对一个数进行 2^n 的倍增或倍减运算，使用这种方法比直接使用乘除法效率要高得多。可以用逻辑移位指令实现无符号数乘除法运算，只要移出位不含 1，SHL DST, n 执行后是原数的 2^n 倍，SHR DST, n 执行后是原数的 $1/2^n$。可以用算术右移指令实现带符号数除法运算，只要移出位不含 1，SAR DST, n 执行后就是原数的 $1/2^n$。

例 3.60 设无符号数 X 在 AL 中，用移位指令实现 X×10 的运算。

```
MOV    AH, 0              ;为了保证不溢出，将 AL 扩展为字
SAL    AX, 1              ;求得 2X
```

```
MOV    BX, AX          ;暂存 2X
MOV    CL, 2           ;设置移位次数
SAL    AX, CL          ;求得 8X
ADD    AX, BX          ;10X=8X+2X
```

4. 循环移位指令

这类指令实现循环移位操作，包括 ROL（Rotate left）、ROR（Rotate Right）、RCL（Rotate left Through Carry）、RCR（Rotate Right Through Carry）指令。表 3-6 给出了循环移位指令的名称、格式、功能及对标志位的影响。

表 3-6 循环移位指令

名称	格式	功能	标　志
循环左移	ROL DST, CNT		CF 中总是最后移进的位，当 CNT=1 时，移位使符号位改变，则 OF 置 1，否则清 0，不影响 ZF、SF、PF
循环右移	ROR DST, CNT		同上
带进位循环左移	RCL DST, CNT		同上
带进位循环右移	RCR DST, CNT		同上

注：当 CNT>1 时，OF 值不确定。
说明：对 DST 和 CNT 的限定同基本移位指令。

例 3.61 把 CX:BX:AX 一组寄存器中的 48 位数据左移一个二进制位。

```
SHL    AX, 1
RCL    BX, 1
RCL    CX, 1
```

在没有溢出的情况下，以上程序实现了 2×（CX:BX:AX）→ CX:BX:AX 的功能。

3.3　程序控制指令

前边介绍的指令都不能改变程序执行的流程，利用本节提供的指令可以改变程序执行的顺序，控制程序的流向。这组指令包括转移指令、循环指令、子程序调用及返回指令、中断调用及返回指令，它们均不影响标志位。

3.3.1　转移指令的寻址方式

在介绍程序控制指令之前，首先介绍一下和程序转移地址有关的寻址方式，即 CPU 是如何找到下一条指令的。

与 3.1 节所介绍的数据寻址方式用以确定操作数地址不同，本节讨论的寻址方式用来确

定程序非顺序执行时的转向地址，例如用于转移、循环、调用子程序时确定转向地址。为了叙述方便，下面以无条件转移指令为例来说明。

无条件转移指令格式：JMP　目标

该指令的功能是无条件转移到目标处，这里的目标有各种寻址方式，这些寻址方式可以被分为段内转移和段间转移两类，每一类又可分为直接转移和间接转移。段内转移只影响指令指针 IP 或 EIP 的值；段间转移既要影响 IP 或 EIP 的值，也要影响代码段寄存器 CS 的值。

1. 段内直接寻址方式

转向的有效地址是当前指令指针寄存器的内容和指令中指定的位移量（disp）之和，该位移量是一个相对于指令指针的带符号数。

即要转向的有效地址为：

$$\text{EA} = (\text{IP}) + \left\{ \begin{array}{c} 8\,位 \\ 16\,位 \end{array} \right\} \text{disp} \qquad （16\,位）$$

$$\text{EA} = (\text{EIP}) + \left\{ \begin{array}{c} 8\,位 \\ 32\,位 \end{array} \right\} \text{disp} \qquad （32\,位）$$

这个 EA 就是要转向的本代码段内指令地址的偏移量。它是通过把 IP（EIP）的当前值加上指令中给出的位移量得到的，从而使 IP（EIP）指向下一条要执行的指令，实现段内转移。需要说明的是，指令中给出的位移量是转向的有效地址与当前 IP（EIP）值之差，计算位移量是由汇编程序自动完成的，编程者不必关心。这种寻址方式是一种相对寻址方式，指令代码不会因为在内存的不同区域运行而发生变化，它符合程序再定位的要求。

（1）短转移

若位移量是 8 位的，则称为短转移，短转移可以实现在距离下条指令的−128～+127 字节范围内转移。其汇编格式为：

　JMP　SHORT　LAB

其中，LAB 为转向的目标地址的符号表示（称为标号），SHORT 表示短距离转移。该格式的位移量在机器指令中占一个字节，示意图如图 3−11（a）所示。在与当前 16 位的 IP 值相加时，系统自动把 8 位位移量扩展成 16 位，扩展方法是高 8 位全部用位移量的符号位值填充；与当前 32 位的 EIP 值相加时，则高 24 位全部用位移量的符号位值填充。

例 3.62

　JMP　　　SHORT　L1
　MOV　　　BL, CL
　…
L1: ADD　　　AL, 61H

"L1:" 是一条指令地址的符号表示，叫作标号，标号名由程序员确定，所包含字符应符合名字的要求（见 4.1 节），并必须以冒号结束。

（2）近转移

若位移量是 16 位或 32 位的，则称为近转移。当位移量是 16 位时，把其加到当前 IP 值中形成转向的目标地址，其跳转范围为±32 KB；当位移量是 32 位时，把其加到当前 EIP 值中形成目标地址，其跳转范围为±2 GB。其汇编格式为：

JMP LAB 或 JMP NEAR PTR LAB

对于这种格式的机器指令，当位移量为 16 位时，示意图如图 3-11（b）所示；位移量为 32 位时，示意图如图 3-11（c）所示。

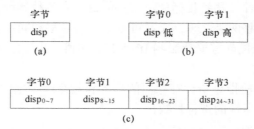

图 3-11 段内直接寻址方式位移量

例 3.63

JMP L2   ;转向同段内的 L2 标号处
JMP NEAR PTR L3   ;转向同段内的 L3 标号处

2. 段内间接寻址方式

转向的有效地址在一个寄存器或内存单元中，该寄存器号或内存地址按 3.1 节介绍的与操作数有关的寻址方式（立即寻址方式除外）获得。所得到的有效地址送给 IP 或 EIP，从而实现指令转移。

指令格式及举例见表 3-7。

表 3-7 段内间接寻址方式

格式	举例	注 释
JMP 通用寄存器	JMP BX	16 位转向地址在 BX 中，其值送给 IP
	JMP EAX	32 位转向地址在 EAX 中，其值送给 EIP
JMP 内存单元	JMP WORD PTR VAR	16 位转向地址在 VAR 字型内存变量中
	JMP WORD PTR [BX]	16 位转向地址在 BX 所指向的内存变量中
	JMP DWORD PTR DVAR	32 位转向地址在 DVAR 双字型内存变量中
	JMP DWORD PTR [EBX]	32 位转向地址在 EBX 所指向的内存变量中

下面用具体示例说明。

实模式下，设(DS)= 2000H，(BX)= 300H，(IP)=100H，(20300H)= 0，(20301H)= 05H，则：

例 3.64 JMP BX   ;执行后(IP)=(BX)= 0300H

例 3.65 JMP WORD PTR [BX]

说明：式中 WORD PTR [BX]表示 BX 指向一个字型内存单元。

这条指令执行时，先按照操作数寻址方式得到存放转移地址的内存单元：10H×（DS）+（BX）=20300H，再从该单元中得到转移地址，即 EA=（20300H)=0500H，于是，（IP）=EA= 0500H，下一次便执行 CS:0500H 处的指令，实现了段内间接转移。

3. 段间直接寻址方式

指令中直接给出转向的偏移量和段基址（保护模式下叫作段选择符），只需把偏移量送给 IP（EIP），段基址（或段选择符）送给 CS 后，即可实现段间转移。

其汇编格式为：

JMP　FAR　PTR　LAB

图 3–12 所示为段间直接转移指令机器码转向地址的示意图。图 3–11（a）适用于 16 位操作数长度，执行时把偏移量送给 IP，段基址送给 CS。图 3–11（b）适用于 32 位操作数长度，执行时把偏移量送给 EIP，段选择符送给 CS。一旦修改了 CS 和 IP（EIP）值，即可实现段间直接转移。

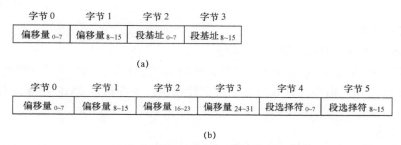

（a）

（b）

图 3–12　段间直接寻址方式转向地址

例 3.66　JMP　FAR　PTR　L4　　　　　　;转向另一代码段的 L4 标号处

段间转移在实模式下的 16 位编程时使用比较多，这是因为它的段长限定不能超过 64 KB，对于一个大程序，可能会包含多个代码段。但对于保护模式下的 32 位程序设计，由于此时代码段的长度可达 4 GB，足够存放一个应用程序的全部代码，包括该程序调用的所有 DLL，因此一般并不需要段间转移的 JMP 指令，只有在切换任务、跳转到调用门指定的程序入口或者确需执行另一个代码段内的程序时才使用。

4. 段间间接寻址方式

用一个双字内存变量（称为 32 位指针）中的低 16 位取代 IP 值，高 16 位取代 CS 值，从而实现段间转移。当操作数长度为 32 位时，则是用一个三字内存变量（称为 48 位全指针）中的低 32 位取代 EIP 值，高 16 位取代 CS 值。该双字或三字变量的地址可以由除立即寻址方式和寄存器寻址方式以外的其他与数据有关的寻址方式获得。

例 3.67　JMP　DWORD　PTR　[BX]

说明：式中 DWORD　PTR　[BX]表示 BX 指向一个双字变量。

假设（DS）= 2000H，（BX）= 0300H，（IP）= 0100H，（20300H）= 0，（20301H）= 05H，（20302H）= 10H，（20303H）= 60H，则这条指令执行时，先按照与操作数有关的寻址方式得到存放转移地址的内存单元：

$$10H \times (DS) + (BX) = 20300H$$

再把该单元中的低字送给 IP，高字送给 CS，即 0500H→IP，6010H→CS，下一次便执行 6010:0500H 处的指令，实现了段间间接转移。

例 3.68　JMP　FWORD　PTR　[EBX]

说明：式中 FWORD　PTR　[EBX]表示 EBX 指向一个三字变量。

这条指令执行时，先按照与操作数有关的寻址方式得到存放转移地址的内存单元，然后把低 32 位的值送给 EIP，高 16 位值送给 CS，从而实现段间间接转移。

3.3.2　转移指令

这类指令包括无条件转移指令、条件转移指令、测试 CX/ECX 值为 0 转移指令，通过它们可以实现程序的分支转移。转移指令可以使用 3.3.1 节介绍的转移指令的寻址方式形成转向地址，具体适用性视不同指令而有所区别，详见以下各小节。它们均不影响标志。

1. 无条件转移指令

当需要无条件转到程序的另一处时，使用 JMP 指令（Jump）。JMP 相当于高级语言中的 goto 语句。

格式：JMP　DST

功能：无条件转移到 DST 所指向的地址。

说明：DST 为转移的目标地址（或称转向地址）。3.3.1 节介绍的所有与转移地址有关的寻址方式都适用于 JMP 指令，具体情况前边已经讨论。下面给出 JMP 指令的各种格式、功能及示例。

（1）段内转移

这类转移指令只改变 IP（EIP）值，不改变 CS 值，所以只能实现同段内的转移。

① 段内直接短转移。

格式：JMP　SHORT　LABEL

② 段内直接转移。

格式：JMP　LABEL 或 JMP　NEAR　PTR　LABEL

③ 段内间接转移。

格式：JMP　REG/M

例 3.69　把 B2 的偏移量送给通用寄存器，通过寄存器实现段内间接转移。如下所示：

```
LEA      EBX, B2
JMP      EBX                          ;转向地址 B2 在 EBX 中
```

例 3.70　把 B2 的偏移量送给内存单元，通过内存单元实现段内间接转移。如下所示：

```
VAR      DWORD   ?              ;为存放标号 B2 的偏移量预留一个双字型内存变量
MOV      VAR, OFFSET   B2       ;把 B2 的偏移量送给变量 VAR
JMP      DWORD   PTR   VAR      ;转向地址在 VAR 变量中
```

当然，还可以使用 JMP DWORD PTR [EBX][ESI] 或 JMP DWORD PTR disp[EBX][ESI] 等形式的段内间接转移指令。

（2）段间转移

这类转移指令既改变 IP（EIP）值，也改变 CS 值，所以可以实现段间转移。

① 段间直接转移。

格式：JMP　FAR　PTR　LABEL

② 段间间接转移。

格式：JMP　DWORD　PTR　M（16 位）/　JMP　FWORD　PTR　M（32 位）

例 3.71　实模式下，把 B3 的双字长地址指针放在变量 VAR1 中，即可通过 VAR1 实现段间间接转移（保护模式采用变量 VAR2 存储，存储类型 FWORD）。

VAR1	DWORD B3	;初始化 B3 的偏移量在 VAR1 中
JMP	DWORD PTR VAR1	;通过 VAR2 无条件转移到其他段的 B3 标号处
VAR2	FWORD B3	;初始化 B3 的偏移量在 VAR2 中
JMP	FWORD PTR VAR2	;通过 VAR2 无条件转移到其他段的 B3 标号处

当然，变量 VAR2 的地址也可以通过寄存器间接寻址方式、基址变址寻址方式等存储器操作数寻址方式得到，这一点与上面介绍的段内间接寻址方式是相同的。

段间无条件转移在实模式下的实现相对简单些，而在保护模式下则比较复杂，要涉及任务门等知识。在保护模式下进行段间转移时，指令要加载 CS 段寄存器，这会引起特权级的变化和任务的切换，所以并非都能转移成功。

2. 条件转移指令

当满足条件时，则转移到程序的另一处；不满足条件时，则顺序执行下一条指令时使用条件转移指令（Jump if Condition is True）。80x86 提供了多个条件转移指令，执行这类指令时，通过检测由前边指令已设置的标志位确定是否转移，所以它们通常跟在影响标志位的算术、逻辑运算指令之后。这类指令本身并不影响标志。

条件转移指令的通用汇编格式：J_{CC}　LABEL

功能：如果条件为真，则转向标号处，否则顺序执行下一条指令。

说明：其中 CC 为条件，LABEL 是要转向的标号。在 8086～80286 中，该地址应在距离当前 IP 值 −128～+127 B 范围之内，即只能使用与转移地址有关的寻址方式的段内短转移格式，其位移量是 8 位带符号数。但从 80386 开始，转移范围扩大到了段内任意位置，它们可以使用段内直接近转移格式。

注意：条件转移指令不能实现段间转移，若确有必要，可通过 JMP 指令结合条件判断指令实现。

计算条件转移指令的转移地址过程中，需要注意符号扩展，例如，若位移量 =06H，则转移后的新 IP =(IP)+ 0006H；若位移量 =96H，则转移后的新 IP =(IP)+ 0FF96H。

下面分类讨论条件转移指令。

（1）检测单个标志位实现转移的条件转移指令

这组指令根据一个标志位的设置情况决定是否转移。表 3−8 给出了指令的汇编格式、功能和测试条件。

表 3−8　检测单个条件标志位转移指令表

汇编格式	功　能	测试条件
JC LABEL	有进位转移	CF=1
JNC LABEL	无进位转移	CF=0
JO LABEL	溢出转移	OF=1
JNO LABEL	无溢出转移	OF=0
JP/JPE LABEL	偶转移	PF=1

续表

汇编格式	功　能	测试条件
JNP/JPO LABEL	奇转移	PF=0
JS LABEL	负数转移	SF=1
JNS LABEL	非负数转移	SF=0
JZ/JE LABEL	结果为0/相等转移	ZF=1
JNZ/JNE LABEL	结果不为0/不相等转移	ZF=0

注：对于实现同一功能但指令助记符有两种形式的情况，在程序中究竟选用哪一种，视习惯或用途而定。例如，对于指令 JZ/JE LABEL，当比较两数相等转移时，常使用 JE，当比较某数为 0 转移时，常使用 JZ。下同。

例 3.72　比较 EAX 和 EBX 寄存器中的内容，若相等，执行 ACT1，不等则执行 ACT2。

方法 1：　　　　　　　　　　　　　　　　方法 2：

```
    CMP    EAX,EBX                 CMP    EAX,EBX
    JE     ACT1                    JNE    ACT2
ACT2:   …                     ACT1:   …
        …                             …
ACT1:   …                     ACT2:   …
```

（2）根据两个带符号数比较结果实现转移的条件转移指令

利用表 3-9 中提供的指令，可以实现两个带符号数的比较转移。

表 3-9　根据两个带符号数比较结果实现转移的条件转移指令

汇编格式	功　能	测试条件
JG/JNLE LABEL	大于/不小于等于转移	ZF=0 and SF=OF
JNG/JLE LABEL	不大于/小于等于转移	ZF=1 or SF≠OF
JL/JNGE LABEL	小于/不大于等于转移	SF≠OF
JNL/JGE LABEL	不小于/大于等于转移	SF=OF

注：1. G=Greater，L=Less，E=Equel，N=Not。

2. 显然，表 3-8 中的指令 JZ/JE LABEL 和 JNZ/JNE LABEL 同样可以用于实现两个带符号数的比较转移。

（3）根据两个无符号数比较结果实现转移的条件转移指令

利用表 3-10 中提供的指令，可以实现两个无符号数的比较转移。

表 3-10　根据两个无符号数比较结果实现转移的条件转移指令

汇编格式	功　能	测试条件
JA/JNBE LABEL	高于/不低于等于转移	CF=0 and ZF=0
JNA/JBE LABEL	不高于/低于等于转移	CF=1 or ZF=1

续表

汇编格式	功　能	测试条件
JB/JNAE/JC LABEL	低于/不高于等于转移	CF＝1
JNB/JAE/JNC LABEL	不低于/高于等于转移	CF＝0

注：1. A＝Above，B＝Below，C＝Carry，E＝Equel，N＝Not。可以看出，这里的高于相当于带符号数的大于，低于相当于带符号数的小于。

2. 显然，表 3-8 中的指令 JZ/JE LABEL 和 JNZ/JNE LABEL 同样可以用于实现两个无符号数的比较转移。

例 3.73　设 M＝（EDX:EAX），N＝（EBX:ECX），比较两个 64 位数。若 M＞N，则转向 DMAX，否则转向 DMIN。

分析：先比较高 32 位，若（EDX）＞（EBX），则 M＞N；若高 32 位相等，再比较低 32 位，若（EAX）＞（ECX），则 M＞N。

若两数为无符号数，则程序片断为：　　　　　　若两数为带符号数，则程序片断为：

```
        CMP     EDX,EBX                        CMP     EDX,EBX
        JA      DMAX                          JG      DMAX
        JB      DMIN                          JL      DMIN
        CMP     EAX,ECX                       CMP     EAX,ECX
        JA      DMAX                          JA      DMAX
DMIN:        ...                          DMIN:        ...
             ...                                       ...
DMAX:        ...                          DMAX:        ...
```

注意，同是一组数据，解释为带符号数和无符号数，其比较转移所选用的指令是不同的。对于无符号数，各部分均使用无符号数比较转移指令，如例 3.73 左部所示。对于带符号数，只有最高位是符号位，所以对最高部分操作时，应使用带符号数比较转移指令，而其他部分的符号位是有效数字，如例 3.73 右部所示的低半部分 EAX 和 ECX 的最高位，所以，对它们操作时，应使用无符号数比较转移指令。

3. 测试 CX/ECX 值为 0 的转移指令

这类指令不同于以上介绍的条件转移指令，因为它们测试的是 CX 或 ECX 寄存器的内容是否为 0，而不是测试标志位。这类指令只能使用段内短转移格式，即位移量只能是 8 位的。

格式：JCXZ　　　LABEL　　　　　　　　;适用于 16 位操作数长度

　　　JECXZ　　　LABEL　　　　　　　;适用于 32 位操作数长度

功能：测试 CX(ECX)寄存器的内容，当 CX(ECX)＝0 时，则转移，否则顺序执行。

说明：此指令经常用于在循环程序中判断循环计数的情况。

3.3.3　循环指令

循环指令可以控制程序的循环。对于 80x86 系列，所有循环指令的循环入口地址都只能在距离当前 IP 值的 -128～+127 B 范围之内，即位移量只能是 8 位的，所以它们只能使用与转移地址有关的寻址方式的段内短转移格式。所有循环指令都用 CX 或 ECX 作为循环次数计数器，它们都不影响标志。

1. 循环指令

格式：LOOP　LABEL

功能：LOOP（Loop）循环指令，（CX）−1→CX，若（CX）≠0，则转向标号处执行循环体，否则，顺序执行下一条指令。

说明：对固定次数的循环，适合用 LOOP 指令来实现。若操作数长度为 32 位，则其中的 CX 应为 ECX。在 LOOP 指令前，应先把循环计数的初始值送给 CX（ECX）。

2. 相等循环指令

格式：LOOPE/LOOPZ　LABEL

功能：LOOPE/LOOPZ（Loop while Equel/Zero）相等循环指令，（CX）−1→CX，若 (CX)≠0 and ZF=1，则转向标号处执行循环体，否则，顺序执行下一条指令。

说明：若操作数长度为 32 位，则 CX 应为 ECX。在 LOOPE 或 LOOPZ 指令前，应先把循环计数的初始值送给 CX（ECX）。该指令常用于比较两个字符串是否相等的情况，若前面的字符相等，才有必要继续比较，否则中止比较。

3. 不等循环指令

格式：LOOPNE/LOOPNZ　LABEL

功能：LOOPNE/LOOPNZ（Loop while Not Equel/ Not Zero）不等循环指令，（CX）−1→CX，若 (CX)≠0 and ZF=0，则转向标号处执行循环体，否则顺序执行下一条指令。

说明：若操作数长度为 32 位，则 CX 应为 ECX。在 LOOPNE 或 LOOPNZ 指令前，应先把循环计数的初始值送给 CX（ECX）。该指令对在数据块中查找信息很有效，当未找到指定字符时，继续查找，找到时退出。

例 3.74　用累加的方法实现 M×N，并把结果保存到 RESULT 单元。假设 M、N 为 32 位无符号数。

此题要求实现把 N 个 M 累加，若用 EAX 作为累加器并初始化为 0，则共累加 N 次，即把乘数 N 作为循环次数送给 ECX。注意，N 有可能为 0。而当初始化 ECX 为 0 时，使用 LOOP 指令要循环 2^{32} 次而不是 0 次，因此，一定要在循环前判断 ECX 是否为 0，若为 0，则乘积直接赋为 0，而循环体一次也不要执行。

```
        MOV    EAX, 0              ;累加器清 0
        MOV    EDX, 0
        MOV    EBX, M
        CMP    EBX, 0
        JZ     TERM                ;被乘数为 0，则跳转
        MOV    ECX, N
        JECXZ  TERM                ;乘数为 0，则跳转
L1:     ADD    EAX, EBX
        ADC    EDX, 0
        LOOP   L1                  ;累加次数未到，则跳转到 L1 执行循环体，否则继续
TERM:   MOV    RESULT, EAX         ;保存结果低 32 位
        MOV    RESULT+4, EDX       ;保存结果高 32 位
```

3.3.4　子程序调用与返回指令

　　汇编语言中的子程序相当于 C 语言中的函数。为便于模块化程序设计和程序共享，在汇编语言中经常把一些相对独立的程序段组织成子程序的形式。当需要实现该子程序功能时，由调用程序（或泛称为主程序）调用它；当子程序结束后，再返回到主程序继续执行。主程序和子程序的关系示意如图 3－13 所示，①和③为调用子程序，②和④为从子程序返回。

图3-13　主、子程序关系示意图

　　对于 8086 这样的 16 位机的子程序调用与返回指令，其段内操作影响 IP，段间操作影响 IP 和 CS，它们也完全适用于 80386 及以上 CPU 的实模式环境。对于 80386 及以上 CPU，若操作数长度是 32 位的，其中的 IP 相应改为 EIP；若操作数长度是 16 位的（例如虚拟 86 模式），则 EIP=EIP AND 0FFFFH，以保证 EIP 的高 16 位为 0。

1. 子程序调用指令

　　格式：CALL　DST

　　功能：CALL（Call procedure）调用子程序。执行时先把返回地址压入堆栈，再形成子程序入口地址，最后把控制权交给子程序。

　　说明：其中 DST 为子程序名或子程序入口地址，其目标地址的形成除了不能使用段内直接短转移格式外，其他与 JMP 指令相同。它有段内直接/间接调用、段间直接/间接调用之分。CALL 指令的执行结果也是无条件转移到标号处，它与 JMP 指令的不同之处在于：前者转移后要返回，所以要保存返回地址，而后者转移后不再返回，所以不必保存返回地址。因此，也有资料把 CALL 指令叫作带返回地址的无条件转移指令。

　　（1）段内调用

　　这类调用指令可实现同一段内的子程序调用，它只改变 IP（32 位长度时是 EIP）值，不改变 CS 值。

　　执行操作：首先把 CALL 之后的那条指令地址的偏移量部分（当前 IP 或 EIP 值）压入堆栈；接着根据与转移地址有关的寻址方式形成子程序入口地址的 IP（或 EIP）值；最后把控制无条件转向子程序。

　　1）段内直接调用

　　格式：CALL　PROCEDURE　或　CALL　NEAR　PTR　PROCEDURE

　　功能：调用 PROCEDURE 子程序。执行时先把返回地址（当前 IP 值或 EIP 值）压入堆栈，再使 IP（或 EIP）加上指令中的位移量，最后把控制权交给子程序。

　　说明：这种指令使用段内直接寻址方式。

　　例 3.75　设子程序 A 与 CALL 指令在同一段内，则调用 A 子程序的指令是：

CALL　A　　或　CALL　NEAR　PTR　A

　　2）段内间接调用

　　格式：CALL　REG/M

　　功能：调用子程序。执行时先把返回地址（当前 IP 值或 EIP 值）压入堆栈，再把指令指定的通用寄存器或内存单元的内容送给 IP（16 位）或 EIP（32 位），最后把控制权交给子程序。

说明：这种指令使用段内间接寻址方式，指令指定的通用寄存器或内存单元中存放段内偏移量。

例 3.76　可以把子程序入口地址的偏移量送给通用寄存器或内存单元，通过它们实现段内间接调用。

```
CALL   EBX                   ;子程序入口地址的 32 位偏移量在 EBX 寄存器中
CALL   WORD   PTR  [BX]      ;子程序入口地址的 16 位偏移量在数据段的 BX 所指
                             ;向的字型内存单元中
CALL   DWORD   PTR   [EBX]   ;子程序入口地址的 32 位偏移量在数据段的 EBX 所
                             ;指向的双字型内存单元中
```

（2）段间调用

这类调用指令可以实现段间调用（FAR 型调用），执行时，既要改变 IP（或 EIP）值，也要改变 CS 值。

1）段间直接调用

格式：CALL　FAR　PTR　PROCEDURE

功能：调用 PROCEDURE 子程序。执行时先把返回地址（当前 IP 值和 CS 值）压入堆栈，再把指令中的偏移量部分送给 IP、段基址部分送给 CS，最后把控制权交给子程序。对于保护模式，执行时先把当前 EIP 值压入堆栈，再把当前 CS 值压入堆栈（注意 CS 是 16 位的，但是应以 32 位形式入栈，其中高 16 位无意义），然后再把指令中的偏移量部分送给 EIP，段选择符部分送给 CS，最后把控制权交给子程序。

说明：这种指令使用段间直接寻址方式。

例 3.77　设子程序 B 与 CALL 指令不在同一段内，则段间直接调用 B 子程序的指令是：

```
CALL   FAR   PTR   B
```

2）段间间接调用

格式：CALL　M

功能：调用子程序。执行时先把返回地址（当前指令指针寄存器值和当前 CS 值）压入堆栈，再把 M 的 16 位或 32 位送给指令指针寄存器、高 16 位送给 CS，最后把控制权交给子程序。

说明：这种指令使用段间间接寻址方式，转向地址放在内存变量中。对于 8086 等 16 位机，用双字变量的低 16 位取代指令指针寄存器 IP 值，高 16 位取代 CS 值实现段间转移。在保护模式下，由于偏移量是 32 位的，则转向地址只能放在内存的 3 字长（用 FWORD 定义）变量中，用三字变量的低 32 位取代指令指针寄存器 EIP 值、高 16 位取代 CS 值实现段间转移。该双字或三字变量的地址由与存储器操作数有关的寻址方式获得。

例 3.78　对于例 3.77，若子程序 B 的入口地址（偏移量和段基址）放在变量 VAR 中，即可通过 VAR 实现段间间接调用。如下所示：

```
CALL   DWORD PTR VAR
```
;从 DS:VAR 变量中得到子程序 B 的入口地址，实现调用变量 VAR 的地址也可以通过寄存器间接寻址方式、基址变址寻址方式等存储器操作数寻址方式得到。

例 3.79　32 位环境下段间间接调用语句示例。

```
CALL   FWORD PTR   [EBX][EDI]
```
;从 DS:[EBX+EDI]单元中得到子程序的入口地址实现调用

2. 子程序返回指令

执行这组指令可以返回到被调用处。有两条返回指令，它们都不影响标志。

（1）返回指令 RET（Return from procedure）

格式：RET

功能：按照 CALL 指令入栈的逆序，从栈顶弹出返回地址送指令指针寄存器 IP（或 EIP），若子程序是 FAR 型，还需再弹出一个字到 CS（若为 32 位操作数，则弹出一个双字，其中低字送 CS，高字丢弃），然后返回到主程序继续执行。

无论子程序是 NEAR 型还是 FAR 型，返回指令的汇编格式总是用 RET 表示。但经汇编后会产生不同的机器码。在 DEBUG 中，段间返回指令被反汇编成 RETF。

（2）带立即数的返回指令

格式：RET　imm_{16}

功能：按照 CALL 指令入栈的逆序，从栈顶弹出返回地址（偏移量送 IP 或 EIP，若子程序是 FAR 型，还需再弹出一个字到 CS），返回到主程序，并修改栈顶指针 SP =(SP)+ imm_{16}。若为 32 位操作数，则使用 ESP。

注：其中 imm_{16} 是 16 位的立即数，设通过堆栈给子程序传递了 n 个字型参数，则 imm_{16}=2n；若传递了 n 个双字型参数，则 imm_{16}=4n。

修改堆栈指针是为了废除堆栈中主程序传递给子程序的参数。

需要说明的是，保护模式的段间调用与返回操作很复杂，好在这些复杂性对在 Windows 下的 32 位汇编语言编程人员是不可见的，我们只需会使用汇编级指令即可。例如，系统会自动为准备要运行的用户程序的代码段、数据段和堆栈段全部定义好段描述符的内容，并且把 CS、DS、ES、SS 等段选择符指向正确的描述符，规定用户程序中这些段的起始地址都为 0，段限长都为 0FFFFFFFFH，它们都可以寻址整个 4 GB 的线性空间。所以，在编写 Windows 32 位汇编语言程序的整个过程中，既不需要设定，也不必关注段寄存器的内容。实际上，在 Windows 系统中，是不允许用户程序对描述符表和页表等进行写操作的，否则，多任务操作系统就难以保证稳定和安全地工作。

3.3.5　中断调用与返回指令

中断就是使计算机暂时挂起正在执行的进程而转去处理某事件，处理完后，再恢复执行原进程的过程。对某事件的处理实际上就是去执行一段例行程序，该程序被称为中断处理例行程序或中断处理子程序，简称为中断子程序。中断分为内中断（或称软中断）和外中断（或称硬中断），本节只介绍内中断的中断调用指令。在此之前，先介绍中断向量、中断类型号、中断向量表几个概念。

1. 中断向量

中断向量就是中断处理子程序的入口地址。在 PC 中规定中断处理子程序为 FAR 型，所以 8086 的每个中断向量占用 4 个字节，其中低两个字节为中断向量的偏移量部分，高两个字节为中断向量的段基址部分。

2. 中断类型号

PC 共支持 256 种中断，相应编号为 0～255，把这些编号称为中断类型号。

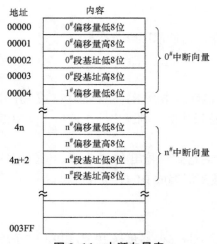

地址	内容
00000	0#偏移量低8位
00001	0#偏移量高8位
00002	0#段基址低8位
00003	0#段基址高8位
00004	1#偏移量低8位
4n	n#偏移量低8位
	n#偏移量高8位
4n+2	n#段基址低8位
	n#段基址高8位
003FF	

0#中断向量

n#中断向量

图3-14 中断向量表

3. 中断向量表

256 种中断应该有 256 个中断处理子程序，显然应有 256 个中断向量，把这些中断向量按照中断类型号由小到大的顺序排列，形成一个中断向量表，该表长为 $4 \times 256 = 1\,024$ 字节，从内存的 0000:0000 地址开始存放，占用内存最低端的 0~3FFH 单元，如图 3-14 所示。

4. 内中断调用指令

内中断调用指令 INT 是程序员根据需要在程序的适当位置安排的。它完全受程序控制，不像外中断那样由硬件随机产生。

格式：INT n

其中，n 为中断类型号。

功能：中断当前正在执行的程序，把当前的 FLAGS、CS、IP 值依次压入堆栈（保护断点），并从中断向量表的 4n 处取出 n 类中断向量，其中 $(4n) \rightarrow IP$，$(4n+2) \rightarrow CS$，然后转去执行中断处理子程序。

例 3.80 INT 21H

21H 中断为系统功能调用中断，执行时，把当前的 FLAGS、CS、IP 值依次压入堆栈，并从中断向量表的 84H 处取出 21H 类中断向量，其中 $(84H) \rightarrow IP$，$(86H) \rightarrow CS$，然后转去执行中断处理子程序。

例 3.81 从键盘输入一个字符。

```
MOV     AH, 1
INT     21H
```

本例是调用系统功能调用中断 21H 的 1 号功能，从键盘输入一个字符，返回的字符在 AL 中。

例 3.82 INT 3   ;断点中断

5. 中断返回指令

当从中断处理子程序返回时，要使用中断返回指令 IRET 和 IRETD。中断返回指令应放在中断处理子程序的末尾。一般将 16 位实模式代码中的中断返回指令写作 IRET，而将 32 位保护模式代码中的中断返回指令写作 IRETD。

功能：在实模式下，IRET 从栈顶弹出 3 个字，分别送入 IP、CS、FLAGS 寄存器（按中断调用时的逆序恢复断点），把控制返回到原断点继续执行。在保护模式下，IRETD 从栈顶弹出 3 个双字，分别送入 EIP、CS、EFLAGS 寄存器，返回被中断的程序。

保护模式下，把这里所称的中断分为中断和异常两大类，系统并不使用中断向量表，而是使用中断描述符表 IDT，其中每个描述符 8 个字节，描述符中包含中断子程序 16 位的段选择符和 32 位的偏移量等信息。在响应中断或者处理异常时，CPU 把中断类型号作为中断描述符表 IDT 中描述符的索引，取得一个描述符，从中得到中断/异常处理程序的入口地址。

3.4 处理机控制指令

这组指令可以控制处理机状态及对某些标志位进行操作。

3.4.1 标志操作指令

这组指令可以直接对 CF、DF 和 IF 标志位进行操作，它们只影响本指令所涉及的标志。这组指令的格式、功能及对标志位的影响情况见表 3－11。

表 3－11 标志操作指令表

汇编格式	功 能	影响标志
CLC（Clear Carry）	把进位标志 CF 清 0	CF
STC（Set Carry）	把进位标志 CF 置 1	CF
CMC（Complement Carry）	把进位标志 CF 取反	CF
CLD（Clear Direction）	把方向标志 DF 清 0	DF
STD（Set Direction）	把方向标志 DF 置 1	DF
CLI（Clear Interrupt）	把中断允许标志 IF 清 0	IF
STI （Set Interrupt）	把中断允许标志 IF 置 1	IF

3.4.2 常用处理机控制指令

这组指令可以控制处理机状态，它们均不影响标志。表 3－12 给出了这组指令的名称、格式、功能及说明。

表 3－12 其他处理机控制指令表

名称	汇编格式	功能	说 明
空操作	NOP（No Operation）	空操作	CPU 不执行任何操作，其机器码占用 1 个字节
停机	HLT（Halt）	使 CPU 处于停机状态	只有外中断或复位信号才能退出停机，继续执行
等待	WAIT（Wait）	使 CPU 处于等待状态	等待 TEST 信号有效后，方可退出等待状态
锁定前缀	LOCK（Lock）	使总线锁定信号有效	LOCK 是一个单字节前缀，在其后的指令执行期间，维持总线的锁存信号，直至该指令执行结束

3.5 块操作指令

利用块操作指令可以直接处理两个存储器操作数，从而可以方便地处理字符串和数据块。

3.5.1 块操作指令格式

块操作指令一共有 5 种，见表 3－13。

表 3-13   5 种块操作指令

指令名称	功　　能
MOVSB, MOVSW, MOVSD	将一个内存操作数复制到另一个内存操作数
CMPSB, CMPSW, CMPSD	比较两个内存操作数的大小
SCASB, SCASW, SCASD	将内存操作数与 AL，AX，EAX 比较
STOSB, STOSW, STOSD	将 AL，AX，EAX 保存在内存操作数中
LODSB, LODSW, LODSD	读入内存操作数放入 AL，AX，EAX 中

块操作指令的用法主要体现在以下几个方面。

1. 操作数的大小

块操作指令中，指令后面的 B、W、D 代表操作数的大小，分别代表字节、字、双字的内存操作数。

2. 源操作数和目标操作数

见表 3-14，块操作指令的源操作数是 DS:[ESI]所指向的内存单元；目标操作数是 ES:[EDI]所指向的内存单元。ESI 是源操作数的地址；EDI 是目标操作数的地址。

表 3-14   块操作指令的源操作数和目标操作数

指令名称	源操作数	目标操作数
MOVSB, MOVSW, MOVSD	DS:[ESI]	ES:[EDI]
CMPSB, CMPSW, CMPSD	DS:[ESI]	ES:[EDI]
SCASB, SCASW, SCASD	累加器	ES:[EDI]
STOSB, STOSW, STOSD	累加器	ES:[EDI]
LODSB, LODSW, LODSD	DS:[ESI]	累加器

在 Windows 编程中，DS、ES 已由系统设置好，在汇编程序中不需要重新赋值。

5 种块操作指令的功能是：

① MOVSB/W/D 将 ESI 所指向的字节/字/双字复制到 EDI 所指向的字节/字/双字。

② CMPSB/W/D 将 ESI 和 EDI 所指向的字节/字/双字进行比较。

③ SCASB/W/D 将 EDI 所指向的字节/字/双字和 AL/AX/EAX 进行比较。

④ STOSB/W/D 将 AL/AX/EAX 保存到 EDI 所指向的字节/字/双字中。

⑤ LODSB/W/D 将 ESI 所指向的字节/字/双字读入 AL/AX/EAX 中。

3. 方向标志和地址指针

块操作指令会自动地修改 ESI 和 EDI，使它们指向下一个源操作数和目标操作数。CPU 的 EFLAGS 中有一个标志位 DF，由 DF 来决定 ESI 和 EDI 是增加还是减小。DF=0 时，地址增加；DF=1 时，地址减小。见表 3-15。

操作数的大小决定增加或减小的单位。对于字节操作数，增减量为 1，指向下一个字节；对于字操作数，增减量为 2，指向下一个字；对于双字操作数，增减量为 4，指向下一个双字。

表 3−15 源操作数指针和目标操作数指针的自动修改

指令名称	源操作数指针 ESI	目标操作数指针 EDI
MOVSB, MOVSW, MOVSD	ESI←ESI±1/2/4	EDI←EDI±1/2/4
CMPSB, CMPSW, CMPSD	ESI←ESI±1/2/4	EDI←EDI±1/2/4
SCASB, SCASW, SCASD	AL / AX / EAX	EDI←EDI±1/2/4
STOSB, STOSW, STOSD	AL / AX / EAX	EDI←EDI±1/2/4
LODSB, LODSW, LODSD	ESI←ESI±1/2/4	AL / AX / EAX

CLD 指令将 DF 标志设为 0，STD 指令将 DF 标志设为 1，在正常情况下，DF 等于 0。

4. 重复前缀

块操作指令的威力在于它可以和重复前缀联合使用。重复前缀一共有 3 种形式：REP、REPZ、REPNZ，它放在块操作指令的前面。

使用重复前缀时，ECX 的作用是给出内存中连续操作数的个数，也就是块操作指令的最大重复次数。每执行一次块操作指令，ECX 就自动减 1。ESI 和 EDI 自动修改。

3 种形式 REP、REPZ、REPNZ 的用法见表 3−16。

① 前缀为 REP 时，重复次数固定为 ECX。REP 和 MOVS、STOS、LODS 联合使用。

② 前缀为 REPZ 时，重复次数最大为 ECX。REPZ 和 CMPS、SCAS 联合使用。如果在比较或扫描时，ZF=0，不再重复。

③ 前缀为 REPNZ 时，重复次数最大为 ECX。REPNZ 和 CMPS、SCAS 联合使用。如果在比较或扫描时，ZF=1，不再重复。

表 3−16 重复前缀

指令名称	重复前缀	重复执行条件
MOVSB, MOVSW, MOVSD STOSB, STOSW, STOSD LODSB, LODSW, LODSD	REP	ECX!=0
CMPSB, CMPSW, CMPSD SCASB, SCASW, SCASD	REPZ REPNZ	ECX!=0 且 ZF=1 ECX!=0 且 ZF=0

3.5.2 块操作指令示例

1. 数组复制

MOVSB/W/D 将操作数从一个内存单元传送到另一个内存单元。它经常和 REP 前缀同时使用，将一个内存块（源数据块）复制到另一个内存块（目标数据块）。使用 MOVSB 时，传送单位为字节；使用 MOVSW 时，传送单位为字；使用 MOVSD 时，传送单位为双字。

例 3.83 下面的程序将数组 Array1 复制给数组 Array2。

```
Array1    DWORD     1, 10, 100, 1000, 10000
Array2    DWORD     5 DUP (0)
```

```
LEA      ESI, Array1
LEA      EDI, Array2
CLD
MOV      ECX, 5
REP      MOVSD
```

MOVSD 每次传送一个双字，传送一次后，ESI、EDI 自动加 4，指向下一个双字。由于有 REP 前缀，每次传送后，ECX 自动减 1。传送 5 次后，ECX=0 时，传送结束，此时 Array2 和 Array1 中的 5 个元素完全相等，如图 3−15 所示。

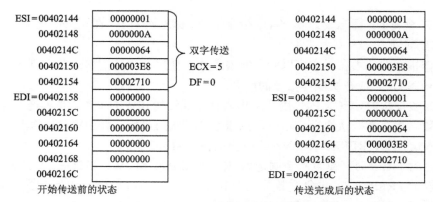

图 3−15　数据块传送（源数据块和目标数据块没有重叠）

在这个例子中，如果要使用 MOVSW，按字为单位传送，则后面两条指令应修改为：

```
MOV      ECX, 10
REP      MOVSW
```

如果要使用 MOVSB，按字节为单位传送，则后面两条指令应修改为：

```
MOV      ECX, 20
REP      MOVSB
```

按双字、字、字节都可以完成数据块的传送，应尽量使用按双字的传送方式，其效率最高。特别是源地址和目标地址应设置为 4 的倍数，即地址按 4 字节对齐时，完成数据块传送所花的时间最短。

2. 缓冲区初始化

块存储指令常被用来初始化一个数组或内存缓冲区，STOSB、STOSW、STOSD 将 AL、AX 或 EAX 的内容存入由 EDI 指向的存储单元，然后 EDI 自动增加或减小 1、2 或 4。如果和 REP 前缀一起使用，可以连续执行 ECX 次块存储指令。

例 3.84　将数组 Array1 的每个元素的初值设为 0H。

```
dArray   DWORD      7 DUP (?)
LEA      EDI, dArray              ;EDI 指向第 1 个存储单元
CLD                               ;地址由低至高
MOV      ECX, 7                   ;存储 7 次
MOV      EAX, 0                   ;存储内容为 0
```

| REP | STOSD | ; 以双字为单位存储 |

上面的程序是按照双字为单位存储的，也可以按字节或字为单位来存储，即

MOV	ECX, 28	; 存储 28 次
MOV	AL, 0	; 存储内容为 0
REP	STOSB	; 以字节为单位存储

块存储指令也可以单独使用，不用 REP 前缀。例如：

| MOV | InBuffer+7, 'o' | ; 插入字符'o' |

可以替换为：

LEA	EDI, InBuffer+7
MOV	AL, 'o'
STOSB	

习题 3

3.1 什么是立即操作数？什么是寄存器操作数？什么是存储器操作数？试举例说明。

3.2 实模式中的物理地址由哪两部分组成？4 个当前段与段寄存器间的对应关系是什么？

3.3 分别指出下列指令中源操作数和目标操作数的寻址方式。

（1）MOV EBX, 0ABC8H　　　　　　　（2）MOV AL, 128

（3）MOV [ECX], DX　　　　　　　　　（4）MOV VAR, 8

（5）MOV [1000H], DX　　　　　　　　（6）MOV 6[EBX], ECX

（7）MOV AX, [BX][SI]　　　　　　　　（8）MOV TAB[EBP][EDI], AL

3.4 在实模式下，设（DS）= 1000H，（ES）= 2000H，（SS）= 1200H，（BX）= 0300H，（SI）= 0200H，（BP）= 0100H，VAR 的偏移量为 0060H。试计算下列各指令中目标操作数为存储器操作数在执行完指令后的物理地址。

（1）MOV AX, 123　　　　　　　　　（2）MOV DL, 15

（3）MOV [BX], DX　　　　　　　　　（4）MOV [0500H], DX

（5）MOV VAR, 90H　　　　　　　　　（6）MOV 6[BX], AX

（7）MOV 6[BP][SI], AL　　　　　　　（8）MOV ES: [BX][SI], CX

3.5 设（DS）= 2000H，（SS）= 3000H，（CS）= 1200H，（BX）= 0300H，（IP）= 0100H，（20300H）= 50H，（20301H）= 01H，（20306H）= 0BH，（20307H）= 05H，试确定以下 JMP 指令转向的物理地址是多少。

（1）JMP　BX　　　　　　　　　　（2）JMP　WORD PTR　6[BX]

3.6 设 2000:0100 单元有一条 2 字节的 JMP　SHORT　LAB 指令，若其中的位移量如下，试写出转向目标的物理地址是多少。

（1）60H　　　　　　（2）80H　　　　　　　　（3）0E0H

3.7 设 MEM 变量的地址是 3000H，其中的内容是 2000H，写出以下指令的执行结果。

（1）MOV　AX, 3000H　　　　　　　（2）MOV　AX, [3000H]

（3）MOV　AX, OFFSET　MEM　　　　（4）LEA　AX, MEM

3.8 试举例说明段超越前缀的用法。

3.9 指出下列指令的错误之处。

（1）MOV [AX], BX

（2）MOV AL, 1280

（3）MOV [BX], 9

（4）MOV DS, 1000H

（5）MOV VAR, [BX]

（6）MOV M1, M2

（7）MOV 6, CX

（8）MOV AX, [SI][DI]

（9）MOV CS, AX

（10）MOV BX, OFFSET VAR[SI]

3.10 自 BUFFER 单元开始连续存放着两个双字型数据，编写程序求它们的和，并把结果存放在这两个数据之后。

3.11 写出把首址为 ARY 的字型数组的第 4 个双字送到 EAX 寄存器的指令，要求使用以下几种寻址方式。

（1）直接寻址方式。

（2）使用 EBX 的寄存器间接寻址方式。

（3）使用 EBX 的寄存器相对寻址方式。

（4）使用比例变址寻址方式。

3.12 设(DS)= 1000H, (BX)= 0300H, (SI)= 0002H, (DI)= 0100H，自 1000:0300 单元开始存有以下数据（用十六进制形式表示）：12 34 56 78 90 AB CD EF，试说明下列各条指令执行后目标操作数的内容。

（1）ADD BX,12

（2）MOV DX,[0300H]

（3）SUB BYTE PTR [BX],8

（4）MOV AX,[BX][SI]

（5）MOV CX,5[BX]

（6）MOV DX,4[BX][SI]

3.13 设（EAX）= 0C5FF0000H，（EBX）= 9E000000H，试实现以下要求。

（1）ADD EAX, EBX 指令执行后，根据结果设置标志位 ZF、SF、CF、OF、AF、PF，并分别按无符号数和带符号数讨论结果的正确性。

（2）SUB EAX, EBX 指令执行后，根据结果设置标志位 ZF、SF、CF、OF、AF、PF，并分别按无符号数和带符号数讨论结果的正确性。

3.14 写出执行以下二进制运算的指令序列，其中 X、Y、Z、W、R 均为存放 16 位带符号数单元的地址。

（1）Z =（Z−X）+ W

（2）Z = W −（X+10）−（R+8）

（3）Z =（W*X）/（Y+4），余数送 R

3.15 写出执行以下十进制运算的指令序列，其中 X、Y、Z 为十进制数的 ASCII 码。

（1）Z =（Z−X）+Y

（2）Z = Z−（X+Y）−（Z−Y）

3.16 编写程序实现下列要求。

（1）EAX 的各位变反。

（2）AL 寄存器的低 4 位置 1。

（3）EAX 寄存器的低 4 位清 0。

（4）ECX 寄存器的低 4 位变反。

（5）用 TEST 指令测试 AL 寄存器的位 0 和位 6 是否同时为 0，若是，则 CF 清 0，否则，CF 置 1。

3.17　设 $X=X_7X_6X_5X_4X_3X_2X_1X_0$，$Y=Y_7Y_6Y_5Y_4Y_3Y_2Y_1Y_0$，$Z=Y_7Y_6Y_5X_4X_3X_2X_1X_0$，其中 X、Y、Z 均为二进制数，试编写已知 X 和 Y 求 Z 的程序。

3.18　使用 REPE CMPSB 指令时，请问：

（1）该指令完成什么功能？

（2）该指令要求哪些初始条件？

3.19　在执行字符串指令 REP　MOVSD 时，什么情况下必须使 DF 标志置 1？什么情况下必须使 DF 清 0？试举例说明。

3.20　假设有下列数据定义：

```
SRC        DB    'ABCDEFGHIJKLMNOPQRST'
DST        DB    20 DUP （ ）
```

请用字符串指令实现以下功能。

（1）把 SRC 从左到右传送到 DST。

（2）把 SRC 从右到左传送到 DST。

（3）把 SRC 的第 3 字节传送到 AL 寄存器。

（4）把 AL 寄存器的内容传送到 DST 的第 2 个字节。

3.21　内存自 AREA1 单元开始连续存放了 50 个已排好序的无符号字型数据，编写程序，将其传送到自 AREA2 开始的单元中，要求传送后的数据不重复出现。

3.22　编写一程序段，实现比较两个 10 字节的字符串 OLDS 和 NEWS，若两串不等，则转向 NSAME 标号，否则顺序执行程序。

3.23　编写一程序段，实现查找在习题 3.20 的 SRC 变量中有无字符"6"的功能，若有，则转向 FOUND 标号，否则顺序执行程序。

3.24　试分析下面的程序段可实现的功能。

```
MOV        CL, 4
SHL        DX, CL
MOV        BL, AH
SHL        AX, CL
SHR        BL, CL
OR         DL, BL
```

3.25　假定 EAX 和 EBX 中是有符号数据，ECX 和 EDX 中是无符号数据，请为下列各项确定 CMP 指令和条件转移指令。

（1）ECX 值超过 EDX 时转移。

（2）EAX 值未超过 EBX 时转移。

（3）EDX 值为 0 时转移。

（4）ECX 值等于小于 EDX 时转移。

第4章
汇编语言程序开发

通过本章的学习，掌握编写及调试一个简单的、完整的汇编语言程序所必需的知识。这些知识包括汇编语句格式、常用伪指令及操作符、32位汇编语言源程序结构、汇编语言程序开发与调试过程、浮点运算及其汇编程序编写等。

4.1 汇编语言基本知识

4.1.1 汇编语言概述

计算机软件实际上就是一些程序的集合，编写程序的工作过程称为程序设计，编写程序时所用的语言称为程序设计语言。程序设计语言可以分为三大类：机器语言、汇编语言和高级语言。编写程序时，必须选择合适的语言，既便于程序员编写程序，又能使计算机按照程序的控制完成所需要的功能。

1. 机器语言

机器语言是计算机能够直接识别的语言，它直接用二进制代码的机器指令表示。机器指令通常由操作码和操作数组成，每条机器指令都由 CPU 执行，控制计算机完成一个基本操作。用机器语言书写的程序叫作机器语言程序，它是计算机唯一能够识别并直接执行的程序，而用其他语言编写的程序必须经过翻译转换成机器语言程序。虽然机器语言程序可以被计算机直接执行，但它要求程序员将所有的指令和数据按照二进制字节流的形式来编写，效率极低，可读性和可移植性差。因此，这种编程方法只在计算机发展的早期没有编译程序时被使用，现在只用于介绍计算机组织与结构中有关指令设计，并不作为编程语言使用。

2. 汇编语言

汇编语言是介于机器语言和高级语言之间的编程语言，是用指令助记符、符号地址、标号等符号书写程序的语言，它的指令语句与机器指令一一对应，所以说，它是面向机器的。用汇编语言书写的程序叫作汇编语言源程序，计算机不能直接运行汇编语言源程序，要想执行它们，必须翻译成机器指令。使用汇编语言编程能够充分利用计算机的硬件特性和操作系统底层功能，它直接利用 CPU 的指令系统编写程序。与高级语言相比，汇编语言占用存储空间少，执行速度快。通过学习使用汇编语言，可以加深对计算机的软硬件系统的理解，编写高效率的核心代码，掌握更多的程序设计技巧，同时，更加了解高级语言程序的工作原理与编程方法。

3. 高级语言

简单地说，高级语言是一种类似于自然语言和数学语言的语言。虽然汇编语言和机器语言的执行效率高，但由于它们是面向机器的，可移植性差，且难以编写和阅读，因此人们发明了各种高级语言，例如 Basic 语言、C 语言、Java 语言等。用高级语言书写的程序叫作高级语言源程序，例如 C 语言源程序。计算机不能直接运行高级语言源程序，必须由编译程序将它们翻译成机器指令之后才能执行。用高级语言编写的程序与所解决的问题及计算过程相关，而与计算机的内部逻辑结构无关。因此，在使用高级语言编程时，人们不必陷入机器内部细节，可集中精力于解决问题本身。显然，高级语言更符合人们的思维习惯，易为人们所理解和学习，用高级语言编写的程序通用性强。

4.1.2 汇编语言编程环境

汇编语言.asm 源程序通过汇编器进行汇编，生成.obj 文件后，通过链接器链接生成.exe 的可执行文件。汇编和链接的过程可以通过控制台的方式进行，也可以将汇编和链接程序与集成开发环境相结合，与开发高级语言程序一样实现汇编语言程序的开发。

1. MASM 汇编器

在汇编和链接时，也可选用不同的软件。汇编语言的各种汇编器见表 4−1。

表 4−1 常用的汇编语言开发工具包

名称	简 介	环境
MASM	微软公司出品，持续升级，稳定性好	DOS，Windows
TASM	Borland 公司出品，工具包完整	DOS，Windows
MASM32	集成了微软的工具，完整的头文件，IDE 环境	Windows
GASM	GNU Assembler	各种平台
Pass32	支持 DOS 扩展器	DPMI，Windows
VisualASM	附带 IDE 环境	Windows

使用频率较高的是微软公司的 MASM。MASM 的版本经过了很多次的升级，每次升级都增加了一些新的功能。MASM 汇编器的命令行用法为：

ml [/选项] 汇编程序源文件 [/link 链接选项]

常用的选项见表 4−2。

表 4−2 常用的 MASM 选项

选项	功 能
/c	仅进行编译，不自动进行链接
/coff	产生的 obj 文件格式为 COFF 格式
/Cp	源程序中区分大小写
/Fo filename	指定输出的 obj 文件名
/Fl [filename]	产生.lst 列表文件
/I pathname	指定 include 文件的路径
/link	指定链接时使用的选项

2. LINK 链接器

用 ml.exe 处理的 COFF 格式的.obj 文件可以用 link.exe 链接成可执行的.pe 文件。微软的 link.exe 有两个系列的版本，用于链接 DOS 程序的链接器为 Segmented Executable Linker；可以链接 Win32 PE 文件的链接器为 Incremental Linker。这里使用的是后面一种。

LINK 编译器的命令行用法为：

link [选项] [文件列表]

命令行参数中的文件列表用来列出所有需要链接到可执行文件中的模块，可以指定多个.obj 文件、.res 资源文件及导入库文件。LINK 选项很多，常用的选项见表 4－3。

表 4－3　常用的 LINK 选项

选项	功　　能
/out:输出文件名	输出的文件名，扩展名默认为.exe
/map:文件名	生成.map 文件
/libpath:目录名	指定库文件的目录路径
/implib:文件名	指定导入库文件
/entry:标号	指定入口
/comment:字符串	在.pe 文件的文件头后面加上文本注释（版权信息）
/stack:数字	设定堆栈的大小
/subsystem:系统名	指定程序运行的环境，可以是以下几种之一：Native、Windows、Console、Windowsce、Posix

3. 汇编链接步骤

以某源程序文件 hello.asm 为例，对它进行汇编链接，最后运行。

（1）用 MASM 汇编 hello.asm

ml /c /coff hello.asm

这里使用/c 选项表示只生成.obj 文件而不直接产生.exe 文件；/coff 选项要求 MASM 生成链接器所需要的 COFF 格式的.obj 文件。

（2）用 LINK 链接 hello.obj

link /subsystem:console hello.obj

/subsytem 选项表示程序的运行环境，一般指定为"windows"；当编写控制台（Console）程序的时候，要指定为"console"。

控制台程序是指那些仅仅显示文本字符的程序。控制台程序可以在 DOS 状态下执行，执行后自动转入 Windows 保护模式下执行。控制台程序不是 DOS 程序，它能够使用 Windows 的高级功能，是 32 位的程序；而 DOS 程序不能调用 Windows 的函数，是 16 位的程序。

也可以将汇编和链接两个步骤合二为一：

ml /coff hello.asm /link /subsystem:console

（3）运行 hello.exe

C:\>hello

Hello World!

4. 集成开发环境

可以将 ml.exe 和 link.exe（32 位）加载至 Visual Studio 执行环境，实现在 Visual Studio 2017 环境下编写汇编语言程序，详细步骤请参考本书附录。

4.1.3 汇编语言语句格式

汇编语言程序中的语句可以分为指令、伪指令和宏指令 3 种。上一章介绍了 80x86 系列中的指令语句，每一条指令语句都要生成机器代码，各对应一种 CPU 操作，在程序运行时执行。伪指令语句（简称伪指令）提供汇编程序信息，它由汇编程序在汇编过程中执行，除了数据定义语句分配存储空间外，其他伪指令不生成目标码。宏指令是由用户按照宏定义格式编写的一段程序，其中可以包含指令、伪指令，甚至另一条宏指令。

汇编语言语句对大小写不敏感，它由名字、助记符、参数和注释 4 部分组成，其格式如下：

[名字]　助记符　＜操作数＞　[;注释]

其中带[ ]的内容是可选的。名字域是语句的符号地址，可以由 26 个大小写英文字母、0～9 数字、_（下划线）、$、@、? 等字符组成，数字不能出现在名字的第一个字符位置。指令的名字叫作标号，必须以冒号（:）结束。并不是每条指令前都需要标号，只有在循环入口、分支入口的指令，标号才是必需的，它提供循环或转移指令的转向地址。伪指令的名字可以是变量名、过程名、段名、符号名等。名字作为符号地址，具有 3 个属性，即段基址、偏移量和类型。标号的类型有 NEAR 型和 FAR 型，变量的类型有字节、字、双字、四字等。

助记符域给出操作的符号表示，可以是指令助记符、伪指令助记符等。例如，加法指令的操作码助记符是 ADD。

操作数域为操作提供必要的信息。每条指令语句的操作数个数已由系统确定，例如，加法、减法指令有两个操作数，而标志入栈指令没有显式操作数。本章将会介绍各种伪指令的操作数。

注释域用以说明本条语句在程序中的功能，要简单明了。注释以分号（;）开始。

4.2 常用伪指令

4.2.1 数据定义伪指令

数据定义，伪指令用于定义程序中使用的数据。

格式：[变量名]　助记符　操作数

功能：为变量分配单元，并为其初始化或者只预留空间。

说明：

① 变量名是可选的，需要时由用户自己起。它是该数据区的符号地址，也是其中第一个数据项的偏移量。程序通过变量名引用其中的数据。

② 助记符是数据类型的符号表示，不区分大小写，有表 4-4 所示的各种数据类型。

表4-4　简单数据类型

类型	助记符	简写	字节数	可表示的数字范围
字节	BYTE	DB	1	0～255
字	WORD	DW	2	0～65 535
双字	DWORD	DD	4	0～4 294 967 295
远字	FWORD	DF	6	通常作为48位全指针变量
四字	QWORD	DQ	8	
十字节	TBYTE	DT	10	
带符号字节	SBYTE		1	−128～+127
带符号字	SWORD		2	−32 768～+32 767
带符号双字	SDWORD		4	−2 147 483 648～+2 147 483 647

注：在DOS下多用DB、DW、DD等简写格式。在Windows汇编中，往往使用全称byte、word、dword等来定义数据，这种格式只有高版本的MASM（例如MASM 6.x）才支持。

③ 操作数可以是数字常量、数值表达式、字符串常量、地址表达式、？、<n> DUP（操作数,…）形式。

● 数字常量及数值表达式。可以有十进制、二进制、十六进制、八进制数字常量，常用前3种格式。操作数也可以是数值表达式，可使用的操作符见4.2.3节。在数字中若出现字母形式，则不区分大小写。常用数据格式如下。

十进制数：以D结尾，汇编语言中默认值是十进制数，所以D可以省略不写。有效数字是0～9。

二进制数：以B结尾，有效数字是0、1。例如，10100011B，10100011b。

十六进制数：以H结尾，有效数字是0～9和A～F。若第一位数字是字母形式，则必须在前边加上0。例如，0fe08h、16H。

八进制数：以Q或O结尾，有效数字是0～7。例如，352Q。

● 字符串常量。在汇编语言中，字符需要用单引号括起来，其值为字符的ASCII码。因为每个字符占用一个字节，所以最好用DB助记符定义字符串。例如，'A'的值为41H；'abc'的值为616263H。

● 地址表达式。操作数可以是地址符号。若只定义符号的16位偏移量，则使用DW助记符；若要定义它的双字长地址指针（既含16位偏移量，又含段基址），则使用DD助记符，其中低字中存放偏移量，高字中存放段基址；若要定义它的48位全地址指针（既含32位偏移量，又含段选择符），则使用DF助记符，其中低32位存放偏移量，高16位存放段选择符。例如，"VAR DW LAB"语句在汇编后，VAR中含有LAB的16位偏移量。

● ？。在程序中使用"？"为变量预留空间而不赋初值。

● <n> DUP(操作数,…)。若要对某些数据重复多次，可以使用这种格式。其功能是把（ ）中的内容复制n次。DUP可以嵌套。

例4.1　数据定义的程序片段。

M1	DB	15,67H,11110000B,?	
M2	DB	'15', 'AB$'	
M3	DW	4*5	
M4	DD	1234H	
M5	DB	2 DUP(5, 'A')	
M6	DW	M2	;M2 的偏移量
M7	DD	M2	;M2 的偏移量、段基址

以上语句经汇编后，其值为：0F 67 F0 00 31 35 41 42 24 14 00 34 12 00 00 05 41 05 41 04 00 04 00 XX XX，其中 XX XX 表示不确定。

设这些数据自 1580:0000 的地址装入内存，则 M1 变量的 4 个数据项是 0F（15）、67（67H）、F0（11110000B）、00（? 预留单元）；M2 的数据项为 31、35、41、42、24（$）；M3 的值是 14 00，这是 0014H（4*5）的逆序表示……M6 的偏移量是 13H，其中存放着 M2 的偏移量 0004H，逆序表示为 04 00；M7 的偏移量是 15H，其中存放着 M2 的偏移量 0004H 和段基址 1580H（装入后段基址确定），其逆序表示分别是 04 00、80 15，它们就是 M2 的双字长地址指针 1580:0004。

可以直接通过变量名引用这些变量，但要注意类型匹配问题。

例 4.2　通过变量名引用变量。

MOV	AL, M1	;（AL）= 15
MOV	BX, M3	;（BX）= 20，经汇编后，已经计算出 4*5 的值
ADD	M3, 6	;（M3）= 26
MOV	AL, M2	;（AL）= '1' = 31H
MOV	BL, M2+2	;（BL）= 'A' = 41H
MOV	M1+3, 5	;（M1+3）= 5

以上语句的执行情况如注释所示。注意 M2+2 这种形式，它的寻址方式是直接寻址方式，它不是把 M2 变量中的内容加 2，而是指 M2 的地址加 2，仍然表示一个地址，该地址中存放着 'AB$' 中的 'A'。因为变量只能通过名字引用，而 M2 中的 'AB$' 数据项没有独立的变量名，所以只能通过 M2 加上一个位移量来访问其中的数据。在汇编语言中，地址允许进行加减运算，所以也可以使用 MOV　CL, M2-3 的方式，把 M1 中的 67H 送给 CL。

4.2.2　符号定义伪指令

1. 等值伪指令

程序中有时会多次出现同一个表达式，为方便起见，可以用符号定义伪指令给该表达式定义一个符号，以便于引用及减少程序修改量，并提高程序的可读性。汇编后，该符号代表一个确定的值，该符号定义的伪指令称为等值伪指令 EQU。

格式：符号名　EQU　表达式

功能：用符号名代表表达式或表达式的值。

说明：表达式可以是任何有效的操作数格式。它可以是常数、数值表达式、另一符号名或助记符。

注意，用 EQU 定义的符号在同一个程序中不能再定义。

例 4.3 符号的定义及引用。

CR	EQU	0DH	;用 CR 表示回车符的 ASCII 码
LF	EQU	0AH	;用 LF 表示换行符的 ASCII 码
PORT_B	EQU	61H	;用 PORT_B 表示 B 端口 61H
B	EQU	[BP+6]	;用 B 表示操作数[BP+6]
L1:	MOV	AL, CR	;执行后，(AL)= 0DH
L2:	ADD	BL, B	;(BL)=(BL)+(SS:[BP+6])
L3:	IN	AL, PORT_B	;从 61H 端口输入一个字节数据
L4:	OR	AL, 00000010B	;把 D_1 位置 1
L5:	OUT	PORT_B, AL	;再输出到 61H 端口

从 L1 语句可以看出，EQU 伪指令增加了程序的可读性。从 L2 语句可以看出，EQU 伪指令缩短了程序书写长度。从 L3 和 L5 语句可以看出，EQU 伪指令便于程序的修改。例如，若在程序中有多处使用 PORT_B，如果端口号改变，则只需修改 EQU 语句，而程序中大量的引用则不必改动。另外，也避免了因为漏掉修改一些地方而带来的程序不一致性。EQU 伪指令除了以上用途外，还可用于与$操作符配合，得到变量分配的字节数。

例 4.4

MSG	DB	'This is first string. '
COUNT	EQU	$－MSG
MOV	CL, COUNT	；（CL）=MSG 的串长 =21

这样做可以由汇编程序在汇编过程中自动计算字符串的长度，避免了编程者统计字符个数的麻烦。特别是当因字符串改变而串长改变时，取串长的语句无须做任何修改。

由于用 EQU 定义的符号在同一个程序中不能再定义，所以以下语句是错误的：

CT EQU 1
CT EQU CT+1

2. 等号伪指令

格式：符号名 ＝ 数值表达式

功能：用符号名代替数值表达式的值。

说明：等号伪指令"＝"与 EQU 伪指令功能相似，其区别是等号伪指令的表达式只能是常数或数值表达式，另外，已被定义的符号在同一个程序中可以再被定义。通常在程序中用"＝"定义常数。

例 4.5

DPL1=20H
K=1
K=K+1

4.2.3　操作符伪指令

1. $操作符

功能：$在程序中表示当前地址计数器的值。程序中的每一行都有一个地址，从程序的第一行到最后一行，地址计数器在不断地增加。

如果一行语句占用了存储空间，如定义变量或者是指令，则地址计数器就会增加，增加的字节数就是变量或指令所占的字节数。

程序中一般不直接使用$的值，而是使用它来计算变量占用的空间。

例 4.6

wVar	WORD	0102h, 1000, 100*100
BYTESOFWVAR	EQU	$ − wVar

$代表该行所在的地址计数器，减去 wVar 的地址，就得到了 wVar 所占用的字节数。符号 BYTESOFWVAR 的值等于 6。

在指令中也可以使用$。在代码区有这样一行指令：

MOV	EAX, $

这条指令中的$被替换成该指令所在的地址，如：

00401010	B8 10 10 40 00	MOV	EAX, 00401010

2. ORG 操作符

格式：ORG　数值表达式

功能：设置地址计数器内容为数值表达式的值。

说明：在汇编程序对源程序汇编的过程中，使用地址计数器保存当前正在汇编的语句地址（段内偏移量），汇编语言允许用户直接用"$"引用地址计数器的当前值。

例 4.7　ORG　100H　　　　　　　;设置地址计数器的值为 100H

例 4.8　ORG　$+6　　　　　　　 ;跳过 6 个字节的存储区域

3. OFFSET 操作符

格式：OFFSET　[变量|标号]

功能：OFFSET 操作符用来取出变量或标号的地址（在段中的偏移量）。在 32 位编程环境中，地址是一个 32 位的数。

例 4.9

MOV	EBX, DVAR2
MOV	EBX, OFFSET　DVAR2

在内存中，上面两条指令分别表示为：

00401010 8B	1D 2A 40 40 00	MOV	EBX, [0040402A]
00401016 BB	2A 40 40 00	MOV	EBX, 0040402A

第 1 条指令是把 dVar2 变量的内容送给 EBX，EBX=00FC152Bh；第 2 条指令是把 dVar2 变量的地址送给 EBX，EBX=0040202AH。

4. 算术操作符

算术操作符包括+（加）、−（减）、*（乘）、/（除）和 MOD（模）操作符。其中/表示整除，即只取商的整数部分；而 MOD 则表示只取余数。

算术操作符的结果是常量，计算过程是在程序被编译时（而不是在程序运行时）完成的。例如，以下的几条指令中，源操作数是一个表达式，其中都包括了算术操作符，最后都是以常数的形式存在于程序指令中。

例 4.10

MOV	EAX, 4*5

```
MOV       EAX, offset dVar2 – 10
MOV       EAX, 30/8
MOV       EAX, 30 MOD 8
```

5. 逻辑操作符

逻辑操作符包括 AND（逻辑与）、OR（逻辑或）、XOR（逻辑异或）和 NOT（逻辑非）。逻辑操作符是按位操作的，它只能用在数值表达式中。

同算术操作符一样，表达式中的逻辑操作是在程序被编译时完成的。

例 4.11

```
MOV    EAX,    4 AND 5
MOV    EAX,    01000001b  XOR    01000011b
MOV    EAX,    NOT 1
```

6. 关系操作符

关系操作符包括 EQ（等于）、NE（不等于）、LT（小于）、LE（小于等于）、GT（大于）、GE（大于等于）。这些操作符对其前后的两个操作数进行比较，其操作结果为一个逻辑值，若关系成立，结果为真（全部二进制位为1），否则结果为假（0）。其中的操作数必须是常数或常数表达式。

同算术操作符一样，表达式中的关系操作是在程序被编译时完成的。

例 4.12

```
MOV    EAX,    0 LT – 1          ；结果 EAX=00000000H
MOV    EAX,    0 GE – 1          ；结果 EAX=0FFFFFFFFH
MOV    AX,     8 NE 8            ；结果 AX=0000H
MOV    AX,     8 EQ 8            ；结果 AX=0FFFFH
```

4.2.4 框架定义伪指令

本节介绍的伪指令以"."开始，一般用在 32 位汇编语言程序框架中。

1. 微处理器伪指令

使用微处理器伪指令说明本程序使用哪一种 CPU 的指令集。汇编程序在默认情况下只接受 8086 的指令系统，即使在 Pentium 上也是如此，因此，在 8086 上编写的程序在较新的处理器上都可以顺利执行。为了能够使用其他微处理器或协处理器的指令系统编写软件，需要在程序中增加选择微处理器的伪指令。较常使用的选择微处理器伪指令见表 4–5。

表 4–5　常用微处理器伪指令

伪指令格式	功　　能
.286	选择 80286 微处理器指令系统
.386	选择 80386 微处理器指令系统
.486	选择 80486 微处理器指令系统
.586	选择 80586 微处理器指令系统
.386p	选择保护模式下的 80386 微处理器指令系统，表示程序中可以使用特权指令

续表

伪指令格式	功　　能
.486p	选择保护模式下的 80486 微处理器指令系统，表示程序中可以使用特权指令
.586p	选择保护模式下的 80586 微处理器指令系统，表示程序中可以使用特权指令
.8087	选择 8087 数字协处理器指令系统
.287	选择 80287 数字协处理器指令系统
.387	选择 80387 数字协处理器指令系统
.mmx	选择 MMX 指令集

一般的 32 位汇编语言程序中使用 80386 的指令集就可以了，所以在程序的开头写上.386。如果要使用属于 80486 或 Pentium 的指令集，就应该写上.486 或.586。Pentium 的指令集包括了 80486 的指令集，而 80486 的指令集又包括了 80386 的指令集。

如果用汇编语言编写的是驱动程序或者驱动程序的一个小模块，因为驱动程序是在特权级 0 上运行的，因此就需要使用.386p。

因为.486 及其以上的微处理器内置有完整的协处理器的寄存器，使用.486 或.586 伪指令就可以使微处理器及它的协处理器指令被汇编，因此不再提供类似于.487 这样的伪指令。

从 Pentium MMX 开始增加了 MMX 指令集，因此，若在程序中使用 MMX 指令，则应在.586 之后跟一个.mmx 伪指令。

注意：较低版本的汇程序并不完全支持这一组伪指令。例如，即使在 Pentium 上使用 MASM 5.0，也不支持.586 伪指令。由于向下兼容，所以在 Pentium 机器上仍然可以使用.386 开发软件。

2. 框架定义伪指令

在较高版本程序框架中，除了使用上节介绍的微处理器伪指令之外，还经常使用表 4-6 中的伪指令。

表 4-6　较高版本程序框架伪指令

伪指令格式	功　　能
.DATA	定义数据段
.DATA?	定义存放未初始化变量的数据段
.CONST	定义存放常量的数据段
.CODE	定义代码段
.STARTUP	指定加载后的程序入口点
.EXIT	返回 DOS 或父进程
.STACK size	建立一个堆栈段并定义其大小（size 以字节为单位。若不指定 size 参数，则使用默认值 1 KB）
.MODEL 内存模式[,调用规则][,其他模式]	定义程序工作的模式

在 Windows 中，实际上只有代码区和数据区之分，.DATA、.DATA?、.CONST、.STACK 都视为数据区。用.DATA、.DATA?、.CONST 定义的都是数据段，分别对应不同方式的数据定义，在最后生成的可执行文件中，分别放在不同的节区（Section）。通常，可以用.CODE 定义代码区，用.DATA 定义数据区。堆栈空间一般是系统自动分配的，用户程序不必考虑，但若确需指定堆栈空间时，则应用.STACK 定义。

注意：当.386 等选择微处理器伪指令出现在.MODEL 伪指令之前时，不能使用.STARTUP 和.EXIT，否则汇编时会出错。

以下对.MODEL 伪指令中的内存模式和调用规则选项进行说明。

程序内存模式的定义影响最后生成的可执行文件，可执行文件的规模可以有很多种类型，在 DOS 的可执行程序中，有大小限制在 64 KB 以下的.com 文件，也有可以超过 64 KB 的.exe 文件。到了 Windows 环境下，.pe 格式的可执行文件最大可以用 4 GB 内存。编写不同类型的可执行文件，要用.MODEL 语句定义不同的参数。

4.3　汇编源程序格式

4.3.1　用户界面

用户界面（User Interface）提供了用户与计算机进行交互的操作方式，即用户与计算机互相传递信息，其中包括信息的输入和输出，早期称为人机界面。用户界面存在于用户与硬件之间，更主要体现在用户与软件之间，因为用户更经常与软件打交道。

自计算机诞生以来，最先广泛应用的是字符用户界面（Characteral User Interface，CUI）。当时计算机应用还不普及，技术人员主要致力于计算机性能的改进，因此对用户界面考虑不多。CUI 要求用户逐个输入字符来执行命令，操作繁杂，命令多，并且不易记忆，使用困难；执行结果也是通过字符显示的，单调且难以读懂。例如，DOS 操作系统就是通过字符界面操作的。

为了普及计算机的应用，需要提高它的易用性，技术人员开发出了目前广泛使用的图形用户界面（Graphic User Interface，GUI）。GUI 最大的贡献是创造出"桌面"和"图标"。通过"桌面"显示计算机所有资源，以"图标"表示其中的每一个具体对象，清晰易懂，加上鼠标的配合使用，极大地简化了一般操作。Windows 操作系统是 GUI 的典型代表。

然而，GUI 的发展并不能完全代替 CUI，这是因为 CUI 界面的程序有占用空间少且运行速度快的优点。即使在 Windows 操作系统中绝大多数的程序已经采用了 GUI 界面，仍然有相当多的程序还在使用 CUI，如 Windows 系统所带的 ping、format、net、telnet、ipconfig 等工具程序。所以，这二者是和平共处的关系，只是应用范围不同。

1. GUI 程序

GUI 程序通常都创建一个窗口，使用鼠标及键盘输入，可使用丰富的 Windows 控件，如按钮、列表框、编辑框、菜单等。程序是通过调用 Windows 系统提供的种类丰富、功能强大的 API 来完成这些界面操作的。GUI 程序一般需要和 user32.lib 链接，有些程序还需要和 gdi32.lib 链接。在生成.EXE 文件时，程序的运行环境要设置为 Windows。

2. CUI 程序

Windows 环境下的 CUI 程序通常在控制台下运行（注意，不是在 DOS 中运行，DOS 环境下只能运行 16 位程序），主要使用键盘输入。在生成 CUI 结构下的.exe 文件时，程序的运行环境要设置为 Console。

下面以简单的 Win32 汇编语言源程序为例，介绍 Windows 操作系统下的 32 位汇编语言程序框架结构，包括控制台界面程序和 Windows 风格的界面程序。它是 DOS 汇编语言的一种自然延续，一种扩充和增强。DOS 汇编语言的许多概念、思想、方法仍然适用，例如数据定义、子程序调用与返回、指令及格式、注释等。当然，Windows 和 DOS 毕竟是两种不同的操作系统，需要了解它们在汇编编程方面的一些区别后，才能在 Windows 下进行汇编程序的编写工作。

4.3.2　控制台界面的汇编源程序

下面将通过一个完整程序示例介绍 Windows 控制台界面程序基本结构。

例 4.13　编写一个 Windows 控制台界面汇编程序，在控制台上显示一个字符串"Hello World!"。

```
;PROG0401，文件名为 hello.asm
.386
.model flat, stdcall
option casemap:none
;说明程序中用到的库、函数原型和常量
includelib      msvcrt.lib
printf          PROTO C :ptr sbyte, :VARARG
;数据区
.data
szMsg           byte    "Hello World! ", 0ah, 0
;代码区
.code
start:
                invoke    printf, offset szMsg
                ret
end             start
```

按照下节介绍的 Windows 程序的汇编、连接过程，输入以下命令生成可执行文件 hello.exe：

```
ml /coff hello.asm /link /subsystem:console
```

注意：在 subsystem 选项中必须指定 console，而不是 windows。

输入以下命令执行该程序：

```
D:\MASM\masm_system\masm614>hello
```

运行结果如图 4-1 所示。

图 4-1　控制台界面运行结果

下面是和这个汇编程序功能相同的 C 程序。

```
/* PROG0402.c*/
#include <stdio.h>
int main( )
{
        printf("Hello World!\n");
        return 0;

}
```

对照 C 程序和汇编程序，可以看出两个程序定义字符串的不同方法：C 程序中字符串自动由编译器加上一个 0 字符作为字符串的结束，而汇编程序中必须在字符串后面明确地定义一个值为 0 的字节。

删除源程序 hello.asm 中的注释行后，程序的结构如图 4-2 所示。可以看出这是一个十分简单的程序，其中许多语句是程序框架中所必需的，本节将逐一介绍。

.386 .model flat,stdcall option casemap:none	模式定义
includelib msvcrt.lib printf　　　　PROTO C :ptr sbyte, :VARARG	库文件及函数声明
.data szMsg　　　byte　　　'Hello World!', 0ah, 0	数据部分
.code start: 　　　　invoke　printf, OFFSET szMsg 　　　　ret end　　　start	代码部分

图 4-2　Windows 汇编程序的结构

1. 模式定义

程序的第一部分是有关模式定义的 3 条语句：

.386

.model flat, stdcall

option casemap:none

① .386 语句，定义了程序使用 80386 指令集。

② .model flat, stdcall 语句。

此处指定内存模式为 flat 模式。因为 Windows 操作系统和应用程序运行在保护模式下，系统把每一个 Windows 可执行程序都放在一个虚拟地址空间中运行，每一个程序都拥有其相互独立的 4 GB 地址空间。因此，Windows 可执行程序只有一种内存模式，即 flat 模式，表示内存是很"平坦"的，从 00000000H 延伸到 0FFFFFFFFH，不再像 DOS 可执行程序那样，必须把超过 64 KB 的一块内存划分为几个小的、不超过 64 KB 的段来使用。

在 DOS 下的汇编语言程序中，常常有这样的程序片段：

```
MOV        AX, DATA
MOV        DS, AX
```

其作用是给数据段寄存器 DS 赋值，指向程序自己的名为 DATA 的数据段。每一个程序都有它自己的数据段。在 DOS 下编程时，必须考虑 DS、ES、SS 等段寄存器是否正确设置。

在 Windows 汇编语言程序中，则不必考虑这些问题。如上节所述，这些步骤都已经由 Windows 操作系统安排好了，在程序中不需要也不应该给 DS、ES、SS 等段寄存器赋值。所有的 4 GB 空间在一个段内全部都能访问到，在定义段时，不必考虑原先 DOS 下的 64 KB 限制，给编程者带来极大的方便。

如果定义了 .model flat，则 MASM 自动为各种段寄存器做如下定义：

```
ASSUME CS:FLAT, DS:FLAT, ES:FLAT, SS:FLAT, FS:ERROR, GS:ERROR
```

也就是说，CS、DS、ES、SS 段全部使用平坦模式，FS 和 GS 段不能使用。若在源程序中使用 FS 或 GS，在编译时会报错。若需要使用它们，则需用下面的语句说明：

```
ASSUME FS:NOTHING, GS:NOTHING
```

或

```
ASSUME FS:FLAT, GS:FLAT
```

在 Windows 汇编语言中，.model 语句中还应该指定调用规则，Windows API 使用 stdcall 调用规则，因此这里选择 stdcall。使用 stdcall 规则调用子程序时，堆栈平衡的事情由被调用者（子程序）用 RET n 指令实现，因此，在程序中调用 Windows API 函数或子程序后，调用者不必考虑堆栈平衡问题，比较简单。

③ option 语句。

option 语句有许多选项，例如 option language、option segment 等，在 Win32 中需要定义 option casemap:none，用以说明程序中的变量和子程序名是否对大小写敏感。在对大小写敏感情况下，XYZ 和 xyz 是两个不同的变量；在对大小写不敏感情况下，则不区分大写、小写形式，XYZ 和 xyz 表示同一个变量。由于 Windows API 中的函数名称是区分大小写的，所以应该指定选项"casemap:none"，否则，在调用函数的时候会出现问题。

2. includelib 语句

和 C 程序一样，在汇编程序中也需要调用一些外部模块（子程序/函数）来完成部分功能。例如，在 hello.asm 中，就需要调用 printf 函数将字符串显示在屏幕上。

printf 函数属于 C 语言的库函数。它的执行代码放在一个动态连接库 DLL 中，这个动态库的名字叫 msvcrt.dll，ms 代表 Microsoft，vc 代表 Visual C/C++，rt 代表 run time。msvcrt.dll 是 Windows 自带的，很多程序都需要使用这个 DLL。

由于汇编程序中调用了 DLL 文件中的函数，在连接时，LINK 就必须知道这个库函数属于哪一个 DLL；否则，LINK 就会报告以下出错信息，因为它不知道在哪里能找到 printf 函数。

hello.obj : error LNK2001: unresolved external symbol _printf

hello.exe : fatal error LNK1120: 1 unresolved externals

为了指出库函数的位置，Visual C/C++提供了一个和 msvcrt.dll 相配套的库文件，叫 msvcrt.lib。这个文件列出了 msvcrt.dll 中包括的所有库函数的名称，以及这个库函数的序号。连接程序读取库文件 msvcrt.lib，就知道 msvcrt.dll 中存在 printf 函数。

在汇编源程序中，用 includelib 语句指出库文件的名称，连接时，LINK 就从库文件中找出了函数的位置，避免出现上面的错误提示。这种库文件也叫导入库（Import Library）。

一个 DLL 文件对应一个导入库，如 msvcrt.dll 的导入库是 msvcrt.lib、kernel32.dll 的导入库是 kernel32.lib、user32.dll 的导入库是 user32.lib 等。导入库文件在 Visual C/C++的库文件目录中，在连接生成可执行文件时使用。

可执行文件执行时，只需要 DLL 文件，不需要导入库。DLL 文件一般放在 Windows 的 system32 目录中。Windows 自带很多 DLL，包括 msvcrt.dll、kernel32.dll、user32.dll 等。

这种连接方式是动态连接，printf 函数的代码并没有包括到可执行文件 hello.exe 中。在可执行文件中保存的是 DLL 文件的名称（msvcrt.dll）和该函数的编号（741），也就是函数的定位信息。在运行可执行文件时，Windows 系统找到 printf 函数的地址，hello.exe 随后调用这个函数。

还有一种方式是静态连接，在连接时，将库函数的执行代码复制到可执行文件中，因此采用这种连接方式的可执行文件的体积较大。DOS 不支持动态连接，只能使用静态连接。这种库文件叫静态库，它是一组已经编写好的代码模块，在程序中可以调用。在源程序编译成目标文件，最后要连接成可执行文件的时候，由 LINK 程序从库中找出相应的函数代码，存放到最后的可执行文件中。Windows 中也可以指定使用静态连接。

如图 4-3 所示，静态连接的缺点是每个可执行文件中都包含了要用到的相同函数的代码，占用了大量的磁盘空间，在内存中执行的时候，这些代码同样重复占用了宝贵的内存。而动态连接就不会浪费磁盘空间和内存空间。

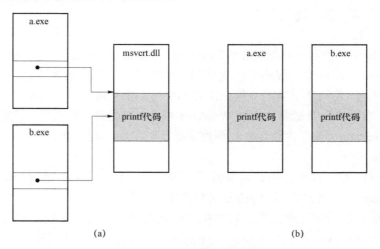

(a)   (b)

图 4-3　动态连接和静态连接

（a）动态连接；（b）静态连接

在这个例子程序中，使用下面语句通知连接程序使用 msvcrt.lib：

includelib　　msvcrt.lib

如果要使用其他库文件，重复使用这个语句说明其他库文件即可：

includelib　　库文件名

例 4.14

includelib　　kernel32.lib

includelib　　user32.lib

3. 函数声明语句

对于所有要用到的库函数，在程序的开始部分必须预先声明。包括函数的名称、参数的类型等，如：

在汇编语言源程序中，函数声明为：

函数名称　　PROTO [调用规则] :[第一个参数类型] [,:后续参数类型]

printf 的函数声明：

_CRTIMP int __cdecl printf(const char *, ...）；

可知 printf 函数的调用规则为 C 调用规则（__cdecl，即 c declare），第一个参数是字符串指针，后面的参数数量及类型不定。如果函数使用 C 调用规则，则 PROTO 后跟一个 C。接下来是参数的说明。如果参数个数、类型不定，则用 VARARG 说明（varible argument）。

在汇编语言中，用 ptr sbyte 代表 const char *，如例 4.13 中的语句：

printf　　PROTO C :ptr sbyte, :VARARG

除了 C 调用规则外，另一种常用的调用方式就是 stdcall（standard call）调用规则。Windows API 函数就使用 stdcall 调用方式。例如，MessageBoxA 函数调用规则就是 stdcall。

函数声明后，就可以用 INVOKE 伪指令来调用了。

4. include 语句

对于所有要用到的库函数及 Windows API 函数，在程序的开始部分都必须预先声明，这显然比较麻烦。在汇编语言编程中，也可以采用 C 语言办法，就是把所有的函数声明及常量定义等公用部分预先放在一个头文件中。一些汇编语言工具包，如 MASM32 等，提供了这样一些头文件。需要使用这些函数声明或常量定义的时候，再用 include 语句将其包含进来即可。

include 语句格式：include　文件名

例 4.15

include　　kernel32.inc

include　　user32.inc

以后程序中用到 user32.dll 和 kernel32.dll 中的函数时，不需要事先声明就可以直接使用。

5. 数据和代码部分

程序中的数据部分从.data 语句开始定义，代码部分从.code 语句开始定义，所有的指令都必须写在代码区中。对于运行在特权级 3 的应用程序来说，代码区是不可写的。在编程时，不能把那些需要修改的变量放到.code 部分。

6. 程序结束

与 DOS 程序相同，Win32 程序在遇到 end 语句时结束。end 语句后面跟的标号指出了程序执行的入口点，即装入执行的第一条指令的位置，表示源程序结束。

include 语句格式：END　　[过程名]

过程名指示程序执行的起始地址。[ ]中的过程名是可选的。只有主过程模块的 END 后可以带过程名，并且这个过程名必须是主程序的名字。若一个程序由多个模块组成，则除主模块外，其他模块的 END 语句不能带过程名。

7. 跨行语句

当源程序的某一语句过长，不利于书写和阅读时，可以用反斜杠"\"做换行符，将这条语句分为几行来写。每一行的最后加上一个反斜杠，说明下面一行是当前行的继续。语句的最后一行不要加反斜杠。

反斜杠后面还可以加空格和注释，例如：

```
invoke      MessageBox, \
            NULL,\               ;HWND hWnd
            offset szMsg,\       ;LPCSTR lpText
            offset szTitle,\     ;LPCSTR lpCaption
            MB_OK                ;UINT uType
```

8. 程序中的数据归类

用.data、.data?、.const 定义的都是数据段，分别对应不同方式的数据定义，程序中的数据定义一般可以归纳为如下 3 类。

（1）可读可写的已定义初始变量

这些数据在源程序中给出初始值，在程序的执行中可能被更改。这些数据必须定义在.data 区中。在程序装入内存准备执行时，这些变量就已经具有初始值了。这些变量的初始值是保存在可执行文件中的，在程序装入时，初始值从文件装入内存。因此，在程序执行以前，内存中的变量就具有在源程序中指定的初始值。

（2）可读可写的未定义初始变量

这些变量一般是当作缓冲区或者在程序执行后才开始使用的，在程序中不需要给它们指定初值。这些数据可以定义在.data 节中，也可以定义在.data?节中。

举例说明，如果要用到一个 64 KB 的缓冲区，可以在数据段中定义：

```
buffer      byte      65536 dup (?)
```

如果将 buffer 的定义放在.data 区中，在可执行文件中就要包括这个 64 KB 的数据，导致可执行文件的长度增加。在执行程序时，还需要把 64 KB 从文件装入内存，需要占用额外的时间。对这些不需要初始值的变量，最好放到.data?节中，它的好处是这些变量不需要在可执行文件中占用空间，也不需要把这些变量从文件装入内存。

（3）常量数据

如一些要显示的字符串信息，它们在程序装入的时候已具有初值，在整个程序执行过程中不需要修改，这些数据最好放在.const 部分中。在这个部分的变量，只能读，不能写。在程序中出现了对.const 部分的变量做写操作的指令，会引起异常，操作系统会报告并结束程序。这有助于找出程序中的编程错误。当然，常量数据也可以放在.data 定义的段中，如例中的 szMsg。

> szMsg　　byte　　　　"Hello World!"，0ah，0

事实上，在程序不复杂的情况下，用.data 定义一个数据段就可以了，在这个段中可以包含以上 3 类数据。

9. invoke 伪指令

格式：invoke　函数名[,参数 1] [,参数 2]…

功能：调用函数或子程序。

与在 DOS 中使用中断调用方式调用系统功能一样，在 Windows 中用 API 方式调用存放在 DLL 中的函数。由于 API 函数的参数较多，为了简化工作，可以使用 invoke 伪指令。

注意：invoke 不是指令，而是伪指令！是 MASM 为了方便调用而提供的，是一种主程序调用子程序的简化方法。在汇编时，会把它按照调用规则展开成相应的指令，通常展开成几条 PUSH 指令（有几个参数就展开几条）和一条 CALL 指令。对于像 C 那样要求调用程序清除堆栈中的参数者，最后还会展开一条 add esp, n 指令。在子程序调用不带参数的情况下，它等价于 CALL 指令。

例 4.16　例 4.13 程序中的 invoke 伪指令的展开情况。

```
;代码段
00000000              .code
00000000              start:
00000000

                      invoke    printf, offset szMsg    （注：此处展开）
00000000  68 00000000 R      *      push    dword   ptr offset flat:szMsg
00000005  E8 00000000 E      *      call    printf
0000000A  83 C4 04          *      add     esp, 000000004h
0000000D  C3    ret
0000000E
                      end       start
```

把此列表文件与源程序的代码段进行比较，可以发现，一条 invoke 伪指令展开成 3 条指令（本例中带*的指令）。

4.3.3　Windows 界面的汇编源程序

上一小节的程序 hello.asm 使用了控制台界面，本小节给出 Windows 界面的汇编程序。

例 4.17　编写汇编程序，使用 Windows 风格的界面，在 Windows 消息框中显示一个字符串"Hello World!"。

```
;PROG0403，文件名为 hellow.asm
.386
.model    flat, stdcall
option    casemap:none
MessageBoxA    PROTO    :dword,  :dword,  :dword,  :dword
MessageBox     equ          <MessageBoxA>
```

```
Includelib        user32.lib
NULL              equ          0
MB_OK             equ          0
.stack   4096
.data
SzTitle           byte         'Hi!', 0
SzMsg             byte         'Hello World!' ,0
.code
start:
                  invoke       MessageBox,
                  NULL,                              ; HWND hWnd
                  offset szMsg,                      ; LPCSTR lpText
                  offset szTitle,                    ; LPCSTR lpCaption
                  MB_OK                              ; UINT uType
                  ret
end               start
```

程序中使用的 MessageBox 属于 user32.dll，是 Windows 的一个 API 函数。其功能是显示一个消息框。它的第 1 个参数是一个窗口句柄，即消息框的父窗口。这里使用 NULL 表示它没有父窗口。第 2 个参数是一个字符串指针，指向在消息框中显示的正文。第 3 个参数也是一个字符串指针，指向在消息框的窗口标题。第 4 个参数是一个整数，指定消息框的类型，这里使用 MB_OK，消息框中显示一个"OK"（"确定"）按钮。

Windows 中用于显示消息框的 API 函数有 MessageBoxA 和 MessageBoxW。MessageBoxA 接收的参数是 ASCII 字符串形式的，也是例 4.17 程序中使用的形式。MessageBoxW 接收的参数是 Unicode 字符串形式的，每一个字符要占两个字节。

图 4-4　在 Windows 界面中显示一个字符串

按照下节介绍的汇编、连接过程，输入以下命令生成可执行文件 hellow.exe：

```
ml /coff hellow.asm /link /subsystem:windows
```

注意，在 subsystem 选项中必须指定 windows，而不是 console。运行这个程序的结果如图 4-4 所示。

4.3.4　输入/输出有关的 Windows API 函数

API 可以看作特殊的子程序，在源程序中只需要声明这个子程序的类型，说明这个子程序所在的库文件，就可以调用子程序了。API 提供的功能是在其他模块（大都是用 DLL 的形式）中实现的，不像通常意义的子程序那样，需要将子程序要实现的功能用汇编指令来实现。本节仅介绍几个与数据输入/输出有关的 Windows API 函数，其他众多的函数可查阅 MSDN、Microsoft Win32 Programmer's Reference 等，这些文件中定义了常用 API 的函数声明和参数类型，以及这些函数所需要的库文件。

对于所有要用到的库函数（或 Windows API 函数），在程序的开始部分必须预先声明。

包括函数名称、参数类型等。

在汇编语言源程序中，函数声明为：

函数名称 PROTO [调用规则] :[第一个参数类型] [,:后续参数类型]

其中，调用规则是可选项，可以是 stdcall，也可以是 C 等。缺省时，使用 model 语句中指定的调用规则。

如果函数使用 C 调用规则，则 PROTO 后跟一个 C。接下来是参数的说明。如果参数个数、类型不定，则用 VARARG 说明（variable argument）。使用 C 规则调用子程序时，堆栈平衡由调用者（主程序）完成，在 CALL 指令执行后，用 ADD ESP, n 指令把 n 个字节的参数空间清除，以保证堆栈平衡。

以下介绍的输入/输出函数中，printf 和 scanf 适用于控制台程序（连接选项为/subsystem:console）；MessageBox 适用于 Windows 风格的窗口界面程序（连接选项为/subsystem:windows）。

1. printf

printf 是一个实现输出的 API 函数。在程序调用时，应指明 printf 的调用规则，以及它的参数类型。在 C 语言头文件 stdio.h 中，printf 的函数声明为：

_CRTIMP int __cdecl printf(const char *, ...);

可知 printf 函数的调用规则为 C 调用规则（__cdecl，即 c declare），第一个参数是字符串指针，后面的参数数量及类型不定。

在汇编语言中，用 ptr sbyte 代表 const char *。

例 4.18

printf　　　　　　PROTO　C :ptr sbyte,:vararg

实际上，调用时只注重它的类型，并不关心其名称，因此，在程序中参数类型经常用 DWORD 来表示，它可以代表字符串指针、结构指针、整数等。例如，printf 也可以声明为：

printf　　　　　　PROTO　C :dword,:vararg

printf 使用 C 调用规则（参数从右至左入栈，由主程序平衡堆栈）。第 1 个参数是一个双字（:dword）格式的字符串地址，后面的其他参数个数可变，可以一个没有，也可以跟多个参数。该函数的连接信息在 msvcrt.lib 库文件中，printf 及其他 msvcrt.dll 输出的函数的连接信息都在这个库文件中。因此，在程序开头应有以下语句：

includelib　　　　　msvcrt.lib

在程序中，要显示信息时，像调用子程序那样调用 printf 即可。

例 4.19

invoke　 printf, offset szOut, x, n, p

其中，szOut 要在数据区中定义，例如：

szOut　　byte　　　　'x=%d n=%d x(n)=%d', 0ah, 0

其效果等价于：

printf ("x=%d n=%d x(n)=%d\n" , x, n, p);

printf 函数应用情况可参考例 4.13 的程序 hello.asm。

2. scanf

scanf 函数实现从控制台读取用户的输入，将输入读入整数、字符、字符串等变量中。scanf 的连接信息也包括在 msvcrt.lib 库文件中。

scanf 的调用规则和参数类型说明为：

```
scanf            PROTO C :dword,:vararg
```

第 1 个参数是格式字符串的地址，后面的参数个数可变，可以一个没有，也可以跟多个参数。

例 4.20

```
szInFmtStr      byte        '%d %c %d', 0
invoke          scanf, offset szInFmtStr, offset a, offset b, offset d
```

其中，第 1 个参数是格式字符串 szInFmtStr 的地址，第 2、3、4 个参数分别是 a、b、d 的地址。其效果等价于：

```
scanf("%d %c %d", &a, &b, &d);
```

3. MessageBoxA

API 函数 MessageBoxA 适用于 Windows 风格的窗口界面程序（连接选项为/subsystem: windows），实现在窗口中显示信息。

MessageBoxA 的 C 语言原型在 VC 附带的 "winuser.h" 中，其函数声明为：

```
#define WINAPI          __stdcall
int
WINAPI
MessageBoxA(
    HWND hWnd ,                         //窗口句柄
    LPCSTR lpText,                      //消息框正文的指针
    LPCSTR lpCaption,                   //消息框窗口标题的指针
    UINT uType);                        //消息框类型
```

它的调用规则和参数类型说明为：

```
MessageBoxA PROTO :DWORD, :DWORD, :DWORD, :DWORD
```

例 4.21　在汇编程序中需要使用 MessageBoxA 函数时的声明语句：

```
MessageBoxA       PROTO    stdcall   :dword,:dword,:dword,:dword
```

MessageBoxA 连接信息包含在 user32.lib 库文件中，因此，在程序的开始应该增加语句：

```
includelib    user32.lib
```

应用情况可参考例 4.17 的程序 hellow.asm。

4. 函数声明语句和库文件

在编程中，应尽可能地利用已有的 C 库函数和 Windows API 函数，一般都可以转换为 API 函数来实现。通常，C 库函数使用 C 调用规则，Windows API 采用 stdcall 调用规则。

在 MSDN 或 VC 中可以查到函数的名称、参数的个数和类型，然后再确定调用规则，根据这些信息，就可以写出这样的声明语句：

```
printf    PROTO C :dword, :vararg
```

接下来再确定它的库文件，常用的库文件有 msvcrt.lib、kernel32.lib、user32.lib 等。

通过查阅资料和帮助文件、阅读示例程序等方法，弄清楚函数的功能及入口/出口参数，乃至每一个参数的用法。

函数可能返回的是一个整数或者是一个指针。无论是什么，返回值都在 EAX 中。要注意

有些函数是通过传递地址指针的方式来修改参数的值的，如 scanf。

MASM32 软件包会自动地生成所需要的 API 函数声明，以.inc 的形式提供。在使用时只需要包含这些.inc 文件即可。

4.4　分支与循环程序设计

汇编语言程序设计采用结构化程序设计的方法。按照这种方法设计出的程序，其每一部分由若干个单元组成，而每个单元包含一个有限结构集，每个结构有一个入口和一个出口。这种结构便于查错及调试。结构程序有 3 种基本结构，它们是顺序结构、分支结构和循环结构，相应的程序叫作简单程序、分支程序和循环程序，本节主要介绍分支与循环程序设计。

4.4.1　分支程序设计

许多实际问题很复杂，有时需要根据不同条件进行不同的处理，用简单程序无法完成这样的功能，这时就需要用分支程序设计。本节介绍分支结构及其程序实现。

1. IF_THEN_ELSE 结构分支程序设计

用汇编语言程序实现 IF_THEN_ELSE 分支结构，如图 4−5 所示。图 4−5（a）为 IF 结构，图 4−5（b）为 IF_THEN_ELSE 结构，这两种结构的程序都要使用条件转移指令，判断条件是否满足，以此来决定程序的执行流程。

对于具有图 4−5（a）结构的程序，当条件满足时，跳过指令序列实现转移；条件不满足时，继续向下执行指令序列 1。

对于具有图 4−5（b）结构的程序，当条件满足时，转去执行指令序列 2；条件不满足时，继续向下执行指令序列 1。无论执行哪个分支，最终都会到同一个出口。

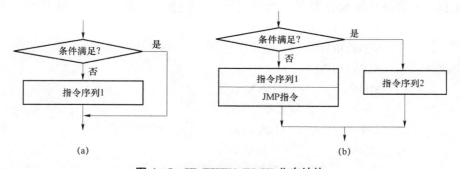

图 4−5　IF_THEN_ELSE 分支结构

（a）IF 结构；（b）IF_THEN_ELSE 结构

这和 C 语言的 IF 语句不同，C 语言中，IF 语句在条件满足时才执行分支程序，而条件转移指令则是在条件满足时转移了。这一点要特别注意。

（1）IF 结构程序举例

以下的例子具有单分支结构。

例 4.22　求带符号数 A 和 B 的较大值 MAXAB=MAX(A, B)。

```
    MOV         EAX, A
```

```
        CMP         EAX, B
        JGE         AIsLarger              ;如果 A≥B，跳转到 AIsLarger 标号处
        MOV         EAX, B
AIsLarger:
        MOV         MAXAB, EAX
```

"JGE AIsLarger"指令根据前一条比较指令的结果决定下一步的执行顺序。当 A 大于等于 B 时，跳转到 AIsLarger 标号处，此时 EAX=A；当 A 小于 B 时，不跳转，继续执行"MOV EAX,B"，EAX=B。不论哪一种情况，执行到最后的 MOV 指令时，EAX 都是较大值。

例 4.22 中，若 A=00000001H，B=0FFFFFFFFH，MAX(A,B)=MAX(1, −1)=1=00000001H。

例 4.23　求无符号数 A 和 B 的较大值 MAXAB=MAX(A,B)。

```
        MOV         EAX, A
        CMP         EAX, B
        JAE         AIsAbove           ; 如果 A≥B，跳转到 AIsAbove 标号处
        MOV         EAX, B
AIsAbove:
        MOV         MAXAB, EAX
```

以上两个例子的区别在于条件转移指令的选择。带符号数判断后，跳转使用 JGE；而无符号数判断后，跳转使用 JAE。

例 4.23 中，若 A=00000001H，B=0FFFFFFFFH，MAX(A,B)=MAX(1,4294967295)=4294967295=0FFFFFFFFH。

试分析 A=1，B=2 时，例 4.22 和例 4.23 的结果 MAX(A,B)各为多少。

（2）IF_THEN_ELSE 结构程序举例

例 4.24　求带符号数 X 的符号，如果 X≥0，把 SIGNX 置为 1；如果 X<0，把 SIGNX 置为−1。

```
X           SDWORD      −45
SIGNX       SDWORD      ?
            MOV         SIGNX, 0
            CMP         X, 0
            JGE         XisPostive              ;X≥0，跳转
            MOV         SIGNX, −1
            JMP         HERE                    ;跳过"MOV SIGNX, 1"语句
XisPostive:
            MOV         SIGNX, 1
HERE:
```

例 4.25　在升序数组中查找一个数。

算法分析：在一个有序数组中，各元素已按照从小到大排序的，称为升序；按照从大到小排序的，称为降序。在有序数组中查找元素，使用折半查找的效率最高，平均比较次数为 $\log_2 n$，在 n 较大时，比顺序查找的次数 n/2 要少得多。本例使用折半查找算法，如图 4−6 所示，以升序数组为例来说明折半查找算法。数组为 R，元素个数为 n，要查找的数为 a。

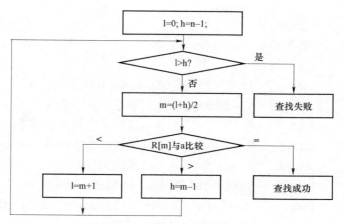

图 4-6　折半查找算法的流程

执行过程如下。

① 先设定一个查找范围，以下界 l 和上界 h 表示。l 和 h 是数组下标。初始时，下界为 0，上界为 n−1，即查找范围是整个数组。

② 如果下界 l 大于上界 h，则查找范围为空，查找结束。在这种情况下，数组中没有 a，算法结束。

③ 取下界 l 和上界 h 的中点 m，m=(l+h)/2。

④ 从数组的中点 m 处取出一个数 R[m]，和 a 进行比较。

⑤ 如果 R[m]等于 a，则在数组中找到 a，下标为 m。算法结束。

⑥ 如果 R[m]大于 a，中点上的数比 a 大，从中点到上界中的所有数都比 a 大，修改上界 h 为 m−1。然后跳转到第②步。

⑦ 如果 R[m]小于 a，中点上的数比 a 小，从下界到中点中的所有数都比 a 小，修改下界 l 为 m+1。然后跳转到第②步。

每经过一次比较，查找范围就缩小一半。缩小查找范围的过程如图 4-7 所示。

设数组名为 dArray，数组为字节型，下标为 EBX，在程序中用 dArray[EBX]来表示下标为 EBX 的元素。其实现见 PROG0404。

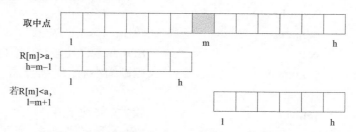

图 4-7　折半查找算法缩小查找范围的过程

;PROG0404.asm
.386
.model flat,stdcall
option casemap:none

```
includelib        msvcrt.lib
printf            PROTO C :dword,:vararg
.data
dArray            byte     15, 27, 39, 40, 68, 71, 82, 100, 200, 230
Items             equ      ($ − dArray)              ;数组中元素的个数
Element           byte     82                        ;在数组中查找的数字
Index             dword    ?                         ;在数组中的序号
Count             dword    ?                         ;查找的次数
szFmt             byte     'Index=%d Count=%d Element=%d', 0ah, 0 ; 格式字符串
szErrMsg          byte     'Not found, Count=%d Element=%d', 0ah, 0
.code
start:
        xor       eax, eax
        mov       Index,  − 1                    ;赋初值, 假设找不到
        mov       Count, 0                       ;赋初值, 查找次数为 0
        mov       esi, 0                         ;ESI 表示查找范围的下界
        mov       edi, Items − 1                 ;EDI 表示查找范围的上界
        mov       al, Element                    ;EAX 是要在数组中查找的数字
Compare:
        cmp       esi, edi                       ;下界是否超过上界
        jg        notfound                       ;如果下界超过上界, 未找到
        mov       ebx, esi                       ;取下界和上界的中点
        add       ebx, edi
        shr       ebx, 1                         ;EBX=(ESI+EDI)/2
        inc       Count                          ;查找次数加 1
        cmp       al, dArray[EBX]                ;与中点上的元素比较
        jz        Found                          ;相等, 查找结束
        ja        MoveLow                        ;较大, 移动下界
        mov       edi, ebx                       ;较小, 移动上界
        dec       edi                            ;EDI 元素已比较过, 不再比较
        jmp       Compare                        ;范围缩小后, 继续查找
MoveLow:
        mov       esi, ebx                       ;较大, 移动下界
        inc       esi                            ;ESI 元素已比较过, 不再比较
        jmp       Compare                        ;范围缩小后, 继续查找
Found:
        mov       Index, ebx                     ;找到, EBX 是下标
        xor       eax,  eax
        mov       al, dArray[ebx]
```

```
            invoke     printf, offset szFmt, Index, Count, eax
            ret
NotFound:
            invoke     printf, offset szErrMsg, Count, eax
            ret
end     start
```

2. SWITCH_CASE 结构分支程序设计

基于条件跳转指令的汇编语句相当于 C 程序中的 IF_THEN_ELSE 语句，如果程序中的分支较多，使用条件转移的程序结构会变得比较复杂，不易读懂、扩充。在 C 程序中，多分支情况下使用 SWITCH_CASE 语句比 IF 语句要简洁、高效。同样，在汇编程序中，可以采用基于跳转表的分支结构。

例 4.26　编制一个管理文件的菜单程序，要求能够实现建立文件、修改文件、删除文件、显示文件和退出应用程序 5 个主控功能。首先在屏幕上显示 5 种功能，然后从键盘上输入数字 1～5 即可转入相应的功能，而输入其他字符则提示输入非法。若选择退出功能，则能正确返回；若选择其他功能，应能返回到主菜单。

算法分析：我们知道，要能够转移到不同的分支，必须提供各个分支的入口地址。对于 SWITCH_CASE 结构，由于分支众多，可以把各分支入口地址集中在一起构成一个地址表，把这个地址表称为跳转表。设建立文件分支入口标号为 CR，修改文件分支入口标号为 UP，删除文件分支入口标号为 DE，显示文件分支入口标号为 PR，退出分支入口标号为 QU，则该跳转表如下所示：

```
JMPTAB          DD      OFFSET CR              ;跳转表
                DD      OFFSET UP
                DD      OFFSET DE
                DD      OFFSET PR
                DD      OFFSET QU
```

说明：位移量是跳转表中所选项与表基址的距离。我们把所有功能号连续排列，设选择了 K 号功能，则：

索引号 = K - 起始功能号（例如功能号为 1，2，3，…，N，则索引号 = K - 1）。

位移量 = 索引号×每项入口地址占用的字节数。对于用 DD 定义的，则为 4 字节。

表项地址 = 表基址 + 位移量。一旦得到了表项地址，就可以使用无条件间接转移指令实现转移。

根据分析，实现管理文件的菜单程序流程如图 4-8 所示，其实现见 PROG0405。

```
;PROG0405.asm
.386
.model flat,stdcall
option casemap:none
includelib       msvcrt.lib
printf           PROTO C:ptr sbyte,:vararg                ; 用法：printf(str);
scanf            PROTO C:ptr sbyte,:vararg                ; 用法：scanf("%d", &op);
```

```
        .data
        Msg1       db '1——create',0ah                          ；菜单字符串
                   db '2——update',0ah
                   db '3——delete',0ah
                   db '4——print',0ah
                   db '5——quit',0ah,0
        Msg2       db 'input select:',0ah,0                     ;提示字符串
        Fmt2       db '%d',0                                    ;scanf 的格式字符串
        op         dd ?                                         ;scanf 结果(用户输入的整数)
        Msg3       db 'Error!',0ah,0                            ;输入错误后显示的字符串
        MsgC       db 'Create a File',0ah,0ah,0                 ;选择菜单 1 后显示的字符串
        MsgU       db 'Update a File',0ah,0ah,0                 ;选择菜单 2 后显示的字符串
        MsgD       db 'Delete a File',0ah,0ah,0                 ;选择菜单 3 后显示的字符串
        MsgP       db 'Print a File',0ah,0ah,0                  ;选择菜单 4 后显示的字符串
        MsgQ       db 'Quit',0ah,0                              ;选择菜单 5 后显示的字符串
        JmpTab     dd offset cr                                 ;跳转表，保存 5 个标号
                   dd offset up
                   dd offset de
                   dd offset pr
                   dd offset qu
        .code
        start:
                   invoke   printf,offset Msg1                 ;显示菜单
        Rdkb:
                   invoke   printf,offset Msg2                 ;显示提示
                   invoke   scanf,offset Fmt2,offset op        ;接收用户的输入
                   cmp      op,1                               ;与 1 比较
                   jb       Beep                               ;输入的数字比 1 小，不合法
                   cmp      op,5                               ;与 5 比较
                   ja       Beep                               ;输入的数字比 5 大，不合法
                   mov      ebx,op
                   dec      ebx                                ;转换为跳转表的索引
                   mov      eax, JmpTab[ebx*4]                 ;得到表项地址
                   jmp      eax                                ;按表项地址转到对应的标号处
                   jmp      JmpTab[ebx*4]                      ;可以用这一指令替换上面两条
        Beep:
                   invoke   printf,offset Msg3                 ;提示输入错误
                   jmp      Rdkb
        CR:
```

```
        invoke      printf,offset MsgC          ;显示 Create a File
        jmp         start                       ;回到主菜单，继续运行
UP:
        invoke      printf,offset MsgU          ;显示 Update a File
        jmp         start
DE:
        invoke      printf,offset MsgD          ;显示 Delete a File
        jmp         start
PR:
        invoke      printf,offset MsgP          ;显示 Print a File
        jmp         start
QU:
        invoke      printf,offset MsgQ          ;显示 Quit
        ret                                     ;返回系统
end     start
```

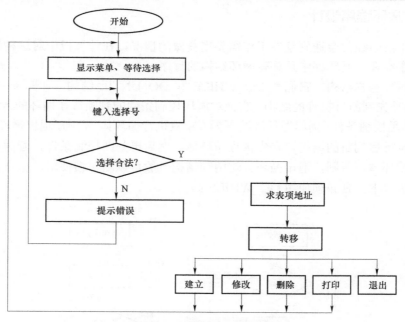

图 4-8　菜单程序流程图

本例是使用以下两条指令得到表项地址，并实现转移的。

```
mov   eax, JmpTab[ebx*4]
jmp   eax
```

也可以使用指令 jmp　JmpTab[ebx*4]完成以上两条指令的功能，实现转移。

可以看出，程序的关键在于在数据区中定义了一个 5 个元素的数组 JmpTab，每个元素的内容为一个跳转地址。根据输入的数字 1～5，从数组中取出相应的内容送给 EAX，再执行

"JMP EAX"指令跳转到不同的标号上去。例如，输入数字 2，从数组中取出的是标号 DE 的地址，跳转到 DE 处执行。

采用跳转表的好处是：可以减少为决定程序分支而进行比较的次数；程序不必将输入的数字和 1～5 进行比较，直接根据数字计算出要跳转的地址。

使用跳转表法实现 CASE 结构的分支转移经常被用于主控程序。可以看出，例 4.26 适用于功能号是连续的或有规律可循的场合，但对于通过命令字实现跳转的方式，这种非顺序的情况并不适用。

例如，调试工具 DEBUG、WINDBG 中的子命令是通过命令首字母选择的，这些命令字并没有规律可循，此时的跳转表的构造和实现转移的代码部分与例 4.26 中的程序有较大变化。假设调试工具的主控程序只有 g、r、t、q 4 个子命令，程序中首先要求输入命令字母，然后把该字母与命令跳转表中的命令逐个比较。若相等，转去执行相应命令处理子程序；若不等，则修改命令跳转表指针，继续比较下一个，逐个比较，直至把表中命令全部比较完；若输入无效命令，则进行相关处理并可以重新输入。程序中除 q 命令处理子程序可以选择退出外，其他 3 个命令处理子程序都只是简单地把 CF 标志置 1 而已。若有更多的子命令，只需在命令跳转表中增加相应项，并在程序中增加相应命令处理子程序即可。

4.4.2　循环程序设计

在日常生活中经常会遇到某件工作需要重复做的情况，在计算机中对这种情况的处理可以用循环程序实现。循环程序是具有循环结构的程序。

循环有两种基本结构，它们是 DO_WHILE 和 DO_UNTIL 结构，如图 4-9 所示。DO_WHILE 结构是先判断后执行的结构，它把对循环控制条件的判断放在循环的入口，先判断控制条件，若满足控制条件（例如循环次数不为 0），就执行循环体，否则，退出循环。DO_UNTIL 结构则是先执行后判断的结构，它先执行循环体，然后再判断控制条件，若满足控制条件，则继续执行循环体，否则，退出循环。这两种结构一般可以随习惯使用，但在初始循环次数可能为 0 的情况下，则必须使用 DO_WHILE 结构。

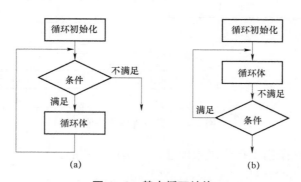

图 4-9　基本循环结构
（a）DO_WHILE 结构；（b）DO_UNTIL 结构

无论使用哪种循环结构，循环程序一般应包括以下几个部分。

① 循环初始化。它包括设置循环次数的初始值、地址指针的初始设置等。

②　循环体。这是循环工作的主体，包括要重复执行的操作，以及循环的修改部分。修改部分包括地址指针的修改、循环控制条件的修改等。

③　循环控制部分。它是控制循环的关键，判断循环条件满足与否。例如判断循环次数是否为 0 等。

循环次数有时是已知的，有时是不确定的，此时需要根据某种条件判断是否循环。对于确切的循环次数已送入 CX 或 ECX 寄存器且通过 LOOP 指令控制循环的情况，其循环次数的修改及控制条件的判断都由 LOOP 指令完成。在设计循环程序时，特别要注意循环入口和循环次数的正确设置、地址指针及循环控制条件的修改等，否则，会得不到期望的结果。

1. 单重循环程序设计

例 4.27　计算 1+2+3+…+100，用一个循环来实现。

算法分析：循环的次数为 100，预先放在 ECX 中。总和用 SUM 变量表示。加数用 EAX 表示，初值为 1。循环体中每次将加数加到 SUM 中，加数本身再加 1。循环执行 100 次后结束。其核心代码实现如下。

```
sum     dword       0
        mov         ecx, 100
        mov         eax, 1
d10:
        add         sum, eax
        inc         eax
        loop        d10
```

例 4.28　计算 n 的阶乘。

算法分析：阶乘（factorial）计算的公式为：n!=n×(n−1)×(n−2)×…×2×1。因此，需要循环 n 次，每次循环中完成一次乘法。其实现见 PROG0406。

```
;PROG0406.asm
.386
.model flat,stdcall
option casemap:none
includelib      msvcrt.lib
printf          PROTO C :dword,:vararg
.data
Fact    dword       ?
N       equ         6
szFmt   byte        'factorial(%d)=%d', 0ah, 0        ;输出结果格式字符串
.code
start:
        mov         ecx, N                            ;循环初值
        mov         eax, 1                            ;Fact 初值
e10:
        imul        eax, ecx                          ;Fact=Fact*ECX
```

```
loop        e10                              ;循环 N 次
mov         Fact, eax                        ;保存结果
invoke      printf, offset szFmt, N, Fact    ;打印结果
ret
end         start
```

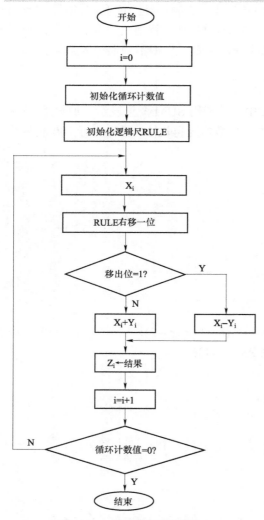

图 4-10　用逻辑尺控制循环

在每次循环的过程中，所完成的工作可能并不是完全相同的。这种情况下，可以用数据来描述循环体内部的操作，在每次循环过程中取出数据来决定某一次循环要做的操作。

例 4.29　设数组 X、Y 中分别存有 10 个双字型数据。试实现以下计算，并把结果存入 Z 单元。

$$Z_1=X_1+Y_1 \qquad Z_2=X_2+Y_2 \qquad Z_3=X_3-Y_3$$
$$Z_4=X_4-Y_4 \qquad Z_5=X_5-Y_5 \qquad Z_6=X_6+Y_6$$
$$Z_7=X_7-Y_7 \qquad Z_8=X_8-Y_8 \qquad Z_9=X_9+Y_9$$
$$Z_{10}=X_{10}+Y_{10}$$

算法分析：虽然该例实现对 10 组数进行运算，且都存在取数、运算和存数的操作，但运算操作符不同，且无规律可循。若直接用前边介绍的循环程序，则难以实现。这里设想把加用某个值表示（设用 0），减用另一个值表示（设用 1），10 个式子的操作用 10 位二进制数表示。对于本例，若按 $Z_{10}, Z_9, \cdots, Z_1$ 的计算顺序把它们的操作符自左至右排列起来，则操作符数值化后得到一串二进制位 0011011100，把它放入一个 32 位的内存变量中，高 22 位无意义（此处用 0 填充），这种存储单元一般被叫作逻辑尺。计算时按照 $Z_1, \cdots, Z_{10}$ 顺序，先求 Z_1 的值。每次把逻辑尺右移一位，对移出位进行判断，若该位为 0，则加，为 1，则减。于是就可以用一个分支加循环的混合程序实现所要求的功能。程序流程图如图 4-10 所示。其实现见 PROG0407。

;PROG0407.asm
.386
.model flat,stdcall
option casemap:none
includelib   msvcrt.lib
printf   PROTO C :dword,:vararg

```
        .data
x       dword       1,2,3,4,5,6,7,8,9,10
y       dword       5,4,3,2,1,10,9,8,7,6
Rule    dword       0000000011011100B
z       dword       10 dup (?)
szFmt   byte        'Z[%d]=%d', 0ah, 0          ;输出结果格式字符串
        .code
start:
        mov         ecx,10                     ;循环次数
        mov         edx,Rule                   ;逻辑尺
        mov         ebx,0
next:
        mov         eax,x[ebx]                 ;取 X 中的一个数
        shr         edx,1                      ;逻辑尺右移一位
        jc          subs                       ;分支判断并实现转移
        add         eax,y[ebx]                 ;两数加
        jmp         short result
subs:
        sub         eax,y[ebx]                 ;两数减
result:
        mov         z[ebx],eax                 ;存结果
        add         ebx,4                      ;修改地址指针
        loop        next
        xor         ebx, ebx                   ;显示出各元素的值
PrintNext:
        invoke      printf, offset szFmt, ebx, Z[ebx*4] ; 显示
        inc         ebx                        ;EBX 下标加 1
        cmp         ebx,10                     ;是否已全部显示完
        jb          PrintNext                  ;继续显示
        ret
        end         start
```

　　这种设置逻辑尺的方法非常有用。例如，要传输一批数据（定义为一个数组），该数组中含有多个 0 元素，为了节省存储空间和传输时间，可以选用合适的数据结构。比如，可以使用压缩数据及逻辑尺的方法，把所有元素按下标顺序排列，用逻辑尺来标明 0 元素或非 0 元素。设 0 元素用 0 表示，非 0 元素用 1 表示。存储时，只需保存非 0 元素（压缩数组）和逻辑尺，当进行数据传输时，若逻辑尺相应位为 1，则从压缩数组中取到非 0 数据并传送。若逻辑尺相应位为 0，则只送一个标志，接收方直接生成数字 0，这样可以提高传输效率。

　　某些循环的执行次数预先并不能完全确定，而是根据执行的情况来决定是否继续循环或退出循环。这时，就不再适合用 LOOP 指令来构造循环了，而应该利用条件转移指令来构造和控制循环。

例 4.30 将一个字符串中的大写字符转换为小写字符，字符串以 0 结尾。

算法分析：依次取出一个字符（设为 c），判断该字符是否为大写字符 'A' ≤ c ≤ 'Z'。大写字符的 ASCII 码值为 41H～5AH，小写字符的 ASCII 码值为 61H～7AH。对大写字符，将它加上 20H，即可转换为小写字符。当遇到字符 0 时，循环结束。其核心代码实现如下。

```
szStr           BYTE            'Hello World!', 0
                MOV             ESI, OFFSET szStr
g10:
                MOV             AL, [ESI]
                CMP             AL, 0
                JZ              g30
                CMP             AL, 'A'
                JB              g20
                CMP             AL, 'Z'
                JA              g20
                ADD             AL, 'a' – 'A'
                MOV             [ESI], AL
g20:
                INC             ESI
                JMP             g10
g30:
```

2. 多重循环程序设计

有些比较复杂的问题使用一重循环可能无法解决，此时就需要设计多重循环程序。在多重循环的程序中，内层循环嵌套于外层循环中，循环的嵌套层次没有限制。各层循环都有各自的循环次数、循环体、循环结束条件，相互之间不能干扰、交叉。

例 4.31 把数组中的 n 个元素按从小到大的顺序排列。

算法分析：使用冒泡排序法，对一个 7 个元素的数组（n=7）进行升序排序的例子如图 4-11 所示。显示中带阴影的部分是已经排序好的部分，不必再进行"比较、交换"操作。

位置	0	1	2	3	4	5	6	执行该轮排序后的效果
数组初值	20	15	70	30	32	89	12	
第1轮排序	15	20	30	32	70	12	89	将89放在正确的位置
第2轮排序	15	20	30	32	12	70	89	将70放在正确的位置
第3轮排序	15	20	30	12	32	70	89	将32放在正确的位置
第4轮排序	15	20	12	30	32	70	89	将30放在正确的位置
第5轮排序	15	12	20	30	32	70	89	将20放在正确的位置
第6轮排序	12	15	20	30	32	70	89	将15放在正确的位置

图 4-11 冒泡排序的过程

在设计冒泡排序的程序时，需要两层循环。外层循环的循环次数是 $n-1$，以第 0 次、第 1 次、……、第 $n-2$ 次循环表示。第 i 次外循环中，内层循环对数组下标为 0 至 $n-i-1$ 的元素依次"比较、交换"。内层循环的循环次数是 $n-i-1$。其具体实现见 PROG0408。

```
;PROG0408.asm
.386
.model flat,stdcall
option casemap:none
includelib          msvcrt.lib
printf              PROTO C    :dword,:vararg
.data
        dArray      dword       20, 15, 70, 30, 32, 89, 12
        ITEMS                   equ    ($ – dArray)/4           ; 数组中元素的个数
        szFmt                   byte   'dArray[%d]=%d', 0ah, 0   ; 输出结果格式字符串
.code
start:
                    mov         ecx, items – 1
        i10:
                    xor         esi, esi
        i20:
                    mov         eax, dArray[esi*4]
                    mov         ebx, dArray[esi*4+4]
                    cmp         eax, ebx
                    jl          i30
                    mov         dArray[esi*4], ebx
                    mov         dArray[esi*4+4], eax
        i30:
                    inc         esi
                    cmp         esi, ecx
                    jb          i20
                    loop        i10
                    xor         edi, edi
        i40:
                    invoke      printf, offset szFmt, edi, dArray[edi*4]
                    inc         edi
                    cmp         edi, ITEMS
                    jb          i40
                    ret
end                 start
```

在上面的冒泡排序法中，外层循环执行的次数为 $n-1$，保证最后能够按照要求完成数组

的排序。在很多情况下，外层循环执行的次数不到 n−1 时，整个数组就已经排序好了，以后的排序操作完全不必要了。例如，将上面数组中的最后一个元素"12"改为"58"后，排序过程如图 4−12 所示。

位置	0	1	2	3	4	5	6
数组初值	20	15	70	30	32	89	58
第1轮排序	15	20	30	32	70	58	89
第2轮排序	15	20	30	32	58	70	89
第3轮排序	15	20	30	32	58	70	89
第4轮排序	15	20	30	32	58	70	89
第5轮排序	15	20	30	32	58	70	89
第6轮排序	15	20	30	32	58	70	89

图 4−12　冒泡排序算法可以提前结束的情况

可以看到，第 4 轮以后的排序完全没有必要。在第 3 轮中，没有发生任何两个元素的"交换"操作，表示整个数组已经排序完毕。

为提高效率，可以设置一个交换标志。在每次内层循环的开始处将标志置为 0，如果发生了交换，则将标志设为 1。内层循环结束时，检查交换标志，如果标志为 0，则跳出外层循环，排序完成。

4.5　浮点运算

x86 指令系统除了第 3 章所介绍的常规通用指令外，还包括用于数值计算的浮点运算指令，包括浮点数的传送、浮点算术运算、浮点比较与控制等。Intel 80x87 是与 Intel 80x86 处理器相配合使用的浮点处理器，80486 及以后的 IA−32 处理器中已经集成了浮点处理单元，统称为 x87 FPU。

4.5.1　浮点数的表示与存储

x86 处理器所使用的三种浮点数二进制存储格式单精度、双精度和扩展精度都是由 IEEE 标准 754—1985 所规定的，分别适用于不同的计算要求。一般而言，单精度适合一般计算，双精度适合科学计算，扩展双精度适合高精度计算。表 4−7 列出了其格式及说明。

表 4−7　IEEE 浮点数格式

格式	说　明
单精度	32 位：1 位符号位，8 位阶码，23 位为有效数字的小数部分
双精度	64 位：1 位符号位，11 位阶码，52 位为有效数字的小数部分
扩展精度	80 位：1 位符号位，15 位阶码，1 位为整数部分，63 位为小数部分

需要说明的是，若不对浮点数的表示做出明确规定，同一个浮点数的表示就不是唯一的。例如，同一个十进制数 1.11 可以表示成 1.11×10^0、0.111×10^1、0.0111×10^2 等多种形式。为了提高数据的表示精度，当尾数的值不为 0 时，尾数域的最高有效位应为 1，这称为浮点数的规格化表示。否则，以修改阶码同时左右移小数点位置的办法，使其变为规格化数的形式。因此，规格化浮点数的尾数域最左位（最高有效位）总是 1，故这一位经常不予存储，而认为隐藏在小数点的左边。在表 4-7 的浮点数格式中，扩展双精度类型没有隐含位，因此它的有效位数与尾数位数一致，而单精度类型和双精度类型均有一个隐含整数位，因此它的有效位数比位数多一个。

下面以单精度和双精度的为例简要说明浮点数在内存中的存储。

例 4.32　浮点数存储示例。

```
float      Var1 = 119.054f;        //定义 float 型变量 Var1，f 强制为单精度浮点型
double     Var2 = 119.054;         //定义 double 型变量 Var2
int   main()
{
      Var1 = Var1;
      Var2 = Var2;
      return 0;
}
```

Visual Studio 环境下查看其反汇编码及相应内存空间：

```
6:        Var1 = Var1;
0040E6B8          mov          eax,[_Var1 (00426608)]
0040E6BD          mov          [_Var1 (00426608)],eax
7:        Var2 = Var2;
0040E6C2          mov          ecx,dword ptr [_Var2 (00426610)]
0040E6C8          mov          dword ptr [_Var2 (00426610)],ecx
0040E6CE          mov          edx,dword ptr [_Var2+4 (00426614)]
0040E6D4          mov          dword ptr [_Var2+4 (00426614)],edx
8:        return 0;
0040E6DA          xor          eax,eax
```

对单精度数 Var1：

从内存 00426608 处取出变量 Var1 保存的值：A6 1B EE 42，转化为二进制（逆序存放）：

01000010　11101110　00011011　10100110

根据单精度的划分方式，把 32 位划分成三部分：

① 符号位为 0，为正数；

② 指数为 10000101（133），减去 127 得 6；

③ 尾数加上 1 后为 1.11011100001101110100110，十进制表示为 1.86021876。

尾数乘以 2^6 后，可得结果为 119.05400（单精度 7~8 位有效数字）。

对双精度数 Var2：

从内存 00426610 和 00426614 处取出变量 Var1 保存的值：FA 7E 6A BC 74 C3 5D 40，转

化为二进制（逆序存放）：

01000000 01011101 11000011 01110100 10111100 01101010 01111110 11111010

① 符号位为 0，为正数；

② 指数为 10000000101（1029），减去 1023 得 6；

③ 尾数加上 1 后为 1.1101110001101111010010111100011010100111111011111010。

转化为十进制后，乘以 2^6 后，可得结果为 119.054000000000（双精度 15～16 位有效数字）。

关于指数，由于需要表示正、负两种数据，IEEE 标准规定，单精度指数以 127 为分割线，实际存储的数据是指数加 127 所得结果；双精度则以 1023 为分割线，实际存储的数据是指数加 1023 所得结果。

4.5.2 浮点寄存器

FPU 不使用通用寄存器（EAX、EBX 等），FPU 在执行浮点运算时有自己的一组寄存器，称为寄存器栈（register stack）。数值从内存加载到寄存器栈，然后执行计算，再将寄存器栈中的数据保存到内存。寄存器栈中有 8 个独立寻址的 80 位寄存器，名称分别为 FPR0，FPR1，…，FPR7，它们以堆栈形式组织在一起，在指令中，栈顶也写作 st(0)，最后一个寄存器写作 st(7)。

FPU 另有 3 个 16 位的寄存器，分别为控制寄存器、状态寄存器、标志寄存器。

1. 浮点寄存器栈

浮点寄存器栈由 8 个可以直接进行浮点运算的寄存器组成，CPU 在处理浮点运算的时候，将这些寄存器作为一个栈来使用，按照顺序编号为 0～7，分别命名为 ST(0)～ST(7)，它是一个向下扩展的循环栈，栈顶指针指向 ST(0)，如图 4–13 所示。

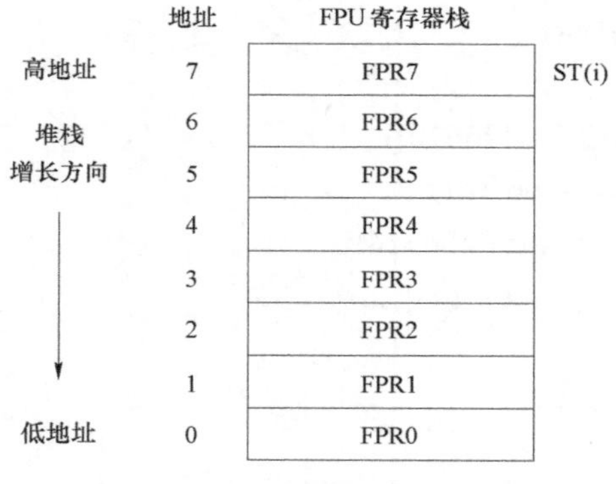

浮点寄存器栈的工作原理如下：

① 当程序需要向寄存器栈中装入数据的时候，栈顶指针的值减 1，然后将数据压入栈顶指针指向的浮点寄存器中。

② 浮点寄存器栈是一个循环栈，当栈顶指针指向的地址值为 0 的时候，下一次入栈操作（FLD 指令）则将数据压入地址值为 7 的浮点寄存器中，栈顶指针地址值为 7。

图 4–13 浮点寄存器栈示意图

③ 当需要将堆栈中的数据保存到内存中的时候（FST 指令），则进行出栈操作。出栈操作与入栈顺序相反，栈顶指针加 1，若出栈前栈顶地址值为 7，则出栈后栈顶值为 0。

④ 在用户通过指令对浮点数据操作的时候，这些浮点寄存器所使用的名称分别为 ST(0)、ST(1)、ST(2)、ST(3)、ST(4)、ST(5)、ST(6)、ST(7)，这里的 ST(i)中的 i 不是寄存器的地址，而是距离栈顶的长度。也就是说，ST(i)表示距离栈顶的第 i 个单元的寄存器。按照图 4–13 所示的状态，ST(0)为栈顶元素，为第 5 号寄存器，ST(1)为第 6 号寄存器，依此类推。

下面以计算表达式为例来说明浮点寄存器栈的应用方法。

例 4.33 计算表达式 f = a + b * m 的值。其具体实现见 PROG0409。

```
;PROG0409.asm
.586
.model flat, stdcall
option casemap:none
includelib        msvcrt.lib
printf            PROTO C :ptr sbyte, :VARARG
.data
    szMsg    byte      "%f", 0ah, 0
    a        real8     3.2
    b        real8     2.6
    m        real8     7.1
    f        real8     ?
.code
start:
    finit                   ;finit 为 FPU 栈寄存器的初始化
    fld m                   ;fld 为浮点值入栈
    fld b
    fmul st(0),st(1)        ;fmul 为浮点数相乘，结果保存在目标操作数中
    fld a
    fadd st(0),st(1)        ;fmul 为浮点数相加，结果保存在目标操作数中
    fst f                   ;fst 将栈顶数据保存到内存单元
    invoke    printf, offset szMsg, f
    ret
end        start
```

代码执行后，其寄存器栈的变化情况如图 4-14 所示。

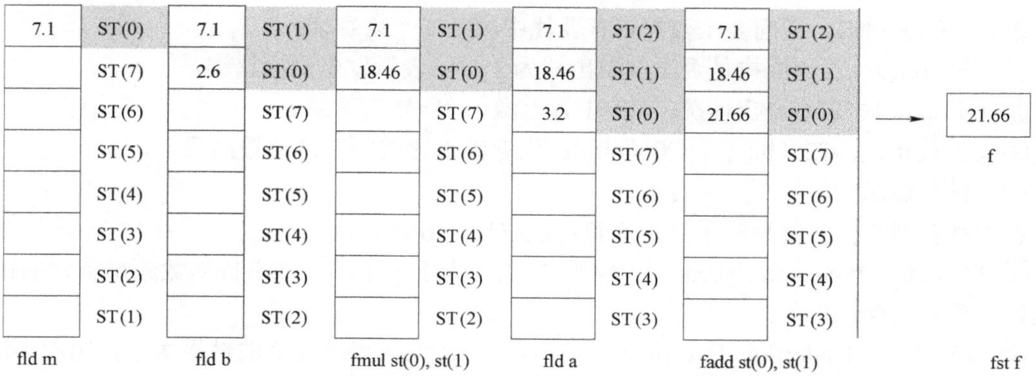

图 4-14　浮点寄存器栈变化情况

2. 标志寄存器

为了表示浮点数据寄存器中数据的性质，对应每个 FPR 寄存器，都有一个两位的标志

（Tag）位，这 8 个标志 tag0～tag7 组成一个 16 位的标志寄存器。标志寄存器记录了每个浮点寄存器的状态，当装入数据时，硬件会将寄存器中相应的 tag 置为有效，反之，置为空。当入栈时，遇到已经标为有效的寄存器时，产生上溢；如果出栈时，遇到相应 tag 为空时，则产生下溢，处理器会触发相应的异常进行处理。标志寄存器如图 4-15 所示。

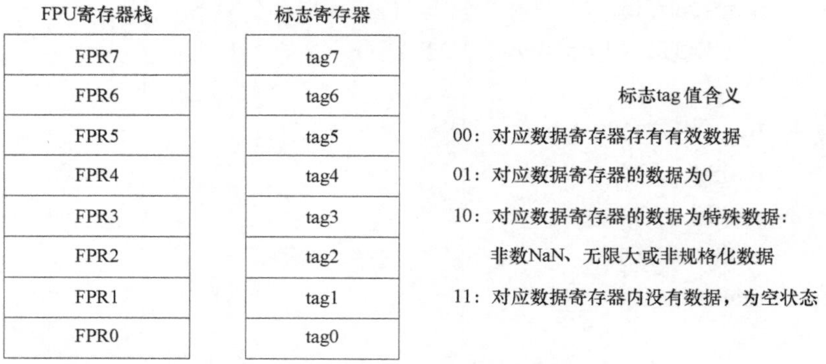

FPU寄存器栈

| FPR7 |
| FPR6 |
| FPR5 |
| FPR4 |
| FPR3 |
| FPR2 |
| FPR1 |
| FPR0 |

标志寄存器

| tag7 |
| tag6 |
| tag5 |
| tag4 |
| tag3 |
| tag2 |
| tag1 |
| tag0 |

标志tag值含义

00：对应数据寄存器存有有效数据

01：对应数据寄存器的数据为0

10：对应数据寄存器的数据为特殊数据：
　　非数NaN、无限大或非规格化数据

11：对应数据寄存器内没有数据，为空状态

图 4-15　标志及存取示意图

3. 状态寄存器

状态寄存器 16 位，表明浮点处理单元当前的各种操作状态，每条浮点指令运算后，都会更新状态寄存器，以反映执行结果情况，与整数处理单元的 EFLAGS 作用功能类似，如图 4-16 所示。

15	14	13	12	11	10	9	8	7	6	5	4	3	2	1	0
B	C3		TOP		C2	C1	C0	ES	SF	PE	UE	OE	ZE	DE	IE

图 4-16　浮点状态寄存器

（1）堆栈标志

① TOP（bit_{11}～bit_{13}）：表明浮点数据寄存器中的栈顶位置，即 ST(0)所在的 FPR 地址，三位编码（000～111）指向 8 个数据寄存器栈中的某一个寄存器。

② SF（bit_6）：表明堆栈是否发生溢出，为 1 时，表示发生溢出错误。

③ C1（bit_9）：表明溢出情况，C1=1 为上溢，C1=0 为下溢。

④ C3（bit_{14}）、C2（bit_{10}）、C0（bit_8）：保存浮点比较指令的比较结果。

（2）异常标志

状态寄存器的低 6 位反映了浮点运算可能出现的 6 种异常。

① PE（bit_5，Precision Exception，精度异常）：为 1 表示结果或者操作数超出指定的精度范围，出现不准确的结果。

② UE（bit_4，Underflow Exception，下溢异常）：为 1 表示非 0 的结果太小，出现下溢。

③ OE（bit_3，Overflow Exception，上溢异常）：为 1 表示结果过大，出现上溢。

④ ZE（bit_2，Zero divide Exception，除数为 0 异常）：为 1 表示除数为 0 错误。

⑤ DE（bit_1，Denormalized operand Exception，非规格化操作数异常）：为 1 表示至少有一个非规格化操作数。

⑥ IE（bit_0，Invalid operation Exception，非法操作异常）：为 1 表示操作非法。

（3）其他标志

① ES（bit_7，Error Summary，错误总结）：当系统中任何一个未被屏蔽的异常发生时，该位置 1，表明系统中是否出现异常。

② B（bit_{15}，FPU Busy，浮点处理单元忙）：表示浮点处理单元的工作状态，为 0 表示空闲，为 1 表示正在执行浮点指令。

4. 控制寄存器

16 位浮点控制寄存器用于控制浮点处理单元的异常屏蔽、精度及舍入操作，如图 4−17 所示。

15	14	13	12	11	10	9	8	7	6	5	4	3	2	1	0
			IC	RC		PC				PM	UM	OM	ZM	DM	IM

图 4−17　浮点控制寄存器

（1）异常屏蔽控制（Exception Mask Control）

① PM（bit_5，Precision Mask，精度异常屏蔽）：为 1 表示屏蔽精度异常。

② UM（bit_4，Underflow Mask，下溢异常屏蔽）：为 1 表示屏蔽下溢异常。

③ OM（bit_3，Overflow Mask，上溢异常屏蔽）：为 1 表示屏蔽上溢异常。

④ ZM（bit_2，Zero divide Mask，除数为 0 异常屏蔽）：为 1 表示屏蔽除数为 0 异常。

⑤ DM（bit_1，Denormalized operand Mask，非规格化操作数异常屏蔽）：为 1 表示屏蔽非规格化操作数异常。

⑥ IM（bit_0，Invalid operation Mask，非法操作异常屏蔽）：为 1 表示屏蔽非法操作异常。

（2）精度控制

PC（$bit_8 \sim bit_9$，Precision Control，精度控制）：用于控制浮点计算结果的精度。PC=00 时，32 位单精度浮点数；PC=01 时，保留；PC=10 时，64 位双精度浮点数；PC=11 时，80 位扩展精度浮点数。

（3）舍入控制

RC（$bit_{10} \sim bit_{11}$，Rounding Control，舍入控制）：浮点处理单元无法产生要求的精确值时，需要进行舍入操作，以使得结果接近于精确值。见表 4−8。

表 4−8　舍入控制 RC 含义

RC	舍入类型	舍入方式
00	就近或偶数舍入	舍入结果接近准确值，类似四舍五入，一样接近则取偶数结果
01	向下舍入	正数截尾；负数多余位不全为 0，则最低位进 1
10	向上舍入	负数截尾；正数多余位不全为 0，则最低位进 1
11	向 0 舍入	正负数均截尾

（4）无限大控制

IC（bit_{12}，Infinity Control，无限大控制）：用于兼容其他协处理器。

4.5.3 浮点指令及其编程

1. 浮点指令概述

浮点处理单元具有自己的指令系统，指令助记符均以 F 开头。浮点指令系统主要包括以下几类指令类型：

① 浮点数据传送指令：完成内存与栈顶 st(0)、数据寄存器 st(i) 与栈顶之间的浮点格式数据的传送。

② 常数加载指令：实现将特定常数加载到堆栈。

③ 浮点算术运算指令：算术运算指令实现浮点数的加、减、乘、除运算，它们支持的寻址方式相同。这组指令还包括有关算术运算的指令，例如求绝对值、取整等。

④ 浮点超越函数指令：超越函数指令实现三角函数、指数和对数运算的操作。

⑤ 浮点比较指令：比较栈顶数据与指定的源操作数，比较结果通过浮点状态寄存器反映。

⑥ FPU 控制指令：用于控制和检测浮点处理单元 FPU 的状态及操作方式。

2. 数据定义

数据定义伪指令 dd(dword) / dq(qword) / dt(tbyte)，依次定义 32/64/80 位数据，它们可以用于定义单精度、双精度和扩展精度浮点数。为了区别于整数定义，MASM 6.11 建议采用 REAL4、REAL8、REAL10 定义单、双、扩展精度浮点数，但不能出现纯整数形式（整数后面补小数点即可）。相应的数据属性依次是 dword、qword、tbyte。另外，实常数可以用 E/e 表示 10 的幂。

例 4.34 浮点数据定义示例。

```
a     real8      3.2          ;定义 64 位浮点数变量 a，初始化为 3.2
b     real10     100.25e9     ;定义 80 位浮点数变量 b，初始化为 100.25e9
c     qword      3.           ;定义 64 位浮点数变量 c，初始化为 3.0
d     qword      3            ;定义 64 位整型变量 d，初始化为 3
```

3. 寻址方式

浮点指令一般需要 1 个或者 2 个操作数，数据存储于浮点寄存器或主存中，主要包括如下两种寻址方式：

① 寄存器寻址：操作数保存在指定的数据寄存器栈中，用 ST(i) 表示。

例 4.35 指令：fadd st(0), st(1)

将寄存器栈中的 ST(0) 和 ST(1) 相加，结果存储在 ST(0) 中。

② 存储器寻址：操作数在内存中，内存中的数据可以采用与数据有关的存储器寻址方式访问。

例 4.36 指令：fld m

将在内存定义的变量 m 加载到浮点寄存器栈中，m 保存在内存中，以直接寻址方式访问。

4. 浮点指令

（1）数据传送指令

实现浮点数据在寄存器栈及存储器之间的传送，见表 4-9。

表 4-9 数据传送指令

指令	说　明
FLD src	将源操作数 src (mem32/mem64/mem80/ST(i))加载到寄存器栈 ST(0)
FST dest	将寄存器栈 ST(0)保存到目标操作数 dest(mem32/mem64/mem80/ST(i))，ST(0)不出栈
FSTP dest	将寄存器栈 ST(0)保存到目标操作数 dest(mem32/mem64/mem80/ST(i))，ST(0)出栈

注：mem8、mem16、mem32、mem64、mem80 等表示是内存中的操作数，后面的数值表示该操作数的内存中的二进制位数，下同。

（2）常数加载指令

该类指令将某些常数加载到寄存器栈中，见表 4-10。

表 4-10　常数加载指令

指令	说　明
FLD1	将常数 1.0 加载到寄存器栈 ST(0)
FLDZ	将常数 0.0 加载到寄存器栈 ST(0)
FLDPI	将常数 π 加载到寄存器栈 ST(0)
FLDL2T	将常数 $\log_2 10$ 加载到寄存器栈 ST(0)
FLDL2E	将常数 $\log_2 e$ 加载到寄存器栈 ST(0)
FLDLG2	将常数 $\log_{10} 2$ 加载到寄存器栈 ST(0)
FLDLN2	将常数 $\log_e 2$ 加载到寄存器栈 ST(0)

（3）算术运算指令

该类指令实现基本的算术运算，见表 4-11。

表 4-11　算术运算指令

指令	格式	说　明
FADD	FADD	ST(0)加 ST(1)，结果暂存在 ST(1)中，ST(0)出栈，新的 ST(0)保存运算结果
	FADD src	将 src 与 ST(0)相加，结果保存在 ST(0)中
	FADD st(i),st(0)	ST(0)加 ST(i)，结果保存在 ST(i)中
	FADD st(0),st(i)	ST(0)加 ST(i)，结果保存在 ST(0)中
	FADDP st(i),st(0)	ST(0)加 ST(i)，结果保存在 ST(i)中，ST(0)出栈
FSUB	FSUB	ST(1)减去 ST(0)，结果暂存在 ST(1)中，ST(0)出栈，新的 ST(0)保存运算结果
	FSUB src	ST(0)减去 src，结果保存在 ST(0)中
	FSUB st(i),st(0)	ST(i)减去 ST(0)，结果保存在 ST(i)中

指令	格式	说　明
FSUB	FSUB st(0),st(i)	ST(0)减去 ST(i)，结果保存在 ST(0)中
	FSUBP st(i),st(0)	ST(i)减去 ST(0)，结果保存在 ST(i)中，ST(0)出栈
FMUL	FMUL	ST(0)乘 ST(1)，结果暂存在 ST(1)中，ST(0)出栈，新的 ST(0)保存运算结果
	FMUL src	ST(0)乘以 src，结果保存在 ST(0)中
	FMUL st(i),st(0)	ST(i)乘以 ST(0)，结果保存在 ST(i)中
	FMUL st(0),st(i)	ST(0)乘以 ST(i)，结果保存在 ST(0)中
	FMULP st(i),st(0)	ST(i)乘以 ST(0)，结果保存在 ST(i)中，ST(0)出栈
FDIV	FDIV	ST(1)/ST(0)，结果暂存在 ST(1)中，ST(0)出栈，新的 ST(0)保存运算结果
	FDIV src	ST(0)/src，结果保存在 ST(0)中
	FDIV st(i),st(0)	ST(i)/ST(0)，结果保存在 ST(i)中
	FDIV st(0),st(i)	ST(0)/ST(i)，结果保存在 ST(0)中
	FDIVP st(i),st(0)	ST(i)/ST(0)，结果保存在 ST(i)中，ST(0)出栈
其他算术运算	FSQRT	计算 ST(0)的平方根，结果保存在 ST(0)中
	FSCALE	计算 2 的 ST(0)次方，结果保存在 ST(0)中
	FPREM	计算 ST(0)% ST(1)，结果保存在 ST(0)中
	FABS	计算 ST(0)的绝对值，结果保存在 ST(0)中
	FCHS	计算 ST(0)的相反数，结果保存在 ST(0)中

（4）浮点比较指令

浮点数的比较不同于整数，可以使用 CMP 指令比较，通过判断 EFLAGS 的值，得到其大小关系。对于浮点数比较来说，FPU 提供了独立的比较机制和指令，采用浮点数独有的比较指令，比较结果通过状态寄存器中的 C0、C2 和 C3 标志位给出。由于所有的浮点数都是带符号数，因此浮点比较指令是执行的带符号数比较，见表 4－12。

表 4－12　浮点比较指令

指令	说　明
FCOM	比较 ST(0)和 ST(1)的大小关系
FCOM src	比较 ST(0)和 src 的大小关系
FCOM st(i)	比较 ST(0)和 ST(i)的大小关系
FCOMP	比较 ST(0)和 ST(1)的大小关系，完成比较后 ST(0)出栈
FCOMP src	比较 ST(0)和 src 的大小关系，完成比较后 ST(0)出栈
FCOMP st(i)	比较 ST(0)和 ST(i)的大小关系，完成比较后 ST(0)出栈

FPU 状态寄存器中的 C0、C2 和 C3 标志位不同组合对应了比较的结果，可以根据比较结果选择相应的指令实现程序的转移，见表 4-13。

表 4-13　根据比较结果实现转移指令

条件	C3	C2	C0	转移指令
ST(0)>操作数	0	0	0	JA/JNBE
ST(0)<操作数	0	0	1	JB/JNAE
ST(0)=操作数	1	0	0	JE/JZ
无序	1	1	1	（无）

（5）超越函数指令

浮点超越函数指令可对实数求三角函数、指数和对数等运算，见表 4-14。

表 4-14　超越函数指令

指令	说　明
FSIN	计算 ST(0)的 sin 值，结果保存在 ST(0)中
FCOS	计算 ST(0)的 cos 值，结果保存在 ST(0)中
FPTAN	计算 ST(0)的 tan 值，结果保存在 ST(0)中
FPATAN	计算 ST(0)的 arctan 值，结果保存在 ST(0)中
F2XM1	计算 2 的 ST(0)次方，减去 1，结果保存在 ST(0)中

（6）FPU 控制指令

该类指令实现针对 FPU 的操作控制，见表 4-15。

表 4-15　FPU 控制指令

指令	说　明
FINIT	初始化 FPU
FLDCW src	从 src 装入 FPU 的控制字
FSTCW dest	保存状态字的值到 dest
FCLEX	清除异常
FNOP	空操作

5. 浮点指令编程示例

（1）数值运算

例 4.37　输入圆的半径，计算圆面积。其实现见 PROG0410。

```
; PROG0410.asm
.586
.model flat, stdcall
```

```
option casemap:none
includelib      msvcrt.lib
scanf           PROTO C :ptr sbyte, :VARARG
printf          PROTO C :ptr sbyte, :VARARG
.data
    szMsg1   byte       "%lf", 0
    szMsg2   byte       "%lf", 0ah, 0
    r        real8      ?                ;圆半径
    S        real8      ?                ;圆面积
.code
start:
    finit                               ; finit 为 FPU 栈寄存器的初始化
    invoke  scanf, offset szMsg1, offset r
    fld   r
    fld   r
    fmulp st(1), st(0)
    fldpi
    fmulp st(1), st(0)
    fst S                               ;fst 将栈顶数据保存到内存单元
    invoke  printf, offset szMsg2, S
    ret
end     start
```

（2）与 C 语言的混合编程

例 4.38 输入圆的半径，计算圆面积，程序整体采用 C 语言编写，计算圆面积采用汇编语言嵌入的方式实现。其实现见 PROG0411。

```c
// PROG0411.c
#include "stdio.h"
int main()
{
    float r, S;
    printf("请输入圆半径：");
    scanf("%f",&r);
    __asm{                  //此处为两个下划线
        fld   r
        fld   r
        fmulp st(1),st(0)
        fldpi
        fmulp st(1),st(0)
        fst S }
```

```
printf("\n 圆面积为：%f",S);
return 0;
}
```

4.6 程序优化

评价一个程序的优劣，程序的执行效率是一个重要因素。尤其是在以执行效率见长的汇编编程中，效率的高低尤为重要。

执行效率分为两个方面：程序在多长的时间内能够完成；程序需要多大的存储空间。也就是程序的运行时间和占用空间。

4.6.1 运行时间优化

完成同样一个功能，可以选择不同的指令来完成。它们的执行效率是有所区别的，在对程序进行优化时，应该选取那些占用空间少、执行速度快的指令。

1. 选择执行速度快的指令

（1）寄存器清零

将寄存器清零，有以下几种指令：

```
MOV      EAX, 0
SUB      EAX, EAX
XOR      EAX, EAX
```

从执行速度看，SUB、XOR 指令执行速度比 MOV 指令快，并且所需程序空间少。MOV 指令需 5 字节，而 SUB、XOR 指令只需 2 字节。

```
00401277 B8 00 00 00 00        MOV      EAX, 0
0040127C 2B C0                 SUB      EAX, EAX
0040127E 33 C0                 XOR      EAX, EAX
```

所以，应该使用 SUB、XOR 指令。XOR 指令更常用一些。

（2）加减

要使 EBX=EAX−30，直观的做法是：

```
MOV      EBX, EAX
SUB      EBX, 30
```

而使用 LEA 指令完成同样功能的方法为：

```
LEA      EBX, [EAX−30]
```

其执行代码为：

```
00401225 8B D8                 MOV      EBX, EAX
00401227 83 EB 1E              SUB      EBX, 1EH
0040122A 8D 58 E2              LEA      EBX, [EAX−1Eh]
```

（3）乘除

求 EAX=EAX/16，可以用除法指令：

```
XOR      EDX, EDX
```

```
MOV      EBX, 16
DIV      EBX
```

然而，可以用 SHR 指令达到同样的效果，但执行速度更快！

```
SHR      EAX, 4
```

求 EAX=EAX*8，可以用乘法指令：

```
MOV      EBX, 8
MUL      EAX
```

然而，可以用 SHL 指令达到同样的效果，但执行速度更快！

```
SHL      EAX, 3
```

这里使用 SHL 替代 MUL 指令的前提条件是乘法的结果仍然放到 EAX 中，高 32 位为 0。

求 EAX=EBX*5，可以用乘法指令：

```
MOV      EAX, 5
MUL      EBX
```

用 LEA 指令也可以达到同样的效果，但执行速度更快，并且所需程序空间更少！

```
LEA      EAX, [EBX+EBX*4]
```

其执行代码为：

```
0040127C B8 05 00 00 00      MOV      EAX, 5
00401281 F7 E3               MUL      EAX, EBX
00401283 8D 04 9B            LEA      EAX, [EBX+EBX*4]
```

当然，这里使用 LEA 替代 MUL 指令的前提条件是乘法的结果是一个 32 位数，积的高 32 位为 0。

2. 操作的转化

除法指令比乘法指令的速度慢。如果程序中的除法操作中，除数为一个常数，那么可以将除法转换为乘法来进行，以提高程序执行的速度。

以下分别是 $125 \div 25$、$424 \div 25$、$6553600 \div 10$、$655389999 \div 65538$ 的例子。程序中使用乘法操作来替代除法，乘法得到的结果 EDX，就是除法操作的商。

```
MOV      EAX, 125
MOV      ESI, 0A3D70A4H ; ESI = (100000000H + 24) / 25
MUL      ESI
; EDX = 5
MOV      EAX, 424
MOV      ESI, 0A3D70A4H ; ESI = (100000000H + 24) / 25
MUL      ESI
; EDX = 16
MOV      EAX, 6553600
MOV      ESI, 1999999AH ; ESI = (100000000H + 9) / 10
MUL      ESI
; EDX = 655360
MOV      EAX, 655389999
```

```
MOV     ESI, 0000FFFEH ; ESI = (100000000H + 65537) / 65538
MUL     ESI
; EDX = 10000
```

那么，这种方法的原理是什么？这里，设被除数为 a，除数为 b，商为 c，余数为 d，均为 32 位二进制数，即 $a \div b = c$ 余 d，$a = bc+d$。

记 $L = 2^{32} = 100000000H$，求出：$M = (L+(b-1)) \div b$，则 $c = aM / L$。

设 $L \div b = e \bmod f$，$L = be+f$。

分两种情况：

① $f = 0$，即 L 能被 b 整除，$M=(L+(b-1)) \div b = L/b = e$。

② $0 < f < b$，L 不能被 b 整除，$M=(L+(b-1)) \div b = (L/b)+1 = e+1$。

在第一种情况下：

$$aM = a(L/b)=(aL/b)=((bc+d)L/b)=((bcL+dL)/b)= cL+(dL/b)$$

因为 d 是余数，所以 d<b。故 $0 \leqslant (dL/b) < L$。由此可知，a 乘以 M 后，结果是 64 位数，高 32 位数就是 c，即 EDX。低 32 位数为 dL / b。

在第二种情况下：

$$aM = a(e+1)=(bc+d)(e+1)= bce+de+bc+d = c(be+f)-cf+de+bc+d$$
$$= cL-cf+de+bc+d = cL+de+(b-f)c+d$$

因为 b>f，所以 $de+(b-f)c+d>0$，$de+(b-f)c+d<L$。

由此可知，a 乘以 M 后，结果是 64 位数，高 32 位数就是 c，即 EDX。低 32 位数为 de+(b-f)c+d。

当然，这种方法只能求得除法操作的商。如果需要求得除法的余数，则还需要直接采用除法操作，或另行处理。

3. 分支的转化

求 eax=min（eax, ebx）。通常这需要用比较和分支来实现。

```
        CMP     EAX, EBX
        JLE     LITTLE
        MOV     EAX, EBX
little: …
```

然而，目前的 CPU 在执行这些指令时，在处理分支时，需要额外的处理，指令流水线不能顺畅地执行。所以，利用以下公式：

$$\min(x, y)= x+(((y-x)>>31)\&(y-x))$$

其中，x 和 y 是 32 位二进制数。公式的原理是：

① 如果 $y \geqslant x$，（y−x）的最高位（符号位）为 0，则 $(y-x)>>31=0$，$\min(x, y)=x+(0\&(y-x))=x$。

② 如果 $y < x$，(y−x)的最高位（符号位）为 1，则 $(y-x)>>31=0xFFFFFFFF$，$\min(x, y)= x+(y-x)=y$。

程序指令为：

```
SUB     EBX, EAX    ;EBX = y−x
MOV     ECX, EBX    ;ECX = y−x
```

SAR	ECX, 31	;ECX = (y−x)>>31
AND	EBX, ECX	;EBX = ((y−x)>>31)&(y−x)
ADD	EAX, EBX	;EAX = x+(((y−x)>>31)&(y−x))

尽管程序在优化后的长度上有所增加，但由于避免了分支判断，CPU 的指令流水线的效率得到了充分的利用，在执行时间上大大缩短。

求 max(x, y)，同样有另外一个公式：

$$max(x, y)= x-(((x-y)>>(WORDBITS-1))\&(x-y))$$

WORDBITS 表示 x 和 y 的二进制位数。若 x 和 y 是双字类型，则 WORDBITS 等于 32。

4. 提高 Cache 命中率

程序对内存的访问有两个局部性特点：时间局部性和空间局部性。时间局部性是指访问某一个内存单元后，程序在以后的运行过程中很有可能再次访问这个单元，比如，程序在每次循环中都要访问某个变量。空间局部性是指在访问某一个内存单元后，程序在以后的运行过程中很有可能再次访问与这个单元相邻的其他单元，比如对数组的处理，访问第 1 个元素后，又会访问第 2 个、第 3 个元素等，而这些元素在内存中是顺序存放的。

| A[0][0] |
| A[0][1] |
| … |
| A[0][n-1] |
| A[1][0] |
| A[1][1] |
| … |
| A[1][n-1] |
| A[2][0] |
| A[2][1] |
| … |
| A[2][n-1] |
| … |
| … |
| A[m-1][n-1] |

图 4-18 二维数组中元素在内存中的存放顺序

基于时间局部性和空间局部性，计算机把最近被访问的内存及其相邻单元保留在 Cache 中，访问 Cache 中的数据比访问内存要快。当然，Cache 的容量是有限的，在 Cache 填满后，新的数据访问操作会覆盖某些 Cache。

在二维数组 A[m][n]中，元素的存放顺序如图 4-18 所示。

在处理二维数组时，一般需要两重循环。应该将行下标的变化（递增或递减）设计为外层循环，将列下标的变化（递增或递减）设计为内层循环。

```
for (i = 0; i < m; i++)
    for (j = 0; j < n; j++)
        A[i][j]++;
```

这样，在内层循环的处理过程中，访问的数据都是相邻的内存单元：A[i][0], A[i][1], A[i][2], …, A[i][n−1]，空间局部性最优。Cache 命中率高，程序的执行速度快。

如果将行下标的变化（递增或递减）设计为内层循环，则程序的执行速度就会变慢。

```
for (i = 0; i < n; i++)
    for (j = 0; j < m; j++)
        A[j][i]++;
```

在内层循环的过程中，元素的访问顺序是 A[0][i], A[1][i], A[2][i], …, A[m−1][i]。空间局部性差，每一次访问都导致相应元素所在的相邻单元被装入 Cache，但这些单元并没有被立即访问，因此 Cache 命中率低。

4.6.2　占用空间优化

1. 短指令

在函数中，如果局部变量占 4 字节，则进入函数时，一般使用下面的指令在堆栈中为局部变量分配空间：

```
SUB     ESP, 4
```

而编译器经常采用下面的指令，其效果也是 ESP 减去 4：

```
PUSH    ECX
```

注意，"PUSH　ECX"占用的程序空间更少。

```
0040127C 83 EC 04          SUB       ESP, 4
0040127F 51                PUSH      ECX
```

2. 联合

某些情况下，程序中可能需要几个缓冲区，但同一时刻只会用到一个。例如，程序需要从文件中读出一部分数据，需要一个大小为 4 096 字节的缓冲区。读入数据并对其处理完毕后，又需要构造一个输出字符串，长度为 2 000 字节。

```
fileBuffer        BYTE        4096 DUP (?)
outputBuffer      BYTE        2000 DUP (?)
```

这样，在数据区中就需要 4 096+2 000=6 096 字节。

可以将这两个缓冲区声明为一个联合。联合的用法和结构相似，其关键字为 UNION。

例 4.39　汇编语言中的 UNION（联合）伪指令，把以上两个缓冲区声明为一个联合示例。

```
unionBuf          UNION
fileBuffer        BYTE        4096 DUP (?)
outputBuffer      BYTE        2000 DUP (?)
unionBuf          ENDS
```

声明一个联合 unionBuf，只是说明了 unionBuf 这样一个联合类型，并没有在数据区中给它分配空间。

接下来，在数据区中为联合分配空间。定义一个 unionBuf 类型的变量 MyBuffer：

```
MyBuffer          unionBuf  <>
```

程序中，可以用点号"."来指明 MyBuffer 的某个成员，例如：

```
LEA   ESI, MyBuffer.fileBuffer
LEA   ESI, MyBuffer.outputBuffer
```

利用联合可以节省数据区占用空间，这里只用了 4 096 字节的空间。但是，这两个缓冲区不能同时使用。

习题 4

习题 4.1　汇编语言中，常量有哪些表示形式？试举例说明。

习题 4.2　EQU 与 "＝" 伪指令有何区别？

习题 4.3　有以下程序片段，汇编后符号 L1 和 L2 的值各为多少？

BUF1	DB	1, 2, 3
BUF2	DW	5, 6, 7
L1	EQU	$ − BUF2
L2	EQU	BUF2 − BUF1

习题 4.4 下列语句各为变量分配了多少字节？

（1）M1　　DB 60, ?, 60 DUP（'A'）

（2）M2　　DB '123'

（3）M3　　DB 123

（4）M4　　DW 123, 0ABH, 0101B

（5）M5　　DD 200, 1 025

（6）M6　　DD M3

（7）M7　　DW M4

（8）M8　　DW M4+2

习题 4.5 编写实现以下 printf 语句的汇编语言程序。

printf("%d + %d = %d\n", 1, 2, 3);

习题 4.6 编写一个 Windows 控制台汇编程序，求（A+B)/D，设 A=100，B=200，D=7，并将商和余数用 printf 函数显示出来。

习题 4.7 编写一个 Windows 界面汇编程序，显示一个消息框。

习题 4.8 编写 32 位控制台程序，计算 result=m*n−x 的值。要求提示用户输入 32 位带符号整数 m、n、x，并显示计算结果。

习题 4.9 上机实现习题 4.8，使用调试程序查看机器码，并单步执行，观察每一条指令的执行结果、寄存器的内容、内存变量和堆栈数据的变化情况，熟悉调试环境。

习题 4.10 编写程序，把一个含有 30 个双字型数据的 ARY 数组分成两组：正数数组 P 和负数数组 N，并把结果显示在屏幕上。

习题 4.11 编写程序对两个日期（年/月/日）进行比较，以确定日期的先后顺序。

习题 4.12 已知数组 A 包含 20 个互不相等的双字型整数，数组 B 包含 30 个互不相等的整数，试编制一程序，把在 A 中而不在 B 中出现的整数放于数组 C 中。

习题 4.13 编写程序，在降序数组中查找一个元素，每个元素占 4 个字节。

习题 4.14 编写程序，从升序数组中删除一个元素。

第 5 章
子程序设计

在程序设计中经常会遇到一个程序或多个程序多次用到同一段语句序列的情况，为了减少编程人员的工作量和资源开销，以及为了模块化程序设计的需要，可以把实现一个特定功能或一段共用语句序列设计成一种独立的形式。例如，可以把它们设计成子程序或宏指令，以便在用到时直接调用它们。在汇编语言中，把子程序称为过程，它等价于高级语言中的函数，本章主要介绍汇编语言中子程序的设计方法及其与 C 语言的关联知识。

5.1   子程序基本知识

5.1.1   子程序定义

在汇编语言中使用过程定义伪指令 PROC 定义子程序，其格式如下：

```
子程序名          PROC            [类型]
                  ...
                  RET
子程序名          ENDP
```

在 Win32 汇编语言中，PROC 后面还可以跟其他参数，子程序一定要在代码段中定义，在子程序结束时，要用 RET 指令返回主程序。

在主程序（本书泛指调用者）中，使用 CALL 指令来调用子程序（被调用者），其中子程序名可以通过直接或间接方法给出。与子程序类型相对应，CALL 指令也有段内和段间调用之分，具体介绍见第 3 章。

主程序和子程序可以在同一个代码段，也可以在不同代码段。由于 32 位汇编程序的内存模式为 FLAT，一个段长可达 4 GB，所以本节主要讨论段内调用。如果设计实模式程序，则应注意一个段长不能超过 64 KB。

在设计子程序时，应注意以下的一些问题。

1. 寄存器的保存与恢复

设计良好的子程序，如果其中要用到寄存器，则应在开头保存它将要用到的寄存器内容，而在返回前再恢复它们，以保证调用程序的寄存器内容不被破坏。通常使用 PUSH 指令保存，使用 POP 指令恢复。注意，由于堆栈操作采用后进先出的规则，在没有特殊要求的情况下，弹出寄存器的顺序应该与压入时的相反。

2. 保持堆栈平衡

在含有子程序的汇编语言程序设计中，要特别注意保持堆栈平衡，密切注意堆栈的变化，这包括要注意一切与堆栈有关的操作。例如，要注意 CALL 调用类型和子程序定义类型的一致性、PUSH 和 POP 指令的匹配、通过堆栈传递参数时子程序返回使用 RET n 指令的正确性等，以确保本次操作从堆栈弹出的数据一定是所需要的。当执行子程序的 RET 指令时，从堆栈弹出的数据应该正好是由相应的 CALL 指令压入的值，否则后果不可预料，甚至会造成系统崩溃。

3. 子程序说明

为便于引用，子程序应在开头对其功能、调用参数和返回参数等予以说明，例如参数的类型、格式及存放位置等。这在多模块程序设计时尤其重要，因为在这种情况下，子程序和调用程序不在同一个文件中，不能期望调用者对子程序内部有深入的了解，所以子程序应该予以详细说明，尽量做到对调用程序透明。

5.1.2 堆栈

在调用子程序（被调用者）和返回主程序（调用者）时，要使用堆栈保存和恢复调用现场。所谓堆栈，就是供程序使用的一块连续的内存空间，一般用于保存和读取临时性的数据。堆栈操作在 16 位程序中以字为单位进行，在 32 位程序中以双字为单位进行。

1. 堆栈的特性

堆栈空间有以下几个特点：临时性、快速性、动态扩展性。

（1）临时性

程序数据区中的内容，在程序运行的整个生命期内都是有效的。然而，堆栈中的数据只在程序运行过程中的某一个片断有效，具有"临时性"的特点。例如，C 程序中的局部变量就是放在堆栈中的，它仅在函数的运行过程中有效。进入函数时，在堆栈中为局部变量保留一定空间；函数运行时，可以使用这些局部变量；函数退出时，为局部变量保留的空间被释放。局部变量的生命期仅仅存在于函数体内部，因此是"临时"的。

（2）快速性

堆栈具有"先进后出"（First In Last Out，FILO）的特点，CPU 提供了专门的入栈和出栈指令用于对堆栈栈顶单元的存取。和 MOV 指令相比，该指令的长度短，执行速度快。在堆栈中分配和释放局部变量的空间，只需要简单地调整堆栈指针即可，效率高。

（3）动态扩展性

在 Windows 中，堆栈的空间默认为 1 MB 或 2 MB。程序开始运行时，操作系统往往并不是立即给它分配这么多的内存空间作为堆栈。在已分配的堆栈空间全部被使用后，系统自动地为程序分配新的内存页面，每个页面的大小为 4 KB。

2. 堆栈的用途

由于堆栈有以上特点，汇编语言中，堆栈可以有以下几种用法。

（1）保护和恢复调用现场

在调用子程序和返回时，使用堆栈指令保存和恢复调用现场，例如，保存寄存器的当前内容。由于堆栈具有"先进后出"的特点，注意进栈和出栈的次序完全相反，如下所示。

```
PUSH        EAX
PUSH        EBX
...
POP         EBX
POP         EAX
```

（2）用于变量之间的数据传递

下面的两条指令将变量 Var1 的内容复制到 Var2。

```
PUSH        Var1
POP         Var2
```

下面的两条指令交换两个变量 Var1 和 Var2 的值。

```
PUSH        Var1
PUSH        Var2
POP         Var1        ;Var1 中现在的值是原先 Var2 的值
POP         Var2        ;Var2 中现在的值是原先 Var1 的值
```

（3）用作临时的数据区

可以利用堆栈临时保存变量的值，如下所示。

```
PUSH        Count
...
POP         Count
```

也可以利用堆栈作为临时数据区。

例 5.1　将 EAX 中的内容转换为十进制字符串。

算法分析：对这个数连续除以 10，直到所得的商为 0 结束。每次除法得到的商加上 '0' 就可以转换为 ASCII 字符。第 1 次除法所得的余数是最低位，应该放在最后面，作为字符串的最后一个字符；最后 1 次除法所得的余数是最高位，应该作为字符串的第一个字符。以 8192 为例，除法执行的顺序为：

$$8192 \div 10 = 819 \quad 余 \ 2$$
$$819 \div 10 = 81 \quad 余 \ 9$$
$$81 \div 10 = 8 \quad 余 \ 1$$
$$8 \div 10 = 0 \quad 余 \ 8$$

程序执行时，应该依次将 2、9、1、8 入栈，出栈时的顺序正好是 8、1、9、2。其核心代码实现如下。

```
szStr       BYTE        10 DUP (0)

            MOV         EAX, 8192
            XOR         EDX, EDX
            XOR         ECX, ECX
            MOV         EBX, 10
a10:
            DIV         EBX                 ;EDX:EAX 除以 10
```

	PUSH	EDX	;余数在 EDX 中, EDX 压栈
	INC	ECX	;ECX 表示压栈的次数
	XOR	EDX, EDX	;EDX:EAX=下一次除法的被除数
	CMP	EAX, EDX	;被除数=0?
	JNZ	a10	;如果被除数为 0, 不再循环
	MOV	EDI, OFFSET szStr	
a20:			
	POP	EAX	;从堆栈中取出商
	ADD	AL, '0'	;转换为 ASCII 码
	MOV	[EDI], AL	;保存在 szStr 中
	INC	EDI	
	LOOP	a20	;循环处理
	MOV	BYTE PTR [EDI], 0	

（4）子程序的调用和返回

在调用子程序时，CALL 指令自动在堆栈中保存其返回地址；从子程序返回时，RET 指令从堆栈中取出返回地址。

子程序中的局部变量也放在堆栈中。子程序执行过程中，这些局部变量是可用的；子程序返回后，这些局部变量所占用的空间就被释放，它们的值就不再有效。

主程序还可以将参数压入堆栈，子程序从堆栈中取出参数。

5.1.3　子程序的返回地址

例 5.2　段内调用和返回。

设计两个子程序：第 1 个子程序 AddProc1 使用 ESI 和 EDI 作为加数，做完加法后把和放在 EAX 中；第 2 个子程序 AddProc2 使用 X 和 Y 作为加数，做完加法后把和放在 Z 中。主程序先后调用两个子程序，最后将结果显示出来。

在 AddProc2 中用到了 EAX，所以要先将 EAX 保存在堆栈中，返回时再恢复 EAX 的值，否则 EAX 中的值会被破坏。其实现见 PROG0501。

```
;PROG0501.asm
.386
.model flat, stdcall
option casemap:none
includelib        msvcrt.lib
printf            PROTO C   :dword, :vararg
.data
szFmt             byte          '%d + %d=%d', 0ah, 0          ;输出结果格式字符串
x                 dword         ?
y                 dword         ?
z                 dword         ?
.code
```

```
AddProc1        proc                                      ;使用寄存器作为参数
                mov         eax, esi                      ;EAX=ESI + EDI
                add         eax, edi
                ret
AddProc1        endp
AddProc2        proc                                      ;使用变量作为参数
                push        eax                           ;C=A + B
                mov         eax, x
                add         eax, y
                mov         z, eax
                pop         eax                           ;恢复 EAX 的值
                ret
AddProc2        endp
start:
                mov         esi, 10
                mov         edi, 20                       ;为子程序准备参数
                call        AddProc1                      ;调用子程序
                                                          ;结果在 EAX 中
                mov         x, 50
                mov         y, 60                         ;为子程序准备参数
                call        AddProc2                      ;调用子程序
                                                          ;结果在 Z 中
                invoke      printf, offset szFmt,
                            esi, edi, eax                 ;显示第 1 次加法结果
                invoke      printf, offset szFmt,
                            x, y, z                       ;显示第 2 次加法结果
                ret
end             start
```

　　子程序 AddProc1 执行完毕后，RET 指令要返回到主程序的"mov　x,50"处继续执行。子程序 AddProc2 执行完毕后，RET 指令要返回到主程序的"invoke"处继续执行。每个子程序中最后执行的 RET 指令都返回到主程序，但返回的位置不同。

　　从子程序返回后，主程序继续执行的指令地址称为"返回地址"。返回地址就是主程序中 CALL 指令后面一条指令的地址。那么子程序中的 RET 指令是怎么确定返回地址的呢？

　　CALL 指令执行时，它首先把返回地址作为一个双字压栈，再进入子程序执行。子程序最后执行的 RET 指令从堆栈中取出返回地址，返回到主程序。所以，CALL 指令和 RET 指令执行是必须依赖于堆栈的。

5.2　参数传递

　　在主程序和子程序中传递参数，通常有 3 种方法：通过寄存器传递、通过数据区的变量

传递、通过堆栈传递。

其中，前两种方法已经在例 5.2 中做过介绍。使用寄存器或变量的参数传递方法，其特点是程序比较简洁，容易理解。然而，使用寄存器或变量来传递参数具有较大的局限性。首先，使用寄存器传递参数，寄存器的个数是有限的，不能适应参数较多的子程序；其次，使用变量传递参数，增加了数据区的长度，引入过多的全局变量，也不利于程序的模块化；最后，使用寄存器或变量传递参数的子程序不能被递归调用。

5.2.1　C 语言函数的参数传递方式

在 C/C++及其他高级语言中，函数的参数是通过堆栈来传递的。C 语言中的库函数，以及 Windows API 等，也都使用堆栈方式来传递参数。例如，MessageBox 就属于 Windows API 函数，而 printf、scanf 属于 C 的库函数。

C 函数常见的有 5 种参数传递方式（调用规则），见表 5−1。

表 5−1　C 函数的 5 种调用规则

调用规则	参数入栈顺序	参数出栈	说　明
cdecl 方式	从右至左	主程序	参数个数可动态变化
stdcall 方式	从右至左	子程序	Windows API 常使用
fastcall 方式	用 ECX、EDX 传递第 1、2 个参数，其余的参数同 stdcall，从右至左	子程序	常用于内核程序
this 方式	ECX 等于 this，从右至左	子程序	C++成员函数使用
naked 方式	从右至左	子程序	自行编写进入/退出代码

1. cdecl 方式

cdecl 方式是 C 函数的默认方式，不加说明时，函数就使用 cdecl 调用规则。

例 5.3　设计一个通过堆栈传递函数参数的 C 程序。函数 subproc () 有两个整型参数，参数名为 a 和 b。函数的功能是计算 a−b，减法的结果作为函数的返回值。

```
//PROG0502.c
int subproc(int a, int b)
{
        return a – b;
}
int r, s;
int main()
{
        r=subproc(30, 20);
        s=subproc(r,  – 1);
}
```

以下为该 C 程序编译后的机器指令，subproc 函数的地址为 00401000H，main 函数的地址为 0040100BH。主程序在调用 subproc 函数前，将 20、30 压栈。子程序通过 [EBP+8] 取得堆栈中的参数 a，通过 [EBP+0CH] 取得堆栈中的参数 b。子程序返回主程序后，主程序执行"ADD ESP,8"，意味着 30、20 出栈。

00401000	PUSH	EBP
00401001	MOV	EBP, ESP
00401003	MOV	EAX, DWORD PTR [EBP+8]
00401006	SUB	EAX, DWORD PTR [EBP+0CH]
00401009	POP	EBP
0040100A	RET	
0040100B	PUSH	EBP
0040100C	MOV	EBP, ESP
0040100E	PUSH	14H
00401010	PUSH	1EH
00401012	CALL	00401000
00401017	ADD	ESP, 8
0040101A	MOV	[00405428], EAX
0040101F	PUSH	0FFFFFFFFH
00401021	MOV	EAX, [00405428]
00401026	PUSH	EAX
00401027	CALL	00401000
0040102C	ADD	ESP, 8
0040102F	MOV	[0040542C], EAX
00401034	POP	EBP
00401035	RET	

例 5.3 中这种传递参数的方式被称作 cdecl。cdecl 调用规则总结如下。

① 使用堆栈传递参数。

② 主程序按从右向左的顺序将参数逐个压栈。最后一个参数先入栈。每一个参数压栈一次，在堆栈中占 4 字节。

③ 在子程序中，使用 [EBP+X] 的方式来访问参数。X=8 代表第 1 个参数，X=12 代表第 2 个参数，依此类推。

④ 子程序用 RET 指令返回。

⑤ 由主程序执行"ADD ESP, N"指令调整 ESP，达到堆栈平衡。N 等于参数个数乘以 4。每个参数在堆栈中占 4 字节。

⑥ 子程序的返回值放在 EAX 中。

2. stdcall 方式

stdcall 方式的调用规则也是使用堆栈传递参数，使用从右向左的顺序将参数入栈。与 cdecl 方式不同的是，堆栈的平衡是由子程序来完成的。子程序使用"RET n"指令，在返回主程序的同时平衡 ESP。子程序的返回值放在 EAX 中。

Windows API 采用的调用规则就是 stdcall 方式。例如，lstrcmpA() 的函数原型为：

WINBASEAPI int WINAPI lstrcmpA(LPCSTR lpStr1, LPCSTR lpStr2);

其中的 WINAPI 定义为：

#define WINAPI   __stdcall

这里的"__"是两个下划线字符。将 subproc ()设置为使用__stdcall 调用规则，修改例 5.4 程序中的第一行的语句为：

int _stdcall subproc(int a, int b)

3. fastcall 方式

这种方式和 stdcall 类似。区别是它使用 ECX 传递第 1 个参数，EDX 传递第 2 个参数。其余的参数采用从右至左的顺序入栈，由子程序在返回时平衡堆栈。例如：

int _fastcall addproc(int a, int b, int c, int d)

4. this 方式

这种方式和 stdcall 类似，在 C++类的成员函数中使用。它使用 ECX 传递 this 指针，即指向对象。

5. naked 方式

前面 4 种方式中，编译器自动为函数生成进入代码和退出代码。进入代码的形式为：

```
00401000    PUSH        EBP
00401001    MOV         EBP, ESP
```

退出代码的形式为：

```
00401009    POP         EBP
0040100A    RET         8
```

在某些特殊情况下（例如，不想破坏 EBP 的值），就不能让编译器生成这些进入代码和退出代码，而是要由编程者自行编写函数内的所有代码。这时，就可以使用 naked 调用规则。

例 5.4　使用 naked 调用规则，使编译器不会为函数 subproc 生成进入代码和退出代码。

```
//PROG0503.c
__declspec(naked)    int subproc(int a, int b)
{
        _asm mov eax, [esp+4]
        _asm sub eax, [esp+8]
        _asm ret
}
int r;
int main()
{
        r=subproc(30, 20);
}
```

5.2.2　汇编语言子程序的参数传递方式

汇编语言中，向子程序传递参数可以仿照 C 程序的方式来处理。

例 5.5　子程序参数传递 SubProc1 采用 cdecl 方式，而 SubProc2 采用 stdcall 方式。

```
;PROG0504.asm
.386
.model flat, stdcall
.data
.code
SubProc1         proc                                        ;使用堆栈传递参数
                 push        ebp
                 mov         ebp, esp
                 mov         eax, dword ptr [ebp+8]           ;取出第 1 个参数
                 sub         eax, dword ptr [ebp+12]          ;取出第 2 个参数
                 pop         ebp
                 ret
SubProc1         endp
SubProc2         proc                                        ;使用堆栈传递参数
                 push        ebp
                 mov         ebp, esp
                 mov         eax, dword ptr [ebp+8]           ;取出第 1 个参数
                 sub         eax, dword ptr [ebp+12]          ;取出第 2 个参数
                 pop         ebp
                 ret         8                               ;平衡主程序的堆栈
SubProc2         endp
start:
                 push        10                              ;第 2 个参数入栈
                 push        20                              ;第 1 个参数入栈
                 call        SubProc1                        ;调用子程序
                 add         esp, 8
                 push        100                             ;第 2 个参数入栈
                 push        200                             ;第 1 个参数入栈
                 call        SubProc2                        ;调用子程序
                 ret
end              start
```

在调用"SubProc1"之前，主程序将 10、20 压入堆栈；执行"call SubProc1"之后，返回地址被压入堆栈；执行"push ebp""mov ebp, esp"之后，EBP 被压入堆栈。此时，[EBP+8] 的内容为 20，即子程序的第 1 个参数，[EBP+12] 的内容为 10，是子程序的第 2 个参数。堆栈的使用情况如图 5－1 所示。

5.2.3 带参数子程序的调用

如果按照例 5.5 中的方式处理汇编子程序的参数，有两个方面需要注意。

① 参数转换。子程序中用 [EBP+8] 表示第 1 个参数，用 [EBP+12] 表示第 2 个参数，用 [EBP+16] 表示第 3 个参数，依此类推。

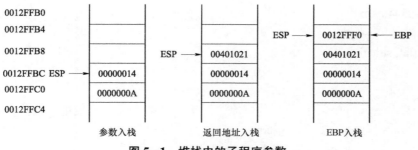

图 5-1　堆栈中的子程序参数

② 堆栈平衡。一种方式是在子程序中用"RET n"平衡堆栈；另一种方式是在主程序中用"ADD ESP, n"平衡堆栈。

MASM 提供了一个伪指令 INVOKE 来简化子程序的设计和调用。在定义子程序时，可以说明是使用 cdecl 规则还是 stdcall 规则，并指出各参数的名称。在调用子程序时，使用 INVOKE 伪指令，后面跟子程序名和各个参数即可，由编译软件在编译时完成将参数转换为 [EBP+x] 等工作。

例 5.6　采用 INVOKE 伪指令对例 5.5 的程序进行简化。

定义 SubProc1 时，后面跟"C"，表示它使用 cdecl 调用规则（C 语言默认的规则）。定义 SubProc2 时，后面跟"stdcall"，表示它使用 stdcall 调用规则。调用规则后面直接跟参数的名字和类型。

子程序中，不需要使用 [EBP+8]、[EBP+12] 等形式来指定参数，而直接使用 a、b 等形式参数即可。MASM 自动地将 a 替换为 [EBP+8]，将 b 替换为 [EBP+12]。

子程序开始的地方也不再需要"PUSH　EBP""MOV　EBP, ESP"指令，结束时也不需要"POP EBP"指令。编译时，MASM 自动在子程序开始的地方插入"PUSH　EBP""MOV EBP, ESP"指令，在结束前插入"LEAVE"指令。

编程时，子程序返回使用"RET"指令。如果使用了 stdcall 调用规则，MASM 自动将"RET"指令替换为"RET n"指令。n 等于参数个数乘以 4。

在主程序中，调用 SubProc1、SubProc2 子程序时，无须像例 5.5 中那样将参数逐一压栈，而是在 INVOKE 语句后面直接跟上参数即可。

```
;PROG0505.asm
.386
.model flat, stdcall
includelib          msvcrt.lib
printf              PROTO C:dword, :vararg
.data
szMsgOut            byte                '%d – %d=%d', 0ah, 0
.code
SubProc1            proc          C    a:dword, b:dword       ;使用 C 规则
                    mov           eax, a                      ;取出第 1 个参数
                    sub           eax, b                      ;取出第 2 个参数
```

	ret		;返回值=a − b
SubProc1	endp		
SubProc2	proc	stdcall a:dword, b:dword	;使用 stdcall 规则
	mov	eax, a	;取出第 1 个参数
	sub	eax, b	;取出第 2 个参数
	ret		;返回值=a − b
SubProc2	endp		
start:			
	invoke	SubProc1, 20, 10	
	invoke	printf, offset szMsgOut, 20, 10, eax	
	invoke	SubProc2, 200, 100	
	invoke	printf, offset szMsgOut, 200, 100, eax	
	ret		
	end	start	

经过简化后，参数转换和堆栈平衡的烦琐问题由 ML 编译程序在汇编时自动处理了，可以用类似于设计高级语言子程序的方式来设计汇编子程序。

当然，在子程序中不能随意改变 EBP 的值，因为子程序要依靠 EBP 来访问位于堆栈中的参数。

invoke 伪指令后面跟的参数不能像 C 语言那样灵活。在 C 语言中，参数本身可以是一个表达式，例如 SubProc1(r*2, 30)。在汇编语言中，invoke 伪指令后面跟的参数必须直接能够作为 PUSH 指令的源操作数，因此，下面这样的指令是不符合规则的，编译时会报错：

invoke　　　　SubProc1，r*2，30

5.2.4　子程序中的局部变量

局部变量只供子程序内部使用，使用局部变量能提高程序的模块化程度，节约内存空间。局部变量也被称为自动变量。

在高级语言中，局部变量的实现原理如下。

① 在进入子程序的时候，通过修改堆栈指针 ESP 来预留出需要的空间。用 SUB ESP, x 指令预留空间，x 为该子程序中所有局部变量使用的空间。

② 在返回主程序之前，通过恢复 ESP 来释放这些空间，在堆栈中不再为子程序的局部变量保留空间。

MASM 提供了 LOCAL 伪指令，可以在子程序中方便地定义局部变量。LOCAL 伪指令的格式为：

LOCAL 变量名 1[重复数量][:类型],变量名 2[重复数量][:类型]…

LOCAL 伪指令必须紧接在子程序定义的伪指令 PROC 之后，可以使用多个 LOCAL 语句。变量类型可以是 BYTE、WORD、DWORD 等。还可以定义一个局部的结构变量，此时可以把结构的名称当作类型。在子程序中还可以定义一个局部数组，例如：

LOCAL　　　TEMP[3]:DWORD

TEMP 数组有 3 个元素，每个元素占 4 字节，TEMP 数组在堆栈中占 12 字节。在程序中使用 TEMP [0] 代表第 0 个元素，TEMP [4] 代表第 1 个元素，TEMP [8] 代表第 2 个元素。

如果在子程序中定义了局部变量，而在 INVOKE 语句中使用这个局部变量的地址，就需要用到 ADDR 伪操作符，而不能使用 OFFSET 伪操作符。OFFSET 后面只能跟全局变量（即在数据区中定义的变量）和程序中的标号，不能跟局部变量。

例 5.7 子程序使用局部变量。

PROG0506 中的子程序 swap 使用局部变量 TEMP1、TEMP2。使用以下伪指令在堆栈中保留了 8 字节的局部空间：

```
LOCAL     TEMP1, TEMP2:DWORD
```

MASM 将 TEMP1 作为 [EBP−4]，将 TEMP2 作为 [EBP−8]。子程序中直接使用 TEMP1、TEMP2，而不必使用 [EBP−4]、[EBP−8] 的形式。

SWAP 的两个入口参数 a 和 b 是两个指针，所以 a 和 b 的类型用"PTR DWORD"说明。

```
;PROG0506.asm
.386
.model flat, stdcall
includelib      msvcrt.lib
printf          PROTO c.dword, :vararg
.data
r               dword   10
s               dword   20
szMsgOut        byte            'r=%d s=%d', 0ah, 0
.code
swap            proc     C   a:ptr dword, b:ptr dword       ;使用堆栈传递参数
                local    temp1, temp2:dword
                mov      eax, a
                mov      ecx, [eax]
                mov      temp1, ecx                         ;temp1=*a
                mov      ebx, b
                mov      edx, [ebx]
                mov      temp2, edx                         ;temp2=*b
                mov      ecx, temp2
                mov      eax, a
                mov      [eax], ecx                         ;*a=temp2
                mov      ebx, b
                mov      edx, temp1
                mov      [ebx], edx                         ;*b=temp1
                ret
swap            endp
start           proc
```

```
            invoke      printf, offset szMsgOut, r, s
            invoke      swap, offset r, offset s
            invoke      printf, offset szMsgOut, r, s
            ret
start       endp
end         start
```

5.3　子程序的特殊应用

5.3.1　子程序嵌套

正如 C 语言中的函数还可以调用其他函数一样,汇编子程序中同样可以调用其他子程序,构成子程序的嵌套。

从第一个主程序开始,每调用一次子程序,嵌套深度加 1,从子程序返回时,嵌套深度减 1。例如,图 5-2 显示了一个最大嵌套深度为 3 的子程序调用。

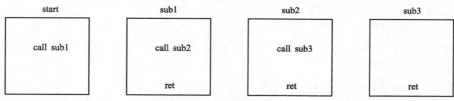

图 5-2　子程序嵌套

嵌套深度主要取决于堆栈的容量。子程序调用时,返回地址要保存在堆栈中,子程序中的局部变量也是在堆栈中分配。子程序在执行时,不能破坏堆栈中的返回地址,还需要保持堆栈的平衡,否则,不能返回到上一层的程序。

5.3.2　子程序递归

子程序自己调用自己的情况称作递归。对某些问题,递归算法是最简捷的解决方法,比如著名的"汉诺塔"(Hanoi Tower)问题。

这里以计算 n!(n 的阶乘)为例来说明递归子程序的编写方法。首先将问题用递归的形式描述出来:

$n!=n \times (n-1)!$　(若 n>1)
$n!=1$　　　　(若 n=0, 1)

例 5.8　设计一个计算阶乘的递归程序。子程序 factorial 将 n 作为参数,结果 n! 放置在 EAX 中。子程序中首先判断 n 是否小于等于 1,若是,返回 1 即可;否则,调用它自己求出 (n−1)!。调用它自身时,以 n−1 作为子程序的参数,求出 (n−1)! 后,再将它乘以 n 放置在 EAX 中,作为子程序的返回值。

```
;PROG0507.asm
.386
```

```
        .model flat, stdcall
        includelib      msvcrt.lib
        printf          PROTO C:dword, :vararg
        .data
        szOut           byte            'n=%d (n！)=%d', 0AH, 0
        .code
        factorial       proc            C    n:dword
                        cmp             n, 1
                        jbe             exitrecurse
                        mov             ebx, n                          ;EBX=n
                        dec             ebx                             ;EBX=n－1
                        invoke          factorial, ebx                  ;EAX=(n－1)！
                        imul            n                               ;EAX=EAX * n
                        ret                                             ;=(n－1)！* n=n！
        exitrecurse:
                        mov             eax, 1                          ;n=1 时, n!=1
                        ret
        factorial       endp
        start           proc
                        local           n, f:dword
                        mov             n, 5
                        invoke          factorial, n                    ;EAX=n！
                        mov             f, eax
                        invoke          printf, offset szOut, n, f
                        ret
        start           endp
        end             start
```

5.3.3　缓冲区溢出

缓冲区溢出是目前最常见的一种安全问题，操作系统及应用程序一般都存在缓冲区溢出漏洞。缓冲区溢出是由编程错误引起的，当程序向缓冲区内写入的数据超过了缓冲区的容量，就发生了缓冲区溢出。缓冲区之外的内存单元被程序"非法"修改。

一般情况下，缓冲区溢出会导致应用程序的错误或者运行中止，但是，攻击者利用程序中的漏洞，精心设计出一段入侵程序代码，覆盖缓冲区之外的内存单元，这些程序代码就可以被 CPU 所执行，从而获取系统的控制权。

1. 堆栈溢出

在一个程序中，会声明各种变量。静态全局变量位于数据段，并且在程序开始运行时被初始化，而局部变量则在堆栈中分配，只在该函数内部有效。

如果局部变量使用不当，会造成缓冲区溢出漏洞。例如，以下程序将命令行的第 1 个参数复制到 buf 局部变量中。

```
int main(int argc, char **argv)
{
    char buf  [80];
    strcpy(buf, argv[1]);
}
```

在这个例子中，如果给定的字符串 argv [1] 长度小于 80 字节，则程序可以正常运行。如果给出的 argv [1] 长度为 100 字节，strcpy 将这个字符串复制到堆栈时，会将堆栈中的"寄存器、EIP、argc、argv"等有效数据覆盖。main () 函数返回上层时，必然会得到错误的返回地址 EIP，导致程序出错。

如图 5-3 所示，可以让该返回地址指向的指令执行一段特殊代码，即图中的阴影部分。当发生堆栈溢出时，堆栈中的 EIP 被替换为 EIP'。 执行 ret 指令时，执行由 EIP'指向的攻击代码，而不会返回到主程序中。

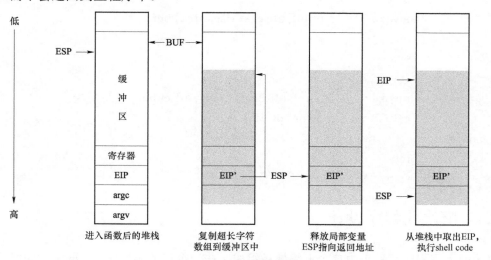

图 5-3　缓冲区溢出攻击

2. 数据区溢出

当变量或数组位于数据区时，由于程序对变量、数组的过度使用而导致对其他数据单元的覆盖，也可能导致程序执行错误。

函数 scanf 可以从键盘读入字符串，保存在内存缓冲区中。如果缓冲区的设置较小，从键盘输入的字符串超过缓冲区容量时，缓冲区后面的数据就会被覆盖。

例 5.9　由 scanf 导致的数据区溢出。

程序 PROG0508 中，fn 单元中存放的是子程序 f 的地址。程序首先读入字符串，放入 buf 缓冲区中。再执行"call dword ptr [fn]"指令，调用子程序 f，打印出一个提示信息，其中包括刚读入的字符串。

设置的缓冲区 buf 的大小为 40 个字节，当输入的字符长度超过 40 个字节以后，后面的 fn 就被覆盖。执行"call dword ptr [fn]"指令时，从 fn 单元中取出的内容就不再是子程序 f 的地址，程序不能正确执行。

```
;PROG0508.asm
.386
.model flat, stdcall
includelib      msvcrt.lib
printf          PROTO C:dword, :vararg
scanf           PROTO C:dword, :vararg
.data
szMsg           byte            'f is called. buf=%s', 0ah, 0
szFormat        byte            '%s', 0
buf             byte            40 dup (0)
fn              dword           offset f
.code
f               proc
                invoke          printf, offset szMsg, offset buf
                ret
f               endp
start:
                invoke          scanf, offset szFormat, offset buf
                call            dword ptr [fn]
invalidarg:
                ret
end             start
```

5.4　模块化程序设计

前面的示例程序都只是由单个汇编模块组成，在一个汇编源程序（.asm）中包括了所有的程序代码和数据，经过编译、链接两个步骤产生一个可执行文件（.exe）。这种情况只适合于一些小型的软件开发。

如果有多个源程序文件，或者需要使用 C/C++、汇编等多种语言混合编程，就需要对这些源程序分别编译，最后连接构成一个可执行文件。

5.4.1　模块化设计基本概念

软件开发按照软件工程的方法进行，主要包括系统分析、系统设计、程序编码、代码调试、系统测试及系统维护等步骤。系统分析包括对用户的需求进行分析并最终对问题做出明确的定义。系统设计具有决定性的意义，设计的好坏直接影响到后续各阶段的工作效率及最终的系统性能。系统设计必须根据对问题的定义，用容易转变成程序的方式对任务做出描述，这些方式包括数据或信息流图、系统的运行逻辑、模块划分和程序设计方法等。程序编码是系统设计的实施。它以计算机能够直接理解或能进行翻译的形式来编写程序，可以用机器语言、汇编语言或高级语言。在整个软件开发过程中，程序编码通常是最容易定义和完成的一步，有资料分析，程序编码阶段需要花费的时间大约是整个工程任务的 1/4 左右。代码调试以验证程序设计的正确性。当系统的所有模块被组装后，需要进行系统测试，以验证是否能够完成用户的需求及系统的设计目标。当系统交付运行后，更长期的工作是系统维护，以对系统进行日常维护、做必要的改进等。以上各步在进入下一阶段之前，都必须认真检查，若发现错误，需要及时纠正，绝不可以拖延至下一阶段。

通过对系统功能的分析，可以看出，采取"分而治之"的办法，将一个大的系统分解为小的模块，每一个模块都可以采取不同的编程语言。各个模块的开发可以由多个开发人员并行完成，最后，将所有模块组合成一个完整的系统。

如图 5-4 所示，系统由模块 A、模块 B、模块 C 组成，而模块 B 中的部分功能又可以进一步分解成模块 D、模块 E，整个系统包括了 5 个模块。模块中的代码设计为子程序，能够相互进行调用。

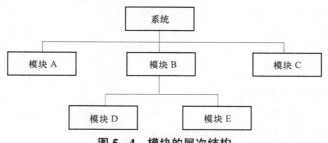

图 5-4　模块的层次结构

在子程序设计中，主程序和子程序之间可以通过全局变量、寄存器、堆栈等方式传递数据，这种技术在模块化程序设计中同样适用。

当主程序和子程序出现在同一个源程序时，全局变量、子程序的名称及其参数类型可以直接使用，主程序可以直接调用子程序，主程序及子程序都可以直接访问全局变量。在模块化程序设计中，主程序和子程序位于不同的源程序中，如何能使全局变量被多个源程序中的语句访问，如何使主程序知道子程序及其参数类型，就是下面要解决的模块间的通信问题。

5.4.2　模块间的通信

由于各个模块需要单独汇编，于是就会出现当一个模块通过名字调用另一模块中的子程序或使用其数据时，这些名字对于调用者来讲是未定义的，因此，在汇编过程中就会出现符号未定义错误。可以通过伪指令 EXTRN、PUBLIC 等来解决。

1. 外部引用伪指令

格式：EXTRN　变量名:类型 [, …]

功能：说明在本模块中用到的变量是在另一个模块中定义的，同时指出变量的类型。

说明：这里的名字一般是变量名，变量是在另一模块中定义的。类型可以是 BYTE、WORD、DWORD，与另一模块对该变量的定义要一致。EXTRN 伪指令应该出现在程序引用该名字之前，一般放在程序的开头。

EXTRN 也可以写为 EXTERN。

2. 全局符号说明伪指令

格式：PUBLIC　名字 [,…]

功能：告诉汇编程序本模块中定义的名字可以被其他模块使用。这里的名字可以是变量名，也可以是子程序名。

3. 子程序声明伪指令

格式：子程序名　PROTO　[C | stdcall]:[第一个参数类型] [,:后续参数类型]

功能：说明子程序的名字和参数类型，供主程序调用。在前面的程序中，已经多次使用这种方式调用 C 语言的库函数及 Windows 的 API。例如：

```
printf        PROTO C:dword, :vararg
```

在模块化程序设计中，若子程序位于另一模块，则在主程序模块中，就需要用 PROTO 伪指令对子程序的名字、调用方式和参数类型予以说明。

例 5.10　设计由两个模块组成的程序，模块名分别为 PROG0509.ASM 和 PROG0510.ASM。其中主模块调用子模块中的 SubProc 子程序实现减法功能。

```
;PROG0509.asm
.386
.model          flat, stdcall
option          casemap:none
includelib      msvcrt.lib
printf          PROTO C:dword, :vararg
SubProc         PROTO stdcall:dword, :dword      ;SubProc 位于其他模块中
public          result                           ;允许其他模块使用 result
.data
szOutputFmtStr byte    '%d – %d=%d', 0ah, 0       ;输出结果
oprd1           dword   70                        ;被减数
oprd2           dword   40                        ;减数
result          dword   ?                         ;差
.code
main            proc    C argc, argv
                invoke  SubProc, oprd1, oprd2      ;调用其他模块中的函数
                invoke  printf, offset szOutputFmtStr, \   ;输出结果
                oprd1, \
                oprd2, \
                result                            ;result 由 SubProc 设置
                ret
main            endp
                end
;PROG0510.asm
.386
.model flat, stdcall
```

public	SubProc		;允许其他模块调用 SubProc
extrn	result:dword		;result 位于其他模块中
.data			
.code			
SubProc	proc	stdcall a, b	;减法函数, stdcall 调用方式
	mov	eax, a	;参数为 a, b
	sub	eax, b	;EAX=a − b
	mov	result, eax	;减法的结果保存在 result 中
	ret	8	;返回 a − b
SubProc	endp		
	end		

使用 ML 分别编译模块 PROG0509.ASM 和 PROG0510.ASM，分别得到 PROG0509.OBJ 和 PROG0510.OBJ。最后，再使用 LINK 将两个.OBJ 文件连接生成一个.EXE 文件，使用/out 选项来指定产生的.EXE 文件名。其过程如图 5–5 所示。

图 5–5　多个源程序文件编译连接的过程

具体的编译、连接命令为：

ml /c /coff prog0509.asm

ml /c /coff prog0510.asm

link prog0509.obj prog0510.obj /out:prog0510x.exe /subsystem:console

在连接过程中还使用了 msvcrt.lib 库文件，在 PROG0509.ASM 中，用 includelib 语句指示在连接过程中使用 msvcrt.lib 库文件。如果去掉这一行，连接时就会找不到 printf 函数，而不能生成可执行文件。

5.5　C 语言模块的反汇编

汇编语言的一个重要应用就是程序的底层分析，学会阅读反汇编程序，通过逆向分析将反汇编程序写成高级语言如 C 语言等代码格式，在实际工程应用中具有重要意义。同时，对高级语言底层实现细节的分析，能够了解程序的实现机理，对编写高效率的程序也有很大帮助。

5.5.1　基本框架

C 语言基本框架代码如下所示。

//PROG0511.c

```
1:   #include "stdio.h"
2:   int main()
```

```
3:    {
4:    return 0;
5:    }
```

C 基本框架代码对应的反汇编码如下所示。

00401020	55	push	ebp
00401021	8B EC	mov	ebp, esp
00401023	83 EC 40	sub	esp, 40h
00401026	53	push	ebx
00401027	56	push	esi
00401028	57	push	edi
00401029	8D 7D C0	lea	edi, [ebp－40h]
0040102C	B9 10 00 00 00	mov	ecx, 10h
00401031	B8 CC CC CC CC	mov	eax, 0CCCCCCCCh
00401036	F3 AB	rep stos	dword ptr [edi]

;以上为栈初始化过程。

| 00401038 | 33 C0 | xor | eax, eax |

;return 0　返回值 0 保存在 eax 中。

0040103A	5F	pop	edi
0040103B	5E	pop	esi
0040103C	5B	pop	ebx
0040103D	8B E5	mov	esp, ebp
0040103F	5D	pop	ebp

;以上为栈初恢复过程。

| 00401040 | C3 | ret | |

在 C 基本框架的反汇编码中，需要对部分寄存器初始化，并为局部变量在栈上开辟 40h 的空间，初始化为 0CCh。初始化后，其堆栈的存储情况如图 5－6 所示。在执行完 return 语句后，堆栈恢复原始状态。

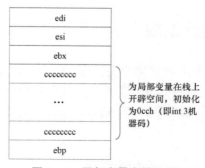

图 5－6　局部变量存储空间

5.5.2　选择结构

C 语言选择结构代码如下所示（以 if－else 选择结构为例）。

```
1:    int i;
2:    if(i>=0)
3:            printf("i is nonnegative！ ");
4:    else
5:            printf("i is negative！ ");
```

通过反汇编码可以得知，选择结构是直接通过比较指令和条件转移指令相配合实现的。if-else 所对应的反汇编码如下所示。

00401049	83 7D FC 00	cmp	dword ptr [ebp-4], 0
0040104D	7C 0F	jl	main+3Eh (0040105e)
0040104F	68 84 0F 42 00	push	offset string "i is nonnegative！ " (00420f84)
00401054	E8 87 00 00 00	call	printf (004010e0)
00401059	83 C4 04	add	esp, 4

;输出 printf("i is nonnegative！ ");

0040105C	EB 0D	jmp	main+4Bh (0040106b)
0040105E	68 74 0F 42 00	push	offset string "i is negative！ " (00420f74)
00401063	E8 78 00 00 00	call	printf (004010e0)
00401068	83 C4 04	add	esp, 4

;输出 printf("i is negative！ ");

简单选择结构的底层实现比较简单，而实现多重选择的 switch-case 的反汇编码相对比较复杂，编译器会根据不同情况通常需要建立跳转表，根据索引值和 jmp 指令实现跳转，读者可自行反汇编进行分析。

5.5.3　循环结构

C 语言循环结构代码如下所示（以 for 循环为例）。

```
1:    int i;
2:    for(i=1;i<=10;i++)
3:            ;
```

通过反汇编码可以得知，循环方式是通过比较指令和条件转移指令相配合实现的。for 循环对应的反汇编码如下所示。

00401038	C7 45 FC 01 00 00 00	mov	dword ptr [ebp-4], 1

;局部变量 i 保存在栈中，通过[ebp-4]的方式访问。

0040103F	EB 09	jmp	main+2Ah (0040104a)
00401041	8B 45 FC	mov	eax, dword ptr [ebp-4]
00401044	83 C0 01	add	eax, 1
00401047	89 45 FC	mov	dword ptr [ebp-4], eax
0040104A	83 7D FC 0A	cmp	dword ptr [ebp-4], 0Ah
0040104E	7F 02	jg	main+32h (00401052)
00401050	EB EF	jmp	main+21h (00401041)

while 循环与 do-while 循环的反汇编码结构与 for 循环类似，也是通过比较指令和条件转

移指令相配合实现的。while 循环反汇编码如下所示。

00401038	C7 45 FC 01 00 00 00	mov	dword ptr [ebp−4], 1

;局部变量 i 保存在栈中，通过[ebp−4]的方式访问。

0040103F	83 7D FC 0A	cmp	dword ptr [ebp−4], 0Ah

;while(i<=10)

00401043	7F 0B	jg	main+30h (00401050)
00401045	8B 45 FC	mov	eax, dword ptr [ebp−4]
00401048	83 C0 01	add	eax, 1
0040104B	89 45 FC	mov	dword ptr [ebp−4], eax
0040104E	EB EF	jmp	main+1Fh (0040103f)

5.5.4 变量定义

可以定义如下不同类型的变量。

//PROG0512.c

```
1:    #include "stdio.h"
2:    int i1;                //全局变量
3:    static int i2;         //静态全局变量
4:    int main()
5:    {
6:        int i3;            //局部变量
7:        i1=0;
8:        i2=0;
9:        i3=0;
10:       return 1;
11:   }
```

通过反汇编码可以得知，局部变量保存在栈中，通过 [ebp−n] 的方式访问。全局变量和静态全局变量保存在内存区域，通过逻辑地址访问。不同类型变量反汇编码及其访问如下所示。

00401028	C7 05 B8 27 42 00 00	mov	dword ptr [_i1 (004227b8)],0

;全局变量 i1

00401032	C7 05 D8 25 42 00 00	mov	dword ptr [i2 (004225d8)],0

;静态变量 i2

0040103C	C7 45 FC 00 00 00 00	mov	dword ptr [ebp−4],0

;局部变量 i3

00401043	B8 01 00 00 00	mov	eax,1

;返回值保存在 eax

0040104E	C3	ret	

5.5.5 指针

指针实质上表示内存地址，C 语言代码定义的指针类型变量及其核心反汇编码如下所示。

//PROG0513.c

```
1:      #include "stdio.h"
2:      int main( )
3:      {
4:          int *p,a;
5:          a=10;
6:          p=&a;
7:      }
```

反汇编码如下所示。

| 00401028 | C7 45 F8 0A 00 00 00 | mov | dword ptr [ebp–8],0Ah |

;a=10，a 为局部变量，通过[ebp–n]的方式访问。

| 0040102F | 8D 45 F8 | lea | eax,[ebp–8] |
| 00401032 | 89 45 FC | mov | dword ptr [ebp–4],eax |

;p=&a，p 为局部变量，p 中保存着 a 的地址。

5.5.6　函数

C 语言中函数定义及其访问如下所示。

//PROG0514.c

```
1:      #include "stdio.h"
2:      int subproc(int a, int b)
3:      {
4:          return a*b;
5:      }
6:      int main( )
7:      {
8:          int r,s;
9:          r=subproc(10, 8);
10:         s=subproc(r, −1);
11:         printf("r=%d,s=%d",r,s);
12:     }
```

子程序 subproc 的反汇编码如下所示。

00401010	55	push	ebp
00401011	8B EC	mov	ebp,esp
00401013	83 EC 40	sub	esp,40h
00401016	53	push	ebx
00401017	56	push	esi
00401018	57	push	edi
00401019	8D 7D C0	lea	edi,[ebp–40h]
0040101C	B9 10 00 00 00	mov	ecx,10h

00401021	B8 CC CC CC CC	mov	eax,0CCCCCCCCh
00401026	F3 AB	rep	stos dword ptr [edi]

;以上为栈的初始化

00401028	8B 45 08	mov	eax,dword ptr [ebp+8]
0040102B	0F AF 45 0C	imul	eax,dword ptr [ebp+0Ch]

;eax = a*b;返回值保存在 eax 中

0040102F	5F	pop	edi
00401030	5E	pop	esi
00401031	5B	pop	ebx
00401032	8B E5	mov	esp,ebp
00401034	5D	pop	ebp

;以上为栈的恢复

00401035	C3	ret	

主程序 main 反汇编码如下所示。

00401005	E9 66 A4 00 00	jmp	main (0040b470)
0040100A	E9 01 00 00 00	jmp	subproc (00401010)

·······················栈初始化(略)·······················

0040B488	6A 08	push	8
0040B48A	6A 0A	push	0Ah
0040B48C	E8 79 5B FF FF	call	@ILT+5(_subproc) (0040100a)
0040B491	83 C4 08	add	esp,8

;第一次函数调用

0040B494	89 45 FC	mov	dword ptr [ebp−4],eax
0040B497	6A FF	push	0FFh
0040B499	8B 45 FC	mov	eax,dword ptr [ebp−4]
0040B49C	50	push	eax
0040B49D	E8 68 5B FF FF	call	@ILT+5(_subproc) (0040100a)
0040B4A2	83 C4 08	add	esp,8

;第二次函数调用

0040B4A5	89 45 F8	mov	dword ptr [ebp−8],eax
0040B4A8	8B 4D F8	mov	ecx,dword ptr [ebp−8]
0040B4AB	51	push	ecx
0040B4AC	8B 55 FC	mov	edx,dword ptr [ebp−4]
0040B4AF	52	push	edx
0040B4B0	68 50 FE 41 00	push	offset string "r=%d,s=%d" (0041fe50)
0040B4B5	E8 76 02 00 00	call	printf (0040b730)
0040B4BA	83 C4 0C	add	esp,0Ch

;输出结果

·······················栈恢复(略)·······················

0040B4CD	C3	ret	

通过对函数的反汇编码进行分析可知，主子程序都需要在开始时进行堆栈的初始化，结束前恢复堆栈。

5.6　C 语言和汇编语言的混合编程

和汇编语言相比，高级语言的开发效率高，可移植性好，使用更广泛。但是在要求执行速度快、占用空间小、要求直接控制硬件等场合，仍然要用到汇编语言程序，在这种情况下，使用汇编语言编程是程序设计人员的最好选择。对于某些具体任务，需要使用高级语言和汇编语言混合编程，同时发挥出这两种程序设计语言的优势。程序的主体部分用高级语言编写，以便缩短开发周期，而程序的关键部分及高级语言不能胜任的部分用汇编语言编写。

本节介绍用 C 语言和汇编语言混合编程的方法。混合编程的关键是两种语言的接口问题。解决方法有两种：在 C 程序中直接嵌入汇编代码，或者由 C 语言主程序调用汇编子程序。

5.6.1　直接嵌入

在 C 语言程序中直接嵌入汇编语句，但要在汇编语句前用关键字 _asm 说明，其格式为：

```
_asm    汇编语句
```

内嵌汇编语句的操作码必须是有效的 80x86 指令。不能使用 BYTE、WORD、DWORD 等语句定义数据。

对于连续的多个汇编语句，可以采用下面的形式：

```
_asm {
        汇编语句
        汇编语句
        …

}
```

内嵌汇编语句中的操作数可以是寄存器、局部变量、全局变量及函数参数、结构成员。在内嵌汇编中，结构成员可以直接用"结构变量名.成员名"表示。如果结构的地址已放入寄存器中，可以用"[寄存器].成员名"表示。程序中有多个结构使用同一个成员名时，用"[寄存器] 结构名.成员名"表示该成员，这里的结构名用来区分不同的结构，结构的地址仍然由寄存器来指定。

在内嵌汇编中，还可以使用 OFFSET、TYPE、SIZE、LENGTH 等汇编语言操作符。

5.6.2　C 程序调用汇编子程序

除了直接将汇编语句嵌入 C 源程序以外，还可以将汇编语句独立放到一个汇编源程序中。为叙述方便，这里将 C 源程序称为 C 模块，汇编源程序称为汇编模块。

C 模块可以调用汇编模块中的子程序，还可以使用汇编模块中定义的全局变量。反过来，汇编模块可以调用 C 模块中的函数，也可以使用 C 模块中定义的全局变量。

1. C 模块使用汇编模块中的变量

C 模块中变量的类型为 char、short 等，而在汇编模块中变量的类型为 BYTE、WORD 等。按照大小一致的原则，这些类型是相互等价的，可以在 C 模块和汇编模块中共享。32 位模式下的 C 模块和汇编模块的主要变量类型见表 5–2。

表 5-2　变量类型的互换

C 变量类型	汇编变量类型	大小
Char	SBYTE	1 字节
short	SWORD	2 字节
int	SDWORD	4 字节
long	SDWORD	4 字节
unsigned char	BYTE	1 字节
unsigned short	WORD	2 字节
unsigned int	DWORD	4 字节
unsigned long	DWORD	4 字节
指针	DWORD	4 字节

如果 C 程序需要使用汇编模块中的变量，在汇编模块中的变量名必须以下划线开头。同时，在汇编模块中，用 PUBLIC 语句允许外部模块来访问这些变量。例如：

```
        public  _a, _b
_a      sdword   3
_b      sdword   4
```

在 C 模块中，用 extern 表明这些变量是来自外部模块，同时说明这些变量的类型，例如：

extern int a, b;

2. 汇编模块使用 C 模块中的变量

在汇编模块中，要使用 C 模块中定义的全局变量时，在 C 模块中应该用 extern 来指明这些变量可以由外部模块所使用。例如：

extern int z;

int z;

在编译时，变量的名字前会自动加一个下划线。在汇编模块中，要使用这些变量，需要 EXTRN 加以说明。之后，在汇编模块中就可以访问 C 模块中的变量了。即

```
extrn       _z:sdword
mov         _z, esi
```

3. C 模块调用汇编模块中的子程序

将一部分关键功能用汇编语言来编写，再由 C 语言来调用，这是 C 语言和汇编语言联合编程最普遍的使用方式。

汇编模块中的语句以子程序的形式编写，相当于 C 语言的一个函数。

例 5.11　一个 C 模块调用汇编子程序的例子。

在 C 模块中，使用 extern 表明这个函数来自外部模块，同时说明它的参数类型及返回值类型，例如：

extern int CalcAXBY(int x, int y);

之后，就可以在 C 模块中调用汇编模块中的子程序：

int r=CalcAXBY(x, y);

　　CalcAXBY 函数把返回值存入 EAX 中。

　　在汇编子程序中，如果用到了 EBX、ESI、EDI 这 3 个寄存器，就需要在子程序的开头将这些寄存器保存在堆栈中，在子程序结束时恢复这些寄存器。因为 C 语言的编译程序总是假设这些寄存器的值在调用子程序的过程中保持不变。

```
//PROG0515.c
#include "stdio.h"
extern int a, b;
extern int CalcAXBY(int x, int y);
extern int z;
int z;
int x=10, y=20;
int main()
{
    int r=CalcAXBY(x, y);
    printf("%d*%d+%d*%d=%d, r=%d\n", a, x, b, y, z, r);
    return 0;
}
```

```
;PROG0516.asm
.386
.model flat
public    _a, _b                              ;允许 a, b 被 C 模块所使用
extrn     _z:sdword                           ;_z 在 C 模块中
.data
_a              sdword    3
_b              sdword    4
.code
CalcAXBY        proc        C x:sdword, y:sdword
               push        esi                 ;子程序中用到 EBX, ESI, EDI 时
               push        edi                 ;必须保存在堆栈中
               mov         eax, x              ;x 在堆栈中
               mul         _a                  ;a*x → EAX
               mov         esi, eax            ;a*x → ESI
               mov         eax, y              ;y 在堆栈中
               mul         _b                  ;b*y → EAX
               mov         edi, eax            ;a*x+b*y → ECX
               add         esi, edi            ;a*x+b*y → ECX
               mov         _z, esi             ;a*x+b*y → _z
               mov         eax, 0              ;函数返回值设为 0
               pop         edi                 ;恢复 EDI
               pop         esi                 ;恢复 ESI
```

```
                    ret
CalcAXBY            endp
                    end
```

对 C 模块和汇编模块分别进行编译，生成各自的.OBJ 文件。最后，再将这些.OBJ 文件连接成一个可执行文件。其具体步骤为：

```
cl /c prog0515.c
ml /c /coff prog0516.asm
link prog0515.obj prog0516.obj /out:prog0516.exe /subsystem:console
```

在 VC 中，可以为 PROG0515.C 建立一个工程文件，再修改工程的设置，将 PROG0516.OBJ 加入"Object/library modules"中。这样，编译 PROG0515.C 后就会自动地将这两个.OBJ 文件连接生成 PROG0516.EXE 文件。

5.6.3 汇编调用 C 函数

汇编模块可以作为主程序，而将 C 模块中的函数作为子程序，供汇编模块调用。从汇编模块的角度看，这种方式与调用 C 库函数及 Windows API 没有什么区别。

例 5.12 以汇编语言程序作为主模块，调用 C 的子程序。

在汇编模块中，使用 PROTO 说明 C 函数的名称、调用方式、参数类型等，就可以调用 C 函数了。如：

```
input              PROTO C px:ptr sdword, py:ptr sdword
output             PROTO C x:dword, y:dword
```

在 C 模块中，实现上面两个函数，并用 EXTERN 说明这些函数可以被外部模块所调用。汇编模块中，以 main 作为程序入口点。

```
;PROG0517.asm
.386
.model flat
input              PROTO C px:ptr sdword, py:ptr sdword
output             PROTO C x:dword, y:dword
.data
x                  dword?
y                  dword?
.code
main               proc    C
                   invoke  input, offset x, offset y
                   invoke  output, x, y
                   ret
main               endp
end
//PROG0518.c
#include "stdio.h"
```

```
extern void input(int *px, int *py);
extern void output(int x, int y);
void input(int *px, int *py)
{
        printf("input x y:");
        scanf("%d %d", px, py);
}
void output(int x, int y)
{
        printf("%d*%d+%d*%d=%d\n", x, x, y, y, x*x+y*y);
}
```

5.6.4　C++与汇编的联合编程

对于 C++与汇编的联合编程，在汇编模块一方并没有特殊的要求。在 C++一方，则应将与汇编模块共享的变量、函数等用 extern"C"的形式说明。例如，在汇编模块中实现了 _ArraySum2、_ArraySum3 子程序，要在 C++模块中调用，就要使用以下两个语句来说明：

extern "C" int _cdecl ArraySum2(int array[], int count);

extern "C" int _stdcall ArraySum3(int array[], int count);

如果汇编模块要使用 C++模块的 initvals 数组，同样需要用 extern"C"说明：

extern "C" int initvals [];

习题 5

5.1　编写 C 函数"int _stdcall divproc (int a, int b)"，返回 a/b，获得其机器指令，观察 stdcall 调用规则中参数传递及堆栈平衡的方法。

5.2　修改例 5.5 的两个子程序，采用 [ESP+x] 的方式取得子程序参数，以去掉子程序中对 EBP 的使用，精简程序的指令条数。

5.3　编写一个求 N^3 的子程序，该子程序以子模块形式定义。要求计算 N^3，用累加的方法实现。

5.4　编写一个计算 $Z=（X^3+Y^3）$ 的主程序，其中 X^3、Y^3 通过调用习题 5.3 的 N^3 实现，并求出当 X=5，Y=6 时的结果。

5.5　实现习题 5.4 的功能，但要求主程序用 C 语言实现。

5.6　修改例 5.7 中的 swap 子程序，以更简洁的形式实现交换变量值的功能。

5.7　LOCAL 伪指令的作用是什么？

5.8　用汇编编写递归子程序，计算 x^n。

5.9　编写一个汇编程序，演示堆栈溢出导致程序执行错误的情况。

5.10　编写一个 C 程序，调用汇编模块计算一个数组中所有元素的和。

5.11　C 库函数中提供了一个 qsort ()，它能对数组进行排序。编写一个汇编程序，调用 qsort 函数完成数组排序。

第6章
存储系统与技术

　　存储系统是计算机的重要组成部分之一。存储系统提供写入和读出计算机工作需要的信息（程序和数据）的能力，实现计算机的信息记忆功能。现代计算机系统中常采用寄存器、高速缓存、主存、外存的多级存储体系结构。内部存储器（简称内存）主要存储计算机当前工作需要的程序和数据，包括高速缓冲存储器（Cache，简称缓存）和主存储器。目前构成内存的主要是半导体存储器。外部存储器（简称外存）主要有磁性存储器、光存储器和半导体存储器三种实现方式，存储介质有硬磁盘、光盘、磁带和移动存储器等。现代计算机系统多级存储体系结构如图 6-1 所示，其中越顶端的越靠近 CPU，存储器的速度越快、容量越小、每位的价格越高。采用这种组织方式能较好地解决存储容量、速度和成本的矛盾，提供一个在价格、容量上逻辑等价于最便宜的那一层存储器，而访问速度接近于存储系统中最快的那层存储器的存储系统。本章主要介绍内部存储器原理及相关技术。

图 6-1　微机存储系统层次结构

6.1　高速缓冲存储器

　　高速缓冲存储器（Cache）是位于 CPU 与主存之间的临时存储器，一般由高速 SRAM 构成。SRAM 只需要 1～2 个时钟周期就可以读写一次数据，而 DRAM 需要几个时钟周期才能读写一次数据，SRAM 速度比 DRAM 的快，另外，SRAM 的每位成本也比 DRAM 的高，因此，一般用 DRAM 构成主存，而用 SRAM 构成缓存。

　　在速度方面，主存和 CPU 大约有一个数量级的差距。在 CPU 和主存之间设置 Cache，将一部分数据放置于 Cache 中，CPU 存取这部分数据时，直接从高速的 Cache 中获取，而不需要访问慢速的主存。从 CPU 的角度看，采用 Cache 后的内存的访问速度接近于 Cache，而仍然保持了主存的容量，解决了速度与成本之间的矛盾。Cache 机制完全由硬件来实现，以避免带来额外的延迟。

6.1.1　Cache 工作原理

1. 局部性原理
CPU 在执行程序的过程中具有局部性，在一个较短的时间间隔内，CPU 所访问的内存地址往往集中在整个地址空间的一个很小范围之内。从程序和数据两方面看，程序中大部分指令是顺序执行的，数据存放在数组等结构中，是顺序存放的，具有顺序局部性（Order Locality）。此时如果一个信息项正在被访问，那么在近期它很可能还会被再次访问，如循环和子程序的重复执行及堆栈的使用等，具有时间局部性（Temporal Locality）。程序的顺序局部性特点使得对程序地址的访问相对集中，数据的分布虽然一般不如指令那样集中，但对数组的存取及变量的频繁访问都会使数据的地址相对集中，程序和数据都具有空间局部性（Spatial Locality）特点，即 CPU 将用到的信息很可能与现在正在使用的信息在空间地址上是邻近的。这样在程序执行过程中表现出对某些局部范围的内存地址频繁访问，而对此范围以外的地址则访问较少的现象，称为局部性原理。

根据局部性原理，在主存和 CPU 之间设置一个 Cache 存储器，以接近于 CPU 的速度工作，工作速度数倍于主存，全部功能由硬件实现，并且对程序员是透明的。和主存相比，Cache 的速度较高，但容量较小。CPU 需要从内存中取出指令或存取数据时，如果这个指令或数据已经存放在 Cache 中，就不必访问主存，从而提高了程序运行速度。

2. Cache 的访问结构

Cache 与 CPU、系统总线之间存在着以下两种基本结构：

（1）贯通查找式（Look Through）结构

如图 6－2（a）所示，Cache 位于 CPU 与主存之间，CPU 对主存的所有数据请求都首先送到 Cache，由 Cache 自行查找。如果命中，由 Cache 来完成 CPU 的数据请求；如果不命中，则由 Cache 将数据请求发送给主存。此时 Cache 平均访问时间=Cache 访问时间+（1－命中率）×未命中时主存访问时间。其优点是降低了 CPU 对主存的请求次数，缺点是不命中时延迟了CPU 对主存的访问时间。

（2）旁路读出式（Look Aside）结构

如图 6－2（b）所示，在 Look Aside 结构中，Cache 不再位于 CPU 与主存之间，CPU 发出数据请求时，是向 Cache 和主存同时发出请求。由于 Cache 速度更快，如果命中，则 Cache 在将数据回送给 CPU 的同时，通知主存忽略 CPU 对主存的请求；如果不命中，由主存完成CPU 的存取请求。此时 Cache 的平均访问时间=命中率×Cache 访问时间+（1－命中率）×未命中时主存访问时间。在 Cache 不命中时，Cache 不会增加额外的时间延迟，但缺点是 CPU 的每次请求都会发送给主存，CPU 的系统总线占用率较高。

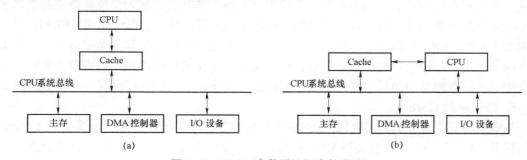

图 6－2　Cache 在数据访问中的位置

（a）Look Through 结构；（b）Look Aside 结构

3. Cache 映射

设 Cache 的容量为 2^c 个单元，Cache 每次与主存交换数据块的大小为一行，一行为 k 个单元，k＝2^w。Cache 一共有 m＝2^r 行，每一行用 L_i 表示，0≤i<m。由于 m＝2^c／2^w，所以 r＝c－w。

将主存分为若干块，块的大小和行相等，共分成 n＝2^s 块。主存有 $2^s×2^w$＝2^{s+w} 个单元，地址为 s+w 位。每一块用 B_j 表示，0≤j<n。

Cache 的容量比主存小得多，只有一小部分主存的数据存放在 Cache 中。主存中的块可以根据需要调入 Cache，或者从 Cache 中调出。

Cache 的每一行需要一个标记，以指明它是主存哪一块的副本，即它记录了 Cache 中的 m 个行与主存的 n 个块之间的对应关系。图 6－3 的阴影部分就是 Cache 的标记。Cache 的标记保存了主存的块地址，占 s 位。主存的地址是 s+w 位。当 CPU 访问一个内存单元时，它的地址的高 s 位与 Cache 中每一行的标记作比较，如果某一 Cache 行的标记与它相等，那么这个单元就位于 Cache 中，称为访问 Cache 命中。如不匹配，则未命中，必须要从主存中存取。未命中时，一般要从将这个块从主存中复制到 Cache 中。

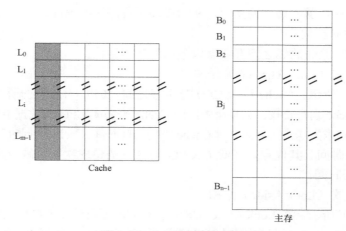

图 6－3　Cache 与主存的组织

4. Cache 替换策略

主存的一个块要调入 Cache 存储器时，如果 Cache 存储器中没有空闲的行，就必须从中选取一行，用新的块覆盖其原有的内容。这种替换应该遵循一定的规则，其目标是选取在下一段时间内被存取的可能性最小的块，替换出 Cache。这些规则称为替换策略或替换算法，由 Cache 中的替换部件加以实现。常用的替换算法包括随机算法、先进先出（FIFO）算法和近期最少使用（LRU）算法等。例如，LRU（Least Recently Used）算法是把近期内使用最少的字块替换出去。每一行有一个计数器，随时记录这个块的访问次数。当需要替换时，从这些行中找出计数值最小的那一行，将它从 Cache 中替换出去，同时将所有行的计数器清 0。

5. 微机中的 Cache

按照数据读取顺序和与 CPU 结合的紧密程度，CPU 缓存可以分为一级缓存（L1 Cache）、二级缓存（L2 Cache），部分高端 CPU 还具有三级缓存（L3 Cache）。当 CPU 要读取一个数据时，首先从一级缓存中查找，如果没有找到，再从二级缓存中查找，依此类推。

早期由于 CPU 制造工艺上的限制，CPU 内部的 Cache 容量较小。因此，除了 CPU 内核中的 Cache 外，在 CPU 电路板或主板上还设计了一部分容量稍大，但速度较低的 Cache。这两部分缓存称为一级缓存和二级缓存。现代微机中，一级缓存中采用哈佛结构，分为数据缓存（Data Cache，D-Cache）和指令缓存（Instruction Cache，I-Cache），分别用来存放数据和指令。采用哈佛结构使得两者可以同时被 CPU 访问，减少了数据和指令之间争用 Cache 所造成的冲突，提高了 CPU 效能。随着制造工艺的进步，二级缓存也集成到 CPU 内部，高端的机器还有三级缓存。一级缓存的访问延时最短，只有几纳秒，而二级、三级缓存需要几十纳秒。从容量上看，这三级缓存分别能达到数十 KB、数百 KB、数千 KB。

在 Pentium 4 中使用了追踪缓存（Execution Trace Cache，T-Cache 或 ETC）来替代一级指令缓存，容量为 12 KμOps（μOps，微指令），能存储 12 000 条解码后的微指令。追踪缓存与一级指令缓存的运行机制是不相同的，一级指令缓存只是对指令做即时的解码，而并不会储存这些指令，而一级追踪缓存同样会将一些指令做解码，但这些解码后的微指令能储存在一级追踪缓存之内，因此，一级追踪缓存能以很高的速度将解码后的微指令提供给 CPU 核心。例如，Pentium D 820 有 2 个核心，每个核心的一级缓存为 16 KB+12 KμOps，二级缓存为 1 MB。

6.1.2　Cache 一致性协议

对 Cache 的操作分为读和写两种。读操作因为不涉及内容的改变，不会导致 Cache 内容和对应的内存内容不一致，从 Cache 中将所需内容取走即可，所以读的过程比较简单，也很容易理解。而写的过程因为涉及对内容的修改，存在导致 Cache 内容和对应内存内容不一致的可能性，所以要复杂一些。研究人员设计了保持 Cache 一致性的协议来解决这个问题。

对于 Cache 写操作，又分成单核 CPU 环境和多核 CPU 环境两种情况，下面分别来描述对应的处理方法。

1. 单核 CPU 一致性处理

当系统只有一个 CPU 核在工作时，保持一致性的具体方法如下。

（1）未命中时的 Cache 写策略

当 CPU 发出写操作命令时，如果此时数据尚未调入 Cache（未命中），则数据直接写入内存。含有写入数据的内存块可以根据需要决定是否随后调入 Cache 中。

（2）命中时的 Cache 写策略

此时数据写入 Cache，同时为了保持数据与内存对应块的一致性，通常有两种处理方式：

① 直写式（Write Through）：CPU 在向 Cache 写入数据的同时，立即把数据写入内存，以保证 Cache 和内存中相应单元数据的一致性。直写式策略的特点是简单可靠，但由于 CPU 每次更新数据时都要对内存写入，写入速度受到影响。

② 回写式（Write Back）：CPU 只向 Cache 写入数据，不立即写入内存。Cache 为每一行设置一个标志位（dirty，脏位），为 1 时表示 Cache 中的数据尚未更新到内存。要替换这一行时，数据必须先写入内存的块中，这样才能被其他块所使用。回写式策略的特点是，发生命中时，CPU 更新数据较快，但 Cache 的结构复杂，并且在回写前会暂时出现 Cache 中的数据和内存不一致的情况。

2. 多核 CPU 的 MESI 协议

如果是多核环境，每个核又都有自己的缓存，那么就需要更复杂的协议来保持一致性，通常利用 MESI（Modified、Exclusive、Shared、Invalid 的首字母缩写，代表四种缓存状态）及其衍生协议（比如 MESIF 协议和 MOESI 协议等）来达到目的。因为 MESI 协议是其中最重要也是最基础的一种一致性协议，所以下面通过 MESI 协议讲述多核 CPU 的 Cache 一致性原理和实现过程。

（1）MESI 协议介绍

MESI 对应的是修改、独占、共享、无效四种缓存段状态，任何多核系统中的缓存段都处于这四种状态之一。下面先分别对这四种状态的含义做简单的介绍。

① 修改（Modified）缓存段，属于脏段（dirty），它们已经被所属的处理器修改了。如果一个段处于修改状态，那么它在其他处理器缓存中的复制马上会变成无效状态。此外，修改缓存段如果要被替换或标记为无效，那么和回写模式下单核处理器常规的脏段处理方式一样，先要把它的内容回写到对应的内存块中。

② 独占（Exclusive）缓存段，是和对应内存块内容保持一致的一份复制。区别在于，如果一个处理器持有了某个 E 状态的缓存段，那么其他处理器就不能同时持有它，所以叫"独占"。这意味着，如果其他处理器原本也持有同一缓存段，那么它们会马上变成无效状态。

③ 共享（Shared）缓存段，它也是和主内存内容保持一致的一份复制，在这种状态下的缓存段只能被读取，不能被写入。多组缓存可以同时拥有针对同一内存地址的共享缓存段。

④ 无效（Invalid）缓存段，要么已经不在缓存中，要么它的内容已经过时。为了达到缓存的目的，这种状态的段将会被忽略。一旦缓存段被标记为失效，那么效果就等同于它从来没被加载到缓存中。

（2）MESI 协议的一致性处理

如果把以上这些状态和单核系统中回写模式的缓存做对比，会发现 I、S 和 M 状态已经有对应的概念：无效、干净及脏的缓存段。所以只有 E 独占状态是一种新的概念。下面详细解释一下 MESI 协议如何利用这四种状态完成一致性处理。

① 对于无效缓存段（I 状态），正如前面所述，相当于未加载进 Cache。如果需要对其进行读写操作，则首先需要将对应的内存块调入。此时 Cache 和内存对应的块内容是一致的。

② 对于共享缓存段（S 状态），可以在多个处理器中存在相同的复制，但因为只能读不能写，所以也不存在不一致的可能性。

③ 对于独占缓存段（E 状态），表示当前 Cache 行中包含的数据有效，并且该数据仅在当前处理器的 Cache 中有效，而不在其他处理器的 Cache 中存在复制。在该 Cache 行中的数据是当前处理器系统中最新的数据复制，并且与存储器中的数据一致。

④ 对于修改缓存段（M 状态），表示当前 Cache 行中包含的数据与存储器中的数据不一致，并且它仅在本处理器的 Cache 中有效，不在其他处理器的 Cache 中存在复制，因此其他处理器不会读出无效的、过期的数据。当处理器对这个 Cache 行执行替换操作时，会触发系统总线的写周期，将 Cache 行中被修改过的数据（脏数据）与内存中的数据进行同步，从而保持一致性。

由此可以看出，只有当缓存段处于 E 或 M 状态时，处理器才能执行写操作，也就是说，只有这两种状态下，处理器是独占这个缓存段的，而对应的内容在其他 Cache 区域没有复制。当处理器想写某个缓存段时，如果它没有独占权，它必须先发送一条"我要独占权"的请求给总线，这会通知其他处理器，把它们拥有的同一缓存段的复制失效（假设存在多个复制的情况）。只有在获得独占权后，处理器才能开始修改数据。因为这个缓存段只有当前一份复制，所以不会有任何冲突。

E 状态和 M 状态的差别在于，E 状态的缓存段内容和对应的内存块一致，因此，当退出

E 状态时，可以转入 S 状态。而 M 状态的缓存段内容和对应的内存块不一致，因此，当退出 M 状态时，需先进行写内存操作。

6.2　内部存储器

6.2.1　内存分类

主存储器与 CPU 直接相连，CPU 需要的程序和数据都存在里面。内存是由内存芯片、电路板、金手指等部分组成的。内存可分为只读存储器（Read-Only Memory，ROM）和随机存取存储器（Random Access Memory，RAM）两大类。存储在 ROM 中的信息是非易失的（Nonvolatile），即断电后存储信息不丢失。通常用来存储不需要改变的程序或者数据，如存放微机的监控程序、汉字字库信息等。RAM 只能暂时保存数据，断电后其中的数据会消失，常用来存放各种现场的输入/输出数据、中间计算结果、与外存交换的信息等。

半导体存储器的分类如图 6-4 所示。

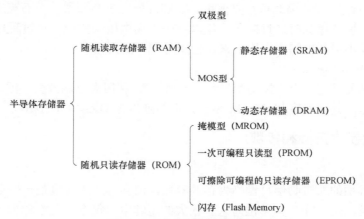

图 6-4　半导体存储器的分类

1. RAM

RAM 根据制造工艺可以分为双极型（Bipolar）和 MOS 型两大类。双极型采用晶体管触发器（Flip-Flop）为基本存储单位，存取速度高、晶体管较多，故集成度相对于 MOS 型低、功耗大，成本高。一般这种类型的 RAM 常用在速度要求较高的微机中或者作为 Cache。

MOS 型 RAM，又可以细分为静态 RAM（Static RAM，SRAM）和动态 RAM（Dynamic RAM，DRAM）两种。SRAM 采用六管构成的触发器作为基本存储单位，集成度高于双极型，低于 DRAM；不需要刷新，功耗低于双极型，高于 DRAM。SRAM 常用于系统高速缓存或者需要较小容量的高速系统中。DRAM 采用单管线路组成基本存储单位，集成度高、功耗低，由于依靠电容存储电荷，因此采用 DRAM 实现的存储器需要定期刷新。

2. ROM

只读存储器电路比 RAM 简单、集成度更高、成本更低。目前广泛使用的 ROM 包括掩模型、可编程的只读存储器、可擦除可编程的只读存储器和闪存等。

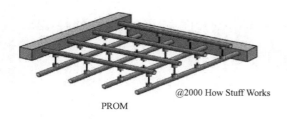

PROM

@2000 How Stuff Works

图 6-5   PROM

（1）掩模型 MROM（Mask ROM）

由制造厂家写入数据。用户不能修改掩模 ROM 中的数据。掩模型 ROM 适用于成批生产的定型产品，降低单片成本。

（2）可编程只读存储器 PROM（Programmable ROM）

一次可编程，一旦写入，则内容不能再改变。

如图 6-5 所示，PROM 的基本原理是制造时在节点之间加入熔丝或者二极管，通过烧断熔丝或者击穿二极管完成编程，这一过程是不可逆转的，因此称为一次可编程。目前已经很少使用。

（3）可擦除可编程的只读存储器 EPROM（Erasable PROM）

可以多次改写，写入速度较慢，一般需要借助一些编程工具来完成擦写操作，使用时作为只读存储器来使用。常见的包括紫外光可擦除 ROM（UVEPROM）和电可擦除 ROM（Electrically EPROM，EEPROM 或者 E²PROM）。前者擦除时将芯片曝光于紫外线下，则数据可被清空（全部置为 1），因此可重复使用。在芯片外壳上会预留一个石英透明窗，擦除时接受紫外线照射。后者擦除时通过向芯片施以一个较高电压来完成，通过程序就能完成数据的重新写入，芯片不用从电路板上取下来，使用方便，更为常见。

（4）闪存（Flash Memory）

其每个记忆单元都有一个"控制闸"和"浮动闸"，利用高电场改变"浮动闸"的临界电压可进行编程操作。其读速度与 DRAM 相当，但写速度是 DRAM 的 1/100～1/10。

6.2.2   主要技术指标和参数

1. 存储容量

存储器可以容纳的二进制信息量称为存储容量。内存芯片的容量是一般以 bit 为单位的。内存芯片的数据是以位（bit）为单位写入一张大的矩阵中，每个单元格称为 Cell，只要指定一个行（Row），再指定一个列（Column），就可以准确地定位到某个 Cell，这就是内存芯片寻址的基本原理。这样的一个阵列就叫逻辑 Bank（Logical Bank 或者 L_Bank）。内存中也不是只有一组逻辑 Bank，它是由多个逻辑 Bank 组成的。每个逻辑 Bank 的单元格位数称为数据深度（Data Depth），也叫位宽，即一次操作能同时读写的位数。内存芯片的容量就是所有内存的逻辑 Bank 中的存储单元的容量总和。

内存芯片的容量表示方法是：

存储单元数量=行数×列数×数据深度×L-Bank 的数量

以 128 M 位内存芯片为例，一般内存芯片中的存储单元被平均分为 4 个 L_Bank，由两个引脚来指定选中的 Bank。根据不同的布局，内存芯片位宽有 4 位、8 位、16 位之分。如表 6-1 所示，内存芯片为 128M 位，即 128×2²⁰ 位，分为 4 个 Bank，芯片位宽等于 4 位，则每一个 Bank 有 8M 个存储单元，8M 个存储单元按照行、列排列，有 2¹² 行和 2¹¹ 列。向内存芯片输入地址时，首先输入 12 位行地址，再输入 11 位列地址。这样的布局表示为 8M×4×4。地址 A10 在刷新操作中有特殊用途：A10=0，充电 Bank 指示引脚指定的 L_Bank；A10=1 充电所有的 L_Bank。

表 6–1 128M 位内存芯片的布局

布局	存储单元数	位宽	Bank 数	行地址	列地址
8M×4×4	8M	4	4	A0～11	A0～9、A11
4M×8×4	4M	8	4	A0～11	A0～9
2M×16×4	2M	16	4	A0～11	A0～8

值得注意的是，内存的物理 Bank 与逻辑 Bank 是两个完全不同的概念，简单地说，物理 Bank 就是内存和内存控制器之间用来交换数据的通道，现有工艺条件下，CPU 与内存之间（就是 CPU 到 DIMM 槽）的接口位宽是 64 位，也就意味着 CPU 一次操作可以向内存写入或者读出 64 位的数据。很多厂家的产品说明里称这一个 64 位的数据集合就是一个内存物理 Bank。

2. 内存带宽

内存带宽是指内存的数据传输速度，是衡量内存性能的重要指标。内存带宽的计算方法遵循计算公式：带宽=总线宽度×总线频率×一个时钟周期内交换的数据包个数。总线宽度是指内存一次能处理的数据宽度。早期 30 线内存条的数据带宽是 8 位，72 线为 32 位，目前为 64 位。

例 6.1 已知总线频率，试计算如下内存带宽。

PC100 SDRAM 外频 100 MHz 时，带宽=64×100/8=800（MB/s）。

PC133 SDRAM 外频 133 MHz 时，带宽=64×133/8=1 064（MB/s）。

DDR DRAM 外频 100 MHz 时，带宽=64×100×2/8=1.6（GB/s）。

3. 存储器访存速度

存储器的访存速度严重制约着计算机的性能。存储器速度一般越快越好。存储器速度常用存储周期和存储器访存时间两个参数来描述。存储周期（Memory Cycle，MC）指连续两次存储器请求所需的最短间隔，如连续的两次读操作的最小时间间隔。访存时间（Access Cycle，AC）指存储器从接收读命令到被读出信息稳定输出的时间间隔。一般存储周期要大于存储器访存时间。

4. 错误校验

内存常用的错误校验方式有 Parity 和 ECC。其中奇偶校验（Parity）只能检错（8 位二进制增加 1 位校验位）。ECC（Error Checking and Correcting）可以检错和纠错（64 位二进制增加 8 位校验位）。

6.2.3 内存模组

1. 内存模组接口

为了节省主板空间和增强配置的灵活性，现在的主板多采用内存条结构。将存储器芯片、电容、电阻等元件焊接在一条 PCB（印制电路板）上组装起来合成一个内存模组（RAM Module），俗称内存条。内存条安装在主板上，由内存控制器管理。

内存条接口主要包括 30 线、72 线 SIMM（Single Inline Memory Module）、168 和 184 线

DIMM（Double Inline Memory Module）及 184 线 RIMM（Rambus Inline Memory Module）。

SIMM 如图 6-6 所示，该种内存叫单边接触型内存，广泛地用于早期的 x86 机型和奔腾机型中，现在已经被淘汰了。最早的机型中采用的是 30 引脚的 SIMM 接口，之后的奔腾机型中都转为 72 引脚的接口。

图 6-6　SIMM

DIMM 叫双边接触型内存，如图 6-7 所示。它和 SIMM 不同，在内存的正反两面都有金手指，能够与接口连接，目前使用的内存大部分都是这种接口形式。同样采用 DIMM，SDRAM 的接口与 DDR 内存的接口也略有不同，SDRAM DIMM 为 168 引脚 DIMM 结构，金手指上有两个卡口，DDR DIMM 则采用 184 引脚 DIMM 结构，金手指上只有一个卡口。

图 6-7　DIMM

RIMM 是 Rambus 公司生产的 RDRAM 内存所采用的接口类型，支持 184 引脚的 RDRAM（Rambus-DRAM）内存，目前已被淘汰。

2. 内存颗粒

组成内存模组的存储芯片性能决定了内存条的性能，这些芯片俗称内存颗粒。常用的内存芯片类型包括 SDRAM、DDR、DDR2、DDR3 和 DDR4 SDRAM。

（1）SDRAM

同步动态随机存储器（Synchronous DRAM，SDRAM）内存与系统总线速度同步，也就是与系统时钟同步，这样就避免了不必要的等待周期，减少数据访问时间。SDRAM 的规格有 PC66、PC100、PC133、PC200、PC266 等，这里的数字就代表着该内存能正常工作的系统总线速度。例如 PC100 内存就可以在系统总线频率为 100 MHz 的计算机中同步工作。SDRAM 内含两个交错的存储阵列，数据在脉冲上升期便开始传输，当 CPU 从一个存储阵列访问数据的同时，另一个已准备好读写数据，通过两个存储阵列的紧密切换，读取效率得到成倍提高。表 6-2 列出了 SDRAM 内存芯片管脚。

表 6-2　SDRAM 内存芯片管脚

管脚名	方向	作　用
CLK	输入	时钟输入。SDRAM 的所有信号均以系统时钟 CLK 上升沿为基准
CKE	输入	时钟使能。CKE 为高电平时，下一个 CLK 上升沿有效，否则无效
$\overline{CS}$	输入	片选有效，开始命令字的输入
$\overline{RAS}$ $\overline{CAS}$ $\overline{WE}$	输入	3 个信号组合构成一个命令。$\overline{RAS}$、$\overline{CAS}$、$\overline{WE}$ 的几种组合为：101，读命令；100，写命令
DQM, UDQM, LDQM	输入	DQM 为高电平时，若是读操作，不送出数据到 DQ 管脚；若是写操作，数据不写入存储单元。 内存芯片位宽为 16 位时，UDQM 控制 DQ8~15，LDQM 控制 DQ0~7
A0－A11	输入	行地址、列地址复用
BA0，BA1	输入	确定选取哪一个 Bank
DQ0－DQn	输入/输出	读操作，内存单元的数据输出到 DQ 管脚。写操作，从 DQ 管脚取出数据写入内存单元。内存芯片位宽为 4、8、16 位时，使用 DQ0~3、DQ0~7、DQ0~15
VCC	输入	电源
VSS	输入	地

图 6-8 表示了从 SDRAM 中读取一个单元的过程。在 T1 的上升沿，$\overline{CS}$ 为低电平，$\overline{RAS}$、$\overline{CAS}$、$\overline{WE}$ 等于 0、1、1，即发出 ACT 命令（Active），A0~A11 输入行地址。经过 2 个时钟后，在 T3 的上升沿，$\overline{RAS}$、$\overline{CAS}$、$\overline{WE}$ 等于 1、0、1，发出 RED 命令（Read），A0~A11 此时输入列地址。ACT 命令和 RED 命令之间的时间间隔称为 t_{RCD}（RAS to CAS Delay）即选通周期，表示行地址至列地址延迟时间，可通过 BIOS 调整，可能的选项包括 2、3、4、5。在发出 RED 读命令后，到数据输出到 I/O 管脚上 DOUT 这段时间称作 CL（CAS Latency），即读取潜伏周期，该参数只在读时序中有效，可能的选项有 1.5、2、2.5、3。图 6-8 中 $t_{RCD}=2$，$CL=2$。

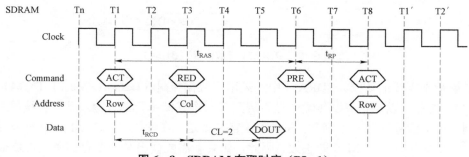

图 6-8　SDRAM 存取时序（BL=1）

CL、t_{RCD} 均以时钟周期为单位。如 PC100 内存，时钟频率为 100 MHz 时，每一个时钟周期的长度为 10 ns（周期=1/频率）。CL=2 则表示从发出读命令到数据被输出需要

20 ns。

在 T5 之后，对同一个 Bank 再次读写时，如果行地址发生了变化，就必须要求芯片先执行预充电（Precharge）操作，然后才能读写另外一行中的存储单元。在 RED 命令期间，地址线 A10 控制着在读写之后当前 Bank 是否自动进行预充电。当 A10=1 时，自动进行预充电。还可以通过向芯片发送 PRE 命令，这时 A10=1，表示对所有的 Bank 进行充电，A10=0，表示只对由 BA0、BA1 选中的 Bank 进行充电。在发出 PRE 命令之后，要经过一段时间才能允许下一次读写操作，这个间隔被称为 t_{RP}（Precharge Command Period，预充电有效周期），可能的取值为 2/3/4。图 6−8 中 t_{RP}=2。

t_{RAS}（Active to Precharge Command）是内存行有效至预充电的最短周期，规定了有效（ACT 命令）至预充电命令之间的最短间隔，过了这个周期后才可以向芯片发出预充电指令。可能的取值为 1，2，…，15。一般至少要在行有效命令 5 个时钟周期之后发出，最长间隔视芯片而异（基本在 120 000 ns 左右），否则工作行的数据将有丢失的危险。

查阅内存的时序参数时，经常遇到"3−4−4−8"这样的数字序列，分别对应的参数是"CL−tRCD−tRP−tRAS"。

突发（Burst）是指在同一行中相邻的存储单元连续进行数据传输的方式，连续传输的存储单元的数量就是突发长度（Burst Lengths, BL）。BL 值可以使是 1、2、4、8、全页（Full Page, P−Bank 所包含的每个芯片内同一 L−Bank 中同一行的所有存储单元）。图 6−8 中 BL=1，读取 1 个存储单元需要 6 个时钟周期，即两次 ACT 之间的时钟周期。如果要读取 4 个存储单元，需要 24 个时钟周期。图 6−9 中，BL=4，在读取第 1 个存储单元后，存储芯片继续送出后面 3 个存储单元。这 4 个存储单元的行地址相同，列地址顺序加 1。在突发传输方式下，只需要输入第 1 个存储单元的行、列地址，不需要提供后面几个存储单元的行、列地址。SDRAM 之所以被称作同步 DRAM，就是指在突发传输方式下，每一个时钟周期都可以读写一个存储单元的数据，即数据的访问与时钟周期同步。

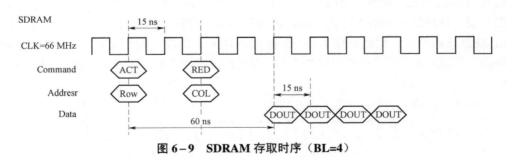

图 6−9　SDRAM 存取时序（BL=4）

为了屏蔽不需要的数据，SDRAM 中还采用了数据掩码（Data I/O Mask，DQM）技术。通过 DQM，内存可以控制突发传输中是否屏蔽某一个存储单元的读写动作。传统的 DQM 由北桥控制，每个信号针对一个字节。SDRAM 官方规定，在读取时，DQM 发出两个时钟周期后生效；而在写入时，DQM 立即生效，因此，如果不需要读出某一个存储单元，那么输出该单元的前 2 个时钟周期将 DQM 设为高电平，图 6−10 中屏蔽了 Q2 的读出。如果不需要写入某一个存储单元，那么，在 DQ 输出该单元的时钟周期时，将 DQM 设为高电平，图 6−11 中屏蔽了 Q2 的写入。

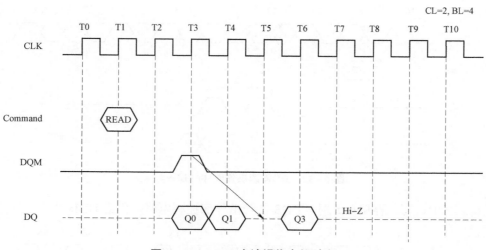

图 6 – 10　DQM 在读操作中的时序

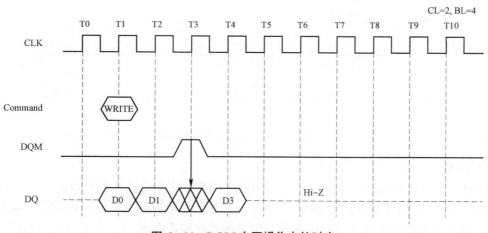

图 6 – 11　DQM 在写操作中的时序

（2）DDR

SDRAM 在时钟的上升沿进行数据传输，一个时钟周期内只传输一次数据；而 DDR 内存则是一个时钟周期内传输两次数据，它能够在时钟的上升沿和下降沿各传输一次数据，因此称为双倍速率同步动态随机存储器（Double Date Rate SDRAM，DDR）。DDR SDRAM 位宽为 64 位，2.5 V 工作电压。主要规格有 DDR200、DDR266、DDR333、DDR400。DDR 内核的频率只有接口频率的 1/2，即 DDR400 的核心工作频率为 200 MHz。

DDR 芯片的读时序关系如图 6 – 12 所示，写时序关系如图 6 – 13 所示。图中时钟信号分别有一个 CK 和 $\overline{CK}$，二者是反相关系。DDR 中 DQS 是单端信号，用作源同步时钟，上升沿和下降沿都有效。DQS 信号为双向驱动，无效时处于高阻态。图 6 – 12 中，在读取存储单元时，DQS 信号由 DDR 芯片驱动输出。在一个 CK 周期内完成 2 次数据传输，DQS 信号作为读取 DQ 数据的参考时钟。

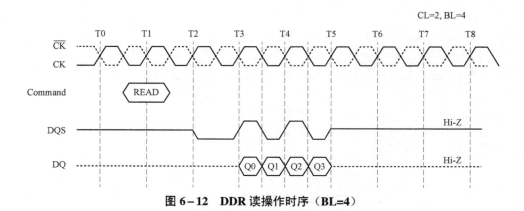

图 6-12 DDR 读操作时序（BL=4）

图 6-13 中，写入存储单元时，DQS 信号由外部控制电路提供给 DDR 芯片。

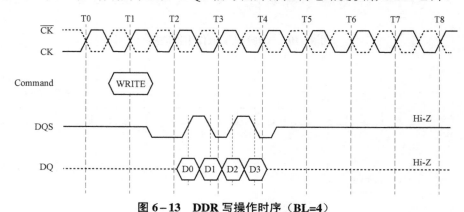

图 6-13 DDR 写操作时序（BL=4）

（3）DDR2

DDR2（Double Data Rate 2 SDRAM）与 DDR 内存技术都是在系统时钟的上升/下降沿进行数据传输的，但 DDR2 内存的 DQS 采用差分信号，预读取能力更高，可以进行 4 位数据读预取。DDR2 内存每个时钟能够以 4 倍外部总线的速度读/写数据，并且能够以内部控制总线 4 倍的速度运行。DDR2 内存采用 1.8 V 电压，与 DDR 相比，功耗更低，发热量更小。DDR2 内核的频率只有接口频率的 1/4，即 DDR2-400 的核心工作频率只有 100 MHz。

DDR 内存通常采用薄型小尺寸封装（Thin Small Outline Package，TSOP）芯片封装形式，这种封装形式可以很好地工作在 200 MHz 上，但当频率更高时，过长的管脚会产生很高的阻抗和寄生电容，这会影响它的稳定性。这一特性带来了频率提升的难度，因此 DDR 内存的核心频率很难突破 275 MHz。而 DDR2 内存采用细间距球栅阵列（Fine-Pitch Ball Grid Array，FBGA）封装形式，管脚较短，提供了更好的电气性能与散热性，有利于内存的稳定性与工作频率的提升。

（4）DDR3

DDR3 的 DQS 也是采用差分信号，在系统时钟的上升/下降沿进行数据传输。和 DDR2 相比，DDR3（Double Data Rate 3 SDRAM）的工作电压更低，只有 1.5 V；预读能力更强，达到 8 位预读。DDR3 内核的频率只有接口频率的 1/8，即 DDR3-800 的核心工作频率只有 100 MHz。

表 6-3 对比了 DDR3、DDR2、DDR 和 SDRAM 四种类型的内存。

表 6-3　SDRAM、DDR、DDR2 和 DDR3 比较

SDRAM 类型	DDR3 SDRAM	DDR2 SDRAM	DDR SDRAM	SDRAM
时钟频率/MHz	400/533/667	200/266/333/400	100/133/166/200	100/133/166
数据传输速率/（Mb·s^{-1}）	800/1066/1 333	400/533/667/800	200/266/333/400	100/133/166
位宽	x4/x8/x16	x4/x8/x16	x4/x8/x16/x32	x16/x32
预读宽度/位	8	8	8	1
时钟输入	差分（CK，$\overline{\text{CK}}$）	差分（CK，$\overline{\text{CK}}$）	差分（CK，$\overline{\text{CK}}$）	Single clock
BL（突发长度）	4 （Burst chop），8	4，8	2，4，8	1，2，4，8，full page
数据选通信号	差分（DQS）	差分（DQS）	无	无
电压/V	1.5	1.8	2.5	3.3/2.5
标准	SSTL_15	SSTL_18	SSTL_2	LVTTL
CL 范围	5，6，7，8，9，10	3，4，5	2，2.5，3	2，3
封装形式	FBGA	FBGA	TSOP（II）/FBGA/LQFP	TSOP（II）/FBGA

（5）DDR4

DDR4 相比 DDR3，最大的区别有三点：16 位预取机制（DDR3 为 8 位），同样内核频率下，理论速度是 DDR3 的两倍；更可靠的传输规范，数据可靠性进一步提升；工作电压降为 1.2 V，更节能。此外，DDR4 还增加了 DBI（Data Bus Inversion）、CRC（Cyclic Redundancy Check）等功能，让 DDR4 内存在更快速与更省电的同时，也能够增强信号的完整性、改善数据传输及储存的可靠性。DDR4 的工作频率目前可达 2 133～3200 MHz。

3. SPD 芯片

串行存在探测（Serial Presence Detect，SPD）是一个 8 针的 256 字节的电可擦写可编程只读存储器芯片。该芯片位于内存条的正面的右侧，记录着内存的速度、容量、电压与行、列地址带宽等参数信息。SPD 的内容一般由内存模组制造商写入。在计算机启动过程中，BIOS 读取 SPD 中的信息，自动配置 MCH 中相应的工作时序与控制寄存器，如果没有 SPD，就容易出现死机和致命错误的现象。

4. 内存组织示例

Pentium CPU 数据总线的宽度为 64 位，即在一个传输周期内可以读写 64 位二进制数据，内存条的宽度设计为 64 位，与 CPU 数据总线一致。图 6-14 中，内存条上有 8 个 DDR 内存芯片，每个芯片的布局为 4M×16×4。8 个芯片的总容量为 4M×16×4×8 b = 2 048 Mb = 256 MB。

内存条的主要信号如下。

① DQ0～DQ63：数据总线。

② A0～A12：地址线（行地址 A0～12，列地址 A0～8，预充电控制 A10）；

③ $\overline{\text{RAS}}$，$\overline{\text{CAS}}$，$\overline{\text{WE}}$：控制命令；

④ $\overline{CS0}$，$\overline{CS1}$：P－Bank 选择信号；

⑤ CK0～2，$\overline{CK0～2}$，CKE0，CKE1：时钟及其控制信号；

⑥ DQS0～7：数据传送参考时钟。DQS0 对应于 DQ0～7 的传送，DQS7 对应于 DQ56～63；

⑦ DM0～7：读写屏蔽，DM0 对应于 DQ0～7 的屏蔽，DM7 对应于 DQ56～63；

⑧ SCL、SDA、SA0～2：SPD 芯片的控制。

8 个芯片分为 2 组，每一组的容量为 128 MB，由/CS0 或/CS1 控制，包括 4 个芯片。CS0、$\overline{CS1}$ 由 MCH 根据内存物理地址产生。假设系统中只安装了一条内存，其物理地址范围为 00000000H～0FFFFFFFH。内存地址为 00000000H～07FFFFFFH，$\overline{CS0}$ 有效；内存地址为 08000000H～0FFFFFFFH，$\overline{CS1}$ 有效。

$\overline{CS0}$、D0、D1、D2、D3 为一组，每一个芯片的数据宽度为 16 位，构成 64 位，由 DM0～7、DQS0～7 来控制传输。因此，DM0～1 连接到 D0 的 LDM、UDM，DQS0～1 连接到 D0 的 LDQS、UDQS，依此类推。

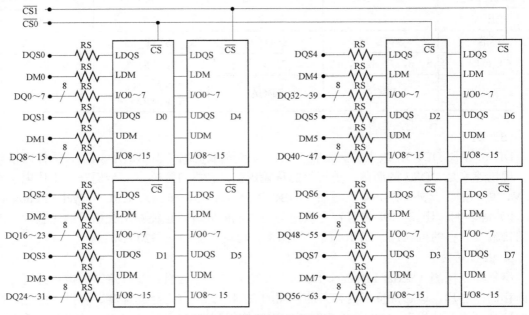

图 6－14　DDR 内存组织

内存条插槽上的其他信号 BA0～1、A0～12、$\overline{RAS}$、$\overline{CAS}$、$\overline{WE}$ 等，直接连接到每一个内存芯片。CKE0、CK0、$\overline{CK0}$ 连接 4 个芯片，而 CKE1、CK1、$\overline{CK1}$ 连接另外 4 个芯片，以提供更好的驱动能力。

6.3　辅助存储器

在计算机系统中，除了 Cache、内存外，一般还有外存储器，用于存储暂时不用的程序和数据。外部存储器包括软盘存储器、硬盘存储器、光盘存储器、磁带存储器、移动式存储器等几大类。和内存相比，外存具有容量大、能长期保存数据的优点，但它的访问速度比内存要低，不能被微处理器直接访问。下面主要介绍传统硬盘的基本原理和接口技术。

6.3.1 硬盘概述

硬盘是微机系统最重要的外部存储器。硬盘的类型有传统机械硬盘（Hard Disk Drive，HDD）、固态硬盘（Solid-State Disk，SSD）和混合硬盘（Hybrid Hard Disk，HHD）。其中 HDD 采用磁性碟片组来存储信息，SSD 采用半导体芯片存储信息，而混合硬盘 HHD 集成了传统硬盘和半导体芯片组，实现了 HDD 和 SSD 的联合存储，集中了二者的优点。

世界上第一块硬盘是 1956 年 IBM 生产的 System 305，整个硬盘由 50 个直径为 24 in[①]，表面涂有磁浆的盘片组成，容量仅为 5 MB。PC 机中使用的硬盘由硬盘片、硬盘驱动电动机和读写磁头等组装并封装在一起，称为温彻斯特盘（Wenchester）。1984 年，IBM 在 AT 机中引入了新的驱动和控制一体的硬盘驱动器，称为 AT Attachment（ATA）。随后在 1986 年，Compaq 在 Deskpro 386 中引入硬盘驱动器，称为 IDE（Integrated Drive Electronics）。IDE 接口可以连接硬盘和光驱，连接成本低、兼容性好、容易安装使用，很长一段时间是最为普及的磁盘接口，目前已被 SATA 接口所取代。

20 世纪 70 年代，StorageTek 公司开发了第一个固态硬盘驱动器。早期固态硬盘价格高昂、性能不稳定，和传统硬盘相比没有优势，应用十分有限。世界上第一款固态硬盘出现于 1989 年，当时只限应用于医疗、工作及军用市场等特殊场合。目前固态硬盘普遍采用 SATA－2、SATA－3 和 PCI－E 接口等。

6.3.2 HDD 原理和主要技术指标

1. HDD 工作原理

传统机械硬盘包含一组磁盘片，每个磁盘片有两个磁盘面，磁盘面按照上到下的顺序从 0 依次编号，每个盘面均有一个磁头与之对应，有几个磁盘面就有几个磁头。磁盘面上的磁道按外到里的顺序从 0 依次编号，最外侧为 0 磁道。磁道按圆弧段分为扇区，扇区字节数为固定大小的值，数值大小必须得到操作系统的支持，格式化扇区的典型尺寸为 512 B、1 024 B 和 4 096 B。扇区是最小的读写单位，每个扇区中的数据作为一个单元同时读出或写入，扇区从 1 开始编号。0 磁道是硬盘上非常重要的位置。硬盘的主引导记录区（Main Boot Record，MBR）就保存在 0 磁头 0 柱面 1 扇区，主要用来存放硬盘主引导程序和硬盘分区表，其中硬盘主引导程序占用 446 字节，硬盘分区表（Disk Partition Table，DPT）占用 64 字节，最后两个字节（55 AA）标志为分区结束标志。如果 MBR 被破坏，硬盘无法工作。

硬盘工作时，同轴的数张盘片高速旋转，磁头在驱动马达的带动下在磁盘上做径向移动，进行寻道、定位，找到指定数据区域后，再进行写入或读出工作。同一时刻，所有磁头都位于相同的柱面上，数据读写按照柱面进行，即磁头读写数据时，首先在同一柱面内从 0 磁道开始操作，依次向下在同一柱面的不同盘面进行操作。

2. HDD 主要技术指标

传统机械硬盘的主要技术指标如下。

（1）容量（Volume）

容量越大越好，常用单位为 GB 和 TB。影响硬盘容量的因素有单碟容量和碟片数量。单

碟容量越大，碟片数量越多，则硬盘容量越大。

（2）转速（Rotational Speed）

这一指标指示硬盘电动机主轴的转速。常用单位为 r/min（Rotation Per Minute，转/分钟），如转速为 7 200 r/min，表示硬盘的主轴转速为每分钟 7 200 转。市场上常见的硬盘为 5 400 r/min 或 7 200 r/min。

（3）时间参数

① 平均寻道时间（Average Seek Time）：是指读取数据时，磁头移动至指定磁道所用的时间，单位为毫秒（ms）。目前主流硬盘的平均寻道时间一般在 9 ms 左右。

② 平均潜伏时间（Average Latency Time）：又称作平均等待时间，指当磁头移动到数据所在的磁道后，等待指定数据块继续转动到磁头下的时间，即硬盘转半周所需要的时间，一般在 2～6 ms。这个指标和转速密切相关，同一转速的硬盘的平均等待时间是固定的。如 7 200 r/min 时，平均等待时间为 $1/2 \times 60/7\,200 \approx 4.167$（ms）。

③ 平均访问时间（Average Access Time）：是指磁头开始移动到找到指定数据的平均时间，平均访问时间＝平均寻道时间+平均等待时间+数据读取时间。此时间指标越短越好，一般在 11～18 ms。

（4）缓存

盘上的缓存容量越大越好，但缓存容量越大越贵。当前主流硬盘缓存容量约 64 MB。

（5）硬盘的数据传输率

数据传输率（Data Transfer Rate）也叫吞吐率，表示磁头完成寻道和等待，到达指定数据位置后，硬盘读写数据的速度。硬盘的数据传输率有两个参数：

① 突发数据传输率（Burst Data Transfer Rate）：又称作外部传输率（External Transfer Rate）或接口传输率，即微机系统总线与硬盘缓冲区之间的数据传输率。这个参数和硬盘接口类型及硬盘缓冲区容量大小相关。

② 持续传输率（Sustained Transfer Rate）：又称作内部传输率（Internal Transfer Rate），它反映硬盘缓冲区未用时的功能。这个参数与硬盘的转速相关。

（6）接口类型

硬盘接口是硬盘与主机系统间的连接部件，用作在硬盘缓存和主机内存之间传输数据。不同的硬盘接口决定着硬盘与计算机之间的连接速度，它直接影响着硬盘所支持的最大外部数据传输。常见的硬盘接口包括 IDE、SCSI、SATA 等。

6.3.3　ATAPI 标准

IDE 是指把硬盘控制器与硬盘盘体集成在一起的硬盘驱动器。IDE 接口最初是专为硬盘而设计的，由于 IDE 接口的低成本和易用性，包括光驱、磁带机等，也逐步使用了 IDE 接口。ATAPI 是 AT Attachment Packet Interface 的缩写，这个标准是为了解决在 IDE/EIDE 接口上连接多种设备而制定的，几乎所有的 IDE/EIDE 接口都支持 ATAPI。实际上，IDE 接口的正式名字就是 AT Attachment（ATA）。

1. ATA 总线

ATA 接口连接器是一种 40 针或者 80 针连接器，针脚间距 0.1 in（2.54 mm），通常有"键控"，以防止安装时颠倒方向。IDE 电缆的长度不能超过 0.46 m（18 in）。另外，如果硬盘使用 UDMA 模式 4（66 MB/s）或模式 5（100 MB/s），必须使用一种特殊的高质量 80 线电缆。与 40 线电缆相比，80 线电缆增加了 40 线，增加的 40 条线全部连接到电缆中的地线，目的是降低数据和控制信号传输时的电磁干扰。ATA 接口除了少数几个引脚外，几乎所有的信号都是采用 TTL 电平。

　　一般 40 线的电缆连接器没有颜色标示，而 80 线的电缆上的颜色标示规定了连接关系。如图 6-15 所示，ATA 电缆和硬盘接口中黑色连接器负责连接主 IDE 设备（设备 0），蓝色连接器连接主板，中间位置的连接器连接从 IDE（设备 1）。每根 IDE 连接电缆都可以接两个设备，如连接两个硬盘，根据硬盘连接的位置来决定主盘和从盘，设备 0 位置为主盘（Master driver），设备 1 位置为从盘（Slave driver）。如果只安装了一个硬盘，它将响应来自 ATA 控制器的所有命令。如果安装了两个硬盘，则两个硬盘都能接收到来自系统的命令，ATA 控制器在命令中指定了命令是发送给主盘还是从盘的，最终只有一个硬盘会响应这个命令。图 6-16 给出了 40 针 IDE 接口示意。

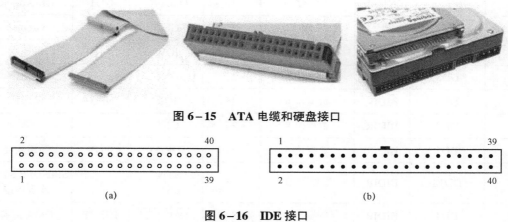

图 6-15　ATA 电缆和硬盘接口

图 6-16　IDE 接口

（a）主板侧接口；（b）IDE 设备侧接口

ATA 接口主要引脚信号见表 6-4。其中：

　　① $\overline{CS0}$：片选信号，选通命令寄存器组，此时接口地址在 1F0H～1FFH 之间。在 ATA-1 标准中，此信号为 $\overline{CS1FX}$。

　　② $\overline{CS1}$：片选信号，选通控制寄存器组，此时地址在 3F0H～3FFH 之间。在 ATA-1 标准中，此信号为 $\overline{CS3FX}$。

　　③ DA0～DA2：地址信号，连接系统总线中的地址总线，用于选通命令寄存器或者控制寄存器组中的某一个寄存器。

　　④ $\overline{DASP}$：该信号有两个作用，启动系统或者系统复位时，1 号磁盘驱动器会立即插入该信号表示它的存在。当系统正常工作时，这个信号表明选通的磁盘驱动器在工作，同时会显示磁盘驱动器的工作状态，可用于接 LED 指示灯。

　　⑤ $\overline{IOCS16}$：该信号指示一个 16 位的数据传输，无效时进行 8 位数据传输，仅使用数据线 0～7。这个信号仅用在寄存器到数据寄存器的访问，并不用于访问其他的寄存器或者 DMA 传输模式。如果 DMA 传输模式下要进行 8 位数据传输，需要在特性寄存器中进行设定。

　　⑥ DD0～DD15：数据信号，接系统总线中的数据总线，用来向寄存器组合磁盘驱动器

传输数据。

⑦ $\overline{\text{DIOR}}$、$\overline{\text{DIOW}}$：对磁盘驱动器进行读写时的一对握手信号。

⑧ DMARQ、$\overline{\text{DMACK}}$：一对用于 DMA 数据传输的应答信号。

⑨ INTRQ：为主机中产生中断的触发信号。

⑩ PDIAG：当驱动器完成自检过程后，通过此信号通知主驱动器。该信号是启动协议的一部分。

⑪ $\overline{\text{RESET}}$：复位信号，由主机发出，对主驱动器进行复位操作，强迫系统进行初始化。

⑫ SPSYNC、CSEL：共用一根信号线，两个不能同时使用，其功能实现是可选的。

表 6-4　IDE 接口引脚说明

引脚编号	引脚名字	传输方向	描述	引脚编号	引脚名字	传输方向	描述
1	$\overline{\text{RESET}}$	INPUT	复位	21	DMARQ	OUT	DMA 请求
2	GND	无	地	22	GND	无	Ground
3	DD7	BIDIR	数据位 7	23	$\overline{\text{IOW}}$	INPUT	写选通
4	DD8	BIDIR	数据位 8	24	GND		地
5	DD6	BIDIR	数据位 6	25	$\overline{\text{IOR}}$	INPUT	读选通
6	DD9	BIDIR	数据位 9	26	GND		地
7	DD5	BIDIR	数据位 5	27	IORDY	OUT	通道就绪
8	DD10	BIDIR	数据位 10	28	SPSYNC：CSEL		SPINDLE SYNC 或者电缆
9	DD4	BIDIR	数据位 4	29	$\overline{\text{DMACK}}$	INPUT	DMA 应答
10	DD11	BIDIR	数据位 11	30	GND		地
11	DD3	BIDIR	数据位 3	31	$\overline{\text{INTRQ}}$	OUT	中断请求
12	DD12	BIDIR	数据位 12	32	$\overline{\text{IOCS16}}$	OUT	16 位 IO
13	DD2	BIDIR	数据位 2	33	DA1	INPUT	地址 1
14	DD13	BIDIR	数据位 13	34	PDIAG	–	诊断完成
15	DD1	BIDIR	数据位 1	35	DA0	INPUT	地址 0
16	DD14	BIDIR	数据位 14	36	DA2	INPUT	地址 2
17	DD0	BIDIR	数据位 0	37	$\overline{\text{CS0}}$	INPUT	片选信号 0 对应地址（1F0-1F7）
18	DD15	BIDIR	数据位 15	38	$\overline{\text{CS1}}$	INPUT	片选信号 1 对应地址（3F6-3F7）
19	GND		地	39	$\overline{\text{DASP}}$	OUT	驱动器激活
20	N.C.	–	空接	40	GND		地

除了硬盘之外，其他遵循 ATAPI 标准的设备都可以连接到 IDE 连接器上，如光盘驱动器 CD‒ROM（只读 CD）、DVD‒ROM（只读 DVD）、CD‒R（可写 CD）、CD‒RW（可重复写 CD）、DVD‒R（可写 DVD）、DVD‒RW（可重复写 DVD）等，一般都采用 IDE 接口，可以和硬盘一起或者单独连接到 ATA 控制器上。

2. ATA 接口及其发展

最初 IDE 只是一项把控制器与盘体集成在一起的硬盘接口技术。随着 IDE/EIDE 得到的日益广泛的应用，全球标准化组织将该接口自诞生以来使用的技术规范归纳为硬盘标准，这样就产生了 ATA（Advanced Technology Attachment）接口标准。ATA 是一个关于 IDE 的技术规范族。ATA 接口从诞生至今，共推出了 7 个不同的版本，分别是：ATA‒1（IDE）、ATA‒2（EIDE Enhanced IDE/Fast ATA）、ATA‒3（FastATA‒2）、ATA‒4（ATA33）、ATA‒5（ATA66）、ATA‒6（ATA100）、ATA‒7（ATA 133）。

（1）ATA‒1

ATA‒1 是基于标准的 16 位 ISA 总线的子集，诞生于 1986 年。这个接口能支持一个主设备和一个从设备，ATA‒1 采用 CHS 编址，每个设备的最大容量只有 504 MB。

（2）ATA‒2

1996 年发布的 ATA‒2 在 ATA‒1 的基础上进行改进，称为 EIDE（Enhanced IDE），增加了 PIO‒3、PIO‒4 这 2 种 DMA 模式。ATA‒2 支持 28 位的 LBA 寻址，硬盘的最高传输率提高到 16.7 MB/s。

（3）ATA‒3

ATA‒3 并没有提高 IDE 接口的速度，主要是引入了密码保护机制及 S.M.A.R.T（Self-Monitoring Analysis and Reporting Technolog）技术。硬盘监测磁头、磁盘、马达等的运行情况，与历史记录及预设的安全值进行分析、比较。当出现异常情况时，会自动向用户发出警告。S.M.A.R.T 对硬盘潜在故障进行有效预测，能提高数据的安全性。

（4）ATA‒4

ATA‒4 也叫 Ultra ATA/33，在支持 Ultra DMA 技术的硬盘上有 DMA 控制器，采用总线主控方式进行数据传输。Ultra ATA 可以非常有效地消除电磁干扰，ATA‒4 规范还增加了 Ultra DMA 2 模式（33.3 MB/s），它可以在 PIO 0～4 和 DMA 0～2 模式下工作。ATA‒4 中还使用了冗余校验技术（CRC），主机与硬盘在进行数据传输的过程中，随数据发送循环的冗余校验码，提高了数据传输的可靠性。

（5）ATA‒5

ATA‒5 也叫 Ultra ATA/66，增加了 Ultra DMA 3 模式（44.4 MB/s）和 Ultra DMA 4 模式（66.6 MB/s）。通过提高时钟频率将数据传输速率提高了一倍，从 ATA‒4 的 33.3 MB/s 提高到 66.6 MB/s。时钟频率的提高，增加了电磁干扰，因此，必须使用一种新的 40 针脚 80 芯的电缆。

（6）ATA‒6

ATA‒6 也叫 Ultra ATA/100。它增加了 Ultra DMA 5 模式，最大传输率达到了 100 MB/s。支持 48 位的 LBA 寻址。

（7）ATA‒7

ATA‒7 就是 Ultra ATA/133。它增加了 Ultra DMA 6 模式，最大传输率达到了 133 MB/s。

它是并行 ATA（PATA）的最后一个版本（ATA－1 到 ATA－7 都称为 PATA），其传输速率已经达到了传输速度的极限。突破这种由电缆属性、连接器和信号协议等各方面制约产生的技术"瓶颈"十分困难，新型的硬盘接口标准 SATA 应运而生。新一代的主板上只保留很少的 IDE 接口，甚至没有保留，新的存储设备也不再采用 IDE 接口，IDE 接口被 SATA 替代，但是二者的编程模型兼容。因此，本章仍然以 IDE 作为编程对象介绍 ATA 接口的编程模型。

6.3.4 ATA 接口的编程模型

1. 扇区的编址模式

计算机在飞速发展，硬盘的容量也在急剧地增加，在历史上曾多次出现硬盘的容量限制问题，问题的产生与硬盘结构、BIOS 和操作系统等密切相关，本节主要讨论扇区的编址模式，以及由此引起的硬盘限制问题。

如图 6－17 所示，硬盘的结构由一组共轴的盘片组成，每个盘片都有两个面，每个面都有对应一个读写磁头。即 N 个盘片的硬盘有 2 N 个面，对应 2 N 个磁头（Heads），从 0，1，2，…，nH 开始编号；每个盘片上相同编号的磁道形成柱面（Cylinders），有多少个磁道，就有多少个柱面，磁道号就是柱面号，从外至里编号为 0，1，2，…，nC；每个磁道又被分为若干个扇区（Sector），扇区大小通常固定编号，从 1 开始编，为 1，2，3，…，nS。硬盘形成 nC×nH×nS 个扇区，0 柱面 0 磁头 1 扇区是整个硬盘的第 1 个扇区。柱面数、磁头数和扇区数这三个参数能唯一确定磁盘上的数据区域，采用这种方式对磁盘进行寻址，也就是 CHS（Cylinder/Head/Sector）寻址。

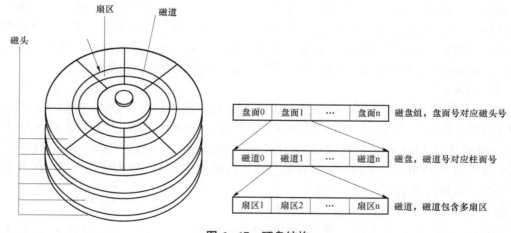

图 6－17　硬盘结构

在 ATA－1 接口时代，由于 IDE/ATA 和 BIOS 的磁盘中断服务程序（INT 13H）用于表示柱面、磁头和扇区的二进制位数不一致，因此，满足上述两个标准的设备在配合使用时，只能采用最小定义规范，即用 4 个二进制位表示磁头号，用 10 个二进制位表示磁道号，用 6 个二进制位表示扇区号。因此，最多支持 2^4=16 个磁头，2^{10}=1 024 个磁道，每个磁道 2^6-1=63 个扇区。因为每个扇区 512 字节，所以支持最大容量为：1 024×16×63×512=528 482 304 B＝504 MB，这里 1 MB=2^{20} B。有的地方认为 1 MB=10^6 B，所以这个限制有时也被称为 528 MB 限制，如表 6－5 中最小定义所示。

表 6–5　不同的 CHS 标准及硬盘容量限制

标准	柱面	磁头	扇区	总位数	硬盘上限
IDE/ATA	16	4	8	28	128 GB
BIOS Int 13H	10	8	6	24	8.06 GB
最小定义	10	4	6	20	504 MB

通过 BIOS 结构转换（Geometry translation）解决了 504 MB 容量的限制后，由 BIOS INT 13 H 支持的 CHS 位数引发的硬盘容量限制问题凸显。表 6–5 中显示 BIOS INT 13H 最多支持 2^8=256 个磁头，2^{10}=1 024 个磁道，每个磁道 2^6-1=63 个扇区，即支持的最大容量为：1 024×256×63×512=8 455 716 864(B)=8.06 GB，这里 1 GB=2^{30} B。有些资料中认为 1 GB=10^9 B，也被称为 8.4 GB 限制。

之后由于磁盘容量一直在突破中，业界开始放弃古老的 CHS 寻址模式，采用了新的 LBA（Logical Block Addressing）逻辑块寻址模式。LBA 编址方式中，扇区的地址就是这个扇区的序号。LBA 的扇区编号从 0 开始，如 0 柱面 0 磁头 1 扇区的序号为 0。编址的二进制位数有两种：28 位地址和 48 位地址。Windows 2000/XP 采用了 28 位 LBA 编址模式，这样，它能使用的最大容量为：2^{28}×512=137 438 953 472（B）=128 GB。当 1 GB=10^9 B 时，也被称为 137 GB 限制。48 位的 LBA 理论上可支持的硬盘容量就达到了 2^{48}×512= 2^{57}（B），大致相当于 128 PB（1 PB=2^{50} B），这对硬盘来说是一个几乎不能达到的容量，理论上在一定时间内应该是足够使用的。

现代计算机可以通过 BIOS 设置选择编址模式。以 AWARD BIOS 为例，BIOS 中 "STANDARD CMOS SETUP" 项目中的 "MODE" 选项提供设置：① 选择 CHS（或称为 Normal）模式，系统支持容量≤504 MB 的硬盘；② 选择 LARGE（或称 LRG）模式，系统支持 504 MB≤容量≤8.4 GB 的硬盘；③ 选择 LBA（Logical Block Address）模式，系统支持容量≥504 MB 的硬盘，但此时 BIOS 需要支持扩展 INT 13H。

需要注意的是，硬盘厂商采取的计量方式为：1 KB=10^3 B，1 MB=10^6 B，1 GB=10^9 B。而内存厂商采取的约定为：1 KB=2^{10} B，1 MB=2^{20} B，1 GB=2^{30} B。因此，实际计算时会存在数据差异。

LBA 编址模式和 CHS 编址模式之间可以相互转换。假定硬盘的磁头数为 nH、磁道数为 nC、每个磁道的扇区数为 nS，则硬盘的可用扇区总数为 nH×nC×nS。设一个扇区在 LBA 编址模式中的地址为 L，在 CHS 编址模式的地址为<C，H，S>，0≤C≤nC–1，0≤H≤nH–1，1≤S≤nS，则 L=((C×nH + H)×nS)+S–1。

同样，根据 L 也可以求得<C，H，S>：

S =(L % nS)+ 1

H =(L ÷ nS)% nH

C =(L ÷ nS)÷ nH

其中，÷是整数除法，%是取模操作。

在 UNIX、Windows 等操作系统中，硬盘的寻址方式是在内存中建立一个地址包，地址包里面保存的是 LBA 地址，如果硬盘支持 LBA 寻址，就把 LBA 地址直接传递给 ATA 接口，如果不支持，操作系统就把 LBA 地址转换为 CHS 地址，再传递给 ATA 接口。

2. PATA 接口的传输模式

PATA 接口传输模式主要包括 PIO 模式和 DMA 模式两种。

PIO 模式即可编程 I/O 模式（Programming Input/Output Model），这种模式由 CPU 执行 IN/OUT 指令访问 ATA 控制器的数据端口，将数据从硬盘读出或者写入硬盘。数据传送率不高，数据传送过程中 CPU 被占用。采用 PIO 模式时，不使用数据缓冲区，每次传送 2 个字节，16 位数据，最快达到 16.7 MB/s 的传输率。

在 DMA（Direct Memory Access）模式下，数据的传送在 ATA 控制器的端口和内存之间直接进行，不需要通过 CPU，因此能使 CPU 的负担减轻，数据传输率也能进一步提高。单字 DMA 每次传输 8 位，多字 DMA 每次传输 16 位。

表 6-6 为各种 PIO 和 DMA 模式的传输速率，从表中数据可以发现数据传输率依赖于传输模式，但 DMA 的数据传输率不一定比 PIO 方式的高。

表 6-6　ATA 传输速率

ATA 版本	传输模式	周期/ns	传输速度/（MB·s⁻¹）
ATA－1	PIO 0	600	3.3
ATA－1	PIO 1	383	5.2
ATA－1	PIO 2	240	8.3
ATA－1	DMA Single-word 0	960	2.1
ATA－1	DMA Single-word 1	480	4.2
ATA－1	DMA Single-word 2	240	8.3
ATA－1	DMA Multi-word 0	480	4.2
ATA－2	PIO 3	180	11.1
ATA－2	PIO 4	120	16.7
ATA－2	DMA Multi-word 1	180	13.3
ATA－2/ATA－3	DMA Multi-word 2	120	16.7
ATA/ATAPI－4	UDMA 0	240	16.7
ATA/ATAPI－4	UDMA 1	160	25.0
ATA/ATAPI－4	UDMA 2(x"UDMA/33")	120	33.3
ATA/ATAPI－5	UDMA 3	90	44.4
ATA/ATAPI－5	UDMA 4 ("UDMA/66")	60	66.7
ATA/ATAPI－6	UDMA 5 ("UDMA/100")	40	100.0
ATA/ATAPI－7	UDMA 6 ("UDMA/133")	30	133.0

所有模式中，PIO 0 最慢。如表 6-6 中查到 PIO 2 模式，一个传送周期是 240 ns，即每次传输 16 位数据（2 个字节）需要 240 ns，可以计算出传输速度为：

$$2 \text{ B} \div 240 \text{ ns} = 0.008\ 3 \text{ B/ns} = （0.008\ 3 \times 10^9）\text{ B/s} = （8.3 \times 10^6）\text{ B/s} = 8.3 \text{ MB/s}$$

对于 Ultra DMA，它在脉冲的上升沿和下降沿都可以传输数据，因此，在一个传送周期内，它可以完成 2 次数据传送，每次传送 16 位，即一个周期传送 32 位数据。例如，Ultra DMA 5 模式中，一个传送周期是 40 ns。也就是每次传输 32 位数据（4 个字节）需要 40 ns，传输速度为：

$$4\ B \div 40\ ns = 0.1\ B/ns = (0.1 \times 10^9)\ B/s = (100 \times 10^6)\ B/s = 100\ MB/s$$

6.3.5　ATA 设备寄存器

对硬盘及其他 ATA 设备的操作需要用到很多 ATA 控制器的寄存器，包括命令寄存器、状态寄存器、数据寄存器、设备控制寄存器、高位柱面寄存器、低位柱面寄存器、扇区数寄存器、扇区号寄存器、设备/磁头寄存器、错误寄存器、特征寄存器等。ATA 寄存器除了数据寄存器为 16 位以外，其他的寄存器都为 8 位。

1. 可编程 ATA 寄存器地址

早期 PC 机中一般集成了 2 个 ATA 控制器，主板上可以找到 2 个 IDE 插槽（Primary 和 Secondary，主/次）。这些 ATA 控制器所使用的地址一般也是固定的。主控制器使用 1F0H～1F7H 和 3F6H，而从控制器使用 170H～177H 和 376H。每一个控制器上可以连接两个 ATA 设备（Master 和 Slave），这两个设备共用同样的 I/O 地址，在设备/磁头寄存器中用 DEV 位来区分。端口地址可以在"设备管理器"中，用菜单"查看"→"按类型排序资源"，展开"输入/输出（I/O）"，就可以看到图 6–18 所示的 IDE 控制器所占用的 I/O 地址。

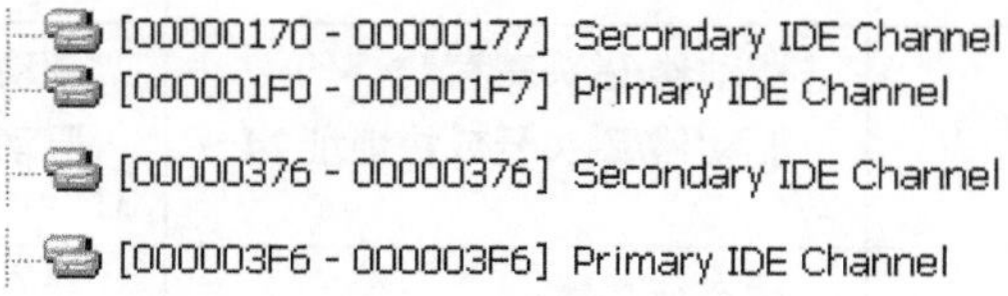

    [00000170 - 00000177] Secondary IDE Channel
    [000001F0 - 000001F7] Primary IDE Channel

    [00000376 - 00000376] Secondary IDE Channel

    [000003F6 - 000003F6] Primary IDE Channel

图 6–18　IDE 控制器的 I/O 地址

图 6–18 中主从 IDE 控制器的 I/O 地址与 ATA 设备寄存器的关系见表 6–7。

表 6–7　ATA 设备寄存器的 I/O 地址

主控制器	从控制器	寄存器	作　用
1F0～1F1H	170～171H	数据寄存器	读写，主机与 ATA 设备交换数据
1F1H	171H	特征寄存器	写，只 Set Features 等部分命令有效
1F1H	171H	错误寄存器	读，状态寄存器中 ERR=1 时有效
1F2H	172H	扇区数寄存器	读写，要求读/写的扇区数
1F3H	173H	扇区号寄存器	读写，扇区号或 LBA 的一部分
1F4H	174H	低位柱面寄存器	读写，磁道号或 LBA 的一部分
1F5H	175H	高位柱面寄存器	读写，磁道号或 LBA 的一部分
1F6H	176H	设备/磁头寄存器	读写，指定 LBA 模式、DEV 位、磁头号
1F7H	177H	状态寄存器	读，读出 ATA 设备的状态
1F7H	177H	命令寄存器	写，向 ATA 设备发出命令
3F6H	376H	设备控制寄存器	写，设置 HOB、复位、nIEN 等

2. 可编程 ATA 寄存器定义

可编程 ATA 寄存器包括数据寄存器、扇区数寄存器、扇区号寄存器、扇区地址寄存器、设备/磁头寄存器等。各个可编程 ATA 寄存器所对应的片选信号和地址信号及操作见表 6－8 所示。

表 6－8　IDE 寄存器对应的地址

片选和地址					名称和功能	
$\overline{CS0}$	$\overline{CS1}$	A2	A1	A0	读访问	写访问
1	0	0	0	0	数据寄存器	数据寄存器
1	0	0	0	1	错误寄存器	特征寄存器
1	0	0	1	0	扇区数寄存器	扇区数寄存器
1	0	0	1	1	扇区号寄存器 扇区号或者块地址 0～7	扇区号寄存器 扇区号或者块地址 0～7
1	0	1	0	0	柱面寄存器 0 柱面 0～7 或块地址 8～15	柱面寄存器 0 柱面 0～7 或块地址 8～15
1	0	1	0	1	柱面寄存器 1 柱面 8～15 或块地址 16～23	柱面寄存器 1 柱面 8～15 或块地址 16～23
1	0	1	1	0	驱动器/磁头寄存器 驱动器/磁头号或块地址 24～27	驱动器/磁头寄存器 驱动器/磁头号或块地址 14～31
1	0	1	1	1	状态寄存器	命令寄存器
0	1	1	1	0	辅助状态寄存器	控制寄存器
0	1	1	1	1	保留（ATA－1：地址寄存器）	未用
0	1				其余组合未用	

（1）数据寄存器

数据寄存器（Data Register）为 16 位寄存器，用于在主机和设备之间传输数据块，可以进行读写双向操作。只有当状态寄存器中的 DRQ 为 1 时，数据寄存器中包含的才是有效的数据。

（2）状态寄存器

状态寄存器（Status Register）包含了设备的当前状态信息。格式如图 6－19 所示。

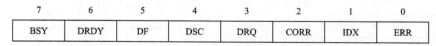

7	6	5	4	3	2	1	0
BSY	DRDY	DF	DSC	DRQ	CORR	IDX	ERR

图 6－19　ATA 状态寄存器

① D7：BSY 为忙标志（Busy）。当 BSY 为 1 时，状态寄存器中其他位都无效。当控制器访问命令寄存器组时，BSY 位常被设置为 1，此时主机不能读或者写其他寄存器。

② D6：DRDY 指示设备是否准备好（Device Ready）。DRDY 为 1，表明设备现在可以执行一个命令。当驱动器被使用时，此位保持为 0，直到驱动器再次空闲，准备接受新命令。

③ D5：DF 为 Device Fault，硬盘 ATA 设备不支持这一位，所以硬盘编程时，DF 位总为 0。

④ D4：DSC 为 Device Seek Complete，DSC 位为 1，表明磁头定位已经完成，即磁头已经到达所要访问的柱面。

⑤ D3：DRQ 为 Data Request，DRQ 位为 1，表明设备已经准备好在主机和设备之间传输数据，主机现在可以从硬盘缓冲区中读取 512 字节或更多（如 READ LONG COMMAND 命令）的数据，同时向主机发 INTRQ 中断请求信号；此时主机不能向命令寄存器中写命令码。

⑥ D2：CORR 为 Corrected Data，该位总是为 0。当一个可修改的读错误发生时，该位被置为 1，但数据传输不会因此中断。

⑦ D1：IDX 代表 Index，当索引标记通过读写头，并且存储介质发生改变时，该位置 1。

⑧ D0：ERR 代表是否有错误（Error）。ERR 位为 1，表明在执行前面一条命令的过程中出现了错误。错误的具体类型保存在错误寄存器（Error Register）中。

设备状态寄存器记录了硬盘驱动器执行命令后的状态。读该寄存器会清除未得到响应的中断请求信号。为了避免发生这种情况，一般通过读取辅助状态寄存器（即读设备控制寄存器的地址，如读 03F6H）来获得状态，这两个寄存器的内容完全相同。读取辅助状态寄存器内容不会清除中断请求信号。

（3）设备控制寄存器

设备控制寄存器（Device Control Register）的结构如图 6－20 所示。

7	6	5	4	3	2	1	0
HOB	保留	保留	保留	保留	SRST	nIEN	0

图 6－20 ATA 设备控制寄存器

① D7：HOB=1 时，表示要将扇区数的 15～8 位、LBA 的 31～24 位、39～32 位、47～40 位写入扇区数寄存器、扇区号寄存器、低位柱面寄存器和高位柱面寄存器。写入完毕后，应将 HOB 设为 0。

② D6～D3：保留，可以设置为 0。

③ D2：SRST=1，表示复位该 IDE 通道。

④ D1：nIEN=1，表示禁止设备产生中断；nIEN=0，允许设备产生中断。

⑤ D0：始终为 0。

（4）命令寄存器

命令寄存器（Command Register）为 8 位。ATA 标准中规定了命令码，常用的命令码见表 6－9。

表 6－9 ATA 设备的部分命令码

命令码	名　称	作　用
20H	READ SECTOR(S)	读扇区，支持 CHS 模式和 28 位 LBA
24H	READ SECTOR(S)EXT	读扇区，支持 CHS 模式和 28/48 位 LBA

命令码	名　称	作　用
30H	WRITE SECTOR(S)	写扇区，支持 CHS 模式和 28 位 LBA
34H	WRITE SECTOR(S)EXT	写扇区，支持 CHS 模式和 28/48 位 LBA
C8H	READ DMA	采用 DMA 方式读扇区
CAH	WRITE DMA	采用 DMA 方式写扇区
ECH	IDENTIFY DEVICE	读取设备信息，包括型号、容量、序列号等
F1H	SECURITY SET PASSWORD	为硬盘设置口令。用 F2h 验证口令号才能读写硬盘中的内容
F2H	SECURITY UNLOCK	验证硬盘的口令
27H	READ NATIVE MAX ADDRESS EXT	读取硬盘的扇区总数
37H	SET MAX ADDRESS EXT	设置硬盘的可访问扇区数，可以隐藏一部分容量

　　写命令寄存器时，会立即触发执行写入的命令，因此，写入命令前，要先将执行命令所需要的参数写入相关的其他寄存器，即先将执行命令的初始化操作做好，最后再写入命令。例如，读扇区操作时，要先将扇区号、要读取的扇区数目写入相应的寄存器，最后再将读命令码（20H）写入命令寄存器。

　　（5）辅助状态寄存器

　　辅助状态寄存器（Alternate Status Register）的地址和设备控制寄存器的地址相同，但操作不同。如假定设备控制寄存器地址为 03F6H，则写这个地址时，写入的是控制字；读这个地址时，读出的是状态字。该寄存器的内容与状态寄存器相同，但从该寄存器中读数据时，不会清除未响应的中断请求，而读后则会清除未响应的中断请求。因此，程序设计中常用读这个辅助状态寄存器的方式获取状态字。

　　（6）扇区数寄存器

　　扇区数寄存器（Sector Count Register）为 8 位，包含需要读写的扇区的个数。在 28 位 LBA 模式或者 CHS 模式下，一次命令可以传送 1～256 个扇区。写入 0 代表传送 256 个扇区。在 48 位 LBA 模式下，一次命令可以传送 1～65 536 个扇区。48 位 LBA 模式下需要写入 2 次参数，HOB 位置为 0 时，写入低 8 位，HOB 位置为 1 时，写入高 8 位。16 位全部为 0 时，代表要传送 65 536 个扇区。如果在传输过程中产生了错误，该寄存器会将尚未传输的扇区数目保存下来供读取。

　　（7）设备/磁头寄存器

　　设备/磁头寄存器（Device/Head Register）的结构如图 6-21 所示。

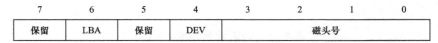

图 6-21　ATA 设备/磁头寄存器

① D7 和 D5：保留。

② D6：LBA 等于 0 时，表示使用 CHS 寻址模式；等于 1 时，表示使用 LBA 寻址模式。

③ D4：DEV 等于 0 时，表示选择 drive 0（主盘）；等于 1 时，选择 drive 1（从盘）。

④ D3～D0：低四位作为磁头编号，支持 2^4=16 个磁头。

（8）扇区地址寄存器

设备/磁头寄存器和高位柱面寄存器（Cylinder High Register，8 位）、低位柱面寄存器（Cylinder Low Register，8 位）、扇区号寄存器（Sector Number Register，8 位）一起用于表示扇区地址。

扇区地址的表示有 CHS 模式、28 位 LBA 模式、48 位 LBA 模式三种组合。3 种模式下，各寄存器的使用情况见表 6–10。

表 6–10 扇区地址在寄存器中的表示

寄存器	CHS 模式	28 位 LBA 模式	48 位 LBA 模式	
			第 1 次写入	第 2 次写入
高位柱面寄存器	磁道号高 8 位	LBA 第 23～16 位	LBA 第 47～40 位	LBA 第 23～16 位
低位柱面寄存器	磁道号低 8 位	LBA 第 15～8 位	LBA 第 39～32 位	LBA 第 15～8 位
扇区号寄存器	8 位扇区号	LBA 第 7～0 位	LBA 第 31～24 位	LBA 第 7～0 位
设备/磁头寄存器	4 位磁头号	LBA 第 27～24 位	未使用	未使用

使用 CHS 模式时，设备/磁头寄存器中的 LBA 位设为 0，将磁道号、扇区号、磁头号写入相应寄存器；使用 28 位 LBA 模式时，LBA 位设为 1，将 LBA 的 28 位写入上述 4 个寄存器；使用 48 位 LBA 模式时，LBA 位设为 1，分两次写，先将 LBA 的高 24 位（3 个字节）分别写入前面 3 个寄存器，再写入 LBA 的低 24 位。

（9）错误寄存器

错误寄存器（Error Register）为 8 位，包含设备上一次执行命令后的结果信息。错误寄存器的内容与操作相关。常见有诊断方式和操作方式两种情况。例如，诊断方式下，硬盘控制器在加电、复位或执行驱动器诊断命令以后的工作方式下时，错误寄存器的内容为诊断代码，诊断代码结果见表 6–11。

表 6–11 诊断代码

代码	含义	代码	含义
10H	无错误	04H	ECC 电路错
02H	控制器错	05H	控制器处理机错
03H	数据缓冲区错	8XH	驱动器诊断代码

操作方式下，错误寄存器中各位的意义与执行的命令有关。当状态寄存器中的 ERR 位为 1 时，错误寄存器格式如图 6–22 所示。

7	6	5	4	3	2	1	0
BBK	UNC	MC	IDNF	MCR	ABRT	TK0NF	AMNF

图 6–22 ATA 错误寄存器

① D7：BBK（Bad Block Detected），如果在所访问的扇区磁头上发现了错误标记，该数据位将被置1，表示坏扇区。

② D6：UNC（Uncorrectable Data Error），出现了不可改正的数据错误，一般是不能被ECC纠错码修正的错误。

③ D5：MC（Media Change），自最后一次存储访问结束后，存储介质将被另一个所替代，这个信号用于通知主机采用合适的方式（如重置软件缓存器），使用新的传输介质。

④ D4：IDNF（ID Not Found），ID所代表的扇区号没找到，可能是扇区的地址区被破坏，或者是访问的扇区不存在。

⑤ D3：MCR（Media Change Requested），该信号用于通知主机，存储介质改变。然后主机应该立即采取基本措施，执行 MEDIA EJECT 或者 DOOR UNLOCK 命令。

⑥ D2：ABRT（Aborted Command），表示命令是否中止。

⑦ D1：TK0NF（Track 0 Not Found），0磁道出错，这通常是一个十分严重的错误。

⑧ D0：AMNF（Address Mark Not Found），地址标志没找到，表示无法找到所访问扇区的数据区。

（10）特征寄存器

特征寄存器（Feature Register）为8位，一般不使用这个寄存器，设置为00H。只有使用Set Features、SMART Function Set 和 Format Unit 这三个命令时，才会用到这个寄存器。

（11）驱动器地址寄存器

驱动器地址寄存器（Driver Address Register）只有 ATA-1 标准可使用，ATA-2 以上的版本均未用到。

6.3.6　硬盘读写方式

1. PIO 方式读写硬盘

PIO方式访问硬盘时，硬盘扇区数据的读写完全由CPU通过IN、OUT指令执行，假定一个扇区占512字节，则PIO方式下，每次读取2字节，则读一个扇区需要256次I/O操作。每次I/O操作包括一个IN指令和一个内存写操作，即CPU先读取16位数据到AX中，再将16位数据写入内存中。写硬盘扇区时，每次I/O操作则包括一个内存读操作和一个OUT指令，整个数据传输过程CPU均被占用。

（1）PIO方式读硬盘的参考步骤

① 复位硬盘。具体操作为设置设备控制寄存器中 SRST（D2）=1，然后再设置为0。

② 读状态寄存器，直到检测到 BSY（D7）=0，DRQ（D3）=0，表示可以接收新命令，继续第③步。为了避免等待时间过长，可以在程序中设置假定在规定时间内检测到 BSY 一直为1，即硬盘一直忙碌，设置超时错，退出程序。

③ 完成读命令的参数设置，并写入读命令。首先要根据待读的扇区位置，设置特征寄存器、扇区数寄存器、扇区号寄存器、低位柱面寄存器、高位柱面寄存器和设备/磁头寄存器，见表 6-12。然后向命令寄存器写读命令（20H），写入命令后，立刻执行。此时硬盘驱动器设置状态寄存器的 BSY（D7）=1，并将扇区数据读入硬盘内部的缓冲区。硬盘驱动器读取完一个扇区后，自动设置状态寄存器的数据请求位 DRQ（D3）=1，并清除 BSY（D7）=0。当DRQ（D3）=1时，自动向主机发中断请求。

表 6-12　读硬盘命令（20H）初始化寄存器

寄存器	7	6	5	4	3	2	1	0
特征寄存器	00000000							
扇区数寄存器	需读取的扇区数目							
扇区号寄存器	LBA[7:0]							
低位柱面寄存器	LBA[15:8]							
高位柱面寄存器	LBA[23:16]							
设备/磁头寄存器	Obs	LBA	Obs	DEV	LBA[27:24]			
命令寄存器	20H							

④ 查询方式下，读取状态寄存器。判断状态字内容，当 DRDY（D6）=1，DSC（D4）=1，DRQ（D3）=1，BSY（D7）=0，且没有出错（ERR（D0）=0）时，继续第⑤步。如果有错误，进入错误处理。如果是 ECC 错误，再读取一次，否则退出程序运行。中断方式下，如果主机响应中断请求，则在中断服务程序中读取状态寄存器，对状态字进行判断。注意，为了不清除未处理的中断请求，中断方式时，需要读取辅助状态寄存器内容，同时，驱动器自动清除 INTRQ 中断请求信号。

⑤ 从数据寄存器读取扇区内容。主机通过数据寄存器读取硬盘缓冲区中的数据到主机缓冲区中，每次读 2 个字节。当扇区为 512 个字节时，需要执行 256 次读取操作。当一个扇区数据被读完，扇区计数器减 1，如果扇区计数器不为 0，进入第④步，否则进入第⑥步。

⑥ 当所有的请求扇区的数据被读取后，命令执行结束。

例 6.2　读硬盘命令示例。

```
;OUTX          MACRO   port, val
;              MOV     DX, port
;              MOV     AL, val
;              OUT     DX, AL
;              ENDM
;INX           MACRO   port
;              MOV     DX, port
;              IN      AL, DX
;              ENDM
;pio_base_addr1 EQU    01F0H
;pio_base_addr2 EQU    03F0H
;复位硬盘
               OUTX    pio_base_addr2+6, 04h      ;SRST=1
               OUTX    pio_base_addr2+6, 00h      ;SRST=0
;等待，直到 BSY=0 并且 DRQ=0
waitReady:
```

```
                    INX        pio_base_addr1+7                        ;读状态寄存器
                    AND        AL, 10001000b                          ;检测 BSY 和 DRQ 位
                    JNZ        waitReady
          ;设置读命令参数
                    OUTX       pio_base_addr1+1, 00H                  ;设置特征寄存器，00H
                    OUTX       pio_base_addr1+2, numSect              ;设置扇区数寄存器
                    ;设置扇区号寄存器，LBA(7:0)
                    OUTX       pio_base_addr1+3, ((lbaSector shr 0) and 0ffh)
                    ;设置低位柱面寄存器，LBA(15:8)
                    OUTX       pio_base_addr1+4, ((lbaSector shr 8) and 0ffh)
                    ;设置高位柱面寄存器，LBA(23:16)
                    OUTX       pio_base_addr1+5, ((lbaSector shr 16) and 0ffh)
                    ;设置设备/磁头寄存器，LBA=1, DEV=0, LBA(27:24)
                    OUTX       pio_base_addr1+6, 01000000b or ((lbaSector shr 24) and 0fh)
                    ;设置命令寄存器，写入读扇区命令 20H
                    OUTX       pio_base_addr1+7,020H
          ;查询方式下，读状态字，直到 DRDY=1，DSC=1，DRQ=1，BSY=0，ERR=0
          waitHDD:
                    INX        pio_base_addr1+7
                    CMP        AL, 01011000B
                    JNZ        waitHDD
          ;从数据寄存器读扇区内容，每次读入 2 个字节，每个扇区需要读 256 次
          ;顺序保存在 data_Buffer 中
                    LEA        EDI, data_Buffer
                    CLD
                    MOV        ECX, numSect*256
          Read2Bytes:
                    MOV        DX, pio_base_addr1
                    IN         AX, DX
                    STOSW
                    LOOP       Read2Bytes
```

（2）PIO 方式写硬盘的参考步骤

① 复位硬盘，设置设备控制寄存器中 SRST=1，然后再设置为 0。

② 读取状态寄存器，等待其 BSY(D7)=0，DRQ(D3)=0，表示可以接收新命令，继续第③步。如果规定时间内检测到 BSY 一直为 1，即硬盘一直忙碌，设置超时错，退出程序。

③ 完成写命令的参数设置，并写入写命令。根据要写的扇区位置，设置特征寄存器、扇区数寄存器、扇区号寄存器、低位柱面寄存器、高位柱面寄存器和设备/磁头寄存器，完成写命令参数设置，然后向命令控制器写入写命令 30H；硬盘驱动器设置状态寄存器中 DRQ(D3)=1，此时主机通过数据寄存器把指定内存中的数据传输到缓冲区；当缓冲区满，或主机送完一个扇

区 512 字节的数据后，驱动器设置状态寄存器中的 BSY(D7)=1，并清除 DRQ(D3)=0；缓冲区中的数据开始被写入驱动器的指定的扇区中，一旦处理完一个扇区，驱动器马上清除 BSY 信号，使 BSY(D7)=0，同时设置 INTRQ=1，发出中断。

④ 读取状态寄存器，以判断写命令执行的情况，如果 ERR(D0)=1 出现无法克服的错误（如坏盘），则退出程序，否则继续下一步。

⑤ 如果还有扇区进行写操作，进入第③步；否则，进入下一步。

⑥ 当所有的请求扇区的数据被写入后，命令执行结束。

虽然硬盘缓冲区一般可以容纳多个扇区，但最好每读/写一个扇区，就判断其命令执行的状态寄存器，保证读写的数据的正确性。

2. DMA 方式读取硬盘

DMA 方式即直接存储器访问（Direct Memory Access）。DMA 传输的最大优势在于使得数据传送在 IDE 控制器的端口和内存之间直接进行，不需要通过 CPU 中转，解放了 CPU。旧时的计算机由基于 ISA 总线的 DMA 控制器 8237 来完成 DMA 传输，如软盘驱动器数据的 DMA 传送。此时 8237 是由多个外部设备"共享"的 DMA 控制器。但现代微机中软盘驱动器已经淘汰，8237 芯片已经消失，只在芯片组中保留了 8237 的功能。系统的许多外部设备都是挂接在 PCI 总线上，系统不设置专门的 DMA 控制器，而是将 DMA 控制器和外部设备结合起来，每个支持 DMA 功能的外部设备中都包含了一个 DMA 控制器，PCI 总线的 DMA 控制器是由外部设备"独立"使用的，不需要共享。硬盘的 DMA 数据传送通过 PCI–IDE 控制器进行。PCI–IDE 中含有一个 DMA 控制器，它能够在硬盘和内存之间直接传送数据。在数据传送期间，这个 DMA 控制器接管 PCI 总线，产生对硬盘的 I/O 操作和对内存的读写操作，根据设定的传送字节数，在全部数据传送完成后结束 DMA 传输。

集成在主板芯片组中的 PCI–IDE 控制器，支持 DMA 功能，能够在 IDE 通道和内存之间建立直接的数据传输，而不必通过 CPU。即 PCI–IDE 控制器可以作为总线主控设备，从 IDE 接口中读出数据写入内存中（读扇区），或者从内存中读出数据写入 IDE 接口中（写扇区）。

（1）PCI–IDE 控制器

图 6–23 所示的 PCI–IDE 控制器就像一座桥梁一样，一端连接 PCI 总线，另一端连接 IDE 设备，能够在控制器中的 DMA 的指挥下，通过 PCI 总线在内存和 IDE 设备之间传输数据。

（2）PCI–IDE 控制器中的 DMA 寄存器

PCI–IDE 控制器中设置了一系列的 DMA 寄存器来控制 IDE 通道和内存之间的 DMA 传输。PCI–IDE 控制器作为一个 PCI 设备挂接在 PCI 总线上。PCI 设备必须按照

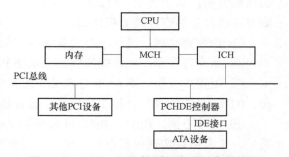

图 6–23　PCI–IDE 控制器在系统中的位置

PCI 规范设置配置头区域有关字段。系统启动时，系统软件的配置程序读取配置头中的设备信息并根据设备的要求按照 PCI 规范配置设备。图 6–24 给出了 PCI 配置空间头的 16 个双字寄存器。

31	16	15	0	
设备 ID		供应商 ID		00H
状态寄存器		命令寄存器		04H
类代码			版本	08H
内建自测	配置头类型	延迟时间	Cache 行大小	0CH
基地址寄存器 0				10H
基地址寄存器 1				14H
基地址寄存器 2				18H
基地址寄存器 3				1CH
基地址寄存器 4				20H
基地址寄存器 5				24H
卡总线指针				28H
子系统版本 ID		子系统供应商 ID		2CH
扩展 ROM 基地址寄存器				30H
保留		性能指针		34H
保留				38H
优先级请求	时间片请求	中断引脚	中断线	3CH

图 6-24 PCI 配置空间头部的 16 个双字寄存器

各字段说明如下:

① 供应商 ID: 设备制造商的代码,由 PCI SIG 组织来分配。如值 8086h 代表 Intel 公司。

② 设备 ID: 16 位,由设备制造商分配,表示设备类型。例如,2416h 代表 Intel 82801AA(ICHAA) AC'97 Modem Controller。

③ 版本: 8 位,由设备制造商分配,表示设备的版本号。

④ 类代码: 24 位内容包含基类型、子类型和可编程接口,每一项占 1 个字节。基类型代表设备的基本功能,如 01H 表示大容量存储控制器;设备子类型表示了该基类型中的设备的详细分类,如子类型=00H 表示 SCSI 控制器;子类型=01H 表示 IDE 控制器,可编程接口则表示该设备的寄存器编程接口。

⑤ 命令寄存器: 提供了对设备响应和执行 PCI 访问能力的基本控制。

⑥ 状态寄存器: 把功能的状态记录在 PCI 设备中。

⑦ 配置头类型: 第 6~0 位定义了配置空间头部的格式(00H=普通 PCI 设备,01H=PCI桥,02H=CardBus 桥)。第 7 位定义了设备是单功能设备(=0)还是多功能设备(=1)。

⑧ 内建自测: BIST(Built-In Self-Test)寄存器,可以由主设备和/或目标设备提供,设置后,设备可以实现内置自检。延迟定时器也叫时间片寄存器,它对于执行猝发交易的主设备是强制性的(可读/可写)。

⑨ 延迟时间: 定义了以 PCI 时钟周期为单位的最小时间量,在这个时间片中,总线主设备只要启动一次新交易,就能保持总线所有权。启动交易后,总线主设备在每个时钟上升沿将延迟定时器减 1。

⑩ Cache 行大小：给出系统以双字为单位的 Cache 行大小。例如，一个寄存器的值为 08h，表示 Cache 行容量为 8 个双字即 32 字节。

⑪ 优先级请求：表示主设备访问总线的频度，决定总线仲裁器分配给主设备的优先级。

⑫ 时间片请求：由总线主设备提供，表示主设备要达到好的性能而希望保持 PCI 总线所有权的时间，指出设备进行一个猝发周期需要多长时间（以 250 ns 为单位）。

⑬ 中断引脚：指出功能连接了哪一个中断请求引脚。值 01H～04H 对应于 PCI 中断请求引脚 $\overline{\text{INTA}}$ ～ $\overline{\text{INTD}}$ 。

⑭ 中断线：用于识别功能的 PCI 中断请求引脚（由中断引脚寄存器指定）连接到中断控制器的哪个输入端。

⑮ 基地址寄存器：为设备内的存储器和 IO 空间提供基地址的寄存器。第 0 位定义了该寄存器描述的是存储器（=0）还是 I/O 地址（=1）。存储器的基地址可以是 64 位的（第 2 和 1 位=10b），这时，使用 2 个基地址寄存器表示 64 位基地址。如偏移 024H 处的基址寄存器 5 作为 DMA 主控寄存器的首地址。所有基址寄存器的最低位均为只读位，为 1 时表示这个基地址属于 I/O 空间，为 0 时表示这个基地址属于存储空间。如基址寄存器 5 内容为 0000C001H 时，32 位二进制中最低位 D0 为 1，表示该地址映射到 I/O 空间，D1 位保留为 0，D31～D2 位指示 DMA 主控寄存器的首地址为 0000C000H。

⑯ 扩展 ROM 基地址寄存器：指出 PCI 设备内的扩展 ROM 起始存储器地址和长度。

PCI-IDE 支持的 2 个 IDE 通道中，每个通道都有 3 个寄存器：主控命令寄存器、主控状态寄存器和描述符指针寄存器。

主控命令寄存器的格式如图 6-25 所示。第 3 位置为 0 时，表示读扇区，DMA 传送方向为从 IDE 设备到内存；为 1 时，表示写扇区，方向为从内存到 IDE 设备。第 0 位置为 0 时，表示停止 DMA 传输；为 1 时，表示启动 DMA 传输。

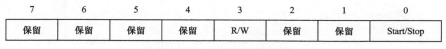

7	6	5	4	3	2	1	0
保留	保留	保留	保留	R/W	保留	保留	Start/Stop

图 6-25 主控命令寄存器

主控状态寄存器的格式如图 6-26 所示。

7	6	5	4	3	2	1	0
Simplex	D1DC	D0DC	保留		Interrupt	Error	Active

图 6-26 主控状态寄存器

① D7=1 时，表示设备 0 和设备 1 不能同时执行 DMA 操作。

② D6=1 时，表示设备 1（从盘）能够执行 DMA 操作；

③ D5=1 时，表示设备 0（主盘）能够执行 DMA 操作；

④ D4、D3 保留；

⑤ D2=1 时，表示 IDE 设备已产生一个中断请求（DMA 传输已完成）；

⑥ D1=1 时，表示 DMA 传送出现了一个错误；

⑦ D0=1 时，正在进行 DMA 传输。

描述符表指针寄存器的格式如图 6–27 所示。它是一个指向描述符表的指针，指针的第 1 位和第 0 位必须为 0。描述符表中包含一个或多个物理区域描述符（Physical Region Descriptor）。每个物理区域描述符是 8 字节，它的格式如图 6–28 所示。

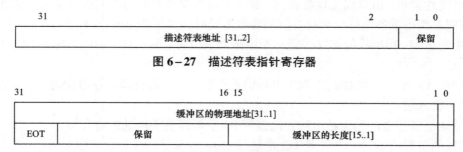

图 6–27　描述符表指针寄存器

图 6–28　物理区域描述符格式

每个描述符指出一个内存缓冲区的物理地址及缓冲区长度。物理地址的第 0 位和缓冲区长度的第 0 位必须为 0。当缓冲区长度为 0 时，传送 65 536 个字节。EOT 位代表这个缓冲区是否为最后一个。如果有多个内存缓冲区，则前几个缓冲区的描述符中的 EOT 为 0，而最后一个为 1。

图 6–29 中有 2 个不连续的内存缓冲区，地址分别为 00060000H、00063000H，长度都为 200H。可以通过一次 DMA 操作将这 2 个缓冲区的内容传送给设备，写到硬盘上的 2 个连续的扇区。这就需要构造一个描述符表，表中的 2 项描述符分别描述一个物理区域（起始地址和长度），第 2 项的 EOT 位设为 0。设描述符表的地址为 00070000H，将描述符表的地址写入描述符表指针寄存器，在执行 DMA 操作时，PCI–IDE 控制器就能够获得内存中的 2 个缓冲区的地址和长度。

图 6–29　DMA 操作所使用的不连续缓冲区

PCI–IDE 控制器支持 2 个 IDE 通道（主/Primary 通道和次/Secondary 通道），为每个通道分配了 8 个字节的端口地址。从基地址寄存器 5（BAR5）开始，一共 16 个字节。各个主控命令寄存器、主控状态寄存器和描述符指针寄存器的端口地址如表 6–13 所示。

表 6–13　PCI–IDE 控制器的寄存器分配

主通道	寄存器名称	次通道	寄存器名称
BAR5+00H	主控命令寄存器	BAR5+08H	主控命令寄存器
BAR5+01H	保留	BAR5+09H	保留

续表

主通道	寄存器名称	次通道	寄存器名称
BAR5+02H	主控状态寄存器	BAR5+0AH	主控状态寄存器
BAR5+03H	保留	BAR5+0BH	保留
BAR5+04H	描述符指针寄存器	BAR5+0CH	描述符指针寄存器

（3）通过 DMA 读写硬盘

DMA 方式读写硬盘步骤如下。

① 在内存中构造一个描述符表，指向缓冲区。

② 把描述符表的地址写入描述符表指针寄存器。

③ 设置主控命令寄存器的 R/W 位。读硬盘时，设为 1；写硬盘时，设为 0。

④ 将 1 写入主控状态寄存器的 Interrupt 和 Error 位，将这两个位复位为 0。

⑤ 要传输的扇区数、扇区地址等参数写入 ATA 设备寄存器。将命令码（如 C8H、CAH）写入 ATA 命令寄存器。

⑥ 将 1 写入主控命令寄存器的 Start/Stop 位。

⑦ PCI－IDE 控制器会在内存缓冲区和硬盘之间进行 DMA 数据传输。

⑧ 传输完毕后，硬盘发出一个中断请求。PCI－IDE 控制器随之向 CPU 发出中断请求。

⑨ 响应中断请求后，将 0 写入主控命令寄存器的 Start/Stop 位，将 1 写入主控状态寄存器的 Interrupt 位，以清除中断请求。

⑩ 读取主控状态寄存器和 ATA 状态寄存器，确认命令是否成功。

6.3.7 串行 ATA

1. SATA 接口和技术指标

串行 ATA（Serial ATA，SATA）是下一代内部存储连接，现在已经基本取代了传统的 ATA 硬盘。这种接口结构克服了制约并行 ATA（PATA）总线速度提高的电气约束。SATA 在硬件连接上和并行 ATA 的区别主要在于连接电缆和数据传输方式上。如图 6－30 中 SATA 采用差分方式，一个 SATA 连接（7 芯）包含一个发送信号对（2 芯，A+、A－，从主机到设备）、一个接收信号对（2 芯，B+、B－，从设备到主机）和地线（3 芯，接地），不需要单独的电缆来传送控制信号，数据和控制信号都通过 A+、A－及 B+、B－来传输。电源线则有 15 芯，提

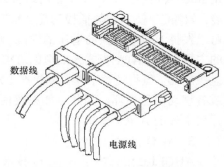

图 6－30 SATA 连接线

供 3.3 V、5 V、12 V 的电源和地。SATA 串行传输使用 8B/10B 编码（即用 10 位编码表示 8 位有效数据），采用 32 位 CRC 数据校验。一个 PATA 端口能连接两个 PATA 设备不同，一个 SATA 端口只连接一个 SATA 设备。SATA 接口引脚及功能见表 6－14。

SATA 技术指标见表 6－15。并行 ATA 电缆的长度最长为 46 cm，而 SATA 电缆的长度在 1～2 m。SATA 电缆变细，在机箱内对空气流动的影响小，不但有利于散热，还能够节约主

板空间。此外，SATA 硬盘实现了全速命令队列（Native Command Queuing，NCQ）。在硬盘内部可以对来自主机的读写命令进行优化排序后执行，提高了硬盘的处理能力。尽管 SATA 和 PATA 硬件连接上区别明显，但是在软件上它们都遵循 ATAPI 标准，因此，在编程进行硬盘访问时软件兼容。

表 6-14 SATA 接口引脚及功能

SATA 引脚	引脚功能
1	地
2	A+，发送差分对信号
3	A-，发送差分对信号
4	地
5	B+，接收差分对信号
6	B-，接收差分对信号
7	地
-	槽口

表 6-15 SATA 技术指标

版本	带宽/（Gb·s^{-1}）	实际速度/（MB·s^{-1}）	线缆最大长度/m
SATA 3.0	6	600	2
SATA 2.0	3	300	1.5
SATA 1.0	1.5	150	1

2. AHCI

串行 ATA 高级主控接口/高级主机控制器接口（Advanced Host Controller Interface，AHIC）是 Intel 公司所主导，多家公司联合开发的一项技术。它允许存储驱动程序启用高级 SATA 功能，如 NCQ 技术和热插拔功能。ACHI 需要硬盘和主板两方面的支持。主板开启 AHCI 之后，可以发挥 SATA 硬盘的潜在的性能，理论上大约可增加 30%的硬盘读写速度；没有开启 AHCI 的主板默认 SATA 模式为虚拟的 IDE 模式，开机后自动加载 IDE 驱动程序，并启用 IDE 磁盘控制器。值得注意的是，如果在 IDE 模式下强行热插拔 eSATA 硬盘，可能会导致数据丢失或者移动硬盘损坏。因此，如果要使用 eSATA 接口的移动设备刚好有 eSATA 接口，一定要开启主板的 AHCI 模式。

3. NCQ 技术

AHCI 1.0 中开始引入 NCQ 技术。支持 NCQ 技术的硬盘在接到读写指令后，根据指令对访问地址进行重新排序，减少读取时间，使数据传输更为高效，同时也能有效延长硬盘的使用寿命。图 6-31 给出了不支持 NCQ 和支持 NCQ 硬盘访问的磁头轨迹示意。假定要访问①、②、③和④数据点，编号为请求顺序，图 6-31（a）示意不支持 NCQ 情况下，磁头按照数据请求的先后顺序移动并读取数据，轨迹如线条所示。图 6-31（b）示意支持 NCQ 情况下，硬盘对数据请求进行优化排序，尽可能少移动磁头，轨迹如线条所示。图中很明显可以看出，访问同样的数据，支持 NCQ 的硬盘磁头移动轨迹短得多，从而提高了访问效率。

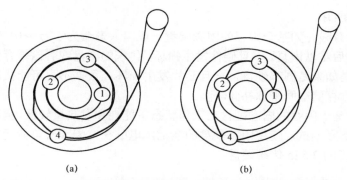

图6-31　不支持 NCQ 和支持 NCQ 硬盘访问的磁头轨迹示意

（a）不支持 NCQ；（b）支持 NCQ

6.3.8　固态硬盘

1. 基本原理

固态硬盘（Solid State Disk 或 Solid State Drive，SSD），也称作电子硬盘或者固态电子盘。目前广泛应用于军事、车载、工控、视频监控、网络监控、网络终端、电力、医疗、航空、导航设备等领域。

固态硬盘没有磁头，结构较为简单，在一块 PCB 上，由固态存储单元、主控芯片、传输接口及一些小元件所组成。固态存储单元负责存储数据，控制单元负责读取、写入数据。固态硬盘的存储介质分为两类：一类是闪存（FLASH 芯片），这类存储芯片具备可移动性，同时数据保护不受电源控制，适合应用在各种使用环境，但使用年限不长。另一类是 DRAM，这类芯片使用寿命很长，常应用在 SSD 硬盘或 SSD 硬盘阵列中，但数据保护需要独立电源支持，以及采用工业标准的 PCI 及 FC 接口连接在主机平台的设计，导致了采用这类芯片的固态硬盘应用范围比较窄。目前绝大多数固态硬盘采用的是闪存介质。

固态硬盘的接口规范和定义、功能及使用方法上与普通硬盘的相同，在产品外形和尺寸上也与普通硬盘一致，新一代的固态硬盘普遍采用 SATA-2 和 SATA-3 接口，也有采用 MSATA、PCI-E 和 NGFF 接口等。存储芯片和主控芯片成为决定固态硬盘性能的主要决定因素。

固态硬盘和普通硬盘相比，主要优点包括：

① 速度快。由于固态硬盘没有普通硬盘的机械结构，也不存在机械硬盘的寻道问题，系统能够在低于 1 ms 的时间内对任意位置存储单元完成输入/输出操作，访问速度远高于普通硬盘。

② 读取时间相对固定，固态硬盘寻址时间与数据存储位置无关。

③ 固态硬盘内部不存在任何机械活动部件，无噪声，不会发生机械故障，也不怕碰撞、冲击、振动，便于移动应用。

④ 工作温度范围更大。典型的硬盘驱动器只能在 5～55 ℃范围内工作，而大多数固态硬盘可在-10～70 ℃工作，一些工业级的固态硬盘还可在-40～85 ℃，甚至更大的温度范围下工作。

固态硬盘和普通硬盘相比，主要缺点包括：

① 成本高。每单位容量价格是传统硬盘的 5～10 倍（基于闪存），甚至 200～300 倍（基于 DRAM）。

② 容量低。目前固态硬盘最大容量远低于传统硬盘。传统硬盘的容量仍在迅速增长，目

前容量已经超过 4 TB。

③ 写入寿命有限。如基于闪存的固态硬盘一般写入寿命为 1 万~10 万次。

④ 数据损坏后难以恢复。一旦硬件发生损坏，传统的磁盘或者磁带存储方式也许能挽救一部分数据。但是如果是固态硬盘，一旦芯片发生损坏，数据不再可能找回。目前常用备份的方式，通过牺牲存储空间来弥补此缺陷。

⑤ 低容量的基于闪存的固态硬盘在工作状态下能耗和发热量较低，但高端或大容量产品能耗较高。根据实际测试，使用固态硬盘的笔记本电脑在空闲或低负荷运行下，电池航程短于使用 5 400 r/min 的 2.5 in 传统硬盘。

2. 闪存芯片

闪存（FLASH）作为一种安全、快速的存储体，具有体积小、容量大、成本低、掉电情况下数据不丢失等一系列优点，已成为计算机系统中的一种重要的信息载体。

FLASH 是一种非易失性存储器 NVM（Non-Volatile Memory），FLASH 的一个特性就是"先擦后写"，由于 FLASH 的写操作只能将数据位从 1 写成 0，不能从 0 写成 1，所以，在对存储器进行写入之前，必须先执行擦除操作。擦除操作的最小单位是一个区块，而不是单个字节或单个扇区。

根据结构的不同，可以将 FLASH 分成 NOR FLASH 和 NAND FLASH 两种。Intel 公司于 1988 年首先开发出 NOR FLASH 技术，以替代 EPROM 和 EEPROM。NOR FLASH 按照字节为单位进行读写操作。NOR 的优点是程序可以直接在闪存上运行，在一些嵌入式系统中，系统的初始化程序可以放置在 NOR FLASH 中，直接从 NOR FLASH 上启动，不需要把代码从 FLASH 读到系统 RAM 中，这个特点又被称为片内执行（eXecute-In-Place，XIP）。而 NAND 的容量更高，在物理结构上分成若干个区块，区块之间相互独立。一个区块包括多个块。每个块的大小是 512 或 2 048 字节。对 NAND FLASH 的读写是以块为单位进行的。每个块的最大擦写次数是一百万次。NAND 写入和擦除的速度比较快，使用寿命更长。目前 U 盘、SD 卡、MMC 卡等存储设备一般都采用 NAND FLASH。

NAND FLASH 具有如下特点：

（1）读写接口

在物理结构上分成若干个区块，区块之间相互独立。一个区块包括多个块。每个块的大小是 512 或 2 048 字节。对 NAND FALSH 的读写是以页为单位进行的。

（2）擦除

向 NAND FLASH 发出一个"擦除"操作命令，可以擦除整个块的内容。每个块的最大擦写次数是一百万次。NAND FLASH 针对 8~32 KB 的块进行擦除操作只需要约 4 ms，远低于 NOR 的块擦除时间。

（3）操作指令

FLASH 不能像 RAM 那样直接对目标地址进行总线操作。比如执行一次写操作，它必须输入一串特殊的指令（NOR FLASH），或者完成一段时序（NAND FLASH），才能将数据写入到 FLASH 中。

（4）位反转

由于 FLASH 固有的特性，在读写数据过程中，偶然会产生一位或几位数据错误。这就是位反转。位反转无法避免，只能通过校验、纠错码等手段进行处理。相比之下，NAND FLASH 发生位反转的概率比 NOR FLASH 的要高。

（5）坏块

FLASH 在使用过程中，可能导致某些区块的损坏。区块一旦损坏，将无法进行修复。如果对已损坏的区块进行操作，可能会带来不可预测的错误。尤其是 NAND FLASH 在出厂时就可能存在这样的坏块（已经被标识出）。

习题 6

6.1 简述现代微机的存储系统构成。

6.2 什么是程序的局部性原理？试举例说明。

6.3 简述 Cache 的工作原理。

6.4 简述内存的分类。

6.5 查找资料，简述计算机操作系统中虚拟内存的实现机制。

6.6 针对某款主流的内存条，给出具体技术指标和参数。

6.7 写一篇短文介绍一种当前主流的硬盘，并给出具体技术指标和参数。

6.8 假设一个磁道共有 2 048 个柱面，16 个磁头，每个磁道分为 64 个扇区，每个扇区容量为 512 字节，该磁盘的总容量共有多少 GB？假设磁盘的一个逻辑盘块大小为 2 KB，则逻辑盘块号 513 所对应的首个扇区的三维物理地址是多少？

6.9 若某扇区在 CHS 编址模式中的地址为 C=128，H=32，S=9，则在 LBA 编址模式中地址为多少？

6.10 编写程序段，实现 PIO 方式读写硬盘从 LBA=2015000H 开始连续 10 个扇区的数据。

6.11 编写程序，实现 DMA 方式将缓存区 00020150H 开始 100H 字节的内容传送到硬盘。

6.12 已知读取的 PCI-IDE 配置空间数据如下：

```
86 80 10 70 07 00 00 00 00 8A 01 01 00 00 00 00
00 00 00 00 00 00 00 00 00 00 00 00 00 00 00 00
01 C0 00 00 00 00 00 00 00 00 00 00 00 00 00 00
00 00 00 00 00 00 00 00 00 00 00 00 00 00 00 00
00 80 00 80 00 00 00 00 00 00 00 00 00 00 00 00
00 00 00 00 00 00 00 00 00 00 00 00 00 00 00 00
00 00 00 00 00 00 00 00 00 00 00 00 00 00 00 00
00 00 00 00 00 00 00 00 00 00 00 00 00 00 00 00
00 00 00 00 00 00 00 00 00 00 00 00 00 00 00 00
00 00 00 00 00 00 00 00 00 00 00 00 00 00 00 00
00 00 00 00 00 00 00 00 00 00 00 00 00 00 00 00
00 00 00 00 00 00 00 00 00 00 00 00 00 00 00 00
00 00 00 00 00 00 00 00 00 00 00 00 00 00 00 00
00 00 00 00 00 00 00 00 00 00 00 00 00 00 00 00
00 00 00 00 00 00 00 00 00 00 00 00 00 00 00 00
00 00 00 00 00 00 00 00 00 00 00 00 00 00 00 00
```

试根据 PCI 配置头，分析各字段的含义。

6.13 简述固态硬盘的优缺点。

第7章
总 线 技 术

总线就是用来传送信息的一组通信线，PC机从其诞生以来就采用了总线技术。先进的总线技术对于解决系统"瓶颈"，提高整个微机系统的性能有着十分重要的影响。当前总线结构方式已经成为微机性能的重要指标之一。总线技术之所以能够得到迅速发展，是由于采用总线结构在系统设计、生产、使用和维护上有很多优越性。概括起来有以下几点：

① 便于采用模块结构设计方法，简化了系统设计；

② 标准总线可以得到多个厂商的广泛支持，便于生产与之兼容的硬件板卡和软件；

③ 模块结构方式便于系统的扩充和升级；

④ 便于故障诊断和维修，同时也降低了成本。

此外，一些新型接口标准如 USB 等，允许同时连接多种不同的外设，因此，也把它们称为外部总线。本章主要讲述总线技术的基本原理及常见的总线技术。

7.1 总线概述

7.1.1 总线的分类

在计算机框架结构中，总线是一种通信通道，用以在计算机内部及计算机之间传输数据。总线这个术语涵盖了所有的相关硬件（导线、光线等）及软件（通信协议等）。早期的计算机

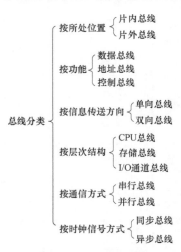

图 7-1 总线的分类

总线仅指那些拥有多个接口的并行线缆，但现在泛指任何能够提供通信逻辑功能的物理布局和设施。现代计算机总线既有并行方式，又有串行方式，既有菊花链式连接，又有集线器连接。总线的形态多种多样，位置各不相同，功能也千差万别。按照不同的标准，可以把总线划分成不同的类型，如图 7-1 所示。

1. 按所处的位置分类

总线按照所处的位置可以分为片内总线和片外总线。

① 片内总线：指 CPU 内部的总线，即芯片内部的总线。

② 片外总线：指 CPU 与内存和输入/输出设备之间的通信接口，常指外设的接口标准，如 SATA、SCSI、USB 和 IEEE 1394 等。前两种是与硬盘、光驱等设备的接口，后面两种常用来连接多种外部设备。

2. 按功能分类

按照功能，可以把总线划分为地址总线、数据总线和控制总线，即这三者组成通常所说的系统总线。

① 地址总线（Address Bus，AB）：用来传送地址信息。

② 数据总线（Data Bus，DB）：用来传送数据信息。

③ 控制总线（Control Bus，CB）：用来传送各种控制信号。

3. 按信息传送方向分类

按照信息的传送方向，可以分为单向总线和双向总线。

① 单向总线：信息只能朝一个方向传送，典型的单向总线如地址总线。

② 双向总线：信息可以朝两个方向传送，典型的双向总线如数据总线。

4. 按层次结构分类

按照总线所在的层次划分，可以分为 CPU 总线、存储总线和 I/O 通道总线。

① CPU 总线：用来连接 CPU 和控制芯片。

② 存储总线：用来连接存储控制器和内存。

③ I/O 通道总线：用来连接扩充插槽上的各扩展板卡。

5. 按通信方式分类

计算机的通信方式可分为并行通信和串行通信，相应的通信总线被称为并行总线和串行总线。

① 并行总线：通信速度快，实时性好，但由于占用的总线多，不适合小型化产品。

② 串行总线：通信速率虽低，但在数据通信量不是很大的应用场合中，更加简易、方便、灵活。

6. 按时钟信号方式分类

按照时钟信号是否独立，可以分为同步总线和异步总线。

① 同步总线：时钟信号独立于数据，也就是说，要用一根单独的线来作为时钟信号线。

② 异步总线：时钟信号是从数据中提取出来的，通常利用数据信号的边沿来作为时钟同步信号。

7.1.2　总线技术指标

1. 总线的带宽

总线的带宽也叫总线数据传输速率，指的是单位时间内总线上传送的数据量，即每秒钟传送的最大稳态数据量。与总线密切相关的两个因素是总线的位宽和总线的工作频率，它们之间的关系：总线的带宽＝总线的工作频率×总线的位宽÷8。

2. 总线的位宽

总线的位宽指的是总线能同时传送的二进制数据的位数，或数据总线的位数，即 32 位、64 位等总线宽度的概念。总线的位宽越宽，每秒钟数据传输率越大，带宽越宽。

3. 总线的工作频率

总线的工作时钟频率以 MHz 为单位，工作频率越高，总线工作速度越快，带宽越宽。

7.2　PCI 总线

PCI 总线是由 Intel 公司 1991 年推出的一种不依附于某个具体处理器的局部总线标准。从结构上看，PCI 是在 CPU 和原来的系统总线之间插入的一级总线，具体由一个桥接电路实现对这一层的管理，并实现上下之间的接口以协调数据的传送。管理器提供了信号缓冲，使之能支持 10 种外设，并能在高时钟频率下保持高性能，工作频率为 33 MHz/66 MHz，数据宽度分为 32 位、64 位两种，电压标准为 3.3 V 及 5 V 两种，并且支持 5 V 向 3.3 V 的转换。PCI 总线还支持总线主控技术，允许智能设备在需要时取得总线控制权，以加速数据传送。PCI 总线支持即插即用（Plug and Play）、中断共享等技术。它为显卡、声卡、网卡、MODEM 等设备提供了连接接口，目前逐步为 PCI-E 所替代。PCI 总线接口如图 7-2 所示。

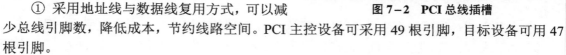

图 7-2　PCI 总线插槽

7.2.1　PCI 总线特点

PCI 总线具有如下特点：

① 采用地址线与数据线复用方式，可以减少总线引脚数，降低成本，节约线路空间。PCI 主控设备可采用 49 根引脚，目标设备可用 47 根引脚。

② 对 32 位及 64 位总线的使用采用透明方式，允许 32 位与 64 位器件相互协作。

③ 允许 PCI 局部总线扩展卡及器件进行自动配置，提供即插即用的能力。

④ 独立于处理器，工作频率与处理器基准时钟无关，可支持多机系统。

⑤ 具有良好的兼容性，可支持 ISA、SCSI、IDE 等多种总线，同时预留了拓展空间。

⑥ PCI 总线标准提供了 5 V 和 3.3 V 两种电源电压，为此，PCI 总线定义了从 5 V 到 3.3 V 的转换途径。并且定义了一种双电压规范，支持通用双电压卡，如图 7-3 所示。

7.2.2　PCI 总线的体系结构

如图 7-4 所示，PCI 总线允许在一个总线中插入 32 个物理部件，每一个物理部件可以最多包含 8 个不同的功能部件。除去用于产生广播消息的一个功能部件地址外，在一条 PCI 总线上最多可以包含 255 个可寻址的功能部件。驱动 PCI 总线的控制都由 PCI 桥（总线控制器）实现。总线控制器在主机总线接口中引入了 FIFO 缓冲器，可使 PCI 总线部件与 CPU 并发工作。

PCI 总线体系结构的特点包括：

① PCI 桥用来实现驱动 PCI 总线所需的全部控制。其中 CPU 和 PCI 总线之间的控制芯片习惯上称为北桥芯片。芯片中除了含有桥接电路外，还有 Cache 控制器和内存控制器等电路。此外，还有 FIFO 缓冲器，可以为 CPU 和 PCI 总线之间数据交换提供缓冲队列空间。

② 要求高速传输数据的外围部件（比如音视频接口卡、网络接口卡、磁盘控制卡等）可以通过 PCI 总线与 CPU 或内存高速交换数据。

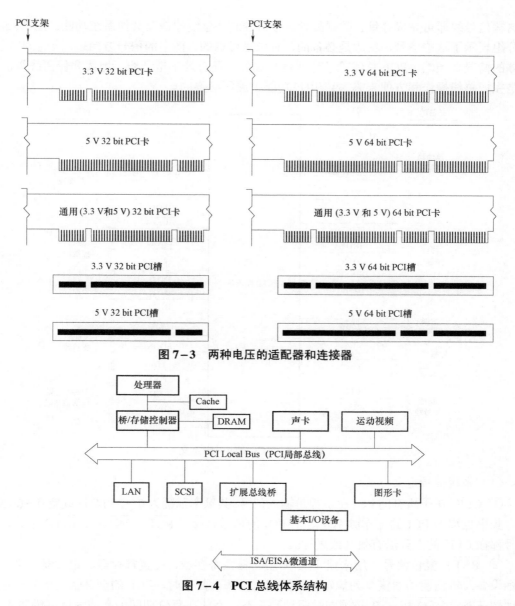

图 7-3　两种电压的适配器和连接器

图 7-4　PCI 总线体系结构

③ PCI 总线上可以挂载其他总线控制器，习惯上称为南桥芯片，可以将 PCI 总线数据标准转换为其他总线数据标准，从而构成 PCI 总线的扩展总线。扩展总线可以挂载低速设备，比如打印机、扫描仪、MODEM 等。原有的系统总线，比如 ISA 总线，被设计成 PCI 总线的扩展总线，PCI 总线将其当作一种 PCI 总线的外部设备。

④ 如果挂载外设较多，而 PCI 总线驱动能力不足，可以采用 PCI 总线扩展形式，在原有 PCI 总线基础上接入 PCI-PCI 桥，从而扩展出一条新的 PCI 总线。

7.2.3　PCI 总线引脚信号定义

PCI 总线引脚信号的定义如图 7-5 所示。PCI 总线的信号线包括两大类：必备的和可选的。PCI 接口要求的最少引脚数，对于只作为目标的从设备，为 47 条，主设备为 49 条。只用这些信号线即可完成寻址、数据处理、接口控制、总线仲裁及其他系统功能。图 7-5 按功能分组表示了这些信号，左边是必备的，右边是可选的。图中的信号方向适用于主/从设备综合体的情况。当然，PCI 总线除了这些信号线外，还有若干电源线、地线和保留线等，这些也是完成总线操作和方便未来系统/用户功能扩展所必要的。

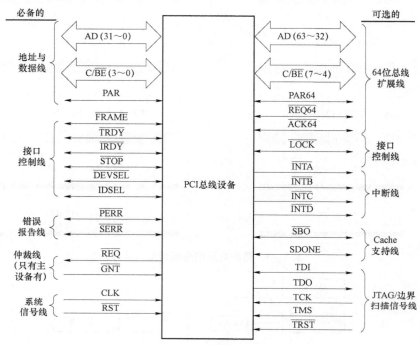

图 7-5 PCI 总线引脚定义

（1）系统信号定义

① CLK：对于所有的 PCI 设备都是输入信号。其频率范围为 0～33 MHz 或者 0～66 MHz，这一频率也称为 PCI 的工作频率。对于 PCI 的信号，除了 $\overline{RST}$、$\overline{INTA}$ ～ $\overline{INTD}$ 之外，其余信号都在 CLK 的上升沿有效（或采样）。

② $\overline{RST}$：复位信号。用来使 PCI 专用的特性寄存器、配置寄存器、定时器、主设备、目标设备及输出驱动器恢复为规定的初始状态。每当复位时，PCI 的全部输出信号一般都应驱动到三态。$\overline{REQ}$ 和 $\overline{GNT}$ 必须同时驱动到三态，不能在复位期间为高或为低。为防止 AD、C/$\overline{BE}$ 及 PAR 在复位期间浮动，可由中央资源将它们驱动到逻辑低，但不能驱动为高电平。RST#和 CLK 可以不同步，但要保证其撤销边沿没有反弹。

（2）地址和数据信号

① AD[31:0]：地址、数据多路复用的输入/输出信号。一个总线交易由一个地址期和一个或多个数据期构成。在 $\overline{FRAME}$ 有效时，是地址期；在 $\overline{IRDY}$ 和 $\overline{TRDY}$ 同时有效时，是数据期。PCI 总线支持突发方式的读写功能。

② C/$\overline{BE}$[3:0]：总线命令和字节使能多路复用信号线。在地址期中，传输的是总线命令；在数据期内，传输的是字节使能信号，用来确定 AD[31:0]线上哪些字节为有效数据。C/$\overline{BE}$[0] 应用于字节 0（最低字节），C/$\overline{BE}$[3] 应用于字节 3（最高字节）。

③ PAR：地址与数据位传送时的奇偶校验信号。

（3）接口控制信号

① $\overline{\text{FRAME}}$：帧周期信号。由当前的主设备驱动，表示当前主设备一次交易的开始和持续时间。$\overline{\text{FRAME}}$ 的有效预示着总线传输的开始；在 $\overline{\text{FRAME}}$ 存在期间，意味着数据传输的继续进行；$\overline{\text{FRAME}}$ 失效后，是交易的最后一个数据期。

② $\overline{\text{IRDY}}$：主设备准备好信号。由当前主设备驱动，该信号的有效表明发起本次传输的设备能够完成交易的当前数据期。它要与 $\overline{\text{TRDY}}$ 配合使用，二者同时有效，数据方能完整传输。在读周期，该信号有效时，表示主设备已做好接收数据的准备。在写周期，该信号有效时，表明数据已提交到 AD 总线上。如果 $\overline{\text{IRDY}}$ 和 $\overline{\text{TRDY}}$ 有一个无效，将插入等待周期。

③ $\overline{\text{TRDY}}$：目标设备准备好信号。由当前被寻址的目标设备驱动，该信号有效，表示目标设备已经做好完成当前数据传输的准备工作。同样，该信号要与 $\overline{\text{IRDY}}$ 配合使用，二者同时有效，数据方能完整传输。在写周期，该信号有效，表示从设备已做好接收数据的准备；在读周期，该信号有效，表明数据已提交到 AD 总线上。同理，$\overline{\text{TRDY}}$ 和 $\overline{\text{IRDY}}$ 任一个无效，都将插入等待周期。

④ $\overline{\text{STOP}}$：停止数据传送信号。由目标设备驱动。当该信号有效时，表示目标设备要求主设备中止当前的数据传送。

⑤ IDSEL：初始化设备选择信号。在参数配置读和配置写期间，用作片选信号。

⑥ $\overline{\text{DEVSEL}}$：设备选择信号。该信号有效时，表示驱动它的设备已成为当前访问的目标设备。换言之，该信号的有效说明总线上某一设备已被选中。如果一个主设备启动一个交易，并且在 6 个 CLK 周期内没有检测到 $\overline{\text{DEVSEL}}$ 有效，它必须假定目标设备没有反应或者地址不存在，从而实施主设备缺省。

⑦ $\overline{\text{LOCK}}$：锁定信号（可选）。当该信号有效时，表示对桥的原始操作可能需要多个传输才能完成，也就是说，对此设备的操作是排他性的。锁定只能由主桥、PCI－PCI 桥和扩展总线桥发起。

（4）仲裁信号

① $\overline{\text{REQ}}$：总线占用请求信号。该信号一旦有效，即表明驱动它的设备向仲裁器要求使用总线。它是一个点到点的信号线，任何主设备都有其 $\overline{\text{REQ}}$ 信号。当 $\overline{\text{RST}}$ 有效时，$\overline{\text{REQ}}$ 必须为三态。

② $\overline{\text{GNT}}$：总线占用允许信号。用来向申请总线占用的设备表示其请求已获得批准。这也是一个点到点的信号线，任何主设备都有自己的 $\overline{\text{GNT}}$ 信号。当 $\overline{\text{RST}}$ 有效时，必须忽略 $\overline{\text{GNT}}$。

③ 每一个 PCI 主设备都有一对仲裁线直接连接到 PCI 仲裁器上。当一个主设备请求使用总线时，它会使连接到仲裁器上的 $\overline{\text{REQ}}$ 有效；当仲裁器决定正在请求的主设备应该授权控制总线时，它会使对应的 $\overline{\text{GNT}}$ 有效。在 PCI 环境中，总线仲裁器在同时有另一个主设备仍控制总线时起作用，这称为"隐式"仲裁。当主设备接受来自仲裁器的授权时，必须等待当前的主设备完成其传送，直到采样到 $\overline{\text{FRAME}}$ 和 $\overline{\text{IRDY}}$ 均无效时，它才认为自己取得总线授权。

（5）错误报告信号

① $\overline{\text{PERR}}$：数据奇偶校验错误信号。由数据的接收端驱动，同时设置其状态寄存器中的

奇偶校验错误位。一个交易的主设备负责给软件报告奇偶校验错误，为此，在写数据期，它必须检测 PERR 信号。

② $\overline{\text{SERR}}$：系统错误报告信号。它的作用是报告地址奇偶错误、特殊周期命令的数据错误。$\overline{\text{SERR}}$ 是一个 OD（漏极开路）信号，它通常会引起一个 NMI 中断，Power PC 中会引起机器核查中断。

（6）中断信号

中断在 PCI 中是可选项，属于电平敏感型，低电平有效，与时钟异步。其中 INTB～INTD 只能用于多功能设备。中断线和功能之间的最终对应关系是由中断引脚寄存器来定义的。

（7）附加信号

① PRSNT[2:1]：插卡存在信号。用于指出 PCI 插件板上是否存在插卡板，如存在，则要求母板为其供电。

② CLKRUN：时钟运行信号。用于停止或者减慢 CLK。

③ M66EN：66 MHz 使能信号。

④ $\overline{\text{PME}}$：电源管理事件信号。

⑤ 3.3Vaux：辅助电源信号。当插卡主电源被软件关闭时，3.3Vaux 为插件提供电能，以产生电源管理事件。

（8）64 位总线扩展信号

① AD[64:32]：在地址期，如使用 DAC 命令且 REQ64 有效时，为高 32 位地址；在数据期，REQ64 和 ACK64 都有效时，高 32 位数据有效。

② C/$\overline{\text{BE}}$[7:4]：用法与 AD 信号相同。

③ $\overline{\text{REQ64}}$：64 位传输请求。由主设备驱动，并和 FRAME 有相同的时序。

④ $\overline{\text{ACK64}}$：64 位传输认可。由从设备驱动，并和 DEVSEL 有相同的时序。

⑤ $\overline{\text{PAR64}}$：奇偶双字节校验。

（9）JTAG/边界扫描信号

PCI 接口包含了 JTAG 边界扫描信号：TCK、TDI、TDO、TMS、TRST#。这些引脚与 PCI 总线信号（5 V 或 3.3 V）必须采用相同电压工作。

① TCK：测试时钟。

② TDI：测试输入。

③ TDO：测试输出。

④ TMS：测试模式选择。

⑤ TRST#：一个可选的相对待测逻辑低电平有效的复位开关。

7.2.4 PCI 总线命令

主设备获得仲裁器的许可后，发起 PCI 总线周期。PCI 支持主设备和目标设备之间点到点的对等访问，也支持主设备的广播读写（不指定特定的目标设备）。

主设备在 C/$\overline{\text{BE}}$[3:0] 线上送出的 4 位总线命令代码，决定了 PCI 总线周期类型。目标设备根据 C/$\overline{\text{BE}}$[3:0] 来获得主设备所要求执行的命令。主设备和目标设备协调配合完成指定的总线周期操作。4 位代码组合可指定 16 种总线命令，目前只用了 12 种。PCI 总线命令类型见表 7－1。

表 7-1　总线命令及其编码

C/ $\overline{BE}$[3 : 0]	命令类型说明	
0000	中断响应周期	Interrupt Acknowledge
0001	特殊周期	Special Cycle
0010	I/O 读周期	I/O Read
0011	I/O 写周期	I/O Write
0100	保留	Reserved
0101	保留	Reserved
0110	存储器读周期	Memory Read
0111	存储器写周期	Memory Write
1000	保留	Reserved
1001	保留	Reserved
1010	配置读周期	Configuration Read
1011	配置写周期	Configuration Write
1100	存储器多行读周期	Memory Read Multiple
1101	双地址周期	Dual Address Cycle
1110	存储器行读周期	Memory Read Line
1111	存储器写和使无效周期	Memory Write and Invalidate

1. 读存储器命令

表中有 3 种"读存储器"命令,主设备发出其中的一个命令,从目标设备中读出位于存储地址空间中的数据。

① 存储器读:主设备只读少量的数据(少于一个 Cache 行)。

② 存储器行读:主设备将要一直发出读命令,直到 Cache 行的边界。

③ 存储器多行读:主设备将要读取多于一个 Cache 行的数据。

Cache 行的大小由主设备设置,保存在 PCI 目标设备的配置空间的 0x0C 偏移处。在后面两种情况,目标设备知道了主设备将要连续地读取存储器中的数据,可以采取"预读"等方式提前做好准备,以提高系统性能。

2. 写存储器命令

表中有两种"写存储器"命令,主设备发出其中的一个命令,将数据写入目标设备中的存储地址空间中。

① 存储器写:主设备只写少量的数据(少于一个 Cache 行)。

② 存储器写和使无效:主设备将要一直发出写命令,直到 Cache 行的边界。

这两个命令的功能基本相同,而后一个命令指示目标设备将其写回(write-back)Cache 中的对应行设为无效,以避免目标设备将该 Cache 行写回到存储器中,从而达到优化性能的目的。在这个命令之后,主设备会对后续地址再次写入数据,目标设备过早地执行写回操作是一种浪费。

3. I/O 读命令

主设备发出 I/O 读命令，从目标设备中读出位于 I/O 地址空间中的数据。I/O 读周期中，AD[31:0]表示 32 位地址。在读/写存储器周期中，AD[31:2]表示 32 位地址中的高 30 位。

4. I/O 写命令

主设备发出 I/O 写命令，将数据写入目标设备中的 I/O 地址空间中。

5. 配置读/写命令

配置空间一共有 256 个字节，由 64 个双字寄存器构成。

（1）配置读：从目标设备的配置空间读取数据。

（2）配置写：将数据写入目标设备的配置空间。

在执行配置读/写命令时，目标设备的 IDSEL 被设为高电平。在地址周期中，AD[1:0]=00b，AD[7:2]表示 64 个双字寄存器的编号，AD[10:8]表示某一个功能。多功能 PCI 设备中最多允许有 8 个功能。

6. 双地址周期

主设备将 C/$\overline{\text{BE}}$[3:0]设为 1101b 来指示这是一个双地址周期。在使用 64 位地址时，主设备首先发出一个双地址周期，AD[31:0]置为低 32 位地址，接着再发出一个地址周期，将 C/$\overline{\text{BE}}$[3:0]设为要执行的命令，AD[31:0]置为高 32 位地址。双地址周期就是指地址需要分两次发送给目标设备。

7. 中断响应周期

用于读取中断类型号。中断类型号由 PCI 总线上的中断控制器提供，AD[31:0]无效。

8. 特殊周期

主设备将其信息（如状态信息）广播到多个目标设备。它是一个特殊的写操作，不需要目标方以 $\overline{\text{DEVSEL}}$ 响应。但各目标设备必须立即使用此信息。

7.2.5 PCI 总线协议

1. PCI 总线的传输控制

PCI 总线的 3 条信号线 $\overline{\text{FRAME}}$、$\overline{\text{IRDY}}$ 和 $\overline{\text{TRDY}}$ 用于控制数据的传输，一般应遵循以下规则：

① $\overline{\text{FRAME}}$ 和 $\overline{\text{IRDY}}$ 定义了总线的忙/闲状态。11b 代表空闲、00b 代表数据、10b 代表最后一个数据、01b 代表等待状态。

② 一旦 $\overline{\text{FRAME}}$ 信号被置为无效，在同一传输期间不能重新设置为有效。

③ 只有在 $\overline{\text{IRDY}}$ 信号变为有效后，才能设置 $\overline{\text{FRAME}}$ 信号为无效。

④ 一旦主设备设置了 $\overline{\text{IRDY}}$ 信号，直到当前数据期结束为止，主设备不能改变 $\overline{\text{IRDY}}$ 信号和 $\overline{\text{FRAME}}$ 信号的状态。

2. PCI 总线的寻址

PCI 总线有 3 个相互独立的地址空间，即存储器、I/O、配置空间。

（1）I/O 地址空间

在 I/O 读写命令的地址周期，AD[31:0]提供一个 32 位的地址编码（字节地址）。AD[1:0]

和 C/$\overline{\text{BE}}$[3:0]指明传输的最低有效字节，见表 7–2，其中的"–"可以为 0 或 1。C/$\overline{\text{BE}}$[3:0]分别代表了一个双字地址中的 4 个字节是否被使能。双字地址由 AD[31:2]提供，在这个双字中，一共有 4 个字节，C/$\overline{\text{BE}}$[3:0]指定了 4 个字节中的哪一个或几个是需要传输的。

表 7–2　I/O 读写命令的 AD1～0 和 C/$\overline{\text{BE}}$3～0

AD1	AD0	C/$\overline{\text{BE}}$3	C/$\overline{\text{BE}}$2	C/$\overline{\text{BE}}$1	C/$\overline{\text{BE}}$0	意　义
0	0	–	–	–	0	从双字地址开始传送 1～4 个字节
0	1	–	–	0	1	从双字地址 +1 开始传送 1～3 个字节
1	0	–	0	1	1	从双字地址 +2 开始传送 1～2 个字节
1	1	0	1	1	1	从双字地址 +3 开始传送 1 个字节

（2）存储器地址空间

在存储器读写命令的地址周期，AD[31:2]提供一个双字地址的高 30 位，低 2 位地址为 00。主设备用 AD[1:0]来指定在这次传输中地址的调整方法。

PCI 总线支持突发传输，一次突发传输由一个地址周期和若干个数据周期组成。在地址周期中，主设备提供地址信号；在数据周期中，进行数据传送。在后面的数据周期中，数据的地址并不是由主设备直接提供的，目标设备根据第一个地址计算而获得。

① AD[1:0]=00b 时，为线性增量模式。每次 32 位数据传送后，地址增加 4；每次 64 位数据传送后，地址增加 8。

② AD[1:0]=10b 时，为 Cache 行切换模式。同样，每次 32 位数据传送后，地址增加 4；每次 64 位数据传送后，地址增加 8。如果地址到达了 Cache 行的结尾，则切换到 Cache 行的开始。

③ AD[1:0]=01b、11b，只传送一个数据，不需要调整地址。

（3）配置地址空间

在执行配置读/写命令时，AD[1:0]=00b 表示读写该设备的配置空间；AD[1:0]=01b 是针对 PCI 桥的，表示 PCI 桥需要将配置读/写命令转发到这个 PCI 桥所连接的其他设备上。

3. 字节对齐

C/$\overline{\text{BE}}$[3:0]在地址周期内作为命令类型的 4 位编码，在数据周期内则作为字节使能信号。字节使能信号指出了哪一个或几个字节是有效的。例如，对于一个存储器写命令，$\overline{\text{BE}}$[3:0]=0011b，就只写入这个双字的第 2 个和第 3 个字节，这个双字的第 0 个和第 1 个字节保持不变。

4. PCI 总线的驱动与过渡

由于一些信号是由各个 PCI 设备共享的，为了避免多个 PCI 设备同时驱动一个信号到总线上而发生冲突，在 2 个设备驱动总线之间设置一个过渡期，又称为交换周期。

在每个地址（数据）期中，所有的 AD 线都必须被驱动到稳定的状态（数据），包括那些字节使能信号表明无效的字节所对应的 AD 线。

5. 设备选择

在地址周期中，目标设备根据总线上的地址 AD[31::0]进行译码，如果该地址位于这个设备的地址空间中，则将 $\overline{\text{DEVSEL}}$ 驱动为低电平。

7.2.6 PCI 总线数据传输过程

下面以数据传送类的总线周期为代表，说明 PCI 总线周期的操作过程。

1. 读操作总线周期

图 7-6 中给出了一个读操作总线周期时序示例。图中，总线周期由 1 个地址周期和 3 个数据周期组成。

① 在时钟 1 期间，主设备将 $\overline{\text{FRAME}}$ 变为低电平，设置地址信号 AD[31:0]和命令类型 C/$\overline{\text{BE}}$[3:0]。

② 在时钟 2 的上升沿，目标设备检测到 $\overline{\text{FRAME}}$ 有效以后，对地址进行译码，将 $\overline{\text{DEVSEL}}$ 信号设置为低电平。

③ 在时钟 2 期间，主设备将 $\overline{\text{IRDY}}$ 变为低电平，并设置字节使能信号 $\overline{\text{BE}}$[3:0]。

④ 在时钟 3 期间，目标设备读出该地址中的数据，放到 AD[31:0]上，将 $\overline{\text{TRDY}}$ 变为低电平。

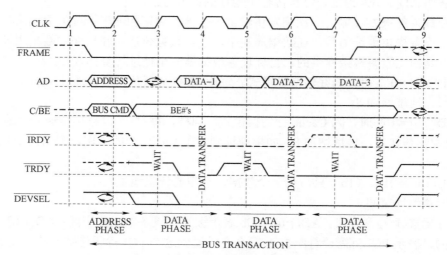

图 7-6　PCI 总线的读操作时序

⑤ 在时钟 4 的上升沿，主设备检测到 $\overline{\text{TRDY}}$ 为低电平，从 AD[31:0]上读入数据。第 1 个数据周期完成。

⑥ 在时钟 4 期间，目标设备需要为主设备读取下一地址中的数据。目标设备根据时钟 2 的上升沿得到的 AD[31:2]和 AD[1:0]得到下一个地址。目标设备在时钟 4 不能取出数据，所以将 $\overline{\text{TRDY}}$ 设为高电平。

⑦ 在时钟 5 的上升沿，主设备检测到 $\overline{\text{TRDY}}$ 为高电平，等待目标设备。目标设备取出数据后，把数据放到 AD[31:0]上，将 $\overline{\text{TRDY}}$ 变为低电平。

⑧ 在时钟 6 的上升沿，主设备检测到 $\overline{\text{TRDY}}$ 为低电平，从 AD[31:0]上读入数据。第 2 个数据周期完成。

⑨ 在时钟 6 期间，主设备将 $\overline{\text{IRDY}}$ 变为高电平，表示它还没有准备好接收下一个数据。目标设备取出数据后，把数据放到 AD[31:0]上，$\overline{\text{TRDY}}$ 维持为低电平。

⑩ 在时钟 7 的上升沿，由于 $\overline{\text{IRDY}}$ 为高电平，需要插入一个等待时钟周期。在时钟 7 期间，主设备准备好接收下一个数据后，将 $\overline{\text{IRDY}}$ 变为低电平。另外，主设备将 $\overline{\text{FRAME}}$ 变为高电平，表示这个数据周期完成后，整个总线周期结束。

⑪ 在时钟 8 的上升沿，主设备检测到 $\overline{\text{TRDY}}$ 为低电平，从 AD[31:0]上读入数据。第 3 个数据周期完成。由于 $\overline{\text{FRAME}}$ 为高电平，所以目标设备也知道总线周期被主设备结束。在时钟 2 到时钟 6，$\overline{\text{FRAME}}$ 信号一直保持为有效状态。

2. 写操作总线周期

图 7−7 中给出了一个写操作总线周期时序示例。这个写总线周期同样由 1 个地址周期和 3 个数据周期组成。第 1 个数据周期和第 2 个数据周期都只需要 1 个总线时钟，在 1 个总线时钟就可以传输 32 位或 64 位数据，这种情况就是计算 PCI 总线最大吞吐率的依据。当然，这只是理论上的最大值。在实际的系统中，总线上还要包括地址周期，数据周期中也可能插入等待状态，不同主设备之间转换时还需要加入转换周期，这些情况都限制了 PCI 总线的吞吐率不能达到理论最大值。

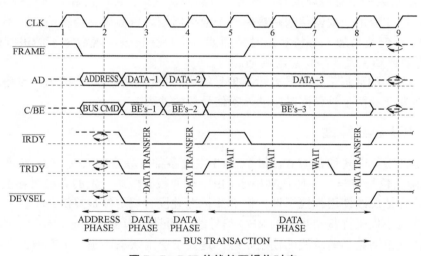

图 7−7 PCI 总线的写操作时序

在写操作中，数据是由主设备放到 AD[31:0]上的。在时钟 5 的上升沿，由于 $\overline{\text{IRDY}}$ 和 $\overline{\text{TRDY}}$ 无效，没有发生数据传输。而在时钟 6 和时钟 7 的上升沿，由于 $\overline{\text{TRDY}}$ 无效，也没有发生数据传输。直到在时钟 8 的上升沿，$\overline{\text{IRDY}}$ 和 $\overline{\text{TRDY}}$ 都变为低电平，发生了数据传输。由于主设备在时钟 5 已经将 $\overline{\text{FRAME}}$ 设为无效，因此，在时钟 8 以后，总线周期结束。

3. 总线周期的特点

PCI 总线周期的操作过程有如下特点：

① 采用同步时序协议。总线时钟周期以上升沿开始，先是高电平半个周期，然后是低电平半个周期。总线上所有事件，即信号电平转换出现在时钟信号的下降沿时刻，而对信号的采样出现在时钟信号的上升沿时刻。

② 总线周期由主设备启动，以 $\overline{\text{FRAME}}$ 信号变为有效来指示一个总线周期的开始。

③ 一个总线周期由一个地址周期（ADDRESS PHASE）和一个或多个数据周期（DATA

PHASE）组成。主设备在地址周期内给出目标地址（ADDRESS），同时还在 C/$\overline{BE}$ 线上给出总线命令（BUS CMD），以指明总线周期类型。

④ 地址周期为一个总线时钟周期,在没有等待状态下,一个数据周期也是一个时钟周期。一次数据传送是在信号 $\overline{IRDY}$ 和 $\overline{TRDY}$ 都有效的情况下完成的, $\overline{IRDY}$ 和 $\overline{TRDY}$ 中有一个信号无效（即在时钟上跳沿被另一方采样到），都将在数据周期中插入等待状态。

⑤ 总线周期长度由主方确定。在总线周期期间 $\overline{FRAME}$ 持续有效，但在最后一个数据期开始前撤除。$\overline{FRAME}$ 无效后, $\overline{IRDY}$ 也变为无效，就表明了一个总线周期结束。由此可见，PCI 的数据传送以突发式传送为基本机制，并且 PCI 具有无限制的突发能力，突发长度由主方确定，没有对突发长度加以固定限制。在只传送一次数据时，可以看作是突发式传送的一个特例。

⑥ 主设备启动一个总线周期时，要求目标设备确认。即在 $\overline{FRAME}$ 变为有效和目标地址送上 AD 线后，目标设备在延迟一个时钟周期后，必须以 $\overline{DEVSEL}$ 信号有效予以响应。否则，主设备中止总线周期。

⑦ 主设备结束一个总线周期时，不需要目标设备确认。目标设备采样到 $\overline{FRAME}$ 信号已变为无效时，即知道下一数据传送是最后一个数据周期。目标设备传输速度跟不上主设备速度，可用 $\overline{TRDY}$ 无效来加入等待状态时钟周期。当目标设备出现故障不能进行传输时，以 $\overline{STOP}$ 信号有效通知主设备中止总线周期。

⑧ 图 7-7 中的环形箭头符号表示某信号线由一个设备驱动转换成另一设备驱动的过渡期，以此过渡期避免两个设备同时驱动一条信号线的冲突。

7.2.7 PCI 总线仲裁

PCI 总线采用集中式仲裁方式，每个 PCI 主设备都有独立的 $\overline{REQ}$（总线请求）和 $\overline{GNT}$（总线授权）两条信号线与中央仲裁器相连。由中央仲裁器根据一定的算法对各主设备的申请进行仲裁，决定把总线使用权授予谁。但 PCI 标准并没有规定仲裁算法。

中央仲裁器不仅采样每个设备的 $\overline{REQ}$ 信号线，而且检测总线上的 $\overline{FRAME}$ 和 $\overline{IRDY}$ 信号线。因此，仲裁器清楚当前总线的使用状态，是处于空闲状态还是一个有效的总线周期。

PCI 总线支持隐藏式仲裁。即在主设备 A 正在占用总线期间，中央仲裁器裁决下一次总线为主设备 B 所使用时，它可以使主设备 A 的 $\overline{GNT}$ 无效，再使主设备 B 的 $\overline{GNT}$ 有效。此时，设备 A 应在数据传送完成后立即释放 $\overline{FRAME}$ 和 $\overline{IRDY}$ 信号线，设备 B 随后开始一个新的总线周期。这样，裁决过程可以在总线空闲期进行或在当前总线周期内进行，而不需要单独的仲裁总线周期，提高了总线利用率。

一个提出申请并被授权的主设备，应在 $\overline{FRAME}$、$\overline{IRDY}$ 线被释放后尽快开始新的总线周期操作。自 $\overline{FRAME}$、$\overline{IRDY}$ 信号变为无效开始起，如果在 16 个时钟周期内它们没有变为有效，中央仲裁器就认为被授权的主设备为"死设备"，并收回授权，以后也不再授权给该设备。

在图 7-8 中，在时钟 1, $\overline{GNT}$ -A 有效，主设备 A 首先获得授权，在时钟 3 和时钟 4 完成了一次数据传输。在时钟 3 期间，仲裁器授权将 $\overline{GNT}$ -A 变为无效，而 $\overline{GNT}$ -B 有效。这样，总线裁决就决定了下一个总线周期由设备 B 来作为主设备。

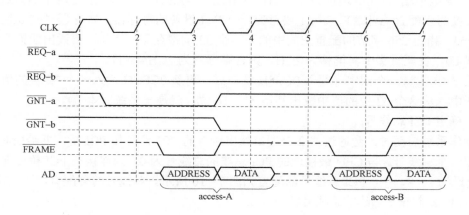

图 7-8　PCI 总线的仲裁过程

7.2.8　PCI 总线配置

不同于 ISA，PCI 具有即插即用的功能，支持自动的设备检测和配置。在系统上电时，操作系统扫描系统的各条 PCI 总线，枚举出总线上存在的 PCI 设备。操作系统读取 PCI 设备配置空间的寄存器，确定设备所需的地址空间、分配中断及主设备对总线的访问要求等。

1. 总线、设备、功能

理论上系统可以连接 256 条 PCI 总线，每条 PCI 总线可以连接 32 个物理 PCI 设备。每个 PCI 设备可以包含 1~8 个独立的 PCI 功能（即逻辑设备）。

只含有一个功能的 PCI 设备称为单功能设备，含有多个功能的 PCI 设备称为多功能设备。功能 0 的配置寄存器中的一位定义了该设备含有一个功能还是多个功能。单功能设备含有的功能必须是功能 0（类型 0，PCI 配置读或写交易）。在多功能设备中，第一个功能必须是功能 0，附加功能可以设计为功能 1~7 的任何组合，而不要求功能号连续。

2. 枚举 PCI 设备

对每一个功能，PCI 设备都给它提供一个 256 字节的配置空间，由 64 个 32 位的配置寄存器组成，如图 7-9 所示。

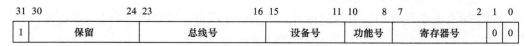

图 7-9　配置地址端口格式

（1）访问配置空间

对于 x86 兼容的系统，可以利用配置地址端口和配置数据端口两个 32 位的 I/O 端口寄存器来访问 PCI 设备的配置空间。

① 配置地址端口：I/O 地址为 0CF8H。将要访问的总线号、设备号、功能号和寄存器号写入这个端口，前 3 项确定要读写哪一个 PCI 设备的配置空间，后 1 项确定了要读写该设备的哪一个寄存器。

② 配置数据端口：I/O 地址为 0CFCH。对配置空间的读、写都要通过这个端口进行，但程序首先要写入配置地址端口来指定要对哪一个 PCI 设备的寄存器。寄存器号共 6 位，其范围是 0～63，指定 256 字节的配置空间中的某一个 32 位寄存器。例如，要读出配置头中的子系统版本 ID，在配置头中其偏移为 2CH，则寄存器号为 2CH/4＝11。

按图 7-9 构造一个双字，写入 0CF8H 端口后，再从 0CFCH 读入一个 32 位的值。在前面的例子中，从这个 32 位的值中取出其第 31～16 位，就是子系统版本 ID。

（2）确定 PCI 总线号

在操作系统启动时，会通过这 2 个端口找出所有的 PCI 设备和 PCI 桥，并给所有的 PCI 总线分配一个总线号。与 CPU 最接近的 PCI 总线的总线号为 0，为连接在 PCI 桥后面的其他 PCI 总线设为 1，2，…。PCI 总线号的配置如图 7-10 所示。总线号的分配有以下三个特点：

① 任何 2 个 PCI 总线的总线号都不同。

② 通过 PCI 桥连接的 CPU 总线，离 CPU 越远，其总线号越大。

③ PCI 桥到 CPU 的方向为上行方向，另一个方向为下行方向。处于下行方向的任何 PCI 总线，其总线号都要比上行方向的 PCI 总线号要小。

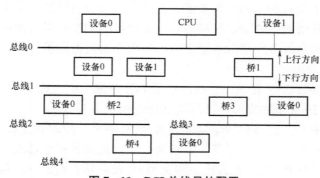

图 7-10　PCI 总线号的配置

（3）枚举所有的 PCI 设备

在 PCI 总线号配置完成以后，系统中的 PCI 设备就可以接收到来自 CPU 的配置命令。在配置地址端口中，总线号占 8 位，范围是 0～255；设备号占 4 位，范围是 0～15；功能号占 3 位，范围是 0～7。枚举 PCI 设备的步骤如下：

① 列出所有的总线号和设备号的组合，对每一个组合，设总线号为 b，设备号为 d，执行②～⑥步。

② 对功能号 f，从 0～7 循环执行③～⑥步。

③ 读取<b，d，f>的 0 号寄存器。如果读出的供应商 ID、设备 ID 为 0FFFFH，则该设备<b，d，f>不存在；否则<b，d，f>存在，继续执行④～⑥步。

④ 读取<b，d，f>的全部 64 个寄存器。

⑤ 根据<b，d，f>的寄存器确定该设备的供应商 ID、设备 ID、类代码、基地址等信息。

⑥ 如果 f 等于 0，检查<b，d，0>的"配置头类型"寄存器的第 7 位。如果等于 0，则该设备是单功能设备，退出第②步开始的循环；等于 1 时，该设备是多功能设备。

7.3 PCI-E 总线

7.3.1 PCI-E 概述

2001 年年初，Intel 公司提出了要用新一代的技术取代 PCI 总线和多种芯片的内部连接，并称之为第三代 I/O 总线技术（3 Generation I/O-3GIO）。随后在 2001 年年底，包括 Intel、AMD、DELL、IBM 在内的 20 多家业界主导公司开始起草新技术的规范，并在 2002 年完成，对其正式命名为 PCI-E（PCI Express）。它采用了当时业内流行的点对点串行连接，比起 PCI 及更早期的计算机总线的共享并行架构，每个设备都有自己的专用连接，不需要向整个总线请求带宽，并且可以把数据传输率提高到一个很高的频率，达到 PCI 所不能提供的高带宽。PCI-E 总线插槽如图 7-11 所示。

之前采用 PCI 总线计算机系统的各种设备共用一个带宽，采用了并行互连，极大影响了系统整体的性能表现，同时，由于并行信号相互干扰，也严重制约了日后速度的进一步提升。而 PCI-E 则采用了串行互连方式，

图 7-11 PCI 与 PCI-E 总线插槽共板的主板

以点对点的形式进行数据传输，每个设备都可以单独地享用带宽，从而大大提高了传输速率，并且也为更高的频率提升创造了条件。PCI-E 工作模式是一种称为"电压差式传输"的方式。两条线通过相互间的电压差来表示逻辑符号 0 和 1。以这种方式进行数据传输可以支持极高的运行频率。

PCI-E 总线的物理链路包含若干条数据通路（Lane）。一个数据通路中由两组差分信号，共 4 根信号线组成。PCI-E 有多种不同速度的接口模式，包括 X1、X2、X4、X8、X16 及速度更快的 X32（X2 模式用于内部接口而非插槽模式），实质是 PCI-E 链路可以支持 1、2、4、8、12、16 和 32 条数据通路，即 X1、X2、X4、X8、X16 和 X32 宽度的 PCI-E 链路。并且 PCI-E 插槽是可以向下兼容的，比如 PCI-E X16 插槽可以插 X8、X4、X1 的卡。PCI-E X1 模式的单向传输速率便可以达到 250 MB/s，接近原有 PCI 接口 133 MB/s 的 2 倍，大大提升了系统总线的数据传输能力。而其他模式，如 X8、X16 的传输速率便是 X1 的 8 倍和 16 倍，这也为厂商的产品设计提供了广阔的空间。PCI-E 的传输速率见表 7-3。

表 7-3 PCI-E 的传输速率

规格	编码长度/位	工作频率/GHz	速率峰值（双工）
PCI-E X1	8/10	2.5	512 MB/s
PCI-E X2	8/10	2.5	1.0 GB/s
PCI-E X4	8/10	2.5	2.0 GB/s
PCI-E X8	8/10	2.5	4.0 GB/s
PCI-E X16	8/10	2.5	8.0 GB/s

PCI-E 规格从 1 条通道连接到 32 条通道连接的特性，有非常强的伸缩性，可以满足不同系统设备对数据传输带宽不同的需求。在兼容性方面，PCI-E 在软件层面上兼容 PCI 技术和设备，支持 PCI 设备和内存模组的初始化，面向 PCI 总线开发的驱动程序、操作系统无须重新设计，就可以支持 PCI-E 设备。

目前 PCI-E 已经发展到 3.0 版本。PCI-E X1（3.0 标准）采用单向 10G 的波特率进行传输，每一字节为 10 位编码（1 位起始位，8 位数据位，1 位结束位。理想情况下实现 80%的有效编码），所以单向传输速率为 10 GB/10 s＝1 000 MB/s，由此可以计算出来 PCI-E X16（3.0标准）的单向传输速率为 1 000 MB/s×16＝16 GB/s，双向传输速率为 32 GB/s，PCI-E 32X（3.0标准）的双向传输速率高达 64 GB/s。

通常在微机主板布局中，北桥芯片组 MCH 通过一个 PCI-E X16 插槽，支持高速显卡，南桥芯片组 ICH 通过若干 PCI-E X1 及 X4 插槽，支持其他低速外部设备。如图 7-12 所示。

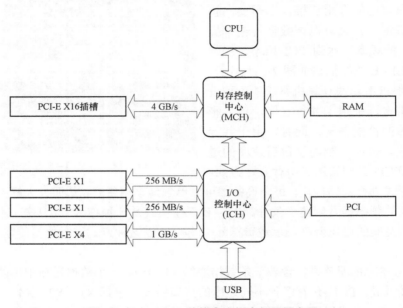

图 7-12　PCI-E 总线在主板中的逻辑布局

7.3.2　PCI-E 的协议层次

PCI-E 的总线传输协议采用了类似互联网协议的层次结构，由软件层、交换层、数据链路层和物理层构成。物理层又可进一步分为逻辑子层和电气子层。逻辑子层又可分为物理代码子层和介质访问控制子层。PCI-E 的主要协议层次如图 7-13 所示。

1. 软件层

软件层主要实现兼容性，包括两个层面：一是器件初始化和自动配置，二是器件

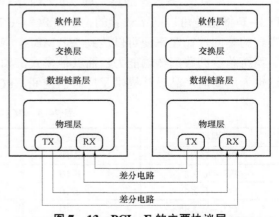

图 7-13　PCI-E 的主要协议层

的运行。PCI-E 通过保留 PCI 的配置空间和输入/输出器件资源配置的可重复性，实现所有支持 PCI 总线的操作系统可以不需任何改变便可以在 PCI-E 总线平台上顺畅运行。

2. 交换层

交换层接收来自软件层的读写请求，然后形成交换请求包，传送给数据链路层。所有的请求都会被分拆成包，其中部分请求需要应答。每个包都具有唯一的标识号。交换层也会接收来自数据链路层应答包，并与来自软件层的原始请求标识号进行对比，以保证应答能够正确地传递给请求者。

3. 数据链路层

数据链路层的主要作用是确保数据包在链路上的可靠传送。本层确保数据的完整性，对来自交换层的数据包添加序列号和 CRC 校验码。其中采用的一种基于信用（Credits）的数据流控制协议确保只有当对应的接收端有充足的存储缓冲空间时才发送数据，避免了重新传送所浪费的带宽。数据链路层一旦发现数据不完整、校验错或者丢失，会自动启动对应包重传机制。

4. 物理层

物理层是最底层最基本的传输层次，主要负担起数据的输送及通道的分配作用。最基本的物理连接包括两个低电压差分驱动信号线路对，即接收差分线路对和发送差分线路对。通过嵌入采用 8/10 位编码机制的数据时钟，可以实现高速数据传输。通过在物理层中增加差分信号对，可以线性扩展 PCI-E 的传输带宽。

7.4　USB 总线

通用串行总线 USB（Universal Serial Bus）是目前计算机接口中最常见的总线形式，在工业、消费电子、航空航天等领域都有着广泛的应用。

7.4.1　USB 的起源和发展

USB 是目前在个人电脑及消费电子领域常用的一种外部总线标准，也是电脑主机与外设的标准扩展接口。从 20 世纪 90 年代以来，随着计算机软硬件技术的飞速发展，如何让外部设备和 PC 的连接变得更加简单和更加快捷是摆在计算机设计者面前的一个亟待解决的课题。可以说，USB 及其相关技术引导了计算机接口技术的飞速发展，引发了计算机外部设备连接技术的重大变革。

在 USB 接口产生之前，计算机与外设之间的通信主要是通过串行接口（RS-232）、并行接口和 PS/2 接口等，这些接口存在着传输速率慢、效率低下、规格不统一等诸多缺点，严重制约着计算机接口和外设技术的发展。为了克服上述缺陷，计算机和外设之间需要一种新的连接方式以适应技术的发展，USB 总线技术应运而生。

USB 接口可以连接鼠标、键盘、打印机、扫描仪、摄像头、闪存盘、手机、数码相机和移动硬盘等多种设备。USB 只需要 4 根信号线，即 2 根数据线、1 根电源和 1 根地线，数据是转换成串行的形式来传输的，所以被称为串行总线。

1. USB 1.1 规范

USB 总线协议标准是在 1994 年 11 月由 Intel、Compaq、Microsoft 和 NEC 等多家公司联

合提出并且逐步完善的（USB 0.7 版本至 USB 1.0 版本），最终于 1998 年 9 月发布完整的 USB 1.1 版本。

USB 总线标准在发布之初还不够完善，用户也很少。同时，由于很多主板厂商还不支持 USB 接口，使得 USB 的发展较为缓慢。但随着 Microsoft Windows 98 操作系统的发布及众多计算机软硬件厂商加入 USB 协议组织中，USB 技术变得越来越流行，逐步成为计算机和外设的标准扩展接口。

USB 接口相比于其他的总线接口，有很明显的优势：

① 支持热插拔且即插即用。用户可以在系统运行时将 USB 设备连接到计算机上或者从计算机上断开连接，而无须重启计算机；当 USB 设备连接到计算机时，系统会自动为一些常用的 USB 设备，如 U 盘、USB 接口键盘鼠标等安装驱动程序（Windows 2000 及以上操作系统版本），用户无须考虑驱动的安装。

② USB 总线的物理结构允许总线上挂接多个 USB 设备。其物理连接是一种分层的菊花链结构，集线器（Hub）是每个星形结构的中心，计算机在该拓扑结构中充当主机和根 Hub 的角色，用户可以将外设或附加的 Hub 与之相连，这些附加的 Hub 又可以连接另外的外设及下层 Hub。USB 支持最多 5 个 Hub 层及 127 个外设。图 7-14 描述了 USB 总线的物理拓扑结构。

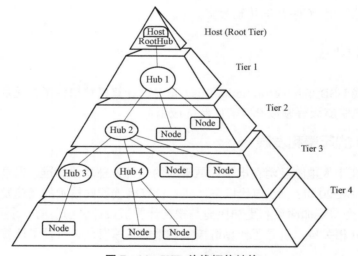

图 7-14　USB 总线拓扑结构

③ 接口小、成本低。USB 小巧的接口使得 USB 设备的小型化成为可能，同时，USB 线缆的连线数量也比串口或者并口更少，所需费用低廉。

④ 性能可靠。USB 系统通过硬件设计和数据传输协议两方面来保证其传输的可靠性，在协议中使用了出错处理/差错恢复机制，具有很强的健壮性。

但 USB 1.1 还存在着如下一些缺点：

① USB 外设和老式接口外设性能无明显差异，如键盘、鼠标等外设。并且，早期 USB 外设只有低速和全速两种模式，当 PC 机只连接某一个 USB 设备时，其性能无异常，但当有多个 USB 外设挂接在 USB Hub 上时，USB 总线的带宽被这些 USB 外设所共享，此时会严重

影响 USB 设备的传输速率。

　　② 操作系统的支持不够。在早期的 Windows 95/98/Me 的系统下，USB 设备通常需要安装特定的驱动程序，在 Windows Me/2000 系统下，增加了对 USB 设备类的支持，但仍然是 USB 1.1 版本，无法充分发挥 USB 2.0 外设的特性。

2. USB 2.0 规范

　　随着 USB 技术的发展及众多设备厂商的支持，Compaq、Hewlett-Packard、Intel、Lucent、Microsoft、NEC 和 Philips 七家公司于 2000 年 4 月联合发布了 USB 2.0 版本，其相比 1.1 版本，主要是增加了高速模式并且兼容 USB 1.1。

　　USB 2.0 除了拥有 USB 1.1 中规定的 1.5 Mb/s 和 12 Mb/s 两个传输模式以外，还增加了 480 Mb/s 高速数据传输模式。虽然 USB 2.0 的传输速度大大提升了，但其工作原理和模式与 USB 1.1 完全一样，而提高到 480 Mb/s 的传输速度的最关键技术就是提高单位传输速率，USB 1.1 的单位数据传输时间是 1 ms，而 USB 2.0 的单位数据传输时间则达到了 125 μs。

　　在 USB 2.0 规范中，规定了 3 种传输速率，见表 7-4。在 USB 1.1 版本下，USB 主要运行于低速和全速模式，低速模式用于连接键盘、鼠标、调制解调器等对传输速度要求比较低的外设装置；而全速和高速模式则用于连接 U 盘、打印机、扫描仪、数码相机等外设装置。例如，一些设备是 USB 2.0 兼容的，但只能工作在全速模式下，不能达到 480 Mb/s 的传输速度。

表 7-4　USB 传输速度

模　　式	速率/（Mb·s^{-1}）	USB 版本
低速（low-speed）	1.5	USB 1.1, 2.0
全速（full-speed）	12	USB 1.1, 2.0
高速（high-speed）	480	USB 2.0

　　USB 2.0 可以使用原来 USB 定义中同样规格的电缆，接头的规格也完全相同，在高速的前提下一样保持了 USB 1.1 的优秀特色。并且，USB 2.0 的设备不会和 USB 1.X 设备在共同使用的时候发生任何冲突。

　　随着 USB 2.0 版本的发布，USB 技术也越来越流行，现在已经成为主机与外设的标准接口，目前市场上所出售的所有 PC 机及工控机都支持 USB 接口。

　　USB 2.0 的最高传输速率为 480 Mb/s，即 60 MB/s。不过，要注意的是，这是理论传输值，如果几台设备共用一个 USB 通道，主控制芯片会对每台设备可支配的带宽进行分配、控制。如在 USB 1.1 中，所有设备只能共享 1.5 Mb/s 的带宽。如果单一的设备占用 USB 接口所有的带宽，就会给其他设备的使用带来困难。

3. USB 3.0 规范

　　USB 3.0（也称 SuperSpeed/超速 USB）为与 PC 相连接的各种高速设备提供了一个标准接口。目前 USB 3.0 是最新的 USB 规范，该规范是由 Hewlett-Packard、Intel、Microsoft、NEC、ST-NXP Wireless 和 TI 等公司于 2008 年 11 月发布。从键盘到高吞吐量磁盘驱动器，各种器件都能够采用这种低成本接口进行平稳运行的即插即用连接，用户基本不用花太多代价在硬件上面。新的 USB 3.0 在保持与 USB 2.0 的兼容性的同时，还提供了下面的几项增强功能：

① 极大提高了带宽，高达 5 Gb/s 全双工（USB 2.0 则为 480 Mb/s 半双工）通信链路。

② 实现了更好的电源管理。

③ 能够使主机为器件提供更多的功率，从而实现 USB 充电电池、LED 照明和迷你风扇等电源应用。

④ 能够使主机更快地识别器件。

⑤ 新的协议使得数据处理的效率更高。

USB 3.0 可以在存储器件所限定的存储速率下传输大容量文件（如 HD 高清电影）。例如，一个采用 USB 3.0 的闪存驱动器可以在 15 s 将 1 GB 的数据转移到一个主机，而 USB 2.0 则需要 43 s。

超速协议是利用双差分数据线进行数据传输的。它支持所有的 USB 2.0 传输协议。但在硬件接口定义上并不完全兼容。

在框架上，USB 3.0 是向后兼容 USB 2.0 的，在软硬件参数有如下的一些重大区别：

① 传输速率。USB 3.0 实际传输速率大约是 3.2 Gb/s（即 409.6 MB/s）。理论上的最高速率是 5.0 Gb/s（即 640 MB/s）。而 USB 2.0 理论上只能达到 480 Mb/s。

② 数据传输。USB 3.0 引入全双工数据传输。5 根线路中 2 根用来发送数据，另 2 根用来接收数据，还有 1 根是地线。也就是说，USB 3.0 可以同步全速地进行读写操作。以前的 USB 版本并不支持全双工数据传输。

③ 电源。USB 3.0 标准要求 USB 3.0 接口供电能力为 1 A，而 USB 2.0 为 0.5 A。

④ 电源管理。USB 3.0 并没有采用设备轮询，而是采用中断驱动协议。因此，在有中断请求数据传输之前，待机设备并不耗电。简而言之，USB 3.0 支持待机、休眠和暂停等状态。

⑤ 物理外观。USB 3.0 的线缆会更"厚"，这是因为 USB 3.0 的数据线比 2.0 的多了 4 根内部线。USB 3.0 的接口为蓝色，而 USB 2.0 的接口为黑色。

⑥ 支持系统。Windows Vista、Windows 7、Windows 8、Windows 10 和 Linux 都支持 USB 3.0。苹果最新发布的 Mac book air 和 Mac book pro 也支持。对于旧的 XP 系统，USB 3.0 可以兼容，但只提供 USB 2.0 的速率。

基于 USB 3.0 的硬盘座、硬盘盒和磁盘阵列等产品都已面世，消费者可以享受相比 USB 2.0 更为高速的体验。可以预见，USB 的应用将会越来越广泛，其传输速率也会越来越高。

7.4.2 USB 接口的硬件特性

USB 接口相比其他计算机外部接口使用更为方便的主要原因是，其拥有极为简单的硬件接口，USB 1.1 和 USB 2.0 版本中用 4 根线实现主机与外设的连接，USB 3.0 版本则多为 9 线连接；同时，在物理外形上也采用了防反插的设计，更加人性化。

1. USB 1.1/2.0 硬件特性

USB 1.1/2.0 硬件通过一根四线电缆来连接电源和传输信号，如图 7—15 所示。

图 7—15　USB 1.1/2.0 线缆定义

其中 V_{BUS} 和 GND 可以为 USB 外设提供 + 5 V、500 mA 的电源，D + 和 D − 是一对差分信号传输线。

USB 1.1 提供了两种数据传输率，一种是 12 Mb/s 的全速（full – speed）模式，另一种是 1.5 Mb/s 的低速（low – speed）模式，这两种模式可以同时存在于一个 USB 系统中。而引入低速模式主要是为了降低要求不高的设备如鼠标、键盘等低速设备的成本。

USB 信号线在全速模式下必须使用带有屏蔽的双绞线，并且最长不能超过 5 m。而在低速模式时，可以使用不带屏蔽的双绞线或非双绞线，但最长不能超过 3 m。这主要是由于信号衰减的限制。为了提供信号电压保证，以及与终端负载相匹配，在电缆的每一端都使用了不平衡的终端负载，这种终端负载也保证了能够检测外设与端口的连接或分离，并且可以区分全速与低速设备。

为了区分高速/全速设备与低速设备，收发器和 USB 设备连接了不同的上拉和下拉电阻。图 7 – 16 中，在主机侧的收发器，必须在 D +、D − 引脚串接 15 kΩ 的下拉电阻到 GND；在设备一侧，全速设备的 D + 引脚串接了一个 1.5 kΩ 的上拉电阻到 3.3 V，而低速设备的 D − 引脚串接了一个 1.5 kΩ 的上拉电阻到 3.3 V。

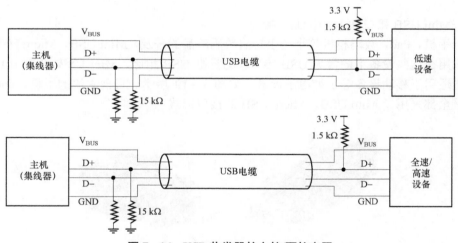

图 7 – 16　USB 收发器的上拉/下拉电阻

2. USB 1.1/2.0 硬件接口类型

USB 1.1/2.0 的接口主要有三类：系列 "A"（Series "A"）、系列 "B"（Series "B"）和扩展 USB 接口 "Mini / Micro" 系列。

（1）"A" 系列接口

"A" 系列接口如图 7 – 17 所示，其是目前最常见的 USB 接口形式，广泛应用于各种 USB 主机和设备。"A" 系列接口包括公（Plug）接口和母（Receptacle）接口。公接口通常连接在设备端，母接口连接在主机和 Hub 端。

（2）"B" 系列接口

"B" 系列接口如图 7 – 18 所示，也是常见的一种 USB 接口形式，主要应用于某些专业设备上。"B" 系列接口包括公（Plug）接口和母（Receptacle）接口。公接口通常连接在设备端，母接口连接在主机和 Hub 端。

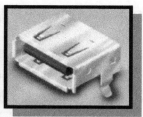

图 7-17   USB 系列 "A" 接口

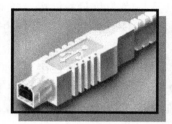

图 7-18   USB 系列 "B" 接口

（3）Mini USB 接口和 Micro USB 接口

随着手机、Pad、数码相机等小型手持式数码产品的普及，Mini USB、Micro USB 接口已经成为应用在这些设备上的常见 USB 接口。与标准 USB 相比，Mini USB、Micro USB 尺寸更小，更适用于移动设备等小型电子设备，如图 7-19 所示。目前主流的手机、Pad 和数码相机几乎全部采用了 Mini USB、Micro USB 的接口形式。

图 7-19   Mini USB 和 Micro USB 接口

Mini USB，又称迷你 USB，USB 接口标准的一种，广泛应用于个人电脑和移动设备等信息通信产品和数码产品、数字电视、游戏机等相关领域。Mini USB 又分为 Mini-A 型（Plug和 Receptacle，公口和母口）、Mini-B 型（Plug 和 Receptacle，公口和母口）及 Mini-AB 型（Receptacle，母口）三种。Mini-B 型 5 脚接口可以说是目前最常见的一种接口形式，这种接口由于防误插性能出众，体积也比较小巧，所以赢得很多的厂商青睐，现在这种接口广泛出现在读卡器、MP3、数码相机及移动硬盘上。

Micro USB 是 2007 年诞生的新的 USB 标准，是 USB 2.0 标准的一个便携式版本，广泛使用于智能手机上，接口比 Mini USB 接口更小。Micro USB 是 Mini USB 的下一代规格，由USB 标准化组织美国 USB Implementers Forum（USB-IF）于 2007 年制定完成，现在已经取代了 Mini USB 成为移动设备的主流 USB 接口形式。Micro USB 系列的独特之处是它们包含了不锈钢外壳，插拔寿命达到万次以上，Micro USB 要比 Mini USB 拥有更长的使用寿命。

Mini USB 和 Micro USB 的引脚定义见表 7−5。

表 7−5 Mini USB 和 Micro USB 引脚定义

引脚	名称	线缆颜色	功能
1	V_{BUS}	红	电源
2	D−	白	USB 差分信号传输线
3	D+	绿	
4	ID		A 型：接地
			B 型：空
5	GND	黑	地线

Mini USB 和 Micro USB 引脚相比标准 USB 引脚，增加了 ID 引脚，ID 脚在 OTG（On−The−Go）功能中才使用。由于 Mini USB 接口分 Mini−A、Mini−B 和 Mini−AB 接口，如果设备仅仅是用作从设备（Slave），那么就使用 B 接口，ID 脚悬空。当设备插入时，通过上拉电阻将 ID 拉至高电平，此时主机通过该电平值可以判断系统接入了 USB 从设备；如果需要将设备在 OTG 模式下充当主设备（Master），那么就需要使用 A 接口，此时 ID 脚接地，当设备插入时，ID 引脚为低，根据该电平值，决定该设备为主设备。

Micro USB 支持 OTG，和 Mini USB 一样，也是 5 个引脚，其引脚定义和 Mini USB 类似，ID 引脚的功能也是一样。Micro USB 系列的定义包括标准设备使用的 Micro−B 插槽（Receptacle）、OTG 设备使用的 Micro−AB 插槽（Receptacle，尺寸兼容 Micro−A 和 Micro−B 型插头）、Micro−A 和 Micro−B 插头（Plug）四种类型。其中 Micro−B 插槽和插头（Receptacle & Plug）用于普通的 USB 主机和设备之间数据传输；Micro−AB 插槽（Receptacle）和 Micro−A 和 Micro−B 插头（Plug）用于 OTG 设备中的主设备和从设备。

3. USB 3.0 硬件接口

USB 3.0 采用了一种新的物理结构，其中，用两个信道把数据传输（Transmission）和应答（Acknowledgement）过程分离，从而达到较高的速度。

为了向下兼容 2.0 版，USB 3.0 采用了 9 针脚设计，其中四个针脚和 USB 2.0 的形状、定义完全相同，而另外 5 根是专门为 USB 3.0 准备的，包括两对差分信号传输线和信号地。其线缆示意如图 7−20 所示。

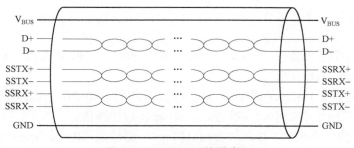

图 7−20 USB 3.0 线缆定义

USB 3.0 接口主要有三类共六种接口形式，分别为：A 型、B 型、微型（Micro）。

（1）A 型

A 型即标准 A 型（Standard-A），标准 A 型公母口和现在的 USB 2.0 标准 A 型公母口尺寸上完全一样，且完全兼容 USB 2.0 接口，不过内部增加了用于 USB 3.0 信号的针脚。

标准 A 型（Standard-A）引脚定义见表 7-6。

表 7-6　USB 3.0 标准 A 型信号定义

引脚编号	信号名	功　　能	装配顺序
1	V$_{BUS}$	电源	2
2	D-	USB 2.0 信号线（差分对）	3
3	D+		
4	GND	电源地	2
5	StdA_SSRX-	USB 3.0 超速接收信号线（差分对）	4
6	StdA_SSRX+		
7	GND_DRAIN	信号地	
8	StdA_SSTX-	USB 3.0 超速发送信号线（差分对）	
9	StdA_SSTX+		
外壳	Shield	金属外壳	1

由于 USB 3.0 标准 A 型和 USB 2.0 接口兼容，因此，当主机端同时存在 USB 2.0 和 USB 3.0 接口的时候，就需要通过接口的塑料罩颜色来区分这两种 USB 接口。USB 3.0 的标准 A 型公口（Plug）和母口（Receptacle）引脚的塑料罩为蓝色。

（2）B 型

B 型包括标准 B 型（Standard-B）和增强供电型（Powered-B）。USB 3.0 标准 B 型公母口尺寸上兼容 USB 2.0 的标准 B 型，它是为硬盘、打印机等相对大型非便携外围设备设计的。但当 USB 2.0 的标准 B 型（公口）接入 USB 3.0 标准 B 型（母口）上时，只有 USB 2.0 所对应的通信线路工作，将体现不出 USB 3.0 的优势。

"增强供电型"（Powered-B）公母口则提供了在没有外部电源支持下给 USB 适配器进行供电的能力，从而摆脱了传统 USB 适配器靠外部电源线缆连接的必要。增强供电型在物理尺寸上和标准 B 型相同，但相比标准 B 型增加了两个引脚 DPWR 和 DGND 用来为 USB 适配器提供额外的电源支持。

（3）微型

微型（Micro）包括微型 B 型（Micro-B）公口和母口、微型 A 型（Micro-A）公口、微型 AB 型（Micro-AB）母口。

微型 B 型也是基于 USB 2.0 微型接口而来的，增加了 USB 3.0 对应的数据引脚，兼容 USB 2.0 微型接口，主要用于一些小型的手持式 USB 设备数据通信。

USB 3.0 微型接口分为 A、B 两种公口（Plug），而母口（Receptacle）有 B 和 AB 两种，从尺寸上来看，AB 母口可兼容 A 和 B 两种公口。微型 AB 型（Micro-AB）母口只能用于

OTG（On–The–Go）设备，通过该接口，既可连接主机（host），也可连接设备（device）。微型接口在形状和尺寸上明显区别于 A 型和 B 型接口，而在引脚上，相比 A 型和 B 型，也多了一个"ID"引脚，该引脚主要用于 OTG 设备的识别。

USB 3.0 和 USB 2.0 接口的兼容性见表 7–7。

表 7–7　USB 接口兼容性

母口（Receptacles）	公口（Plugs）
USB 2.0 Standard–A	USB 2.0 Standard–A 或者 USB 3.0 Standard–A
USB 3.0 Standard–A	USB 3.0 Standard–A 或者 USB 2.0 Standard–A
USB 2.0 Standard–B	USB 2.0 Standard–B
USB 3.0 Standard–B	USB 3.0 Standard–B 或者 USB 2.0 Standard–B
USB 3.0 Powered–B	USB 3.0 Powered–B，USB 3.0 Standard–B 或者 USB 2.0 Standard–B
USB 2.0 Micro–B	USB 2.0 Micro–B
USB 3.0 Micro–B	USB 3.0 Micro–B 或者 USB 2.0 Micro–B
USB 2.0 Micro–AB	USB 2.0 Micro–B 或者 USB 2.0 Micro–A
USB 3.0 Micro–AB	USB 3.0 Micro–B，USB 3.0 Micro–A，USB 2.0 Micro–B 或者 USB 2.0 Micro–A

4. 信号电平及检测

主机的 USB 端口或 Hub 为设备提供 USB 电源，电压为 4.75～5.25 V，设备吸入的最大电流值为 500 mA。当 USB 设备第一次被主机检测到时，设备吸入的电流必须小于 100 mA。USB 设备空闲时，USB 主机的电源管理系统可以把该设备置为"挂起"状态，当有数据传输时，再唤醒设备。

在检测是否有设备接入时，如果没有设备接入，主机收发器一侧的下拉电阻会将 D+ 和 D– 引脚的电平拉低。如果 D+ 和 D– 的电平都低于 0.8 V 并维持 2.5 μs，说明没有设备连接，或者设备已经断开连接；假如设备通过 USB 电缆连接到主机上，设备一侧的 1.5 kΩ 上拉电阻将抵消主机侧的 15 kΩ 下拉电阻，主机在 D+ 或 D– 引脚会检测到一个高电平。

USB 总线数据信号状态分为 J 状态与 K 状态。当 USB 电缆上没有数据传输时，对低速设备，D+ 为低电平，D– 为高电平；而对于全速设备，D+ 为高电平，D– 为低电平。这种状态称为 J 态。

主机或者设备可以驱动 D+、D– 到 K 态，对低速设备来说，将 D+ 置为高电平而 D– 置为低电平；对全速设备来说，将 D+ 置为低电平而 D– 置为高电平。

全速设备的常用信号电平见表 7–8。低速设备的电平与之相反。

USB 状态转换的过程如下。

（1）USB 设备接入端口上的过程

断开状态→D+ 或 D– 的电压上升到 2.5（2.7）V→闲置状态→维持 2.5 μs 以上→连接状态。

（2）USB 设备从端口上断开的过程

连接状态→D+ 和 D– 的电压全部下降到 0.8 V 并维持 2.5 μs→断开状态。

（3）USB 数据包传送开始的过程

闲置状态→信号线跳变到其反向逻辑电平→数据 K 状态→差分数据线按传送数据变换→数据 J 状态。

（4）USB 数据包传送结束的过程

传送状态→保持信号线 2 个位传输时间的 SE0 状态，之后保持 1 个位传输时间的 J 状态→闲置状态。

表 7-8　全速设备的常用信号电平

总线状态	发送端	接收端
数据 J 状态	D+>2.8 V 并且 D-<0.3 V	(D+)-(D-)>200 mV 并且 D+>2.0 V
数据 K 状态	D->2.8 V 并且 D+<0.3 V	(D-)-(D+)>200 mV 并且 D->2.0 V
差分 "1"	与数据 J 状态相同	与数据 J 状态相同
差分 "0"	与数据 K 状态相同	与数据 K 状态相同
单端点 0（SE0）	D+<0.3 V 并且 D-<0.3 V	D+<0.3 V 并且 D-<0.8 V
恢复状态	与数据 K 状态相同	与数据 K 状态相同
闲置状态	—	D+>2.7 V 并且 D-<0.8 V

5. USB 编码方式

USB 总线上传输的数据是用 NRZI（Non Return to Zero Invert，不归零倒置）编码的。在发送方，首先将数据转换为 NRZI 编码，以差分方式传输，到达接收方时再解码。采用差分方式，就是利用 D+和 D-两个引脚之间的电平的差来表示 J 状态（差分 1）与 K 状态（差分 0），而不是直接以某个引脚的电平来表示 1 或 0。差分方式的优点是能够消除噪声干扰，传输更稳定可靠。

NRZI 编码不需独立的时钟信号，发送方发送一个特殊的 J、K 状态系列作为同步码，接收方从信号中分离出时钟信号，使双方保持同步。

NRZI 的编码方式如图 7-21 所示，电平跳变表示 "0"，没有电平跳变表示 "1"。

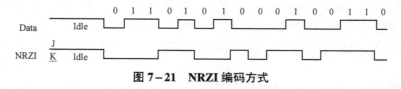

图 7-21　NRZI 编码方式

如果传输的数据中有很多个连续的 1，那么在 NRZI 编码一直没有电平跳变，给数据收发双方维持时钟同步带来困难。因此，NRZI 编码采用了位填充技术。如果数据流中出现了 6 个连续的 "1"，强制地插入 1 个 "0"，从而强迫 NRZI 码发生变化，当然，接收端必须去掉这个插入的 "0"。

7.4.3　USB OTG 技术及其扩展

在 Mini USB、Micro USB 的接口中，都有一个 ID 引脚，该引脚的作用就是在 USB OTG

模式下区分主从端（Master & Slave），也称主机端和设备端（Host & Device）。

1. USB OTG 技术

USB 技术的发展，使得 PC 和周边设备能够通过 USB 线缆连接在一起。我们常见的应用，如手机、Pad、数码相机等，都是通过 USB 连接到 PC，并在 PC 的控制下进行数据交换。但这种方便的交换方式，一旦离开了 PC，各设备之间就无法利用 USB 口进行操作，比如，需要将数码相机中的照片复制到手机中，或者将手机中的内容移动到 MP3 中等。这是因为没有一个从设备（Device）能够在 USB 数据传输中充当 PC 一样的主机（Host）。

OTG 是 On-The-Go 的缩写，是近年发展起来的技术，2001 年由 USB Implementers Forum（USB-IF）发布，主要应用于各种不同的设备或移动设备间的连接，进行数据交换。特别是PDA、移动电话、消费类数码产品之间进行数据传输等。

OTG 技术就是在没有主机的情况下，实现从设备之间的数据传送。例如，可以将数码相机通过 USB OTG 线缆直接连接到打印机上，通过 OTG 技术，将拍出的相片立即打印出来；也可以将数码照相机中的数据，通过 OTG 发送到 USB 接口的移动硬盘上。通过 OTG 技术，可以给智能终端扩展 USB 接口配件，以丰富智能终端的功能，比如扩展遥控器配件，把手机、平板变成万能遥控器使用，或者将 USB 大容量存储设备通过 USB OTG 连接到例如电视盒子之类的数码产品上，扩展其存储容量等。

常见的 USB OTG 线缆如图 7-22 所示。

图 7-22 USB OTG 线缆

当 USB 设备采用 OTG 模式时，USB 装置就摆脱了原来主从架构的限制，实现了端对端的传输模式。

2. OTG 功能的构建

USB OTG 标准在完全兼容 USB 2.0 标准的基础上，增加了电源管理（节省功耗）功能，同时还允许设备以主机和外设两种形式工作。

OTG 有两种设备类型：两用型 DRD 设备（Dual Role Device）和外设型 OTG 设备（Peripheral only OTG device）。两用型 DRD 设备（Dual Role Device）在新版本的 USB OTG 规范中已经用 OTG（On-The-Go Device）替代。

OTG 设备完全符合 USB 2.0 规范。同时，它还提供了有限的主机能力和一个 Micro-AB 插座，以及支持主机协商协议（Host Negotiation Protocol，HNP），并和外设型 OTG 设备一样支持会话请求协议（Session Request Protocol，SRP）。当作为主机工作时，OTG 设备可在 V_{BUS} 总线上提供至少 8 mA 的电流，而以往标准主机则需要提供 100～500 mA 的电流。

（1）USB OTG 主从设备的判断

设备的初始功能是通过定义连接器来实现的。USB 2.0 和 USB 3.0 的协议中定义了 Micro 系列插座。其中的 Micro–AB 型主要用于 USB OTG 设备中，Micro–AB 插槽（Receptacle）能够接入 Micro–A 和 Micro–B 插头（Plug）。Micro–AB 引脚中的 ID 引脚通过上拉电阻连接至 V_{BUS} 端，Micro–A 插头中的 ID 引脚与 GND 相连（对地电阻 R<10 Ω），Micro–B 插头中的 ID 引脚开路悬空，或大电阻接地（对地电阻 R>100 kΩ）。

USB OTG 连接示意图如图 7–23 所示。

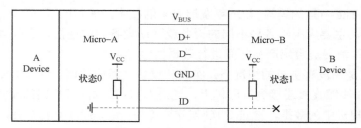

图 7–23　USB OTG 主从设备

当两个 OTG 设备连接到一起的时候，Micro–A 插头中的 ID 引脚由于接地，系统会读入一个"0"状态，Micro–B 中的 ID 引脚末端悬空，与 Micro–AB 相连接端被电阻上拉至"1"状态，ID 状态为"0"的 OTG 设备默认为主机（A device），ID 状态为"1"的 OTG 设备默认为从机（B device）。

（2）USB OTG 设备的构建

USB OTG 设备除了需要具备基本的 USB 功能之外，还需要增加相应的 OTG 功能。图 7–24 给出了构建一个具备 USB OTG 功能的 USB 电路。

为了增加 OTG 的两用功能（主从设备），必须扩充 USB 控制器和收发器功能来使 OTG 设备既可作为主机使用，也可以作为外设使用。而要实现上述功能，就需要在图 7–24 所示电路中添加 D+ 和 D– 端的 15 kΩ 下拉电阻并为 V_{BUS} 提供供电电源。

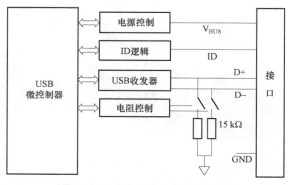

图 7–24　USB OTG 结构示意图

此外，收发器还需要具备以下功能：

① 可切换 D+/D– 线上的上拉和下拉电阻，以分别提供外设和主机功能。

② 作为 A 设备时，需要具有 V_{BUS} 监视和供电电路；作为 B 设备初始化 SRP 时，需要监视和触发 V_{BUS}。

③ 具有 ID 输入引脚，以及对 ID 引脚进行电平逻辑的判断功能。

（3）USB OTG 的基本协议

1）主机协商协议（Host Negotiation Protocol，HNP）

主机协商协议 HNP 用于初始 B 设备与初始 A 设备之间切换 Host 角色。

OTG 设备具有 Micro–AB 型插座，因此，OTG 设备既可作为 Host，也可以作为 Device。

而在某一次 OTG 连接中，该 OTG 设备究竟是作 Host（即 A 设备），还是用作 Device（即 B 设备），则要根据接入的另一个设备来定。如果接入的是 OTG POD 设备（外设型 OTG），那么该 OTG 设备作为 A 设备，OTG POD 设备为 B 设备；当接入的是另一个 OTG 设备，那么这两个 OTG 设备之间，就可以用 HNP 来随时切换 Host/Device 角色。

HNP 是一种用来实现 A device 和 B device（主机/从机）转换的协议，完整的 HNP 角色切换流程如下：

① B 设备希望控制总线，成为 Host，在 A 设备发送了 Set_Feature 命令后，B 设备就可以请求控制总线。

② A 设备挂起总线，通知 B 设备可以控制总线。

③ B 设备发送信号，断开上拉电阻，断开与 A 设备的连接。

④ A 设备连接 D+信号线上的上拉电阻，将 D+ 置高，A 设备就开始作为外设，放弃了总线的控制权，B 设备成为 Host。

⑤ 在 B 设备完成了对总线的控制后，就需要上拉其上的 D+ 电阻，放弃总线控制权。

2）会话请求协议（Session Request Protocol，SRP）

会话请求协议 SRP 允许 A device 在总线空闲时通过切断 V_{BUS} 来节省电源消耗，也为 B device 启动总线活动提供了一种方法。任何一个 A device，包括 PC 或便携式电脑，都可以响应 SRP；任何一个 B device，包括标准 USB 外设，都可以启动 SRP。

在标准 USB 系统运行过程中，主机提供 5 V 的电源和不低于 100 mA 的总线电流。当 OTG 主机（指以主机方式工作的两用 OTG 设备，又称 A device）连接到有线电源时，这种供电方式是适用的，但像手机这样的自供电移动设备则不能承受如此大的电能浪费。为了节约电源延长电池的使用寿命，当总线空闲时，OTG 主机将挂起电源总线 V_{BUS}。SRP 协议可使 OTG 从机（指外设式设备或者以外设方式工作的两用设备，又称 B device）请求 A device 重新激活 V_{BUS}，而后 A device 使用 HNP 协议交换两个设备的工作方式。这两步完成后，由新的 OTG 主机开始事务传输。B device 可在前一事务结束 2 ms 后的任意时间开始 SRP 过程。

3）连接检测协议（Attach Detection Protocol，ADP）

连接检测协议 ADP 是用来对远程 USB 设备接入本地设备或者从本地设备中拔出进行检测。可以进行 ADP 侦测（ADP probing）的既可以是 USB OTG 的 A device、B device、嵌入式主机（Embeded Host，EH），也可以是具备 SRP 功能的外设型 OTG 设备（B device）。

当两个 USB 设备连接或者解除连接时，ADP 侦测到 V_{BUS} 供电端的电位发生变化，此时 ADP 开始起作用，当 V_{BUS} 总线的下电和上电的周期和电压值满足一定的时序的时候，激活了 ADP 功能（ADP activity）。ADP 协议使得设备在空闲时无须一直保持 V_{BUS} 供电端的电压。

当一个 A device 连接到一个 B device 上时，如果某一时刻两个设备都处于空闲，并且都支持 ADP 协议，此时，A device 将开始执行 ADP 侦测（ADP probing），在 V_{BUS} 总线上形成 ADP 激活（ADP activity）期，此时 B device 监听对方的侦测。在 B device 的 ADP 监听（ADP sensing）过程中，B device 在 V_{BUS} 总线上寻找 ADP activity 周期，如果 B device 在 V_{BUS} 总线上检测到 ADP activity，就说明 A device 和 B device 依然保持连接。

上述三个协议是 USB OTG 的基本协议，其中会话请求协议 SRP 和连接检测协议 ADP 的目的都是节能。

Host 端检测到 USB 插头插入，则打开 V_{BUS}，如果没有检测到外设，则关闭 V_{BUS}，打开 ADP 侦测（ADP probing）；Device 端检测到 USB 插头插入，则打开 SRP，如果线缆没有插入，则 SRP 超时，Device 端开始进行 ADP 侦测（ADP probing），当线缆连接完毕，Device 端侦测到 ADP 变化，发送 SRP 请求 Host 打开 V_{BUS}，Host 回应 SRP 并且打开 V_{BUS}，完成设备连接。

一般情况下，V_{BUS} 上的供电是没有打开的，并且在空闲一段时间后，V_{BUS} 也会自动关闭。在 V_{BUS} 不供电的情况下，就需要靠 ADP 和 SRP 来检测外设并在有设备接入时打开 V_{BUS} 的供电。如果 V_{BUS} 上一直有电流供应，就无须 ADP 和 SRP 协议。因此，ADP 和 SRP 协议主要是为了节能。而采用这样复杂的协议进行节能的主要原因是 USB OTG 设备通常都应用在手持式、便携式的数码产品中，仅凭电池供电，没有固定的电源，此时节能就显得非常重要。

3. OTG 功能的扩展

USB OTG 功能的核心是 ID 引脚，标准 USB 2.0 接口中没有 ID 引脚，因此无法用作 USB OTG 设备中的主从设备。普通的 USB 设备，如 U 盘，通过 OTG 线缆连接到 OTG 主设备上时，OTG 设备可以发起对 U 盘数据的读写，但反过来，U 盘无法主动发起 USB 数据读写操作，只能当作从设备。

当两个 OTG 设备连接到一起的时候，系统会根据 ID 线对地电阻来决定 OTG 设备在 USB 总线中的地位，通常电阻阻值为 R<10 Ω 和 R>100 kΩ，通过 R 的值决定 ID 的状态值。

在某些便携式移动设备，如智能手机中，由于手机尺寸的限制，手机和外界的数据通信只能通过 Micro USB 接口进行。但手机和外界的数据通信接口除了需要具备 USB OTG 的功能之外，还需要承担诸如音/视频接口、串行信息输出接口、调试接口和工厂模式下的数据通信接口等诸多动能。

因此，要让一个物理接口承担多个接口的功能，只能将该接口进行功能复用。此时，ID 引脚承担更为重要的作用，ID 的对地电阻范围很广，从 0 Ω 到几 MΩ 不等，在此范围内划分多个电阻区间，当设备通过 Micro USB 接口连接到主机端时，系统检测 ID 引脚的对地电阻，通过 AD 转换，根据不同范围的电阻值对应的数字编码，启动相应的接口功能，实现不同功能的数据传输。

FSA9480 是一款常见的应用于手机上的 USB 2.0 的类型选择开关/交换器（USB Accessory Switch），该芯片由仙童半导体公司（Fairchild Semiconductors）生产，广泛应用于三星智能手机上，能够自动检测 USB 接口附件，如 USB OTG 模式、USB 数据设备、视频设备、UART 串行通信设备、工厂调试设备、充电设备等。无须主 CPU 参与，能够独立地自动对连接的外设进行配置。在没有设备连接时，自动进入低功耗状态。

FSA9480 所连接的 ID 脚对地电阻的典型值所对应的设备功能见表 7-9。

表 7-9 FSA9480 电阻值和设备对应表（部分）

编码值					对应电阻值 /kΩ	设备类型
4	3	2	1	0		
0	0	0	0	0	GND	USB OTG Mode
1	0	0	1	1	80.070	Audio Device Type 2
1	0	1	0	1	121.000	TTY Converter

续表

编码值					对应电阻值 /kΩ	设备类型
4	3	2	1	0		
1	0	1	1	0	150.000	UART Cable
1	1	0	1	0	365.000	Audio/Video Cable
1	1	1	0	0	523.000	Factory Mode Boot OFF－UART
1	1	1	0	1	619.000	Factory Mode Boot ON－UART

7.4.4 USB 通信协议

本节主要讲述 USB 通信过程中所要遵循的基本协议，包括 USB 的传输类型、各种描述符规范和设备类型等。

1. USB 传输类型

当 USB 设备连接到 USB 总线上之后，USB 设备就可以和 USB 主机进行通信。

USB 支持四种基本的数据传输类型：控制传输（Control Transfers）、同步传输（Isochronous Transfers）、中断传输（Interrupt Transfers）及数据块传输（Bulk Transfers）。

（1）控制传输

控制传输是用来支持外设与主机之间的控制、状态、配置等信息的传输，为外设与主机之间提供一个控制通道。每种外设都支持控制传输类型，主机与外设之间通过控制传输可以传送配置和命令、状态信息等，同时根据获得的设备信息对设备进行配置。其基本的传输类型包括控制读传输（Control Write）、控制写传输（Control Read）和不涉及数据的传输——无数据控制传输（No－data Control）。

控制传输分为三个阶段，即令牌（Token）阶段、数据（Data）阶段、握手（Handshake）阶段，如图 7－25 所示。

（2）同步传输

同步传输支持具有一定的周期性、有限的时延和带宽，且数据传输速率不变的外设与主机间的数据传输。该传输类型无差错校验，故不能保证正确的数据传输，同步传输允许有一定的误码率。通常应用于视频会议等传输需求，因为视频会议首先要保证实时性，在一定条件下，允许有一定的误码率。

同步传输事务有只有两个阶段，即令牌阶段（Token）、数据阶段（Data），因为不关心数据的正确性，故没有握手（Handshake）阶段。

图 7－26 给出了同步传输的过程。

（3）中断传输

中断传输支持像游戏手柄、鼠标和键盘等输入设备，这些设备与主机间数据传输量小，无周期性，但对响应时间敏感，要求立即响应。系统定时查询这些设备是否有数据要传输。

中断传输一般包括 IN 或 OUT 事务传输过程。当收到输入（IN）令牌，例程（Function）

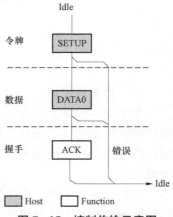

图 7－25 控制传输示意图

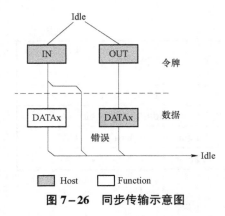

图 7-26　同步传输示意图

便可返回 data、NAK 或 STALL。如果端口没有新的中断信息返回，例程在数据阶段返回 NAK 握手；如果中断端口设置了 Halt 特征，例程在数据阶段返回 STALL 握手。

在中断传输中，也分为三个阶段，即令牌阶段、数据阶段、握手阶段，如图 7-27 所示。

① 令牌阶段：Host 端发出一个 Bulk 的令牌请求。如果令牌是 IN 请求，则是从 Device 到 Host 的请求； 如果令牌是 OUT 请求，则是从 Host 到 Device 端的请求。

② 传送数据的阶段：根据先前请求的令牌的类型，数据传输有可能是 IN 方向，也有可能是 OUT 方向。传输数据的时候用 DATA0 和 DATA1 令牌携带着数据交替传送。

③ 握手阶段：如果数据是 IN 方向，握手信号应该是 Host 端发出； 如果数据是 OUT 方向，握手信号应该是 Device 端发出。握手信号可以为 ACK，表示正常响应；NAK，表示没有正确传送；STALL，表示出现主机不可预知的错误。

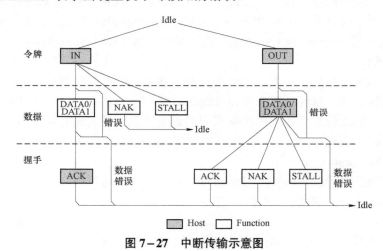

图 7-27　中断传输示意图

（4）数据块传输

数据块（批量）传输类型主要支持打印机、扫描仪、数码相机等外设，这些外设与主机间传输的数据量大，USB 在满足带宽的情况下才进行该类型的数据传输。用于大容量数据传输，没有固定的传输速率，当总线忙时，USB 会优先进行其他类型的数据传输，而暂时停止批量转输。

在数据块传输中，也分为三个阶段，即令牌阶段、数据阶段、握手阶段，如图 7-28 所示。块传输的基本过程相比其他过程增加了应用于高速设备的 PING 令牌，在该设置下，只包含令牌阶段和数据阶段，没有握手阶段。

2. USB 描述符

USB 协议为 USB 设备定义了一套描述设备功能和属性的具有固定结构的描述符，由特定格式排列的一组数据结构组成。

USB 设备通过描述符反映自己的设备特性，通过这些描述符向 USB 主机发送设备的各种属性，主机通过对这些描述符的访问实现对设备的类型识别、配置，并为其提供相应的客户端驱动程序。

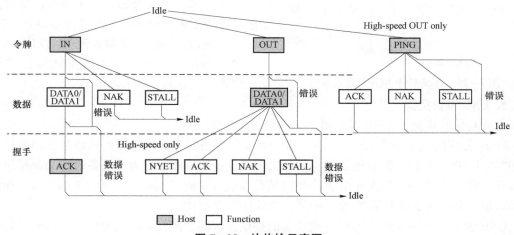

图 7 - 28　块传输示意图

　　USB 描述符信息存储在 USB 设备中，在枚举过程中，USB 主机会向 USB 设备发送 GetDescriptor 请求，USB 设备在收到这个请求之后，会将 USB 描述符信息返回给 USB 主机，主机端的协议软件需要解析从 USB 设备读取的所有描述符信息。主机从第一个读到的字符开始，根据双方规定好的数据格式，顺序地解析所读取的数据流。主机分析返回来的数据，判断出该设备是哪一种 USB 设备，建立相应的数据链接通道。

　　所有的描述符信息都是通过发送 GetDescriptor 请求得到的，但是 USB 设备也不知道要获取的是哪种描述符，所以还需要在 GetDescriptor 请求中指定描述符的类型及描述符的长度，这样 USB 设备才能正确地返回描述符信息。

　　USB 描述符包括标准描述符、Hub 描述符和 HID 描述符等，标准描述符又包括设备描述符、配置描述符、接口描述符、端点描述符和字符串描述符等，见表 7 - 10。

表 7 - 10　USB 标准描述符类型表

描述符类型	编码值
设备描述符（DEVICE）	1
配置描述符（CONFIGURATION）	2
字符串描述符（STRING）	3
接口描述符（INTERFACE）	4
端点描述符（ENDPOINT）	5
设备限定描述符（DEVICE_QUALIFIER）	6
其他速率配置描述符（OTHER_SPEED_CONFIGURATION）	7
电源接口描述符（INTERFACE_POWER）	8

　　USB 设备标准描述符有设备描述符、配置描述符、接口描述符和端点描述符等。设备描

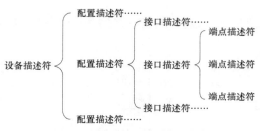

图7-29 标准USB描述符层次图

述符是最高级的描述符，每一个设备只有一个设备描述符。设备描述符可以包含多个配置描述符；而一个配置描述符又可包含多个接口描述符；一个接口使用了多个端点，就有多个端点描述符。

标准描述符的层次结构如图7-29所示。

对于不同的描述符及相应描述符的详细定义，读者可自行查阅相关资料。

3. USB 设备类型

不同功能和用途的 USB 设备属于不同的设备类型。

USB 协议定义了多个类信息，用来对 USB 设备进行分类，不同的设备按照功能属于不同的类，USB 主机通过读取设备的类信息来得知设备的功能，并为该设备选择加载相应的驱动程序。设备的相关信息包含在 3 个字节的设备类（Base Class）、子类（SubClass）和协议（Protocol）中，形成设备基类/类、子类、协议的三层结构。

USB 设备中有两个地方可以存放设备的类信息，其一是设备描述符中，另外一个是接口描述符中。某些设备所定义的类信息只能出现在设备描述符中，还有一些设备所定义的类信息只能出现在接口描述符中，而还有一些设备的类信息既可以出现在设备描述符中，也可以出现在接口描述符中。表 7-11 给出了 USB 中所定义的各个设备类信息，包括类代码、用途及所应用的描述符。

表 7-11 USB 设备类型

类代码	所应用描述符	类功能描述
00H	设备描述符	Use class information in the interface descriptors——由接口描述符中的类信息给出
01H	接口描述符	Audio——音频设备
02H	设备描述符和接口描述符	Communications and CDC Control——通信设备类（CDC，Communications Device Class）
03H	接口描述符	HID （Human Interface Device）——HID 人机接口设备
05H	接口描述符	Physical——物理设备
06H	接口描述符	Image——成像设备
07H	接口描述符	Printer——打印设备
08H	接口描述符	Mass Storage——大容量存储设备
09H	设备描述符	Hub——USB Hub 设备
0AH	接口描述符	CDC-Data——通信设备数据类
0BH	接口描述符	Smart Card——Smart 卡设备
0DH	接口描述符	Content Security——内容安全设备
0EH	接口描述符	Video——视频设备
0FH	接口描述符	Personal Healthcare——个人健康设备

续表

类代码	所应用描述符	类功能描述
10H	接口描述符	Audio/Video Devices——嵌入在符合设备中的音/视频设备
DCH	设备描述符和接口描述符	Diagnostic Device——诊断设备
E0H	接口描述符	Wireless Controller——无线控制器设备
EFH	设备描述符和接口描述符	Miscellaneous——混合设备
FEH	接口描述符	Application Specific——专用设备
FFH	设备描述符和接口描述符	Vendor Specific——生产商制定设备

USB 的所有设备都通过类、子类、协议三层结构进行分类，上表中仅给出了类代码，在每一类 USB 设备下，又要根据子类进行划分，子类设备下还可以按照协议进行划分。最终，每一种特定的设备都和类、子类和协议编码一一对应。

4. USB 设备枚举过程

主机要识别一个 USB 设备，必须经过枚举的过程，主机使用总线枚举来识别和管理必要的设备状态变化。总线枚举的过程如下：

① 设备连接：USB 设备接入 USB 总线。

② 设备上电：USB 设备可以使用 USB 总线供电，也可以使用外部电源供电。

③ 复位：主机通过设备的上拉电阻检测到有新的设备连接，主机向该端口发送一个复位信号。

④ 设备缺省状态：设备要从总线上接收到一个复位的信号后，才可以对总线的处理操作做出响应。设备接收到复位信号后，就使用缺省地址 00H。

⑤ 分配地址：当主机接收到设备对缺省地址 00H 的响应的时候，就为设备分配一个空闲的地址，设备以后就只对该地址进行响应。

⑥ 读取 USB 设备描述符：主机要求外设发送设备描述符，确认 USB 设备的属性。

⑦ 设备配置：主机分析描述符的信息，寻找相应的设备驱动程序。主机读取设备中各个端点的配置信息，如果设备所需的 USB 资源得以满足，就发送配置命令给 USB 设备，表示配置完毕。

⑧ 挂起：为了节省电源，当总线保持空闲状态超过 3 ms 以后，设备驱动程序就会进入挂起状态。挂起状态时，设备的消耗电流不超过 500 μA。当被挂起时，USB 设备保留了包括其地址和配置信息在内的所有内部状态信息。

完成了以上的几步工作后，USB 设备就可以使用了。在枚举的过程中，设备不一定要求进入挂起状态。

7.5　I²C 总线

7.5.1　I²C 概述

I²C（Inter–Integrated Circuit）总线是由飞利浦（PHILIPS）公司开发的两线式串行总线，

用于连接微控制器及其外围设备，是微电子通信控制领域广泛采用的一种总线标准。它是双工同步通信的一种特殊形式，具有接口线少，控制方式简单，器件封装形式小，通信速率较高等优点。I^2C 总线的特点包括：

① 两条信号线。一条串行数据线 SDA（Serial Data），用于数据的发送和接收；一条串行时钟线 SCL（Serial Clock），用于数据同步，指示什么时候数据线上是有效数据。

② 每个连接到总线的器件都可以通过唯一的地址和一直存在的简单的主机/从机关系软件设定地址，主机可以作为主机发送器或主机接收器。

③ 真正的多主机总线。每一个设备都可以作为主机或者从机。主机控制 SDA 和 SCL 信号，当总线空闲时，SDA 和 SCL 都保持高电平。如果两个或更多主机同时初始化，数据传输可以通过冲突检测和仲裁防止数据被破坏。

④ 串行的 8 位双向数据传输位速率在标准模式下可达 100 kb/s，快速模式下可达 400 kbt/s，高速模式下可达 3.4 Mb/s。一般通过 I^2C 总线接口可编程时钟来实现传输速率的调整，同时也跟所接的上拉电阻的阻值有关。

⑤ I^2C 总线上可挂接的设备数量受总线的最大电容 400 pF 限制，如果所挂接的是相同型号的器件，则还受器件地址位的限制。

I^2C 总线连接如图 7－30 所示，I^2C 总线可以连接 MCU、存储器或 I/O 接口等。总线上的器件都可以作为一个主机或者从机（由器件的功能决定）。主机初始化总线的数据传输并产生允许传输的时钟信号，此时任何被寻址的器件都被认为是从机。主机可发送数据到其他器件，此时主机为发送器，接收数据的器件为接收器。I^2C 总线没有外围器件片选线，主机通过地址码建立多机通信，保证无论总线上挂接多少个器件，其系统仍然为简约的二线结构。

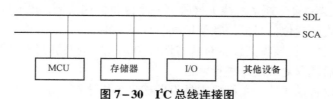

图 7－30　I^2C 总线连接图

I^2C 总线上的每个设备都有唯一的地址，数据包传输时先发送地址位，接着才是数据。一个地址字节由 7 个地址位和 1 个指示位组成。如果指示位是 0，意味着这个传输是一个写操作，被选中的从机将接收数据并将其作为输入；如果指示位是 1，就要求从机将数据发送回主机。7 位地址表示 I^2C 总线可以挂接 128 个不同地址的 I^2C 设备，其中 0 号"设备"作为群呼地址。实际应用时，7 位地址的高 4 位，0000 和 1111 被保留作为特殊用途，其他由制造商确定（不可变），如 AT24CXX 系列 EEPROM 数据手册给出高 4 位固定为 1010；低 3 位由器件的 3 个地址引脚（A2、A1、A0）所组合电平决定，用户定义。因此同一 I^2C 总线上同一型号的器件最多挂 8 片。I^2C 总线还支持一个扩展的 10 位寻址模式，可连接的外设数量可达 1 024 个，使用 7 位寻址模式的设备和 10 位寻址模式的设备可以在同一个系统中混合使用。10 位寻址时，使用 2 个字节来保存地址。如果第 1 个地址字节以 11110XXb 开始，就会产生一个 10 位地址，第 1 个字节的第 1、2 位（第 0 位是读写指示位）和第 2 个字节的 8 位合起来构成 10 位的地址。而 7 位设备将会忽略这个过程。图 7－31、图 7－32 分别给出了 7 位和 10 位地址识别示意图。主机发送地址时，总线上的每个从机都将自己的地址和主机发送地址比较，如果相同，表示自己正被主机寻址，根据 R/W 位将自己定义为收发器。表 7-12 给出了 I²C 总线的特殊地址。

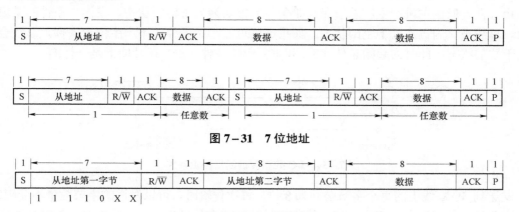

图 7-31　7 位地址

图 7-32　10 位地址

表 7-12　I²C 总线特殊地址

地址位							R/$\overline{W}$	意　义
0	0	0	0	0	0	0	0	通用呼叫地址
0	0	0	0	0	0	0	1	起始字节
0	0	0	0	0	0	1	X	CBUS 地址
0	0	0	0	0	1	0	X	保留地址
0	0	0	0	0	1	1	X	保留
0	0	0	0	1	X	X	X	保留
1	1	1	1	1	X	X	X	保留
1	1	1	1	0	X	X	X	10 位从机地址

连接到 I²C 总线的器件有不同种类的工艺（CMOS、NMOS、PMOS、双极性），逻辑 0（低）和逻辑 1（高）的电平不是固定的，由电源 VCC 的相关电平决定，每传输一个数据位就产生一个时钟脉冲。在传输数据的时候，SDA 线必须在时钟 SCL 的高电平周期保持稳定，SDA 的高或低电平状态只有在 SCL 线的时钟信号是低电平时才能改变，如图 7-33 所示。

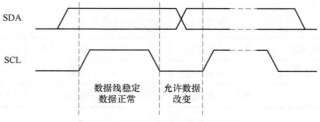

图 7-33　I²C 数据传输有效时序

SCL 线是高电平时，SDA 线从高电平向低电平切换，这个情况表示起始条件。SCL 线是高电平时，SDA 线由低电平向高电平切换，这个情况表示停止条件，如图 7-34 所示。起始和停止条件一般由主机产生，总线在起始条件后被认为处于忙的状态，在停止条件的某段时间后，总线被认为再次处于空闲状态。如果产生重复起始条件而不产生停止条件，总线会一直处于忙的状态，此时的起始条件（S）和重复起始条件（Sr）在功能上是一样的。

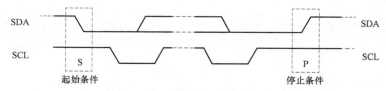

图 7-34 I²C 数据传输起始停止条件

发送到 SDA 线上的每个字节必须为 8 位，每次传输时，可以发送的字节数量不受限制。每个字节后必须跟一个响应位，相关的响应时钟脉冲由从机产生。在响应的时钟脉冲期间发送器释放 SDA 线（高）。首先传输的是数据的最高位（MSB），如果从机要完成一些其他功能后（例如一个内部中断服务程序）才能接收或发送下一个完整的数据字节，可以使时钟线 SCL 保持低电平，迫使主机进入等待状态，当从机准备好接收下一个数据字节并释放时钟线 SCL 后，数据传输继续。在响应的时钟脉冲期间，接收器必须将 SDA 线拉低，使它在这个时钟脉冲的高电平期间保持稳定的低电平。如果传输中有主机接收器，它必须通过在从机发出的最后一个字节时产生一个响应，向从机发送器通知数据结束（ACK/NACK）。从机发送器必须释放数据线，允许主机产生一个停止或重复起始条件，如图 7-35 所示。

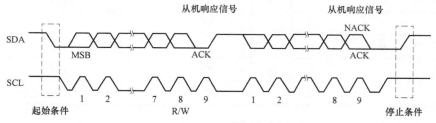

图 7-35 I²C 总线的响应时序

I²C 总线上传送的数据既包括地址信号，又包含真正的数据信号。以字节为单位收发数据。传输到 SDA 线上的每个字节必须为 8 位。每次传输的字节数量不受限制。首先传输的是数据的最高位（MSB，第 7 位），最后传输的是最低位（LSB，第 0 位）。另外，每个字节之后还要跟一个响应位，称为应答。I²C 总线传输的数据格式有三种，见表 7-13。

表 7-13 三种数据格式

主机发送到从机发送数据	S	从机地址	0	A	数据	A	(n)	数据	A/$\overline{A}$	P
第一个字节后，主机读从机	S	从机地址	1	A	数据	A	(n)	数据	$\overline{A}$	P
复合格式	S	从机地址	R/$\overline{W}$	A	数据	A/$\overline{A}$	(n)	Sr	(R)	P

其中 S 表示起始位（START）；从机地址（Slave Address）为 7 位；A 为 1 位应答位

（Acknowledge）；$\overline{A}$ 为 1 位非应答位（Not Acknowledge）；数据（Data）必须是 8 位；（n）表示 n 个数据位和应答位重复，n≥0；Sr 表示重复起始位；（R）表示多个 S～Sr 之间的内容重复，P 表示停止位（STOP）。

　　主机发送数据流程：主机在检测到总线为"空闲状态"（即 SDA、SCL 线均为高电平）时，发起 START。主机接着发送一个命令字节，该字节由 7 位的外围器件地址和 1 位读写控制位 R/$\overline{W}$ 组成（此时 R/$\overline{W}$=0）。挂接在总线上的从机收到了地址码后，地址匹配上的从机向主机反馈应答信号 ACK（ACK=0）。主机收到从机的应答信号后，开始发送第一个字节的数据（8 bit）。从机收到数据后，返回一个应答信号 ACK。主机收到应答信号后，再发送下一个数据字节（8 bit）。主机发起的一次发送通信过程中，发送的数据数量不受限制，主机的每一次发送后都通过从机的 ACK 信号了解从机的接收状况，如果应答错误，则重发。当主机发送最后一个数据字节并收到从机的 ACK 后，通过向从机发送一个停止信号 P 结束本次通信并释放总线；从机收到 P 信号后也退出与主机之间的通信。

　　主机接收数据流程：主机发起 START。主机接着发送一个命令字节。该字节由 7 位的外围器件地址和 1 位读写控制位 R/$\overline{W}$ 组成（此时 R/$\overline{W}$=1）。挂接在总线上的从机收到了地址码后，地址匹配上的从机向主机反馈应答信号 ACK（ACK=0）。从机开始向主机发送数据（8 bit），等待 ACK。主机收到数据后，发送 ACK。从机收到应答信号后，再向主机发送数据（8 bit），等待 ACK。主机所接收数据的数量由主机自身决定，当主机已经完成数据的接收，即不用再继续接收数据，主机向从机发送一个非应答信号 $\overline{A}$（ACK=1）。从机收到的应答信号 ACK=1 时，停止发送。主机在发送完非应答信号后，再发起 STOP，释放总线，结束这次的通信。

7.5.2　I^2C 接口访问 EEPROM

　　AT24CXX 系列 EEPROM 是支持 I^2C 总线数据传送协议的串行 CMOS EEPROM，广泛应用于嵌入式领域。常见型号有 AT24C01A/02/04/08/16/32/64 等，内部含有 128/256/512/1024/2048/4096/8192 个字节，按字节或者页写入方式访问，其中 AT24C01 具有 8 字节数据的页面写能力，AT24C02/04/08/16 具有 16 字节数据的页面写能力，AT24C32/64 具有 32 字节数据的页面写能力，具体请查阅对应的数据手册。下面以 AT24C02 为例，简单介绍应用 I^2C 对 EEPROM 进行读写的过程。

　　AT24C 系列 I^2C 地址的固定部分为 1010，假定硬件连接如图 7-36 所示。A0、A1、A2 均接地，则器件地址位为 1010000。按 I^2C 协议器件地址中最后一位 R/$\overline{W}$ 是选择读操作还是写操作，R/$\overline{W}$=1 表示读，R/$\overline{W}$=0 表示写，故读地址为 0A1H，写地址为 0A0H。AT24C02 为 256 B，则按字节编址的片内地址取值范围为 00～FFH。

　　主机访问 AT24C01 的读写过程如下。

　　读过程：主机首先按 I^2C 协议发 START，发送 AT24C02 地址写地址（0xA0），然后发送要读的 AT24C02 片内地址，接着发送 AT24C02 读地址（0xA1），完成读取数据，数据读取完成后发 STOP。

　　写过程：主机发 START，然后发送 EEPROM 地址写地址（0xA0），接着主机发送要写入 AT24C02 片内地址，最后发送数据。数据发送完成后发 STOP。

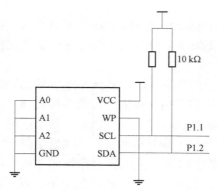

管脚名称	功能
A0～A2	器件地址选择
SDA	串行数据/地址
SCL	串行时钟
WP	写保护
Vcc	＋1.8～6.0 V 工作电压
Vss	地

图 7-36 硬件连接图

习题 7

7.1 简述总线的作用，并说明采用总线结构的优点。

7.2 简述总线的分类，并且举例说明每种类型。

7.3 32 位及 64 位 PCI 总线插件是否可以互操作？为什么？

7.4 简述 PCI 总线的主要特点，分析其系统组成结构，有哪些主要引脚及其功能？

7.5 PCI 总线上的突发数据传输有什么特点？

7.6 简述 PCI－E 总线与 PCI 总线的区别。

7.7 简述 PCI 总线数据传输过程。

7.8 为什么要进行 PCI 总线仲裁？

7.9 PCI 总线访问时，怎样的信号组合启动一个总线的访问周期？又怎样结束一个访问周期？

7.10 PCI 设备的配置空间的作用是什么？配置空间都包括哪些主要内容？

7.11 USB 怎样区分全速设备与低速设备？

7.12 简述各种 USB 总线状态转换的过程。

7.13 USB 3.0 协议相比 USB 2.0 协议，在硬件上的差别主要是什么？

7.14 USB 有哪些传输类型？

7.15 什么是 USB OTG 设备，主要支持哪些协议？主要有哪些应用？

7.16 USB 标准描述符主要包括哪些类型的描述符？

7.17 查找资料，简述 USB 设备开发的主要流程。

7.18 简述 I^2C 总线的特点。

第8章

接 口 技 术

在计算机的组成结构中，CPU 和存储器、外部设备通过总线相连，接口有存储器接口和外部设备接口，本章主要讲述 CPU 和外部设备之间的接口，CPU 通过接口中的各类寄存器和外部设备进行通信，实现数据传输。这些寄存器类别主要包括：

（1）控制端口。主要用于接受 CPU 指令。CPU 通过此端口对接口芯片进行初始化，指定芯片的工作模式、确定数据传输方向及交换信息的方法等。

（2）状态端口。主要提供芯片或者连接外设的工作状态。CPU 根据状态端口的反馈值来指导下一步操作。

（3）数据端口。主要目的是匹配 CPU 和外设的速度差异，并且进行信号隔离。一般由三态缓冲器或者锁存器构成。

（4）地址译码和读写控制逻辑。地址译码完成芯片选择和接口内部的端口选择。

（5）中断/DMA 请求逻辑模块。

本章将主要介绍常见的串行接口、定时和计数接口及其编程技术。计算机接口中，除了有线接口外，还有无线接口。无线接口具有布设方便、接入灵活、移动性强等特点，拓宽了数据的传输范围。同时，无线接口建网容易，管理方便，高度可扩展。目前很多计算机及智能终端设备都具备了无线接口，同时，覆盖无线接入信号的区域也在不断增加，本章将对红外、Wi-Fi 等无线接口做简单介绍。

8.1 串行接口及应用

串行通信是计算机系统中常用的通信机制之一。使用串行通信的计算机或外设，都需要使用串行通信接口。通过串行接口，数据发送方将并行数据转换成按照二进制数据位排列的串行形式的数据送到传输线上。数据接收方的串行接口接收到这些二进制位后，再将它们转换成字节形式的并行数据。值得注意的是，串行接口和并行接口的定义指的是接口和外设侧的数据传送，接口和外设之间串行传输叫作串行接口，接口和外设之间并行传输叫作并行接口，接口和 CPU 侧的数据传送总是并行的。串行接口如图 8-1 所示。

8.1.1 串行通信概述

在串行通信中，信息在一个方向上传输只占用一根通信线，这根线既作数据线，又作联络线，也就是说，在一根传输线上既传送数据信息，又传送联络控制信息。因此，串行通信的双方必须遵循一致的约定（协议），根据约定能识别出在一根线上串行传送的信息流中，哪一部分是联络信号，哪一部分是数据信号。串行通信的信息格式分为异步和同步信息格式两类，即异步通信和同步通信。

图 8-1　串行接口

1. 数据传送方式

在串行通信中，数据的发送和接收要通过通信通路，这个通信通路就是传输线。根据通信通路的不同连接方式，可以将串行通信分成单工、半双工和全双工 3 种，如图 8-2 所示。

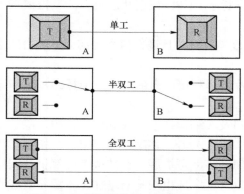

图 8-2　串行通信的 3 种传送方式

在单工方式下，只使用一根传输线，数据传输是单向的，传输一方有发送器，另一方只有接收器，只允许从 A 传送到 B。单工方式如无线电广播、电台等，只管发送信号，收音机只管接收信号。半双工方式也只有一根传输线，通信双方都具有发送器和接收器，数据传输可以双向，但是每个时刻只能进行一个方向的传输。半双工设备如对讲机，数据可以分时地从 A 传送到 B，或者从 B 传送到 A，但不能同时进行。全双工方式下，通信双方均具有发送器和接收器，并且通信双方有两根传输线连接，分别承担两个方向的数据传送，发送数据和接收数据可以同时进行。全双工设备如电话机，通信双方同时进行发送和接收。

2. 异步串行通信协议

（1）串行异步信息帧的格式

串行异步通信信息帧的格式如图 8-3 所示。信息帧包括起始位、数据位、奇偶校验位和停止位。一个信息帧中只能包含一个字符，每个字符的数据位可以是 5~8 个二进制位。在发送字符的数据位之前，首先要传送一位起始位，起始位总是逻辑"0"。在一帧信息传送之前，传输线在逻辑上处于"1"状态，其状态一旦由 1 跳变为 0，表示一帧信息的开始。5~8 位的数据位是从低到高顺序排列的，先传送字符的最低位。在数据位的后面，有一个可选的奇偶校验位，校验位可有可无。最后是停止位，停止位总是逻辑"1"，停止位可以是 1 个、1.5 个或 2 个。起始位表示一个信息帧的开始，而停止位表示它的结束。每一帧字符是用起始位和停止位同步的。

在串行异步通信格式中，可以灵活设定一些参数。例如，一个字符的数据位个数、是否有奇偶校验位、停止位的个数等。通信双方必须采用同样的格式，否则就会发生传输错误。除此之外，双方还必须约定采取相同的数据传输速率，即波特率。

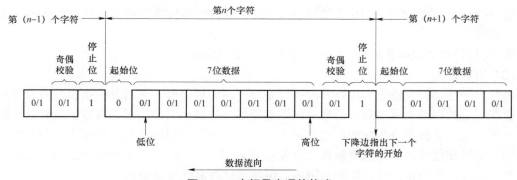

第 (n-1) 个字符　　　　　第n个字符　　　　　第 (n+1) 个字符

奇偶校验　停止位　起始位　7位数据　奇偶校验　停止位　起始位　7位数据

低位　　高位　　下降边指出下一个字符的开始

数据流向

图 8-3　串行异步通信格式

例 8.1　在异步串行通信中，其一帧数据格式为 1 位起始位，7 位数据位，偶校验，1 位停止位，则发送数据 ASCII 'Q' 的帧数据是什么？（起始位在左）。

解答：

ASCII 'Q' = 51h（1010001），偶校验时校验位为 1。

起始位为 0，按照低位先行的规则，帧数据为 0100010111。

（2）波特率与比特率

在数字信道中，比特率是数字信号的传输速率，它用单位时间内传输的二进制代码的有效位（bit）数来表示，其单位为每秒比特数（bit per second，b/s）、每秒千比特数（Kb/s）或每秒兆比特数（Mb/s）来表示（此处 K 和 M 分别为 1 000 和 1 000 000，而不是涉及计算机存储器容量时的 2^{10} 和 2^{20}）。

波特率指每秒传输的符号数，指数据信号对载波的调制速率，它用单位时间内载波调制状态改变次数来表示，其单位为波特（Baud）。

波特率与比特率的关系为：比特率 = 波特率 × 单个调制状态对应的二进制位数。根据公式可知两相调制（单个调制状态对应 1 个二进制位）的比特率等于波特率；四相调制（单个调制状态对应 2 个二进制位）的比特率为波特率的两倍；八相调制（单个调制状态对应 3 个二进制位）的比特率为波特率的三倍；依此类推。在计算机通信中采用两相调制，每个符号所含的信息为 1 位，因此常将比特率称为波特率，即 1Baud = 1 b/s，本书不加区分。

在通信产品中有一个标准波特率系列，即最常用的波特率，标准波特率系列为 110、300、600、1 200、1 800、2 400、4 800、9 600、19 200、38 400、57 600、115 200。波特率提高后，数据传输的速度加快，但是信号传输的距离则相应地缩短。

例 8.2　假定波特率为 9 600 b/s，异步方式下，每个字符对应 1 个起始位、7 个数据位、1 个奇偶校验位和 1 个停止位。试求：

① 每传输一个二进制位需要的时间是多少？

② 数据传输效率是多少？

③ 每秒钟能传输的最大字符数为多少？

④ 每秒钟有效数据传输位是多少？

解答：

① 每传输一个二进制位需要的时间为 1 ÷ 9 600 = 0.000 104 2（s）= 0.104 2 ms。

② 数据传输效率是 7 / (1 + 7 + 1 + 1) × 100% = 70%。

③ 传送一个字符就需要 10 个二进制信息位。每秒钟能传输的最大字符数为 9 600÷10＝960 个字符。

④ 每秒钟有效数据传输位＝9 600×70%＝6 720（bit）。

（3）时钟误差

串行异步通信的发送方和接收方没有一个统一的时钟信号，发送方和接收方的时钟频率可能存在一定的误差。只要双方的时钟的误差范围不超过一定的限度，双方仍然可以正确地通信。异步通信是按字符传输的，通信格式中包含了起始位和停止位，每传送一个字符，就用起始位来通知收方，以此来重新核对收发双方同步，同时，由于采样时钟的频率远远高于波特率，因此，在一定的时钟误差范围内，仍然能够可靠地传输数据。

如收发双方约定的波特率为 f_d，一个信息帧的长度为 n（n＝7～11），发送方的时钟频率为 f_{ct}，接收方的时钟频率为 f_{cr}。由于存在双方的时钟存在误差，一般 f_{ct} 不等于 f_{cr}。若接收设备和发送设备两者的时钟频率 f_{ct} 和 f_{cr} 略有偏差，只要发送一个字符（n 个信息位）所累积的时间偏差不超过半个信息位（即 $n×|(1/f_{ct})-(1/f_{cr})|<(1/(2f_d))$），数据就能正确接收。发送下一个字符时，接收端又从起始位的中央开始采样，清除了上一次的时间偏差，不会导致偏差的累积。值得注意的是波特率越高，允许的时钟误差范围就越小。

假设时钟频率为 f_c，而波特率为 f_d。f_c 往往是 f_d 的整数倍，即

$$f_c = f_d × K$$

式中，K 叫作波特率因子，K 值意味着接收端能对每一个信息位采样 K 次，K 一般定为 16、32 或 64。上面的公式也叫作时钟频率＝波特率因子×波特率。

在图 8-4 中，波特率因子等于 16。在进行通信时，接收端以频率为 f_c 的时钟为基准，不断采样传输线状态，在检测到其逻辑电平由 1 到 0 跳变以后，连续采样传输信号，当采样到 8 个低电平以后，继续对输入信号再次采样，如仍为低电平，便确认这就是起始位，而不是干扰信号。此后，接收端每隔 16 个时钟脉冲对输入信号采样一次，确定信息位的状态，获取各个数据位、校验位及停止位。采样到规定数目的停止位以后，表示当前帧结束。然后，接收端继续监视输入信号的下一次跳变（由 1 到 0），重新开始采样新一帧数据。

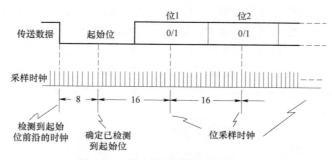

图 8-4 异步通信时数据位的检测

由于异步串行通信中每个字符的前后都要加上起始位、校验位和停止位等附加位，实际降低了传输效率。假定通信双方规定每个字符对应 1 个起始位、8 个数据位、1 个奇偶校验位和 2 个停止位，此时传送一个字符需要 12 个信息位，即有效利用率为 8÷12×100%＝66.7%。

（4）奇偶校验

在异步串行通信中，奇偶校验是以字符为单位进行校验的。在每一个字符传输过程中，增加一位作为校验位。发送方和接收方可以约定是否采用奇偶校验，以及采用奇校验还是偶校验。发送方在发送字符时，计算出校验位加入信息帧中。而接收方接收到字符的数据位和校验位后，统计其中为 1 的信息位的总数。采用奇校验时，总数必须为奇数；采用偶校验时，总数必须为偶数。如果总数不匹配，则说明数据传送过程中出现了错误。

例如，偶校验时，发送字符 10010001b，则校验位为 1。此时字符的数据位和校验位合在一起有 4 个 1，为偶数个。当数据传送过程中，如果有奇（1、3、5、7）个信息位出现错误时，通过奇偶校验能发现出来。奇偶校验不能检查出传送过程的 2 个（或 4、6、8 个）信息位错误。

3. 同步串行通信协议

在同步传输中，发送方和接收方使用同一个时钟信号。数据流中的字符与字符之间、字符内部的位与位之间都同步。同步串行通信是以数据块（字符块）为信息单位传送，叫做信息帧。每帧信息的位数几乎不受限制，可以包括成百上千个字符。同步通信要求在传输线路上始终保持连续的字符位流，若计算机没有数据传输，则线路上要用专用的"空闲"字符或同步字符填充。同步通信效率较高，但要求在通信中保持精确的同步时钟，所以发送器和接收器比较复杂，成本也较高，一般用于传送速率要求较高的场合。

（1）面向字符的同步协议

面向字符型的同步协议被传送的数据块是由字符组成的，字符是基本信息传输单位，这也是它名字的由来。面向字符的同步协议，不像异步协议那样需在每个字符前后附加起始和停止位，因此传输效率提高了。此类协议在 20 世纪 60 年代初开始出现，其中的典型代表是 IBM 公司的二进制同步通信协议（Binary Synchronous Communication，BSC）。它规定了 10 个特殊字符作为通信控制字。通信控制字包括数据块的开始、结束标志及整个传输过程的控制信息。这些通信控制字不能在帧格式的标题及数据块中出现，否则会产生错误判断，如数据块中正好有一个与 ETX 相同的数据字符，接收端就不会把它当作数据字符处理，而误认为是正文结束，因而产生差错。

面向字符同步协议的一帧数据格式如图 8-5 所示。

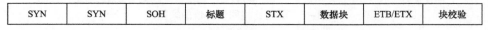

SYN	SYN	SOH	标题	STX	数据块	ETB/ETX	块校验

图 8-5 面向字符同步协议的帧格式

在 BSC 协议中，数据块的前后都加了几个特定字符，在数据块中，还需要转义字符。一帧信息包括如下的字段。

① SYN 同步字符（Synchronous Character）。每一帧开始处都有 SYN 字符，加一个 SYN 的称为单同步，加两个 SYN 的称为双同步。设置同步字符的目的是在收发双方起联络作用，传送数据时，接收端不断检测，一旦出现同步字符，就知道是一帧开始了。

② SOH 序始字符（Start Of Header）。它表示标题的开始。标题中包括源地址、目标地址和路由指示等信息。

③ STX 文始字符（Start Of Text）。它标志着传送的正文（数据块）开始。数据块就是要

传送的正文内容，由多个字符组成。

④ ETB 组终字符（End of Transmission Block ）或 ETX 文终字符（End Of Text）。ETB 用在正文很长、需要分成若干个分数据块、分别在不同帧中发送的场合，这时在每个分数据块后面用组终字符 ETB，而在最后一个分数据块后面用文终字符 ETX。

⑤ 块校验。校验码，在一帧的最后，它对从 SOH 开始直到 ETB（或 ETX）的所有字符进行校验。

⑥ DLE 转义字符（Data Link Escape）。将特定字符转义为普通数据处理。如帧格式要求当需要把一个特殊字符看成数据时，在它前面要加一个 DLE，这样接收器收到一个 DLE 后就知道下一个字符是数据字符，而不会把它当作控制字符来处理了，这种方法称为字符填充。DLE 本身也是特殊字符，当它作为一个数据字符出现在数据块中时，发送方也要在它前面再加上另一个 DLE。这种将特定字符作为普通数据处理的能力叫作"数据透明"。

BSC 协议的最大缺点是它和特定的字符编码集关系过于密切，不利于兼容；同时，为了保证"数据透明"而进行的字符填充实现起来相当麻烦。此外，由于 BSC 协议是一个半双工协议，它的链路传输效率很低，即使物理链路支持全双工传输，面向字符的同步控制协议也不能加以运用。但其优势在于面向字符的同步控制协议需要的缓冲存储容量最小，因而在面向终端的网络系统中仍然广泛使用。

（2）面向比特的同步协议

面向字符型的协议透明性差、数据信息和控制信息格式不统一，采用可靠性差的奇偶校验等缺点限制了它的应用。随着计算机网络的发展，通信信息量不断增加，它已经不能满足应用需求。20 世纪 70 年代开始出现了面向比特的协议。其中最有代表性的是 IBM 在 1974 年推出的同步数据链路控制规程 SDLC（Synchronous Data Link Control）、国际标准化组织 ISO（International Standards Organization）的高级数据链路控制规程 HDLC（High－level Data Link Control）等。这些协议的特点是，所传输的一帧数据的长度可以是任意位，而且它是靠约定的位组合模式，而不是靠特定字符来标志帧的开始和结束，所以称为"面向比特"的协议。典型的 SDLC 帧格式如图 8－6 所示。

8	8	8	任意	16	8
F 开始标志	A 地址字段	C 控制字段	I 信息字段	FCS 校验字段	F 结束标志

图 8－6　面向比特同步协议的帧格式

一个 SDLC/HDLC 的帧信息包括以下几个字段，所有字段都是从最低有效位开始传送。

① DLC/HDLC 标志字段。所有信息传输必须以一个标志字段开始，且以同一个字符结束。这个标志字符是 01111110，称为标志字段 F（Flag）。从开始标志到结束标志之间构成一个完整的信息单位，称为一帧（Frame）。所有的信息是以帧的形式传输的，而标志字段提供了每一帧的边界。接收端通过搜索"01111110"来探知帧的开始和结束，以此建立帧同步。

② 地址字段和控制字段。在标志字段之后，有一个地址字段 A（Address）和一个控制字段 C（Control）。地址字段用来规定与之通信的次站的地址。控制字段可规定若干个命令。SDLC 规定地址字段和控制字段的宽度为 8 位。而 HDLC 则允许地址字段可为任意长度，控制字段为 8 位或 16 位。

③ 信息字段。跟在控制字段之后的是信息字段 I（Information）。I 字段包含有要传送的数据，也称为数据字段。并不是每一帧都必须有信息字段。

④ 校验字段。在信息字段之后的是两字节的帧校验字段 FCS（Frame Check Sequence）。SDLC/HDLC 均采用 16 位循环冗余校验码 CRC（Cyclic Redundancy Code），其生成多项式为 CCITT 多项式 $X^{16}+X^{12}+X^5+1$。除了标志字段和自动插入的"0"位外，所有的信息都参加 CRC 计算。

SDLC/HDLC 协议规定以 01111110 为标志字段，但在信息字段中也有可能含有和标志字段相同的二进制位序列。为了区分信息与标志字段，协议中采取"0"位插入和删除技术。发送端在发送所有信息（除标志字段外）时，只要遇到连续 5 个"1"，就自动插入一个"0"。当接收端在接收数据时（除标志字段外），如果连续接收到 5 个"1"，就自动将跟在它们的一个"0"删除，恢复信息的原有形式。这种"0"位的插入和删除过程是由硬件自动完成的。若在发送过程中出现错误，则 SDLC/HDLC 协议用异常结束（Abort）字符，或称失效序列使本帧作废。在 HDLC 规程中，7 个连续的"1"被作为失效字符，而在 SDLC 中，失效字符是 8 个连续的"1"。

SDLC/HDLC 协议规定，在一帧之内不允许出现数据间隔。在两帧信息之间，发送器可以连续输出标志字符序列，也可以输出连续的高电平，它被称为空闲（Idle）信号。

例 8.3　已知信息帧如下，请按照面向比特同步协议的帧格式分解，获取传送的信息。

01111110101111000011110001010111101001010010011111010101001111110

解答：根据图 8−6 分解可得

F:	01111110	标志字段
A:	11111000	地址字段
C:	01111000	控制命令
I:	10101111101001010	（删除发送端插入的 0）
	1010111111001010	恢复的信息字段
FCS:	0100111110101010	校验字段
F:	01111110	控制字段

4. 调制与解调

长距离的通信可以使用电话线为介质，而电话网是为 300～3 400 Hz 的音频信号设计的，不适合直接传输二进制数据。因此，在发送时，需要将二进制信号调制成相应的音频信号，以适合在电话网上传输；在接收时，需要对音频信号进行解调，还原成数字信号。

在发送端使用调制器（Modulator）把数字信号转换为模拟信号，该模拟信号携带了数据信号，称为载波信号。模拟信号经电话线传送到接收方，接收方再用解调器（Demodulator）把模拟信号变为数字信号。大多数情况下，调制器和解调器合在一个装置中，称为调制解调器（Modem）。

如图 8−7 所示，经常使用的调制方法有 3

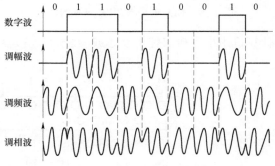

图 8−7　常用的 3 种调制方式

种：调幅（Amplitude Shift Keying）、调频（Frequency Modulation）、调相位（Frequency Shift Keying）。调幅是用串行数据位的"1"和"0"来控制载波的振幅的。调频是将串行数据位的"1"和"0"分别调整成频率不同的正弦波。调相是将串行数据位的"1"和"0"调制成相位不同的正弦信号。

5. RS-232C 标准

RS-232C 标准由电子工业协会（Electronic Industry Association，EIA）制定，RS 代表 Recommended Standard。微型计算机之间的串行通信就是按照 RS-232C 标准设计的接口电路实现的。RS-232C 标准在信号电平和控制信号的定义方面做了规定。如果使用一根电话线进行通信，那么计算机和 MODEM 之间的连线就是根据 RS-232C 标准连接的。其连接如图 8-8 所示。

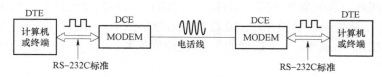

图 8-8　RS-232C 连接

在通信中，Modem 起着传输信号的作用，是一种数据通信设备（Data Communication Equipment，DCE）。接收设备和发送设备称为数据终端设备（Data Terminal Equipment，DTE）。

（1）信号电平

RS-232 标准的电气特性定义为 EIA 电平，采用负逻辑。RS-232C 将 -5～-15 V 规定为"1"（逻辑 1 电平，传号 Mark），+5～+15 V 规定为"0"（逻辑 0 电平，空号 Space）。而计算机采用的是标准 TTL（Transistor-Transistor Logic）。电平定义+2.4～+5 V 为高电平，表示逻辑 1；0～0.4 V 为低电平，表示逻辑 0。EIA 电平与 TTL 电平完全不同，因此，为了能够同计算机接口或者终端的 TTL 器件连接，RS-232C 和 TTL 电路之间必须进行相应的电平转换。实现这种转换可以利用分立元件，也可以用集成电路芯片来实现。图 8-9 为利用集成电路芯片进行 TTL 和 RS-232C 之间的电平转换，其中 MC1488 芯片完成 TTL 电平到 EIA 电平的转换，MC 1489 完成 EIA 电平到 ITL 电平的转换。

图 8-9　EIA 电平与 TTL 电平的转换

（2）控制信号的定义

RS-232 标准定义了一个 25 针的连接器，但是绝大多数设备只使用其中的 9 个信号。在计算机中串行接口使用 9 芯或者 25 芯连接器，如图 8-10 所示。

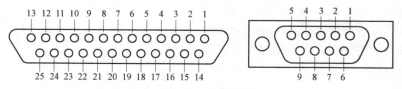

图 8-10　25 芯和 9 芯连接器

RS-232 对于 25 芯连接器中的 22 芯做了功能定义。表 8-1 列出了计算机中常用的 RS-232C 信号的名称、功能及它们在 9 芯连接器和 25 芯连接器上引脚的对应关系。

表 8-1　常用 RS-232C 信号

25 芯引脚	9 芯引脚	名　称	作　用	方　向
1	–	PG	保护地	设备地
2	3	TxD，TD，SD	发送数据	DTE→DCE
3	2	RxD，RD	接收数据	DCE→DTE
4	7	RTS，RS	请求发送	DTE→DCE
5	8	CTS，CS	允许/清除发送	DCE→DTE
6	6	DSR，MR	DCE 就绪	DCE→DTE
7	5	SG	信号地	信号公共地
8	1	RLSD，DCD	接收线路信号检测	DCE→DTE
20	4	DTR	DTE 就绪	DTE→DCE
22	9	RI	振铃指示	DCE→DTE

① TxD（Transmitted Data）：输出，串行数据发送引脚，将串行数据从数据终端（CPU 方面）发出，传送到数据装置（调制解调或外设）。

② RxD（Received Data）：输入，串行数据接收引脚，数据终端接收从数据装置传来的串行数据。

③ $\overline{RTS}$（Request to Send）：输出，数据终端请求发送。低电平时有效，$\overline{RTS}$ 为低，表示数据终端准备好发送数据，是计算机一方送往外设或调制解调的信号，表示计算机请求发送数据。

④ $\overline{CTS}$（Clear to Send）：输入，数据设备清除请求发送（允许发送）信号，低电平时有效。该信号来源于数据装置，它和 $\overline{RTS}$ 组成一对联络信号，是对 $\overline{RTS}$ 的响应，表示外设或调制解调准备好，允许计算机发送数据。当 $\overline{CTS}$ 有效时，计算机才能向外设发送数据。

⑤ $\overline{DSR}$（Data Set Ready）：输入，表示当前外部设备已经准备好，是外设送往 CPU 方面的信号，低电平时有效。它和 $\overline{DTR}$ 组成一对联络信号。

⑥ $\overline{DTR}$（Data Terminal Ready）：输出，数据终端准备好，低电平时有效。是由计算机送往外设的信号，通知外部设备 CPU 当前已经准备就绪。

⑦ SG（Signal Ground）：信号地，为数据终端和数据装置的所有信号提供公共参考电平。

⑧ PG（Protected Ground）：保护地（外壳地），起屏蔽保护作用的地。一般应参照设备的使用规定连接到设备的外壳或大地。

⑨ $\overline{DCD}$（Carrier Detected）：输入，载波检测信号，来源于调制解调器，低电平时有效，它指示调制解调器已经建立了有效的连接。只有在 $\overline{DCD}$ 的有效状态下，CPU 才能开始传送数据。

⑩ RI（Ring Indicator）：输入，振铃指示信号，高电平时有效。当调制解调器在线路上

检测到一个响铃信号时，便使 RI 信号有效。该信号用来通知 CPU 有一个输入的呼叫。

在计算机一方，上述信号由它的串行接口产生；在数据装置一方，信号由调制解调器或外设的串行接口产生。并不是所有串行接口都具备上述信号，比如有些串行接口不支持载波检测及振铃指示。

在通信中，RS－232 是作为数据终端设备 DTE 与数据通信设备 DCE 的接口标准而引入的。目前不仅在远距离通信中经常用到它，在两台计算机或者设备之间的近距离串行连接也普遍用 RS－232 接口。在传输距离较近时，不必使用调制解调器，可以直接将两台计算机（或数据终端）的 RS－232 接口相连接。

单机串口自发自收最简单的联系方式是无联络方式下短接引脚 2（TxD）和引脚 3（RxD）；带联络方式下引脚 2（TxD）和引脚 3（RxD）短接、引脚 4（$\overline{\text{RTS}}$）和引脚 5（$\overline{\text{CTS}}$）短接、引脚 6（$\overline{\text{DSR}}$）和引脚 20（$\overline{\text{DTR}}$）短接。近距离通信，两台计算机直连的 RS－232C 接口互连的方法如图 8－11 所示。$\overline{\text{RTS}}$ 和 $\overline{\text{CTS}}$ 用作数据终端向数据装置输出数据时的联络信号，而 $\overline{\text{DSR}}$ 和 $\overline{\text{DTR}}$ 用作数据终端从数据装置读入数据时的联络信号。为了交换信息，TxD 和 RxD 应当交叉连接，通信双方的发送端接到对方接收端；RTS、CTS 互接，通过请求发送 RTS 信号来产生允许发送 CTS 信号；DTR 和 DSR 互连，用"数据终端准备好"来产生"数据设备准备好"信号，以满足 RS－232C 通信控制逻辑的要求。实际操作过程中，如果传输距离很短，只需要连接发送、接收和"地" 3 条连接线，就能实现全双工的串行数据传送。图 8－11 为 25 芯的串口连接方式，9 芯串口同理。

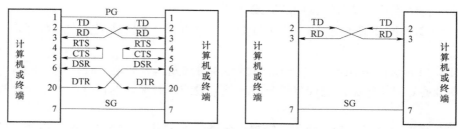

图 8－11　短距离双机串口直连（25 芯）

8.1.2　可编程串行通信接口

1. UART 概述

通用异步收发传输器（Universal Asynchronous Receiver/Transmitter），通常称作 UART，是一种异步收发传输器。计算机硬件中具体实物表现为独立的模块化芯片或集成于微处理器以及芯片组中，用于微机与微机、微机与 MODEM 及微机与外设之间进行异步通信。UART 是 TTL 电平接口，一般和 RS－232C 接口连接时需要进行电平转换。在 UART 上追加同步方式的序列信号变换电路的产品，被称为 USART（Universal Synchronous Asynchronous Receiver Transmitter），如 8250 是异步收发器 UART，8251 是同步异步收发器 USART，二者的重要区别是 8250 不支持同步串行通信。

常见的 UART 主要有 INS8250、NS16450 和 NS16550，此外，还有带更大缓冲的 UART，称为 NS16650 和 NS16750。这几种 UART 的比较见表 8－2。

表 8-2 常见 UART 可编程芯片比较

功能	型　号				
	8250	16450	16550	16650	16750
FIFO	—	—	16 字节	32 字节	64 字节
超时检测	—	—	√	√	√
低功耗模式	—	—	√	√	√
睡眠模式	—	—	—	—	√
自动流量控制	—	—	—	—	√
临时寄存器	—	√	√	√	√

2. 8250/16550 功能和基本原理

美国国家半导体公司（National Semiconductor）的 NS16550 是一个通用的异步接收器/发送器 UART 芯片，它与 IBM 早期推出的个人计算机 IBM PC/XT 所使用的 UART 芯片 INS 8250 的内部结构、引脚信号和工作方式完全兼容。二者的区别在于 8250 的发送和接收数据缓冲器只有一个字节，每发送或接收一个字节都要求 CPU 来干预，而 16550 增加了 16 个字节的 FIFO（First Input First Output）发送和接收数据缓冲器，可以连续发送或接收 16 个字节的数据；16550 传输更快，更适合高速系统通信接口应用。8250 的最大通信速率为 19 200 b/s，而 16550 的最大通信速率可达 115 200 b/s。早期的 PC 中 UART 芯片是 INS8250，后续 PC 则采用兼容的 NS16450 和 NS16550，32 位 PC 芯片组中使用的是与 NS16550 兼容的逻辑电路。本节以 16550 为例来说明 UART 芯片的功能、特点和用法。

INS8250 和 NS16550 的主要性能特点如下：

① 是可编程的串行异步通信接口，支持全双工通信，内部结构分为发送模块、接收模块和控制模块。

② 可编程设置异步通信格式，如字符数据位数、奇偶校验模式和停止位宽度等。

③ 内部有时钟发生器电路，可编程选择数据传输率，8250 的数据传输速率最大为 19 200 b/s，16550 的数据传输速率最大为 115 200 b/s。

④ 具有自动奇偶校验、溢出检查和帧格式检查等电路。

⑤ 具有中断优先级控制逻辑，支持 4 级中断。

⑥ 具有控制 MODEM 功能和完整的状态报告功能。

⑦ 16550 增加了 FIFO 模式。

8250/16550 的外部引脚如图 8-12 所示。

8250 和 16550 外部引脚兼容，区别在于第 24 和 29 引脚不同，24 引脚在 8250 里面作为芯片活动指示标识 CSOUT，29 引脚在 8250 中没有用到。在 16550 中 24 引脚作为 TxRDY#，29 引脚作为 RxRDY#，指示发送和接收准备就绪，并且这两个引脚允许 DMA 使用。这些引脚都有两种工作模式：模式 0 支持单一模式的 DMA；模式 1 支持多传输模式的 DMA。

8250/16550 的引脚信号线基本上可分成以下几个大类：

（1）与 CPU 或系统连接的信号

① D7～D0：8 位双向数据线，与计算机系统数据总线直接相连，用于 CPU 和芯片之间

命令、状态和数据的传送。

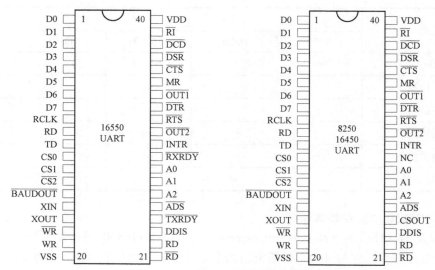

图 8-12　8250 和 16550 的外部引脚

② CS0、CS1、$\overline{CS2}$：输入，片选信号。当 CS0 = 1，CS1 = 1，$\overline{CS2}$ = 0 这 3 个条件同时满足时，芯片工作。

③ A2~A0：输入，地址线，当片选信号有效时，由 A2~A0 组合选择内部寄存器。

④ $\overline{ADS}$：输入，地址选通信号。当 $\overline{ADS}$ 从高电平变为低电平时，锁存 CS0、CS1、$\overline{CS2}$ 及 A2~A0 的输入状态，保证读写操作期间的地址稳定。如果在对芯片进行读写时，CS0、CS1、$\overline{CS2}$ 及 A2~A0 始终是稳定的，则不需要锁存这些信号，可以将 $\overline{ADS}$ 输入脚接地。

⑤ CSOUT/$\overline{RxRDY}$：输出，片选输出信号，CSOUT = 1 时，表示 8250 被选中，进行工作，通常将其悬空。在 16550 中表示发送准备就绪，常用于 DMA 方式数据传输。

⑥ NC/$\overline{RxRDY}$：8250 中此引脚没用到，悬空。16550 中为输出，低电平时有效，表示输出接收数据就绪，常用于 DMA 方式数据传输。

⑦ RD 和 $\overline{RD}$：输入，数据输入选通信号，即读控制信号。这两个信号功能一样，信号电平不同。在芯片被选中时，如果 RD 为高电平，或者 $\overline{RD}$ 为低电平，CPU 就从芯片的寄存器中读出数据。寄存器由 A2~A0 决定。

⑧ WR 和 $\overline{WR}$：输入，数据输出选通信号，即写控制信号。这两个信号功能一样，信号电平不同。在芯片被选中时，如果 WR 为高电平，或者 $\overline{WR}$ 为低电平，CPU 把数据写入芯片的寄存器。寄存器由 A2~A0 决定。

⑨ DDIS：输出，驱动器禁止信号。在 CPU 从芯片读取数据时为低电平，其他时间为高电平。

⑩ INTRPT：输出，中断请求信号。在满足一定条件下（如接收数据准备好，发送保持寄存器空以及允许中断时）变成高电平，产生中断请求。

⑪ OUT1、OUT2：输出，由 MODEM 控制寄存器的第 2、3 位决定。

⑫ MR：输入，复位信号。一般接到系统的 RESET，使芯片和系统同时复位。

（2）时钟与传送速率控制

① XTAL1：输入，时钟信号。外部晶体振荡电路产生的 1.843 2 MHz 信号送到芯片的 XTAL1 端，作为芯片的基准工作时钟。

② XTAL2：输出，时钟信号。

③ $\overline{BAUDOUT}$：输出，时钟信号。外部输入的基准时钟，经芯片内部波特率发生器（分频器），分频后产生发送时钟，并经 BAUDOUT#引脚输出。

$$f_{工作时钟} = f_{基准时钟} \div 除数锁存器 = 波特率 \times 16$$

④ RCLK：输入，时钟信号。可接收由外部提供的接收时钟信号。若采用芯片内部的发送时钟作为接收时钟，则只要将 RCLK 引脚和 $\overline{BAUDOUT}$ 引脚直接相连即可。

（3）与 MODEM 相连接的控制信号

这些信号的定义和 RS-232 标准的相同。

① $\overline{DSR}$：输入，数据设备就绪。

② $\overline{DTR}$：输出，数据终端就绪。

③ $\overline{RI}$：输入，振铃指示。

④ $\overline{RLSD}$：输入，接收线路信号检测（有时也称为 $\overline{DCD}$）。

⑤ $\overline{RTS}$：输出，请求发送。

⑥ $\overline{CTS}$：输入，清除发送。

（4）串行数据发送和接收信号

① SOUT：输出，串行数据输出。与 TxD 连接，但中间需要经过一个 TTL 电平到 RS-232 电平的转换。

② SIN：输入，串行数据输入信号。与 RxD 连接，但中间需要经过一个 RS-232 电平到 TTL 电平的转换。

3. 8250/16550 的编程模型

（1）内部结构和端口地址

8250 和 16550 内部结构类似，只不过 16550 增加了 FIFO 缓冲器及控制电路。二者的内部逻辑如图 8-13 所示。其中深色部分是 16550 增加的模块，其余是二者都有的模块。

8250 内部有 11 个可访问的寄存器，16550 有 12 个，多了一个 FIFO 控制寄存器。由于芯片只有 3 根地址线 A2～A0，也就是 3 位地址码，只能产生 8 个地址，不够每个寄存器分配一个地址，因此部分寄存器需要共用地址。共用地址的寄存器用线路控制寄存器的 D7 位 DLAB 位作为标志区分，规则如下：

① DLAB=1 时，A2、A1、A0=000B 表示波特率除数寄存器低字节 DLL，A2、A1、A0=001B 表示波特率除数寄存器高字节 DLH。

② DLAB=0 时，A2、A1、A0=000B 对应于发送保持寄存器（THR）和接收缓冲寄存器（RBR）。CPU 写入该地址的字节作为发送保持寄存器，而 CPU 从该地址读入的字节是接收缓冲寄存器。

③ DLAB=0 时，A2、A1、A0=001B 对应于中断允许寄存器（IER）。

④ A2、A1、A0=010B 对应于中断识别寄存器（IER）和 FIFO 控制寄存器（FCR）。CPU 写入该地址的字节作为 FIFO 控制寄存器，而 CPU 从该地址读入的字节是中断识别寄存器。

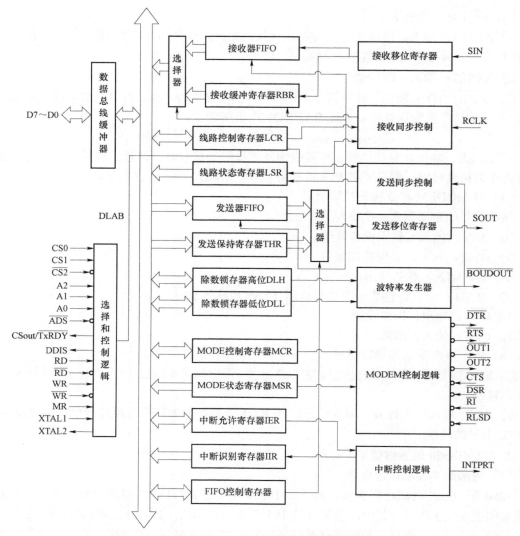

图 8-13 8250/16550 的引脚及内部逻辑

要设置波特率除数寄存器，先设置线路控制寄存器中的 DLAB 为 1，然后再写入波特率除数寄存器的低字节和高字节。低字节写入 A2、A1、A0＝000B 的地址；高字节写入 A2、A1、A0＝001B 的地址。写入波特率除数寄存器后，应该将 DLAB 设为 0，这样，A2、A1、A0＝000B、001B 对应的就是其他寄存器了。表 8-3 列出了这些寄存器的对应的 A2～A0 的地址组合，并给出了给定基址情况下，各寄存器的访问地址。

表 8-3 8250/16550 内部寄存器地址

A2～A0	DLAB	访问的寄存器	基址为 3F8 时各寄存器地址	基址为 2F8 时各寄存器地址
000	0	接收缓冲寄存器 RBR（读），发送保持寄存器 THR（写）	3F8	2F8
	1	波特率除数寄存器 DLL（低字节）	3F8	2F8

续表

A2～A0	DLAB	访问的寄存器	基址为 3F8 时各寄存器地址	基址为 2F8 时各寄存器地址
001	0	中断允许寄存器 IER	3F9	2F9
	1	波特率除数寄存器 DLM（高字节）	3F9	2F9
010	X	中断识别寄存器 IIR（读） FIFO 控制寄存器 FCR（写）（16550 专有）	3FA	2FA
011	X	线路控制寄存器 LCR	3FB	2FB
100	X	MODEM 控制寄存器 MCR	3FC	2FC
101	X	线路状态寄存器 LSR	3FD	2FD
110	X	MODEM 状态寄存器 MSR	3FE	2FE
111	X	暂存寄存器	3FF	2FF

例 8.4 图 8-14 是 PC 机中 8250 接口芯片的电路。试分析 8250 使用 I/O 地址空间和中断。

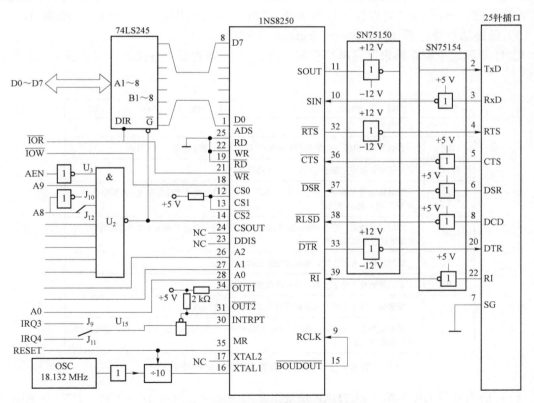

图 8-14　PC 机的串行接口电路

解答： 观察图 8-14，8250 要工作，则片选信号要有效。8250 的片选端$\overline{CS2}$接到 U2，U2 是一个 8 输入与非门。当 AEN=0，A9～A3=1111111 时，$\overline{CS2}$有效，8250 被选通。而 A2～A0 则可以是 000B～111B 之间的任意值，选择 8250 内部的各个寄存器。因此，8250 所

使用的 I/O 地址为 11 1111 1000B～11 1111 1111B，即 3F8H～3FFH，一般这是串口 COM1 的地址范围。如果开关 J10 连通，J12 断开，此时 A8 必须 0，$\overline{CS2}$ 才会有效。即 8250 所使用的 I/O 地址为 2F8H～2FFH，一般这是串口 COM2 的地址范围。

（2）寄存器的格式

1）发送保持寄存器（Transmitter HoldIng Register，THR）

CPU 将要发送的数据字节输出到这个寄存器，串行接口电路就将这个数据字节转换成串行信号传送给对方。数据字节的有效位可以是 5 位、6 位、7 位或 8 位。

发送时，CPU 将待发送的字符写到 THR 后，进入发送移位寄存器，在发送时钟的作用下，按起始位、数据位、校验位、停止位的顺序，从 SOUT 引脚逐位输出。一旦 THR 的内容送到发送移位寄存器 TSR 后，THR 变空，就使 LSR 的 THRE 位置 1，产生中断请求。THRE 位置 1 时，表示 CPU 可以发送下一个字符。CPU 向 THR 写入一个字符后，THRE 置 0。

2）接收缓冲寄存器（Receiver Buffer Register，RBR）

串行接口电路接收到发送方的一个数据字节后，CPU 可以从这个寄存器读取这个字节。接收时，串行数据在接收时钟作用下，从 SIN 引脚以串行移位的方式输入接收移位寄存器 RSR，然后由 RSR 并行输入接收缓冲寄存器 RBR，一旦 RBR 变满，就使 LSR 的 DR 置 1。DR 位为 1 时，表示 CPU 可以读取数据字符。CPU 从 RBR 读取一个字符后，DR 置 0。

3）线路状态寄存器（Line Status Register，LSR）

CPU 读取这个寄存器来取得串行数据传送的状态。寄存器中各位的定义如图 8－15 所示。

7	6	5	4	3	2	1	0
RFE	TEMT	THRE	BI	FE	PE	OE	DR

RFE	接收 FIFO 出错（只对 16550 有效）。等于 1 时，表示接收 FIFO 出错
TEMT	发送移位器空。等于 1 时，表示发送器空
THRE	发送保持寄存器空。等于 1 时，表示 THR 中的数据字节已被取走。数据字节写入到 THR 时，此位被清零
BI	间断识别指示。等于 1 时，接收线 SIN 空闲的时间超过了传送一个字符的时间，对方发送过程出现了间断
FE	帧格式错。等于 1 时，表示传输的数据格式错误
PE	奇偶校验错。等于 1 时，表示奇偶校验错误
OE	覆盖错。等于 1 时，表示接收到有效的数据但被丢失
DR	接收缓冲寄存器有效。等于 1 时，已接收到一个数据字节放入 RBR 中。读取 RBR 后，此位被清零

图 8－15 线路状态寄存器 LSR 的格式

LSR 的第 0 位 DR 和第 5 位 THRE 是最基本的指示位。只有 DR＝1 时，CPU 从 RBR 中读取的数据字节才是从发送方发出的有效数据字节。DR＝0 时，CPU 从 RBR 中读出的是"旧的"数据字节或无效的数据字节。只有 THRE＝1 时，CPU 写到 THR 的数据字节才会被正确地发送出去。THRE＝0 时，THR 中的数据字节还没有被取走，不能向其中写入新的数据字节。

例 8.5 假定 8250/16550 基地址为 3F8H（对应于 A2、A1、A0＝000B），那么发送保持

寄存器、接收缓冲寄存器的地址为 3F8H，而线路状态寄存器的地址为 3FDH（A2、A1、A0＝101B）。在不考虑串口发送、接收出错的情况下，试编写程序从串行接口发送和接收一个字符 AL。

参考程序如下：

;发送程序片段：程序首先读取 LSR，如果它的第 5 位 THRE 等于 0，就继续读取 LSR，直到 THRE 等于 1 时为止。最后，再将数据发送到 THR。

```
SendByte        PROC
                PUSH    AX              ;要发送的数据压栈
                MOV     DX, 3fdh        ;LSR 端口号→DX
SendByteBusy:
                IN      AL, DX          ;读入端口状态→AL
                TEST    AL, 20h         ;测试状态中的第 5 位 THRE
                JZ      SendByteBusy    ;THRE=0, 继续查询
                POP     AX              ;要发送的数据出栈
                MOV     DX, 3f8h        ;THR 端口号→DX
                OUT     DX, AL          ;数据发送到 THR
                RET
SendByte        ENDP
```

;接收一个字符到 AL 中的程序片段：程序首先读取 LSR，如果它的第 0 位 DR 等于 0，就继续读取 LSR，直到 DR 等于 1 时为止。最后将 RBR 中的数据读入 AL。

```
ReceiveByte     PROC
                MOV     DX, 3FDH        ;LSR 端口号→DX
NoByteReceived:
                IN      AL, DX          ;读入端口状态→AL
                TEST    AL, 01H         ;测试状态中的第 0 位 DR
                JZ      NoByteReceived  ;DR=0, 继续查询
                MOV     DX, 3F8H        ;RBR 端口号→DX
                IN      AL, DX          ;读入 RBR 中的数据字节
                RET
ReceiveByte     ENDP
```

4）线路控制寄存器（Line Control Register，LCR）

LCR 主要用来指定异步通信数据格式，同时，它的最高位 DLAB 用来指定允许访问除数寄存器，如图 8-16 所示。

D1～D0 组合设定异步传输帧格式中传送一个字符需要二进制位数。

D2 设定停止位的位数。

D5、D4 和 D3 的组合设定校验位，见表 8-4。当 D3(PEN)=0 时，无校验位，D4 和 D5 无效。当 D3(PEN)=1 时，表示有校验位。此时若 D5(Stick Parity，SP)=1，那么采用固定值校验位 D4(EPS) 来确定校验位的值：PEN=1、SP=1、EPS=0 时，校验位恒为 1；PEN=1、SP=1、EPS=1 时，校验位恒为 0。若 SP=0，此时根据数据信息位的值来计算校验位，当

PEN＝1、SP＝0、EPS＝0 时，按奇校验规则计算校验位；当 PEN＝1、SP＝0、EPS＝1 时，按偶校验规则计算校验位。

7	6	5	4	3	2	1	0
DLAB	SB	SP	EPS	PEN	STB	WLS1	WLS0

WLS1 WLS0	WLS1 WLS0＝00b，字符长度为 5 位；＝01b，字符长度为 6 位； ＝10b，字符长度为 7 位；＝11b，字符长度为 8 位
STB	＝0，停止位长度为 1 位；＝1，1.5 位或 2 位（字符长度为 5 位时，采用 1.5 位停止位，字符长度为 6、7、8 位时，采用 2 位停止位）
PEN	＝0，不使用奇偶校验。发送接收时没有校验位
EPS	＝0，奇校验；＝1，偶校验。EP＝0 时，此位无效
SP	＝1 时，奇偶校验位固定为 0 或 1；＝0 时，设置校验位
SB	＝1 时，发送线 SOUT 设为 0 并保持至少一个字符的时间，即产生一个间断，进入发送间断状态；＝0 时，退出间断状态
DLAB	＝1，访问除数寄存器；DLAB＝0，访问其他寄存器

图 8-16　线路控制寄存器 LCR 的格式

表 8-4　D5、D4 和 D3 组合

D5（SP）	D4（EPS）	D3(PEN)	说　明
x	x	0	无校验位
1	0	1	校验位恒为 1
1	1	1	校验位恒为 0
0	0	1	奇校验规则计算校验位
0	1	1	偶校验规则计算校验位

第 6 位 SB（Set Break）是设置中止方式选择位，若 SB 位置 1，则发送端连续发送空号（逻辑"0"），当发空号的时间超过一个完整的字符传送时间，接收端就认为发送设备发送了一个中止字符。此时接收设备一方的 BI 位被置为 1，并且可以发送中断请求，由 CPU 进行处理。注意，中止字符不是 00H，它不是一个有意义的字符，它没有起始位、数据位、校验位、停止位。

例 8.6　8250 地址范围为 03F8H～03FFH，试编写程序设置发送字符长度为 8 位，2 位停止位，偶校验。

解答：线路控制寄存器的地址为 3FBH（A2、A1、A0＝011B），控制字应为 00011111B。参考程序段如下：

```
MOV   DX, 3FBH          ;LCR 口地址
MOV   AL, 00011111B     ;LCR 的内容，数据格式参数
OUT   DX, AL
```

5）除数锁存器（Divisor Latch LSB/MSB，DLL/DLM）

8250/16550 芯片传输数据的速率是由除数锁存器控制的。计算机异步串行通信接口外接的 1.843 2 MHz 基准时钟，通过除数寄存器给定的分频值，可以在 8250 内部产生不同的波特率，然后通过 BAUDOUT#引脚输出到 RCLK，控制接收传输速率。对一个已知的波特率，按照以下公式计算除数锁存器的内容：

$$f_{工作时钟} = f_{基准时钟} \div 除数锁存器 = 波特率 \times 16$$

这里 $f_{基准时钟} = 1.843\ 2$ MHz $= 1\ 843\ 200$ Hz。

除数锁存器 $= f_{基准时钟} \div （波特率 \times 16）$

$\qquad = 1\ 843\ 200 \div （波特率 \times 16） = 115\ 200 \div 波特率$

8250/16550 的除数锁存器有 2 个字节，低字节（Least Significant Byte，LSB）为 DLL，高字节（Most Significant Byte，MSB）为 DLM。115 200 除以波特率以后，得到的商看作一个 16 位二进制数，高 8 位写入 DLM，低 8 位写入 DLL。写入 DLM 和 DLL 时，必须设置 LCR 中的 DLAB 为 1。

例 8.7　编写程序，设置波特率为 2 400 b/s。

若选取波特率为 2 400，则除数锁存器 $= 115\ 200 \div 2\ 400 = 48 = 0030$H。将 00H 写入 DLM，30H 写入 DLL。

参考程序段如下：

```
MOV    DX, 3FBH          ;置 LCR 口地址
MOV    AL, 80H           ;DLAB=1
OUT    DX, AL            ;之后，3F8H、3F9H 对应于 DLL、DLM
MOV    DX, 3F8H          ;DLL 的 I/O 地址
MOV    AL, 30H           ;商的低字节
OUT    DX, AL            ;写入 DLL
MOV    DX, 3F9H          ;DLM 的 I/O 地址
MOV    AL, 00H           ;商的高字节
OUT    DX, AL            ;写入 DLM
MOV    DX, 3FBH          ;LCR 的 I/O 地址
MOV    AL, 00011111B     ;LCR 的内容，数据格式参数，DLAB=0
OUT    DX, AL            ;之后，3F8H 对应于 THR/RBR，3F9H 对应于 IER
```

6）中断允许寄存器（Interrupt Enable Register，IER）

以下 4 种情况都可以产生中断：① 接收数据出错中断；② 接收缓冲器满中断；③ 发送保持寄存器空中断；④ 来自 MODEM 的控制信号状态改变。第①种情况的优先级最高，而第④种情况的优先级最低。通过设置 IER，可以允许或禁止上述中断。如图 8－17 所示。

例 8.8　编写程序，允许 8250/16550 中所有的中断。

解答：中断允许控制字为：00001111B = 0FH

中断允许寄存器地址为：3F9H(A2A1A0 = 001)，注意此时要 DLAB = 0。

参考程序段如下：

```
MOV    AL, 0FH           ;中断允许控制寄存器控制字
MOV    DX, 3F9H          ;中断允许控制寄存器端口地址
```

```
OUT     DX, AL                          ;写入中断允许控制寄存器
```

7	6	5	4	3	2	1	0
0	0	0	0	EDSSI	ELSI	ETBEI	ERBFI

ERBFI	接收缓冲器满以后，是否产生中断。=0，禁止；=1，允许
ETBEI	发送保持寄存器空以后，是否产生中断。=0，禁止；=1，允许
ELSI	接收数据出错后，是否产生中断。=0，禁止；=1，允许
EDSSI	MODEM 的控制信号状态改变，是否产生中断。=0，禁止；=1，允许

图 8-17　中断允许寄存器 IER 的格式

7）中断识别寄存器（Interrupt Identification Register，IIR）

CPU 收到中断请求后，为了识别究竟是哪种事件引起的中断（即中断源），8250/16550 内部设置了中断识别寄存器 IIR。它保存着正在请求中断的优先级最高的中断类型编码，直到该中断请求被 CPU 响应并服务之后，才接受其他的中断请求。IIR 是只读寄存器，它的内容随中断源而改变。最高 5 位总是零。IIR 格式如图 8-18 所示。

7	6	5	4	3	2	1	0
0	0	0	0	0	S2	S1	NINT

NINT	=0，产生了中断；=1，没有产生中断。
S2、S1	=00b，MODEM 的控制信号状态改变。读取 MSR 后，该中断被清除
	=01b，发送保持寄存器空。读取 IIR 或者写入 THR 后，该中断被清除
	=10b，接收缓冲器满。读取 RBR 后，该中断被清除
	=11b，接收数据出错(OE、PE、FE 或 BI 为 1)。读取 LSR 后，该中断被清除

图 8-18　中断识别寄存器 IIR 的格式

当两种中断同时产生时，S2、S1 被设为最高优先级的中断源（11B 最高，00B 最低）。例如，当某一时刻接收数据出错和接收缓冲器满，中断源都发出中断请求时，IIR 的内容为 06H。处理完高优先级的中断后，NINT 仍然为 0，而 S2、S1 被设为低优先级的中断源，直到所有的中断都被处理。所以，编写程序时应注意，若同一时间内允许有一个以上中断请求（IER 中至少有 2 位为 1），则在处理完高优先级的中断之后，还要再检查中断识别寄存器 IIR 的 NINT 是否为 0，即是否尚有未被处理的中断源，如果不检查，可能会造成某些中断不被响应。

除了 IER 可以控制 4 个中断源之外，计算机中常使用 OUT2 引脚控制 8250/16550 所产生的 INTRPT 是否送往 CPU。如图 8-19 所示，OUT2 作为异步适配器中断允许的总控制信号。

8）Modem 控制寄存器（Modem Control Register，MCR）

MODEM 控制寄存器用来设置与 MODEM 连接的联络信号。MCR 的低两位用来设置对 MODEM 的联络控制信号（ $\overline{DTR}$ 、 $\overline{RTS}$ ）。 $\overline{OUT1}$ 和 $\overline{OUT2}$ 引脚的电平也由 MCR 的第 2、3 位来控制。LOOP=1 常用于芯片自检。当 8250/16550 处于自检方式时，发送移位寄存器的

输出在芯片内部被回送到接收移位寄存器，发送的串行数据立即在内部接收，以此来诊断 8250/16550 的工作是否正常。一般情况下，D4 应设置为 0，让芯片处在正常接收和发送方式。MCR 的高 3 位必须全为 0。MCR 常用设置为 03H，即使 $\overline{DTR}$ 和 $\overline{RTS}$ 两个信号为有效电平，若系统中未使用这两个信号，这样的设置也不会带来问题。此外，PC 机系统中，OUT2 常用来控制中断输出，因此，若要使用中断，则 OUT2 位应置为 "1"，此时 MCR 寄存器的控制字则应为 0BH。需要进行串口自检测试时，可以在初始化时往 MODEM 控制寄存器里面写入 00011011B。

7	6	5	4	3	2	1	0
0	0	0	LOOP	OUT2	OUT1	RTS	DTR

DTR	=0, DTR#引脚输出高电平；=1, DTR#引脚输出低电平
RTS	=0, RTS#引脚输出高电平；=1, RTS#引脚输出低电平
OUT1	=0, OUT1#引脚输出高电平；=1, OUT1#引脚输出低电平
OUT2	=0, OUT2#引脚输出高电平；=1, OUT2#引脚输出低电平
LOOP	=0, 正常模式；=1, 诊断模式，自发自收

图 8-19 Modem 控制寄存器 MCR 的格式

例 8.9 试编写程序段，使 MCR 中的 DTR、RTS 有效，OUT1、OUT2 及 LOOP 无效。
参考程序段如下：

```
MOV     DX, 3FCH              ;MCR 端口地址
MOV     AL, 00000011B         ;MCR 的控制字
OUT     DX, AL
```

9）Modem 状态寄存器（Modem Status Register，MSR）

MODEM 状态寄存器用来检测和记录来自 MODEM 的联络控制信号及其状态的改变。MSR 的内容分为两部分：高 4 位是 8250/16550 收到的应答信号的当前状态；低 4 位是这些应答信号是否发生变化的标志，当某个信号发生变化时，该标志位置 1。MSR 的 D3～D0 中的任意一位置 "1"，在中断允许时（IER 中 D3=1），均产生 MODEM 控制信号状态改变的中断。CPU 读取 MSR 后，低 4 位自动清零。图 8-20 是 MODEM 状态寄存器（MSR）的格式。

7	6	5	4	3	2	1	0
RLSD	RI	DSR	CTS	DDCD	DCTS	TERI	DDSR

DDSR	=1 时，表示从上一次 CPU 读取 MSR 后，$\overline{DSR}$ 引脚的电平发生了改变
TERI	=1 时，表示从上一次 CPU 读取 MSR 后，$\overline{RI}$ 引脚从低电平跳变到高电平
DCTS	=1 时，表示从上一次 CPU 读取 MSR 后，$\overline{CTS}$ 引脚的电平发生了改变
DRLSD	=1 时，表示从上一次 CPU 读取 MSR 后，$\overline{RLSD}$ 引脚的电平发生了改变
CTS	=1 时，表示输入引脚 $\overline{CTS}$ 为低电平，MODEM 已做好接收准备，8250 可以发送数据
DSR	=1 时，表示输入引脚 $\overline{DSR}$ 为低电平，MODEM 已做好发送准备，让 8250 准备接收数据
RI	=1 时，表示输入引脚 $\overline{RI}$ 为低电平，收到了振铃指示信号
RLSD	=1 时，表示输入引脚 $\overline{RLSD}$ 为低电平，收到了载波信号

图 8-20 Modem 状态寄存器 MSR 的格式

10）FIFO 控制寄存器（FIFO Control Register，FCR）

16550 具有内部接收器 FIFO 和发送器 FIFO，每个 FIFO 存储器均为 16 字节。通过设置 FIFO 使 16550 对 CPU 响应串行数据接收和发送中断的速度要求大大降低，因此，16550 比 8250 更适合于高速串行通信系统。

FIFO 控制寄存器格式如图 8-21 所示。其中 RT1 和 RT2 的组合设定当接收器 FIFO 中有多少个字节时触发中断。如 RT1、RT2=10 表示，接收器 FIFO 中有 8 个字节时，请求接收器中断。

7	6	5	4	3	2	1	0
RT1	RT2	0	0	DMA	XMIT	REVC	EN

EN	FIFO 允许。=1 时，表示允许，=0 时表示禁止
REVC	接收器 FIFO 复位。=1 时，表示复位；=0 时无效
XMIT	发送器 FIFO 复位。=1 时，表示复位；=0 时无效
DMA	DMA 控制。=1 时，FIFO 方式；=0 时，16450 方式
RT1，RT2	接收器触发值。00：FIFO 中有 1 字节；01：FIFO 中有 4 字节；10：FIFO 中有 8 字节；11：FIFO 中有 14 字节

图 8-21　FIFO 控制寄存器格式

11）暂存寄存器（Scratch Register，SR）

暂存寄存器的值不影响 8250 的工作状态，程序可以把一个字节暂存在这个寄存器里，之后再读取。

（3）8255/16550 初始化编程

在使用 8255/16550 进行串行通信以前，必须要对其进行初始化编程。串口初始化在系统复位后、芯片工作以前使用。初始化工作主要包括设置串口芯片的通信格式、波特率、是否使用中断、是否进行自检测试等操作。8255 的初始化编程步骤如下：

① 写除数锁存器，设置数据传输率。注意，写除数锁存器时，要先使通信线控制寄存器的最高位（DLAB）置"1"。

② 写入通信线路控制寄存器，确定异步串行通信的数据帧格式。注意，要将 DLAB 位清"0"，以便接下来能对中断允许寄存器初始化，以及在串行数据传送中能对接收缓冲器和发送保持寄存器进行操作。

③ 写入 MODEM 控制寄存器。

④ 写入中断允许寄存器，设置中断允许或屏蔽位。

⑤ 16550 的初始化编程和 8250 类似，如果打开了 FIFO，还需要增加下一步。

⑥ 设置 FIFO 控制寄存器。

注意：如果以中断方式发送或接收数据，在初始化时，还必须设置中断控制器，设置对应的中断请求允许，同时还要设置发送或接收中断服务程序的入口地址（中断向量）。查询方式下可以往中断允许寄存器里面写入 00H，禁止所有中断。

例 8.10　假定 16550 的端口地址为 3F8～3FFH。16550 以波特率为 9 600 b/s 进行串行通信，字符格式为 7 个数据位、2 个停止位、奇校验方式，允许所有中断，试编写初始化程序。

解答：波特率为 9 600 b/s，则除数锁存器 =115 200÷9 600=12=000CH。将 00H 写入 DLM，

0CH 写入 DLL。

根据要求的数据帧格式，LCR＝00001110B＝0EH。

MCR＝00001011B＝0BH，表示使用中断，并且使 $\overline{\text{DTR}}$ 和 $\overline{\text{RTS}}$ 两个信号为有效电平。

中断允许字为：00001111B＝0FH，开放所有中断。

FCR 控制字为：10000111B＝87H，表示 FIFO 缓冲中有 8 个字节触发，发送和接收 FIFO 复位。

参考程序如下：

```
;置 DLAB=1
MOV    DX, 03FBH        ;DX 指向 16550 的通信线控制寄存器地址
MOV    AL, 80H
OUT    DX, AL
;置除数锁存器
MOV    DX, 03F8H        ;除数寄存器（低字节）地址
MOV    AL, 0CH          ;对应波特率为 9 600 的除数为 000CH
OUT    DX, AL           ;送除数低字节
INC    DX               ;除数寄存器（高字节）地址
MOV    AL, 0
OUT    DX, AL           ;送除数高字节
;置通信线路控制寄存器
MOV    AL, 0EH          ;通信控制寄存器控制字：0→DLAB
MOV    DX, 03FBH
OUT    DX, AL
;置 Modem 控制寄存器
MOV    DX, 03FCH        ;指向 Modem 控制寄存器
MOV    AL, 0BH          ;Modem 控制字
OUT    DX, AL
MOV    DX, 03F9H        ;指向中断允许寄存器地址
MOV    AL, 0FH          ;中断允许控制字：允许所有的中断
OUT    DX, AL
;置 FIFO 控制寄存器
MOV    DX, 03FAH        ;DX 指向 FIFO 控制寄存器
MOV    AL, 87H          ;FIFO 控制字
OUT    DX, AL
```

（4）8255/16550 应用编程

查询方式实现比较简单，查询方式异步串行通信发送和接收流程如图 8-22 所示。

例 8.11　编写程序段，实现串行异步全双工通信，采用查询方式，通信过程中，如果检测到数据传输错误，就显示一个问号"？"，没有错误，则接收数据并显示。同时，可以从键盘输入发送字符发送数据（如果用户没有输入字符，就不发送）。按下 Esc 键返回系统。地址范围为 3F8H～3FFH。

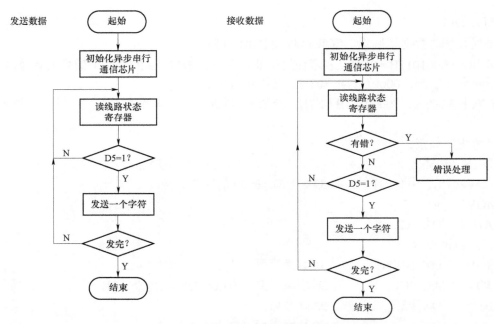

图 8－22　查询方式异步串行通信发送和接收流程图

主要参考程序段如下（输入/输出采用 16 位环境下的系统功能调用）：

```
;查询通信线路状态
statue:     MOV     DX, 3FDH
;读通信线路状态寄存器
            IN      AL, DX
            TEST    AL, 1EH         ;检测是否有错误
            JNZ     error           ;有错，则转错误处理
            TEST    AL, 01H         ;检测是否接收到数据
            JNZ     receive         ;是，转接收处理
            TEST    AL, 20H         ;检测是否可以发送数据
            JZ      statue          ;不，循环查询
;检测键盘输入
            MOV     AH, 0BH         ;检测键盘有无输入字符
            INT     21H
            CMP     AL, 0
            JZ      statue          ;无输入字符，循环等待
            MOV     AH, 0           ;有输入字符，读取字符
            INT     16H             ;键盘服务
;采用 01 号 DOS 功能调用，则有回显
            CMP     AL, 1BH
            JZ      done            ;按 Esc 键，程序返回 DOS
;发送数据
```

```
        MOV    DX, 3F8H        ;将字符输出给发送保持寄存器
        OUT    DX, AL          ;串行发送数据
        JMP    statue          ;继续查询
    ;接收数据
receive:
        MOV    DX, 3F8H        ;从输入缓冲寄存器读取字符
        IN     AL, DX
        AND    AL, 7FH         ;传送标准 ASCII 码（7 个数据位），故取低 7 位
        PUSH   AX              ;保存数据
    ;显示数据
        MOV    DL, AL          ;屏幕显示该数据
        MOV    AH, 2
        INT    21H
        POP    AX              ;恢复数据
        CMP    AL, 0DH         ;判断数据是不是回车符
        JNZ    statue          ;不是，则循环
        MOV    DL, 0AH         ;是，再输出换行
        MOV    AH, 2
        INT    21H
        JMP    statue          ;继续查询
    ;错误处理
error:  MOV    DX, 3F8H        ;读出接收有误的数据，丢掉
        IN     AL, DX
        MOV    DL, '?'         ;显示问号
        MOV    AH, 2
        INT    21H
        JMP    statue          ;继续查询
```

8.2　定时与计数技术

8.2.1　定时与计数概述

定时与计数技术在计算机中具有极为重要的作用，如计算机中常需要计数外设事件的数量用以触发中断；需要用时钟来实现计时，要按一定时间间隔对 DRAM 进行刷新和用定时信号来驱动扬声器的发声等。

定时与计数本质上是一致的。计数的信号随机，定时的信号具有周期性。对周期性的输入脉冲信号进行计数，用计数值乘以每一个周期，就得到定时的时间。定时器和计数器都由数字电路中的计数电路构成。它们的工作原理一样，都是记录输入的脉冲个数。前者记录高精度晶振脉冲信号，因此可以输出准确的时间间隔，称为定时器，而为了记录外设提供的具

有一定随机性的脉冲信号的个数，进而获知外设的某种状态，称为计数器。定时的方法常见有 3 种：软件定时、不可编程的硬件定时和可编程的定时。

1. 软件定时

CPU 执行每条指令需要一定的时间，重复执行一些指令就会占用一段固定的时间，通过适当的选取指令和循环次数便很容易实现定时功能，这种方法不需要增加硬件，可通过编程来控制和改变定时时间，灵活方便，硬件成本低。缺点是 CPU 重复执行的这段程序的本身并没有什么具体目的，仅为延时，从而降低了 CPU 利用率。

2. 不可编程的硬件定时

这种方法采用数字电路中的分频器将系统时钟进行适当的分频，从而产生需要的定时信号；也可以采用单稳电路或简易定时电路（如常用的 555 定时器），由外接 RC 电路控制定时时间。这样的定时电路比较简单，利用分频不同或改变电阻 R、电容 C，可以使定时时间在一定范围内改变。但是这种定时电路在硬件接好后，定时范围不易由程序来改变和控制，使用不方便，并且定时精度也不高。

3. 可编程的定时

在微机系统中，常采用软件、硬件相结合的方法，用可编程定时计数器芯片构成一个方便、灵活的定时计数电路。这种电路不仅定时值和定时范围可用程序确定和改变，而且具有多种工作方式，可以输出多种控制信号，它由微处理器的时钟信号提供时间基准，故计时也精确稳定。Intel 8254 定时器/计数器就是这样一种可编程的间隔定时器 PIT（Programmable Interval Timer）芯片。

8.2.2 可编程定时器芯片

8254/8253 功能基本类似，常用在实现定时和计数功能的外围电路中，拥有 3 个独立的16 位计数器，每个计数器都可通过程序设计的方法设定为 6 种计数方式。二者最大的区别在于 8253 不支持写读回控制字。本节主要以 8254 为例进行讲述。

1. 8254 的内部结构

8254 的内部结构如图 8-23 所示，该芯片内部由数据总线缓冲器、控制寄存器、读写逻辑及计数器等组成。

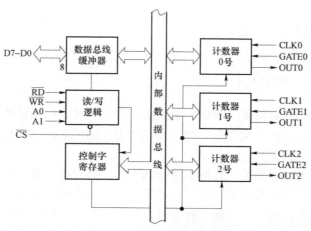

图 8-23　8254 的内部结构

（1）数据总线缓冲器

该缓冲器为 8 位双向三态的缓冲器，可直接挂在数据总线上。通过它，一方面可以向控制寄存器写入控制字，向计数器写入计数初值；另一方面，也可由 CPU 通过该缓冲器读取计数器的当前计数值。

（2）读写逻辑

读写逻辑的功能是接收来自 CPU 的控制信号，包括读信号 $\overline{RD}$、写信号 $\overline{WR}$、片选信号 $\overline{CS}$ 和芯片内部寄存器的寻址信号 A1、A0，并完成对 8254 各计数器的读写操作。

（3）控制字寄存器

接收来自 CPU 的控制字，并由控制字 D7、D6 位决定将该控制字写入哪一个计数器的控制寄存器中。

（4）计数器

8254 有 3 个独立的计数器通道，每个通道的结构完全相同，如图 8–24 所示。每一个通道有一个 16 位减法计数器；还有对应的 16 位初值寄存器和输出锁存器。计数开始前写入的计数初值保存在初值寄存器中，如果计数初值为 16 位，则需要分两次写入；计数过程中，减法计数器的值不断递减，而初值寄存器中的初值不变。输出锁存器则用于写入锁存命令时锁定当前计数值。

当 8254 用作计数器时，在 CLK 引脚上输入脉冲的间隔可以是不相等的；当用作定时器时，则在 CLK 引脚应输入精确的时钟脉冲，8254 所能实现的定时时间长短取决于计数脉冲的频率和计数器的初值，即

$$定时时间 = 时钟脉冲周期 T_c \times 预置的计数初值 n$$

2. 8254 的引脚

8254 有 24 条引脚，常见为双列直插式封装，如图 8–25 所示。

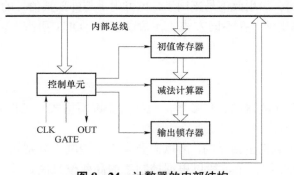

图 8–24　计数器的内部结构

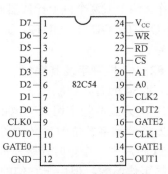

图 8–25　8254 的引脚安排

这些引脚按功能可以分为以下几类：

（1）与 CPU 连接的引脚

① D0～D7，三态双向数据线。与 CPU 数据总线相连，用于传递 CPU 与 8254 之间的数据信息、控制信息和状态信息。

② $\overline{CS}$，片选信号，输入，低电平有效。有效时，表示 8254 被选中，允许 CPU 对其进行读写操作。通常连接到 I/O 端口地址译码电路的输出端。

③ $\overline{WR}$，写信号，输入，低电平有效。用于控制 CPU 对 8254 的写操作，可与 A1、A0

信号配合，以决定是写入控制字还是计数初值。

④ $\overline{RD}$，读信号，输入，低电平有效。用于控制 CPU 对 8254 的读操作，可与 A1、A0 信号配合读取某个计数器的当前计数值。

⑤ A1、A0，地址输入线。用于寻址 8254 内部的 4 个端口，即 3 个计数器和一个控制字。一般与 CPU 低位的地址线相连。

8254 的读写操作逻辑见表 8−5。

表 8−5　8254 的读写操作逻辑

$\overline{CS}$	$\overline{RD}$	$\overline{WR}$	A1	A0	操作功能
0	1	0	0	0	计数初值装入计数器 0
0	1	0	0	1	计数初值装入计数器 1
0	1	0	1	0	计数初值装入计数器 2
0	1	0	1	1	写控制寄存器
0	0	1	0	0	读计数器 0
0	0	1	0	1	读计数器 1
0	0	1	1	0	读计数器 2

（2）与外部设备的接口信号

① CLK0、CLK1、CLK2，时钟脉冲输入端。用于输入定时脉冲或计数脉冲信号。CLK 可以是系统时钟脉冲，也可以由其他脉冲源提供。

② GATE0、GATE1、GATE2，门控输入端。用于外部控制计数器的启动计数和停止计数的操作。两个或两个以上计数器连用时，可用此信号来同步，也可用于与外部某信号的同步。

③ OUT0、OUT1、OUT2，计数输出端。在不同方式的计数过程中，OUT 引脚上输出相应的信号。

3. 8254 的控制字及其编程

（1）8254 的方式控制字

8254 的方式控制字用来确定每一个计数器的工作参数，包括数据读写格式、工作方式、数制。方式控制字各位的含义如图 8−26 所示。

8254 芯片中 3 个定时计数器的工作是完全独立的，所以需要有 3 个控制字分别初始化相应通道的工作参数，但由于它们的地址是同一个，所以根据控制字的高两位来决定写入控制寄存器的是哪一个通道的控制字。

8254 的每个计数通道都有二进制和十进制（BCD）两种计数模式。由于计数器是先减 1，再判断是否为 0，所以写入 0 实际代表最大计数值。采用 16 位二进制计数时，写入初值的范围为 0000H～FFFFH，其中 0000H 是最大值，表示计数器初值为 65 536。BCD 计数制时，写入初值范围为 0000～9999，其中 0000 表示最大值 10 000。

（2）8254 的编程

1）初始化

当初始化 8254 某个计数通道时，首先把相应的方式控制字写入控制字寄存器中，再根据控制字中数据读写格式的规定，将计数初值写入对应的计数通道。方式控制字地址为 A1、A0＝11B；计数器 0 的初值应写入 A1、A0＝00B 的地址；计数器 1 的初值应写入 A1、A0＝01B 的地址；计数器 2 的初值应写入 A1、A0＝10B 的地址。使用 16 位计数值时，高 8 位和低 8 位写入的是同一个地址，应先写入低 8 位，后写入高 8 位。

7	6	5	4	3	2	1	0
D7	D6	D5	D4	D3	D2	D1	D0

D7、D6	＝00b，设定计数器 0 的工作参数
	＝01b，设定计数器 1 的工作参数
	＝10b，设定计数器 2 的工作参数
	＝11b，锁存计数器的当前计数值
D5、D4	＝00b，锁存计数器当前值，供 CPU 使用
	＝01b，只读/写低 8 位计数值，高 8 位自动置零
	＝10b，只读/写高 8 位计数值，低 8 位自动置零
	＝11b，使用 16 位计数值。先读/写低 8 位，后读/写高 8 位
D3、D2、D1	＝000b～101b，设定该计数器的工作方式为 0～5
D0	＝0，二进制计数模式；＝1，BCD 计数模式

图 8-26 8254 方式控制字的格式

例 8.12   假设 8254 地址为 40H～43H，试编写程序，将计数器 0 初始化为工作方式 3，采用二进制计数模式，计数初值为 2 000。

解答：

由地址范围可知，控制口的地址为 43H，计数器 0、1、2 分别使用地址 40H、41H、42H。
计数初值 2000D＝07D0H，需要采用 16 位计数，故计数器 0 的控制字＝00110110B＝36H。

参考程序如下：

```
MOV    AL, 36H
OUT    43H, AL          ;写入方式控制字
MOV    AL, 0D0H         ;2000D＝07D0H，取低 8 位
OUT    40H, AL          ;写入计数初值的低 8 位
MOV    AL, 07H          ;2000D＝07D0H，取高 8 位
OUT    40H, AL          ;写入计数初值的高 8 位
```

如果采用 BCD 方式，初始化程序为：

```
MOV    AL, 00110111B    ;D0=1，使用 BCD 计数
OUT    43H, AL          ;写入方式控制字
MOV    AL, 00H          ;2000 的 BCD 码为 2000H。
OUT    40H, AL          ;写入计数初值的低 8 位
MOV    AL, 20H          ;2000D＝07D0H，取高 8 位
OUT    40H, AL          ;写入计数初值的高 8 位
```

2）读取当前计数值

在 8254 计数过程中，CPU 可用输入指令读取某一个计数器当前的计数值。8254 的计数器是 16 位的，但数据总线是 8 位的，即每次只能读取 8 位，所以 16 位数据 CPU 要分 2 次读，先读取低 8 位，再读取高 8 位。此时，如果不锁存计数器的当前计数值，那么在两次读取操作之间，计数值的高 8 位可能已经发生变化了。例如，第一次读取时，计数当前值为 0600H，CPU 读取到 00H。同时计数器减 1，变为 05FFH。接着 CPU 再进行第二次读取，读取的高 8 位为 05H。CPU 认为此时计数器的当前值为 0500H，结果是错误的。因此，在读取计数器的当前值之前，要先把当前值锁存到锁存寄存器，然后由 CPU 读取锁存寄存器的值。在前述例子中，CPU 读取之前，先锁存当前值 0600H，然后再读取，此时尽管计数器的值变为 05FFH，但锁存器里面的值不变，CPU 先后读取到 00H 和 06H，取得正确的当前值为 0600H。

锁存当前计数值有下面 3 种方法：

① 利用 GATE 信号使计数过程暂停。

这种方法需要硬件电路配合，读取前将 GATE 信号置为低电平，不再计数，读取后将 GATE 信号恢复为高电平。因为这种方法会中断计数过程，因此一般不采用这种方法。

② 锁存一个计数器。

每一个计数器都有一个 16 位输出锁存器，它的值随着计数器的值不断变化。向 8254 写入一个方式控制字，令其 D5、D4＝00B，则 8254 锁存由 D7、D6 指定的计数器的当前值。当锁存控制字写入时，完成的操作是把计数器的当前值锁存到输出锁存器中，进入锁存状态，计数器继续计数时，不再影响输出锁存器的内容。CPU 读取输出锁存器后，自动解除锁存状态，它的值又随减法计数器变化。

例 8.13 假定 8254 端口地址为 40H～43H，编写程序锁存并读取计数器 0 的当前计数值。

解答： 控制字地址为 43H，计数器 0 的地址为 40H。

锁存计数器 0 的当前计数值的方式控制字为 00000110B＝06H。

参考程序如下：

```
MOV    AL, 06H
OUT    43H, AL        ;写入方式控制字，锁存计数值
IN     AL, 40H        ;读入输出锁存器的低 8 位
MOV    AH, AL         ;暂存在 AH 中
IN     AL, 40H        ;读入输出锁存器的高 8 位
XCHG   AH, AL         ;AX＝输出锁存器的 16 位值
```

③ 写读回命令锁存。

向 8254 写入一个特殊的方式控制字，即读回控制字（Read－Back Command）。用一条命令就可锁存全部 3 个计数器的当前计数值和状态信息。其格式如图 8－27 所示。

在读回控制字中，用 3 个二进制位 CNT0、CNT1、CNT2 来控制是否锁存某一个计数器。当 $\overline{COUNT}$ 和 $\overline{STATUS}$ 都设置为 0 时，计数器的计数值和状态同时被锁存，读取该计数器的地址时，首先读取到的是这个计数器的状态，然后再读取它的计数当前值。如控制字 110000010B 表示锁存通道 0 的计数值和状态值。

例 8.14 假定 8254 端口地址为 40H～43H，利用读回控制字读取计数器 0 的当前计数值。

7	6	5	4	3	2	1	0
1	1	$\overline{COUNT}$	$\overline{STATUS}$	CNT2	CNT1	CNT0	0

$\overline{COUNT}$	=0，锁存当前计数值；=1，不锁存当前计数值
$\overline{STATUS}$	=0，锁存当前状态；=1，不锁存当前状态
CNT2	=1，对计数器 2 进行锁存操作；=0，不对计数器 2 进行锁存操作
CNT1	=1，对计数器 1 进行锁存操作；=0，不对计数器 1 进行锁存操作
CNT0	=1，对计数器 0 进行锁存操作；=0，不对计数器 0 进行锁存操作

图 8－27　8254 读回控制字的格式

解答： 控制字地址为 43H，计数器 0 的地址为 40H。

锁存计数器 0 的当前计数值的方式控制字为 11010010B＝D2H。

参考程序如下：

```
MOV    AL, D2H
OUT    43H, AL          ;写入方式控制字，锁存计数值
IN     AL, 40H          ;读入输出锁存器的低 8 位
MOV    AH, AL           ;暂存在 AH 中
IN     AL, 40H          ;读入输出锁存器的高 8 位
XCHG   AH, AL           ;AX＝输出锁存器的 16 位值
```

计数器的状态用一个字节表示，其格式如图 8－28 所示。

7	6	5	4	3	2	1	0
OUTPUT	NULL COUNT	RW1	RW0	M2	M1	M0	BCD

OUTPUT	计数器 OUT 输出管脚的状态。=0，低电平；=1，高电平
NULL COUNT	=0，输出锁存器的内容有效。=1，输出锁存器的内容无效
RW1RW0	计数器的方式控制字的 D5 D4。即读写格式
M2M1M0	计数器的方式控制字的 D3 D2 D1。即工作方式 0~5
BCD	计数器的方式控制字的 D0。=0，二进制计数模式；=1，BCD 模式

图 8－28　计数器的状态

OUTPUT 的值反映了计数器的 OUT 管脚状态。这样在某些情况下，可以靠 CPU 读取 OUTPUT 来确定一个计数过程是否结束，而不需要连接到 OUT 管脚的其他硬件电路。

例 8.15　假定 8254 端口地址为 40H～43H，利用读回控制字读取计数器 0 的当前状态。

解答： 控制字地址为 43H，计数器 0 的地址为 40H。

锁存计数器 0 的当前状态的方式控制字为 11100010B＝E2H。

参考程序如下：

```
MOV      AL, E2H              ;锁存 T/C0 当前状态值
OUT      43H, AL
IN       AL, 40H              ;若 AL 中保存的是状态字
```

当计数器的初值装入计数器以后，锁存到输出锁存器的值才是有效的。例如，在写入方式控制字后，没有给计数器设定计数初值，而直接向计数器写读回控制字，这时计数器中的值是无效的，NULL COUNT＝1。状态字节中，其他的 6 位（RW1、RW0、M2、M1、M0、BCD）就是初始化时为该计数器指定的方式控制字的低 6 位。

4. 8254 的六种工作方式

按照方式控制字的设置，8254 的每一个计数器均可以工作在 6 种工作方式下。

（1）方式 0（计数结束中断方式）

方式 0 的计数过程如图 8-29 所示。CW 表示控制字（Control Word），CW＝10H＝00010000B 表示初始化计数器 0 采用二进制计数，工作在方式 0，只读/写低 8 位，高 8 位自动为 0；LSB 表示计数初值的低字节，LSB＝4 表示把 4 写入计数器低 8 位，计数初值的高 8 位为 0。计数过程开始后，OUT 信号下方有两行数字，上面的数是计数器当前值的高字节，下面的数是低字节。N 表示计数器当前值不确定。

图 8-29（a）所示，当写入方式 0 控制字后，OUT 立即变为低电平，并且在计数过程中一直维持低电平。写入初值 n 后，CLK 第 1 个下降沿使计数初值装入计数器。随后每一个 CLK 脉冲的下降沿都使计数器减 1。计数器减到零时，即 OUT 引脚在 n＋1 个 CLK 后变为高电平，并且一直保持到该通道重新装入计数值或重新设置工作方式为止。在方式 0 下，写一次计数初值，只计数一遍，计数器不会自动重装初值和重新开始计数。

图 8-29（b）所示，门控信号 GATE 用来控制计数过程。当 GATE 保持为低电平时，暂停计数；当 GATE 变为高电平时，又恢复计数。

图 8-29（c）表示了在计数过程新写入计数初值的情况。如果在计数过程中写入新的计数初值，则在写入新值后的下一个时钟下降沿计数器将按新的初值计数，即新的初值是立即有效的，不必等待第一个计数过程的结束。

（2）方式 1（可编程单稳态触发器）

方式 1 的计数过程如图 8-30 所示。这种方式由外部门控信号 GATE 上升沿触发，产生一单拍负脉冲信号，脉冲宽度由计数初值决定。CW＝12H＝00010010B 表示初始化计数器 0 采用二进制计数，工作在方式 1，只读/写低 8 位，高 8 位自动为 0；LSB 表示计数初值的低字节，LSB＝3 表示把 3 写入计数器低 8 位。

图 8-30（a）所示，当写入方式 1 控制字后，OUT 输出变为高电平。写入计数初值 n 之后，计数器并不立即开始计数，而要等到 GATE 上升沿后的下一个 CLK 输入脉冲的下降沿，OUT 输出变低电平，计数才开始。计数到 0 时结束，OUT 输出变高，从而产生一个宽度为 n 个 CLK 周期的负脉冲。

图 8-30（b）所示，在方式 1 中，GATE 信号的作用包括两个方面。第一，在计数结束后，若再来一个 GATE 信号上升沿，则在下一个时钟周期的下降沿又从初值开始计数，而不需要像方式 0 那样重新写入初值，即门控信号可重新触发计数；第二，在计数过程中，若再来一个门控信号的上升沿，也在下一个时钟下降沿从重新装入初值开始计数，即终止原来的计数过程，开始新的一轮计数。

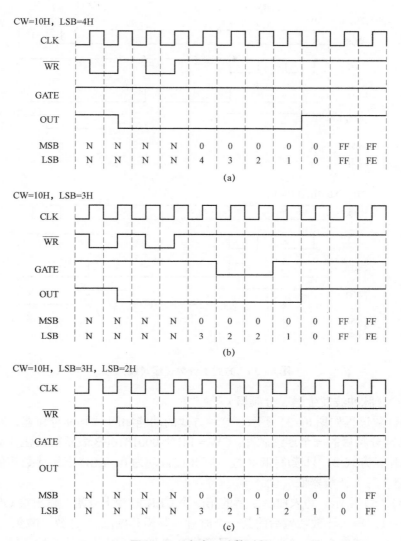

图 8-29　方式 0 计数过程

图 8-30（c）表示如果在计数过程中写入新的初值，不会立即影响计数过程，只有下一个门控信号到来后才按新值开始计数。即在计数过程写入的初值要到下一次计数才有效。

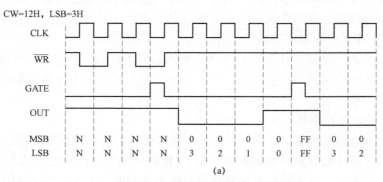

图 8-30　方式 1 计数过程

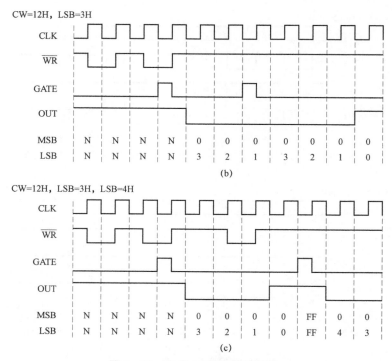

图 8–30　方式 1 计数过程（续）

（3）方式 2（脉冲波发生器、分频器）

方式 2 的计数过程如图 8–31 所示。这种方式的功能如同一个 N 分频器，输出是输入时钟按照计数值 N 分频后的一个连续脉冲。CW=14H=00010100B 表示初始化计数器 0 采用二进制计数，工作在方式 2，只读/写低 8 位，高 8 位自动为 0；LSB 表示计数初值的低字节，LSB=3 表示把 3 写入计数器低 8 位。

如图 8–31（a）所示，写入控制字后的第一个 CLK 时钟上升沿，输出端 OUT 变成高电平。若 GATE=1，写入计数初值后的第一个时钟下降沿开始减 1 计数，减到 1 时，输出端 OUT 变为低电平，减到 0 时，输出 OUT 又变成高电平，同时从初值开始新的计数过程，即计数到 1 时，输出一个 CLK 脉冲宽度的负脉冲。方式 2 能自动重装初值，给定计数初值后计数通道连续工作。

图 8–31 的（b）所示，方式 2 中，GATE 信号为低电平时终止计数，而由低电平恢复为高电平后的第一个时钟下降沿重新从初值开始计数。由此可见，GATE 一直维持高电平时，计数器输出 $F_{OUT}=F_{CLK} \div n$ 固定频率的脉冲，为一个 n 分频器。

图 8–31（c）表示如果在计数过程中写入新的初值，且 GATE 信号一直维持高电平，则新的初值不会立即影响当前的计数过程，但在计数结束后的下一个计数周期将按新的初值计数，即新的初值下次有效。

（4）方式 3（方波发生器）

方式 3 的计数过程如图 8–32 所示。方式 3 与方式 2 类似，所不同的是它们的 OUT 输出波形不同：方式 2 在计数过程结束前输出一个 CLK 时钟的负脉冲；而方式 3 输出一个方波。当计数初值 n 为偶数时，方波的高电平和低电平的维持时间为 n/2 个 CLK 时钟；当计数初值

n 为奇数时，方波的高电平维持时间为 (n+1)/2 个 CLK 时钟，低电平维持时间为(n-1)/2 个
CLK 时钟。即输出端 OUT 的波形是连续的方波（或近似方波），故称方波发生器。
CW＝16H＝00010110B 表示初始化计数器 0 采用二进制计数，工作在方式 3，只读/写低 8 位，
高 8 位自动为 0；LSB 表示计数初值的低字节，LSB＝4 表示把 4 写入计数器低 8 位。

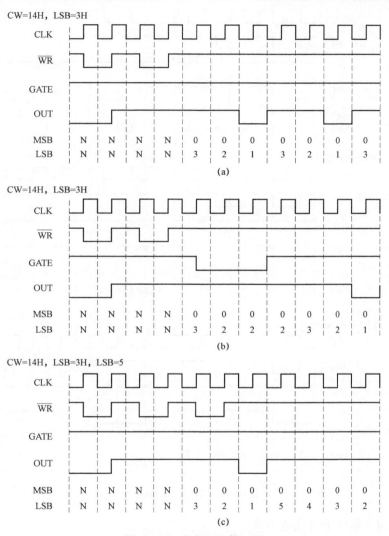

图 8-31　方式 2 计数过程

　　图 8-32（a）所示，写入控制字后的第一个时钟上升沿，输出端 OUT 变成高电平。写
入计数初值后的第一个时钟下降沿开始减 1 计数。计数初值为偶数 4，减到 4/2＝2 时，输出端
OUT 变为低电平；减到 0 时，输出端 OUT 又变成高电平，并重新从初值开始新的计数过程。

　　图 8-32（b）给出当计数初值 n 为奇数 5 时，输出为 3 个 CLK 宽度的高电平和 2 个 CLK
宽度的低电平的近似方波组合。

　　图 8-32（c）显示计数过程中，如果 GATE 变为低电平时，计数暂停。GATE 变高以后
的下一个时钟脉冲下降沿，计数初值被重新装入，并开始计数。

方式 3 下，如果在计数过程中写入新的初值，不会立即影响当前的计数过程。只有在计数结束后的下一个计数周期，才按新的初值计数。若写入新的初值后，遇到门控信号的上升沿，则终止现行计数过程，从下一个时钟下降沿开始按新的初值进行计数。

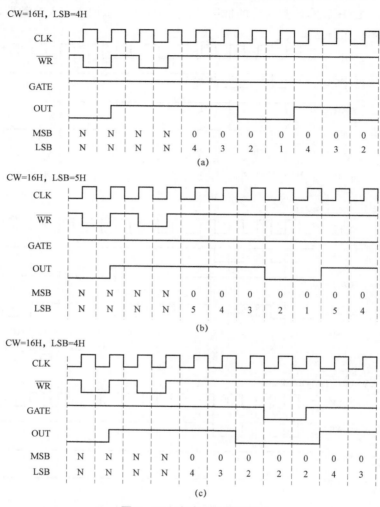

图 8-32 方式 3 计数过程

（5）方式 4（软件触发选通方式）

方式 4 的计数过程如图 8-33 所示。写入方式控制字后，OUT 输出高电平。若 GATE=1，写入初值后的下一个 CLK 脉冲开始减 1 计数，计数到达 0 值（不是减到 1）后，OUT 输出为低电平，持续一个 CLK 脉冲周期后再恢复到高电平。输出负脉冲可以用作选通脉冲，它是通过用软件写入计数初值触发而获得的，所以叫软件触发选通方式。CW=18H=00011000B 表示初始化计数器 0 采用二进制计数，工作在方式 4，只读/写低 8 位，高 8 位自动为 0；LSB 表示计数初值的低字节，LSB=3 表示把 3 写入计数器低 8 位。

图 8-33（a）所示，写入控制字后的第一个时钟上升沿，输出端 OUT 变成高电平。写入计数初值后的第一个时钟下降沿开始减 1 计数。减到 0 时，输出端 OUT 输出一个 CLK 脉

冲宽度的负脉冲，计数停止。

从图 8-33（b）可以看出，方式 4 中，写入计数初值后，GATE 为低电平时，禁止计数，输出维持当时的电平。当 GATE 变高以后，允许计数。

图 8-33（c）显示，如果在计数过程中写入新的初值，在写入新值后的下一个时钟下降沿计数器将按新的初值计数，即新的初值立即生效。

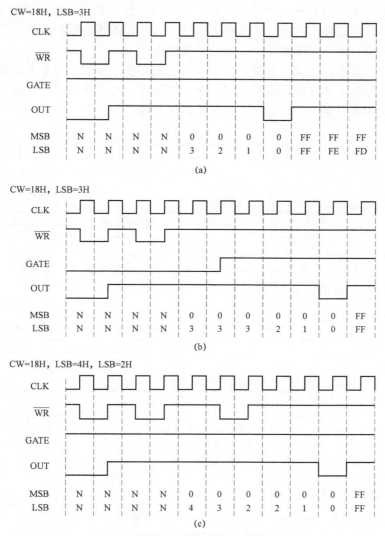

图 8-33　方式 4 计数过程

（6）方式 5（硬件触发选通方式）

方式 5 的计数过程如图 8-34 所示。写入控制字后，输出 OUT 即为高电平。写入计数初值后，计数器并不立即开始计数，而是由 GATE 门控脉冲的上升沿触发。计数结束（计数器减到 0），输出一个持续时间为一个 CLK 时钟周期的负脉冲，然后输出恢复为高电平。输出负脉冲是通过硬件电路产生的门控信号上升沿触发得到的，所以叫硬件触发选通方式。CW＝1AH＝00011010B 表示初始化计数器 0 采用二进制计数，工作在方式 5，只读/写低 8 位，高 8 位自动为 0；LSB 表示计数初值的低字节，LSB=3 表示把 3 写入计数器低 8 位。

图 8-34（a）所示，写入控制字后的第一个时钟上升沿，输出端 OUT 变成高电平。写入计数初值后，等待 GATE 信号的上升沿触发，然后下一个时钟信号下降沿开始减 1 计数。减到 0 时，输出端 OUT 输出一个 CLK 脉冲宽度的负脉冲，计数停止。当 GATE 上升沿到来时，触发计数初值重新装入，开始新一轮计数。

从图 8-34（b）可以看出，方式 5 在计数过程中，若又输入一个门控信号的上升沿，则立即终止当前的计数过程，在下一个时钟下降沿，又从初值开始重新计数。也就是说，门控信号的上升沿到来后，会立即触发一个新的计数过程。

图 8-34（c）显示，如果在计数过程中写入新的初值，新的初值不会立即影响当前的计数过程，即新的初值不会生效。只有在下一个门控信号上升沿到来后，才从新的初值开始计数。即新的计数初值需要门控信号上升沿触发后才有效。

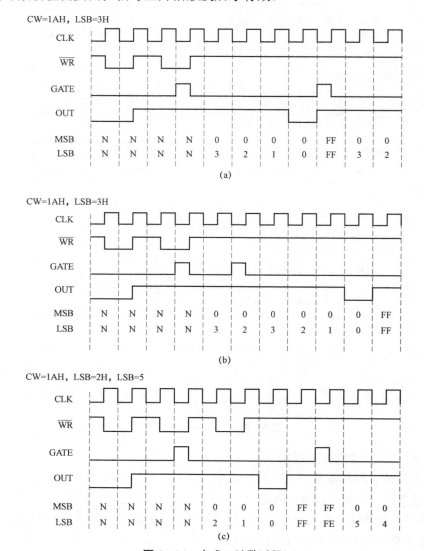

图 8-34　方式 5 计数过程

表 8-6 列出了 8254 六种工作方式。需要注意的是，应用 8254 时，完成初始化工作后，如果编程计数通道工作在方式 1 和 5 时，需要配合硬件 GATE 信号启动，GATE 信号的上升沿触发开始计数，其他方式不需要这步。只有方式 2 和 3 能自动装入初值连续计数。

表 8-6　六种工作方式总结

特征		方式 0	方式 1	方式 2	方式 3	方式 4	方式 5
OUT 输出状态	写控制字后	变 0	变 1	变 1	变 0	变 1	变 1
	波形宽度	N+1	N	N	N	N+1	N+1
初值是否自动重装		否	否	是	是	否	否
计数过程改变初值		立即有效	GATE 触发后有效	计数结束或 GATE 触发后有效	计数结束或 GATE 触发后有效	立即有效	GATE 触发后有效
GATE	0	禁止计数	无影响	禁止计数	禁止计数	禁止计数	无影响
	下降沿	暂停计数	无影响	停止计数	停止计数	停止计数	无影响
	上升沿	继续计数	从初值开始重新计数	从初值开始重新计数	从初值开始重新计数	从初值开始重新计数	从初值开始重新计数
	1	允许计数	无影响	允许计数	允许计数	允许计数	无影响

5. 8254 的应用

（1）计数

利用 8254 的通道 0 记录外部事件的发生次数，每输入一个正脉冲，表示事件发生 1 次。当事件发生 N 次后，就向 CPU 提出中断请求（边沿触发）。假设 8254 片选信号的 I/O 地址范围为 200H～203H，如图 8-35 所示。

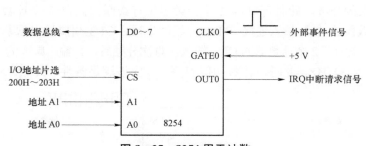

图 8-35　8254 用于计数

可选择方式 0 来实现，发生 100 次，则计数初值 N=100。即计数器减到 1 时，输出端 OUT 0 输出一个高电平，向 CPU 申请中断。在没有达到 100 次事件时，CPU 也可以锁存并读出计数值，获得事件的发生次数。

（2）分频

图 8-36 的系统中，提供一个频率为 10 kHz 的时钟信号，要求每隔 100 ms 采集一次数据。对于一个 10 kHz 时钟信号，其周期为 1/10 kHz=0.000 1 s=0.1 ms。需要对它进行分频，生成一个周期为 100 ms 的信号，频率为 10 Hz。

8254 工作在方式 2（或方式 3）时，输出频率为输入频率的 1/N，N 为计数初值，即 N＝输入频率/输出频率。为此，应该设定计数初值 N＝10 kHz/10 Hz＝1 000。

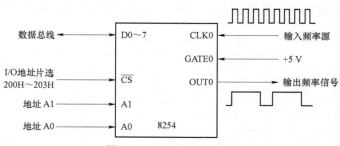

图 8－36　8254 用于分频

对 8253 的初始化程序如下：

```
MOV     DX, 203H            ;203H 为控制端口
MOV     AL, 00110100B       ;D7、D6=00B 表示计数器 0；D5、D4=11B 表示 16 位计数值；
                            ;D3、D2、D1=010B 表示方式 2；D0=0 表示使用二进制计数
OUT     DX, AL              ;写入方式控制字
MOV     DX, 200H            ;200H 为计数器 0 所使用的端口
MOV     AL, 0E8H            ;1000D = 03E8H，取低 8 位
OUT     DX, AL              ;写入计数初值的低 8 位
MOV     AL, 03H             ;1000D = 03E8H，取高 8 位
OUT     DX, AL              ;写入计数初值的高 8 位
```

（3）级联

在图 8－37 中，输入脉冲频率为 10 kHz，要产生周期为 100 s 的定时信号（频率为 0.01 Hz），那么分频系数 N 为 10k/0.01＝1 000 000。而计数器的最大计数范围为 65 536，通过一个计数器不能完成所要求的分频。此时可以将 2 个计数器进行级联。假定 2 个计数器的初值为 N_1 和 N_2，第 1 个计数器的 CLK 输入连接 10 kHz，经过分频后 OUT 引脚输出频率为（10k/N_1）Hz 的信号。这个输出作为第 2 个计数器的 CLK 输入，再次分频后，其输出频率为（（10k/N_1）/N_2）Hz＝（10k/（$N_1 \times N_2$））Hz。此时，计数初值 N_1 和 N_2 应该满足条件：N＝$N_1 \times N_2$。

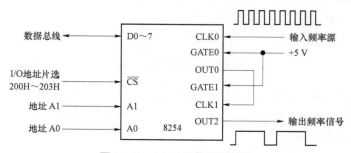

图 8－37　8254 计数器的级联

这里，设 N_1＝4000，则 N_2＝250。采用方式 3 计数，初始化程序如下：

```
MOV     DX, 203H                ;203H 为控制端口
```

```
MOV     AL, 00110101B      ;D7、D6=00B 表示计数器 0；D5、D4=11B 使用 16 位计数值；
                            ;D3、D2、D1=010B 表示方式 2；D0=1 表示使用 BCD 计数
OUT     DX, AL             ;写入计数器 0 的方式控制字
MOV     AL, 01110101B      ;D7D6=01B 表示计数器 1
OUT     DX, AL             ;写入计数器 1 的方式控制字
MOV     DX, 200H           ;200H 为计数器 0 所使用的端口
MOV     AL, 00H            ;4000 的 BCD 码为 4000H，取低 8 位
OUT     DX, AL             ;写入计数初值的低 8 位到计数器 0
MOV     AL, 40H            ;4000 的 BCD 码为 4000H，取高 8 位
OUT     DX, AL             ;写入计数初值的高 8 位到计数器 0
MOV     DX, 201H           ;201H 为计数器 1 所使用的端口
MOV     AL, 50H            ;250 的 BCD 码为 0250H，取低 8 位
OUT     DX, AL             ;写入计数初值的低 8 位到计数器 1
MOV     AL, 02H            ;250 的 BCD 码为 0250H，取高 8 位
OUT     DX, AL             ;写入计数初值的高 8 位到计数器 1
```

8.2.3　微机系统中的定时

1. 8253 的应用

在 PC 机中使用的是 8253。8253 和 8254 功能基本相同，8253 没有读回控制的功能。8253 的端口地址为 40H～43H。8253 的三个计数器的时钟频率均为 1.193 18 MHz。PC 中 8253 的三个计数器见表 8-7。

表 8-7　PC 机中 8253 的三个计数器

项目	计数器 0	计数器 1	计数器 2
功能	定时器	刷新请求发生器	音频信号发生器
工作方式	方式 3	方式 2	方式 3
GATE 信号	+5 V	+5 V	8255A 芯片 PB0 控制
OUT 信号	接 8259IRQ0	接刷新电路 8237	接扬声器

PC 中的 8253 连接电路如图 8-38 所示。

（1）计数器 0

计数器 0 为系统中的时钟提供时间基准。计数器 0 作为定时器使用，对输入的标准时钟计数，选用工作方式 3，即方波输出模式，计数器初值为 0，OUT0 输出脉冲频率为 1.193 18 MHz/65 536＝18.2 Hz 的方波。将此信号连接到 8259A 的 IRQ0 端，大约每隔 55 ms 产生一次时钟中断，即每秒产生 18.2 次时钟中断请求。用于系统实时时钟和磁盘驱动器的电动机定时。

例 8.16　PC 系统中计数器 0 的初始化程序。

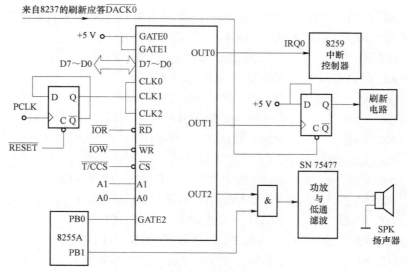

图 8-38　PC/XT 中的 8253

MOV	AL, 35H	;设置计数器 0：方式 3，双字节，二进制计数
OUT	43H, AL	;写入控制寄存器
MOV	AL, 0	;计数初值
OUT	40H, AL	;写低字节
OUT	40H, AL	;写高字节

（2）计数器 1

计数器 1 用来产生动态 RAM 的刷新定时信号，GATE1 接高电平，工作于方式 2，计数器初值为 18，这样 OUT1 端输出脉冲的频率为 1.193 18 MHz/18＝66.287 8 kHz，周期为 15.12 μs，满足刷新定时信号的要求。OUT1 作为 D 型触发器的触发脉冲，上升沿使 U2 的 Q 端置 1，并送到 DMA 控制器 8237 的 DRQ0 端，即请求通道 0 进行 DMA 操作。

例 8.17　微机系统中计数器 1 的初始化程序。

MOV	AL, 54H	;设置计数器 1：只写低字节，方式 2，二进制计数
OUT	43H, AL	;写入控制字寄存器
MOV	AL, 18	;写入计数初值 18
OUT	41H, AL	;计数器 1

（3）计数器 2

PC 系统中，BIOS 开机自检测后将并行接口芯片 8255 的 A 和 C 口初始化为输入，B 口为输出（61H）。B 口低两位用来控制扬声器，D1＝1 表示接通，＝0 表示关闭，利用接通的时间长短决定音长。计数器 2 用作扬声器的发声源，被设置为工作方式 3，计数器初值为 533H（即 1331），输出方波的频率为 1.193 18 MHz/1 331＝896 Hz。计数初值由程序决定，不同的初值得到不同的频率，频率又决定了扬声器音调。控制这两个参数便可使扬声器发出不同的声音。

例 8.18　BIOS 中的 BEEP 子程序。

计数初值为 533H，产生 896 Hz 的声音，并且时间长度是 0.5 s 的倍数。

```
    BEEP    PROC
        MOV     AL, 0B6H        ;设置计数器 2，写双字节，方式 3，二进制计数
        OUT     43H, AL         ;写入控制寄存器
        MOV     AX, 533H        ;装入计数初值 0533H，896 Hz 的声音
        OUT     42H, AL         ;写入低字节
        MOV     AL, AH
        OUT     42H, AL         ;写入高字节
        IN      AL, 61H         ;读取 8255 的 PB 口原输出值
        MOV     AH, AL          ;将原输出的值保留与 AH 中
        OR      AL, 03H         ;使 PB1PB0 均为 1
        OUT     61H, AL         ;打开 GATE2 门，输出方波到扬声器
        SUB     CX, CX          ;CX 控制循环次数，最大为 216
    L:  LOOP    L               ;循环延时
        DEC     BL              ;子程序入口条件
        JNZ     L               ;BL=6 发长声（3 s），BL=1 发短声（0.5 s）
        MOV     AL, AH          ;取出 AH 中的 8255PB 口的原输出值
        OUT     61H, AL         ;恢复 8255PB 口，当 PB1PB0 不同时为 1 时，则停止发声
        RET
    BEEP    ENDP
```

如图 8-38 所示，OUT2 与 8255 的 PB 口 D1 信号"与"后连接到扬声器上，因此有两种方式来控制扬声器发声频率及时长。软件控制发声设定计数器 2 的 OUT2=1，通过 CPU 指令控制 8255 的 PB 口的 D1 位的电平实现；硬件控制发声设定 8255 的 PB 口的 D1 位=1，通过程序控制 8253 的计数器 2 的 OUT2 实现。

2. 实时钟

早期的 PC 中，系统断电后无法保持系统时间，每次系统启动后都需要用户手工设定系统时间，十分不方便。PC AT 机出现后，主板引入了摩托罗拉的 MC146818 RTC（Real Time Clock，实时钟）芯片，该实时钟芯片依靠后备电池供电，因此无论 PC 是否开机，时钟都会不断更新。如图 8-39 所示，实时钟信息（年/月/日/时/分/秒）保存在 CMOS RAM 中。

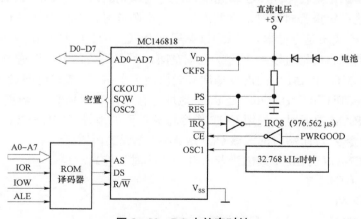

图 8-39　PC 中的实时钟

随着微机的发展，计算机内需要保存的配置越来越多，现在 CMOS 为 128～256 个字节的容量，为了保证兼容性，BIOS 厂商将自己 BIOS 中 CMOS RAM 的前 64 字节的内容设置保持与 MC146818A 的 COMS RAM 一致，扩展出来的部分再加入特殊设置。实时钟信息使用了 COMS RAM 初始的 14 个字节，剩余的字节用于保存微机的配置信息，例如系统的内存容量、硬盘类型等。开机进入 BIOS 设置后，对系统进行的一些设置就保存在 CMOS RAM 中。

实时钟信息的格式见表 8-8。

表 8-8　实时钟信息的格式

位移	内容	取值范围	格　　式
0	秒	00H～59H	BCD 码，如 10H 表示 10 秒，59H 表示 59 秒
1	报警秒	00H～59H	BCD 码，同上。设为 0C0H～0FFH 时，不报警
2	分	00H～59H	BCD 码，如 06H 表示 06 分，45H 表示 45 分
3	报警分	00H～59H	BCD 码，同上。设为 0C0H～0FFH 时，不报警
4	小时	00H～23H	BCD 码，如 12H 表示 12 点，16H 表示 16 点
5	报警小时	00H～23H	BCD 码，同上。设为 0C0H～0FFH 时，不报警
6	星期几	1～7	1=星期日，2=星期一，……，7=星期六
7	日	01H～31H	BCD 码，如 31H 表示 31 日
8	月	01H～12H	BCD 码，如 04H 表示 4 月，12H 表示 12 月
9	年	00H～99H	BCD 码，年份的后面 2 位。如 03H 表示 2003 年
10	状态/控制 A		bit 7=1，正在刷新。bit 6～4=010b，基准频率=32 768 Hz
11	状态/控制 B		bit 1=1，使用 24 小时制。bit 0=1，使用夏时制
12	状态 C		bit 7=1，产生中断请求。bit 6～4，中断原因
13	状态 D		bit 7=1，CMOS 电池正常

其中，报警信息记录在 1、3、5 单元中。若这些单元的内容为 C0～FFH，则报警功能无效。当实时钟到达设定报警时间时，立即产生一个中断信号，并设置状态 C 中的 D5 为 1。

CMOS RAM 的实质是存储器，可以通过调用 BIOS 的 INT 1AH 或者 DOS 系统的 INT 21H 访问它的内容。同时它的地址映射到 I/O 地址空间，对它的访问也可以通过 I/O 接口电路用 I/O 指令来完成。CMOS RAM 内的内容每次只能访问一个字节。接口电路设置了两个寄存器，其 I/O 地址分别是 70H 和 71H。70H 是 RTC 地址寄存器，71H 是 RTC 数据寄存器。CPU 要访问某个 CMOS RAM 单元时，先用 OUT 指令将该单元的地址（00H～7FH）写入 70H 端口中，再使用 IN 指令从 71H 端口读入该 CMOS RAM 单元的内容。

例 8.19　从 CMOS RAM 中读出当前时钟的"小时"信息。

```
MOV     AL, 04H
OUT     70H, AL
IN      AL, 71H              ;信息保存在 AL 中
```

8.3　红外

8.3.1　红外技术概述

红外是红外线（Infrared）的简称，是一种位于可见光之外的红外光区的电磁波。它可以实现数据的无线传输。自 1974 年被发现以来，得到很普遍的应用，如红外线鼠标、红外线打印机、红外线键盘等。红外的特征包括，是一种点对点的传输方式；无线，不能远距离传输，要直线互相对准且中间不能有障碍物，即不能阻碍红外光线传播。红外光频率比无线电频率高得多，可以提供较高的传输速率，并且不属于商业频段范围，不用进行频率申请。红外数据通信属于无线光通信，又称自由空间光通信（Free Space Optical communication，FSO），是光通信的一种，也叫大气光通信。

红外数据通信也存在一些限制，比如，在室内环境中，存在着由日光、白炽灯或荧光灯引起的背景光噪声，使得红外接收器探测到的光信号中不可避免地包含了这些噪声。为了提高信噪比，必须增加发射光的光功率，这就增大了器件的功耗。

红外通信系统只要在收发两个端机之间存在无遮挡的视距路径，并且发射端有足够的红外线发射功率，就可以进行通信。一个红外通信系统包括三个基本部分：发射机、信道和接收机。在点对点方式传输的情况下，每一端都设有红外线发射机和接收机，可以实现全双工的通信。系统所用到的基本技术是光电转换。红外线发射机光源受到电信号的调制，通过作为天线的发射器，将红外线信号通过大气信道传送到接收机；在接收机中，接收信号设备收集接收到红外线信号并将它聚焦在光电检测器中，光电检测器将红外线信号转换成电信号。图 8-40 显示出手机与 PC 上的红外收发器。

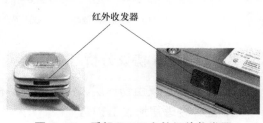

红外收发器

图 8-40　手机及 PC 上的红外收发器

按照红外传输的链路来说，分为定向视距链路、视距混合链路、非定向视距链路及漫（反）射链路。当发射的光束发散角很小时，发出的光近乎平行，称为定向发射器。同理，当接收器的视场角范围很小时，则称为定向接收器，如图 8-41（a）所示。如果发射器与接收器都是定向的，一旦发射器与接收器对准，就建立了一条通信链路，这条链路为视距链路。而非视距链路使用的是非定向发射器与接收器，即发射器的发散角与接收器的视场角比较大。视距混合链路即为发射器与接收器中有一个是非定向的，如图 8-41（b）所示。非定向视距链路则是发射器与接收器都是非定向的，如图 8-41（c）所示。而当发射器对着天花板发射光信号，发射器与接收器不存在视距链路时，则称为漫（反）射链路，如图 8-41（d）所示。在视距链路中，发射器与接收器之间存在视距路径，而漫射链路不存在视距路径。

红外通信的主要协议由红外数据组织（Infrared Data Association，IrDA）制定。IrDA 已经制定出物理介质和协议层规格，2 个支持 IrDA 标准的设备可以相互监测对方并交换数据。初始的 IrDA1.0 标准制定了一个串行、半双工的同步系统，传输速率为 2 400～115 200 b/s，传输范围 1 m，传输半角度为 15°～30°。之后 IrDA 扩展了其物理层规格，使数据传输率提升到 4 Mb/s。

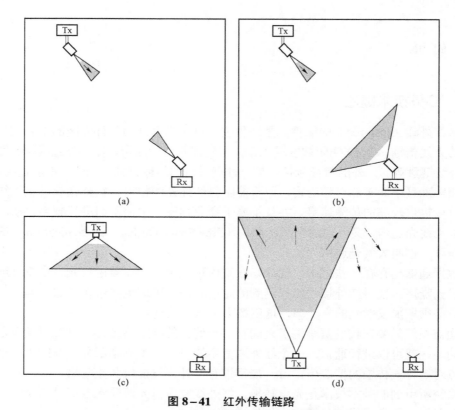

图 8−41　红外传输链路

（a）定向视距链路；（b）视距混合链路；（c）非定向视距链路；（d）漫射链路

8.3.2　IrDA 协议分析

IrDA 数据协议由物理层、链路接入层和链路管理层三个基本层协议组成。

1. 红外物理层协议 IrPHY

IrPHY 定义了 4 Mb/s 以下速率的半双工连接标准。在 IrDA 物理层中，将数据通信按发送速率分为三类：串行红外 SIR、中速红外 MIR 和高速红外 FIR。SIR 的速率覆盖了 RS−232 端口通常支持的速率（9.6～115.2 Kb/s）。MIR 可支持 0.576 Mb/s 和 1.152 Mb/s 的速率；FIR 通常用于 4 Mb/s 的速率，有时也可用于高于 SIR 的所有速率。4 Mb/s 连接使用 4PPM 编码，1.152 Mb/s 连接使用归零 OOK（On−Off Keying）编码，编码脉冲的占空比为 0.25。115.2 Kb/s 及以下速率的连接使用占空比为 0.187 5 的归零 OOK 编码。

2. 红外链路接入协议 IrLAP

IrLAP 定义了链路初始化、设备地址发现、建立连接（其中包括比特率的统一）、数据交换、切断连接、链路关闭以及地址冲突解决等操作过程。它是从异步数据通信标准高级数据链路控制（HDLC）协议演化而来的。IrLAP 使用了 HDLC 中定义的标准帧类型，可用于点对点和点对多点的应用。IrLAP 的最大特点是，由一种协商机制来确定一个设备为主设备，其他设备为从设备。主设备探测它的可视范围，寻找从设备，然后从那些响应它的设备中选择一个并尝试建立连接。在建立连接的过程中，两个设备彼此协调，按照它们共同的最高通信能力确定最后的通信速率。需要注意的是以上所说的寻找和协调过程都是在 9.6 Kb/s 的波特率下进行的。

3. 红外链路管理协议 IrLMP

IrLMP 是 IrLAP 之上的一层链路管理协议，主要用于管理 IrLAP 所提供的链路连接中的链路功能和应用程序以及评估设备上的服务。此外还要管理如数据速率、BOF（帧的开始）的数量及连接转换响应时间等参数的协调、数据的纠错传输等。

8.3.3　IrDA 建立连接的过程

在 IrDA 建立之初，其设置目标是："建立可互操作的、廉价的红外线信息互连标准；能维持无连接的、定向无线传送的应用模型，能适应主动高速设备连接到外围设备和主机的应用。"为此 IrDA 选择短射程的、无连接的、点对点定向的红外线作为通信介质。IrDA 提供的服务分为两大类，即面向连接的服务和无连接的服务。具体分为 4 种：

① Request，由上层协议调用，用来激活服务

② Indication，用于将服务初始化请求通知上层应用

③ Response，向上层协议确认接受了服务请求

④ Confirm IrLAP，用于报告服务结果

IrDA 通信建立连接分以下四个阶段。

1. 设备发现和地址解析

发现过程是 IrDA 设备查找在通信范围是否有其他设备的过程。在此阶段，主控设备尝试发现通信范围内的所有设备的地址，也就是 IrLAP 操控的设备序号（有时是由 IrLMP 协议层指定的）。哪个设备的发现程序占据了分配的时间空隙，此设备就控制发现过程。当通信范围内有多个设备时，这种分时隙的办法减少了冲突的可能性。在等待 560 ms 后，主控设备在每个时隙的头部启动发现过程，并广播帧标记。当从设备侦听到发现帧时，将随机选择一个进行响应，具体为在进入自己的时隙时，传送一个发现响应帧。在发现过程中所有的帧都采用 HDLC 的无编号的交换标识（XID）类型。如果参加发现过程的设备有重复的地址，那就需启动地址解析过程。地址解析过程与发现过程相似，仅解析有冲突的地址。初始设备向冲突的地址传送地址解析 XID 命令，地址冲突的设备选择另一个随机地址和响应时隙。主控设备采用与之前一样的过程传送标记帧，而原先地址冲突的设备选择新的恰当的时隙响应。一旦发现过程结束，通信范围内的每个设备将有唯一地址。如果仍有冲突，则前述过程会反复进行。

2. 链接建立

一旦发现和地址解析过程完成后，应用层可以决定它希望连接到哪一个被发现的设备。应用层将选择调用适当的 IrLAP 服务原语发一个连接请求。IrLAP 层连接远程设备是采用发送带轮换查询位（Poll Bit）的设置正常响应模式（SNRM）的命令帧。假设远程的设备能接受连接，它将发送一个带终止位的无编号应答响应帧，表示连接请求已经被接受。在正常环境下，启动连接的设备（发送 SNRM）是主设备，其他设备是从设备。

3. 信息交换和链接复位

信息交换过程的操作是在主从模式下进行的，就是主设备控制从设备的访问。主设备发出命令帧，从设备响应。为了保证在同一时间里只有一个设备能传送帧，一个传送许可令牌在主、从设备间交换。主设备通过发送带轮换查询位的控制帧传递一个传送许可令牌给从设

备，从设备通过带结束位的响应帧返回令牌。传送数据时，从设备保留令牌，一旦数据传输结束或达到最长转换时间，它必须将令牌返回主设备。当然，主设备也受最长传送时间的限制，但与从设备不同的是，没有数据传送时，主设备允许保留令牌。

4. 链接终止

主从设备都可以断开链接。一旦数据传输结束，主、从设备之一将断开链接。如果主设备希望断开链接，它将发送带轮询位的断开命令给从设备。从设备返回带终止位的未编号确认帧应答，两个设备将都处于正常断开模式。此过程采用 9.6 Kb/s 的速率进行。一旦两个设备处于正常中断模式，传输媒介对于任何设备都是空闲的，都可以重新开始设备发现、地址解析、链接建立和信息交换的过程。

8.4 Wi−Fi

Wi−Fi 属于无线网络技术，具体来说属于无线局域网（Wireless Local Area Network，WLAN）的组成方式，全称为无线保真技术（Wireless Fidelity），是一种在办公室和家庭中使用的短距离无线技术，其最大的优点是传输速度较高，有效距离较长。实际上 Wi−Fi 是无线局域网联盟（WLANA）的一个商标，该商标仅保障使用该商标的商品互相之间可以合作，与标准本身没有关系。Wi−Fi 联盟制造商的目的是改善基于 IEEE 802.11 标准的无线网路产品之间的互通性。由于其和 IEEE 802.11 协议密切相关，也常有人把 Wi−Fi 当作 IEEE 802.11 标准的同义术语。Wi−Fi 同时也是一种无线联网的技术，通过无线电波来为终端设备提供联网方案。常见的就是通过一个无线路由器，在这个无线路由器的电波覆盖的有效范围都可以采用 Wi−Fi 连接方式进行联网，如果无线路由器连接了一条互联网线路，则此无线路由器又被称为"热点"。目前 Wi−Fi 使用主要协议是 IEEE 802.11 系列无线技术协议，可以使无线网络用户获得以太网的网络性能、速率和可用性，并且可以无缝隙地将多种 LAN 技术集成起来，形成一种能够最大限度地满足用户需求的网络。

随着无线局域网的高速发展，Wi−Fi 已经遍及全球各个角落，从办公室到家里、从机场到咖啡厅、从医院到酒店。无线终端在多模式演进中，iTouch、平板电脑、手机芯片中均植入 Wi−Fi 功能。

8.4.1 WLAN 的组成

一个 WLAN 通常由工作站（Station，STA）、无线介质（Wireless Medium，WM）、无线接入点（Access Point，AP）和主干分布式系统（Distribution System，DS）等几部分组成。各部分的功能与特点描述如下。

（1）工作站（STA）：它是 WLAN 最基本的组成单元，也被称为无线终端，是集成了无线网络设备的计算机或智能设备终端。其无线网络设备的作用是接收无线信号，连接到无线接入点，实现计算机或智能终端之间的无线连接。

（2）无线接入点（AP）：无线接入点可以是无线接入点 AP，也可以是无线路由器，主要负责连接所有无线工作站进行集中管理、收发无线信号实现数据交换、实现无线工作站和有线局域网之间的互连等工作，起到有线网络中交换机的作用。

（3）无线介质（WM）：无线介质是 WLAN 中 STA 和 STA、STA 和 AP 之间通信时发送的无线电波的传输媒质。WLAN 中的无线介质由无线局域网物理层标准定义。

（4）主干分布式系统（DS）：一个 WLAN 所能覆盖的区域称为基本服务区域（Basic Service Set，BSS），它是构成 WLAN 的最小单元。为了使无线局域网络覆盖的区域更大，需要把多个 BSS 连接起来，形成一个扩展服务区（Extended Service Area，ESA），分布式系统用来连接不同的 BSS 形成 ESA。

8.4.2　WLAN 的结构

WLAN 网络主要分为无中心网络和有中心网络两种，组建这两种类型的无线局域网络所需的设备不同，而且网络结构也很不一样。

1. 无中心网络

无中心网络又称 Ad–hoc 网络，用于多台无线工作站之间的直接通信。一个 Ad–hoc 网络由一组具有无线网络设备的计算机组成，这些计算机具有相同的工作组名、密码和 SSID，只要互相都在彼此的有效范围之内，任意两台或多台计算机都可以建立一个独立的局域网络。该网络不能接入有线网，是最简单的 WLAN 网络结构，如图 8–42 所示。

2. 有中心网络

有中心网络又称结构化（Infrastructure）网络，它由工作站（STA）、无线介质（WM）和无线接入点（AP）组成，如图 8–43 所示。所有的工作站在本 BSS 以内都可以直接通信，但在和本 BSS

图 8–42　Ad–hoc 模式的无线局域网

以外的工作站通信时都要通过本 BSS 的 AP 连接到有线网络来实现。WLAN 可以使通过无线设备联网的用户充分共享有线网络中的所有资源。

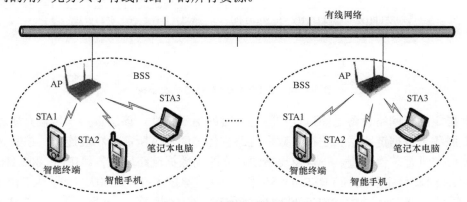

图 8–43　结构化无线局域网

Wi–Fi 终端与其有效范围内的 AP 建立连接，AP 通过有线局域网络连接到交换机，交换机经由网关连接到互联网上，从而实现了 Wi–Fi 方式的无线上网。AP 每 100 ms 将服务单元标识（Service Set Identifier，SSID）经由信号台（Beacons）封包广播一次，信号有效范围内的 Wi–Fi 终端收到这个广播后，选择是否和这一个 SSID 的 AP 建立连接。由于信号台封包的传输速度和长度都很短，所以这个广播动作不会对网络的性能产生大的影响，而且可以确保信号有效范围内所有的 Wi−Fi 终端都能收到这个广播封包。若某个 Wi−Fi 终端的有效信号范围内有多个 AP，那么它将收到多个不同的 SSID 封包广播，这时可以选择其中信号好的 AP 来建立连接。

8.4.3　IEEE 802.11 协议

无线接入技术与有线接入技术的一个很大的不同点体现在无线接入技术标准不统一，不同的标准有不同的应用。IEEE 802.11 系列标准是当前 WLAN 领域的主流标准，也是 Wi−Fi 技术的认证标准。

IEEE（国际电工电子工程学会）制订的第一个 WLAN 标准就是 802.11，该标准主要用于解决校园网中用户终端的无线接入和办公室的无线局域网。IEEE 802.11 采用 2.4 GHz 和 5 GHz 这两个 ISM 频段。应用到的关键技术主要有扩频（Spread Spectrum，SS）技术、红外（Infrared）技术、正交频分复用技术 OFDM（Orthogonal Frequency Division Multiplexing）等，其中，扩频技术又分为直序扩频（Direct Sequence Spread Spectrum，DSSS）和跳频扩频（Frequency Hopping Spread Spectrum，FHSS）两种。

无线局域网的协议标准主要由物理层（Physics Layer，PHY）、数据链路层（Data−Link Layer，DLL）组成。因为无线局域网不存在路由问题，所以没有单独设立网络层。数据链路层分为逻辑链路控制（Logical Link Control，LLC）和媒体访问控制（Media Access Control，MAC）两个子层。在 IEEE 802.11 标准中规定了 Wi−Fi 网络的基本结构，包括物理层、MAC 层和逻辑链路控制层，如图 8−44 所示。

802.2 LLC　(Logical Link Control)				
802.11 MAC　(Media Access Control)				
802.11 PHY FHSS	802.11 PHY DSSS	802.11 PHY IR/DSSS	802.11 PHY OFDM	802.11 PHY DSSS/OFDM
802.11b 11 Mb/s 2.4 GHz			802.11a 54 Mb/s 5 GHz	802.11g 54 Mb/s 5 GHz

图 8−44　IEEE 802.11 网络层次结构

物理层定义了网络设备之间进行实际连接时的电气特性，该层直接与传输介质相连接，并且向上服务于数据链路层。它在各数据链路实体之间提供所需的物理连接，按特定的顺序传输数据位和进行差错检查，一旦发现错误，立即向数据链路层报告。IEEE 802.11b 标准工作在 2.4 GHz 频段，主要用到 FHSS、DSSS 和 IR 等关键技术；IEEE 802.11a 标准工作在 5 GHz 频段，主要用到 OFDM 技术；IEEE 802.11g 工作在 5 GHz 频段，主要用到 DSSS/OFDM 技术。数据链路层最基本的服务是将本机网络层的数据无差错地传输到相邻节点的目标机网络层，主要功能有：将数据合并成数据块；控制帧在物理信道上的传输；帧同步功能；差错控制功能；流量控制功能和链路管理功能。IEEE 802.11b 标准规定的数据链路层的 MAC 子层使用载波侦听多路访问/冲突避免（Carrier Sense Multiple Access/Collision Avoidance，CSMA/CA）媒体访问控制协议来实现冲突检测和避免。

1. 802.11 标准

这是 IEEE 最初制定的一个无线局域网标准，主要用于解决办公室局域网和校园网中用户与用户终端的无线接入，业务主要限于数据存取，速率最高只能达到 2 Mb/s。表 8-9 为 IEEE802.11 主要技术指标。由于它在速率和传输距离上都不能满足人们的需要，因此，IEEE 又相继推出了 802.11a 和 802.11b 两个新标准。

表 8-9　IEEE802.11 主要技术指标

协议	发布年份	标准频宽/GHz	实际速度（标准）	实际速度（最大）	半径范围（室内）/m	半径范围（室外）/m
802.11a	1999	5.15~5.35/5.47~5.725/5.725~5.875	25 Mb/s	54 Mb/s	约 30	约 45
802.11b	1999	2.4~2.5	6.5 Mb/s	11 Mb/s	约 30	约 100
802.11g	2003	2.4~2.5	25 Mb/s	54 Mb/s	约 30	约 100
802.11n	2009	2.4 或 5	300 Mb/s（20 MHz*4 MIMO）	600 Mb/s（40 MHz*4 MIMO）	约 70	约 250
802.11p	2009	5.86~5.925	3 Mb/s	27 Mb/s	约 300	约 1000
802.11ac（草案）	2011.11	5	433 Mb/s，867 Mb/s（80 MHz），（160 MHz 为可选）	867 Mb/s，1.73 Gb/s，3.47 Gb/s，6.93 Gb/s（8MIMO，160 MHz）	约 35	

2. 802.11a 标准

802.11a 标准工作在 5 GHz 频带，物理层速率最高可达 54 Mb/s，传输层速率最高可达 25 Mb/s。可提供 25 Mb/s 的无线 ATM 接口、10 Mb/s 的以太网无线帧结构接口以及 TDD/TDMA 的空中接口；支持语音、数据、图像业务。根据需要，数据率还可降为 48，36，24，18，12，9 或者 6 Mb/s。802.11a 拥有 12 条不相互重叠的频道，8 条用于室内，4 条用于点对点传输。它不能与 802.11b 进行互操作，除非同时使用了对两种标准都支持的设备。

3. 802.11b 标准

802.11b 载波的频率为 2.4 GHz，传送速度为 11 Mb/s。IEEE802.11b 是所有无线局域网标准中最著名，也是普及最广的标准，因此它有时也被错误地标为 Wi-Fi。在 2.4 GHz 的 ISM 频段共有 14 个频宽为 22 MHz 的频道可供使用。IEEE802.11b 的后继标准是 IEEE802.11g，其传送速度为 54 Mb/s。

4. 802.11c 标准

802.11c 在媒体接入控制/链路连接控制（MAC/LLC）层面上进行扩展，旨在制定无线桥接运作标准，但后来将标准追加到既有的 802.1 中，成为 802.1d。

5. 802.11d 标准

与 802.11c 类似，是在媒体接入控制/链路连接控制（MAC/LLC）层面上进行扩展，对应 802.11b 标准，主要目的是解决在不能使用 2.4 GHz 频段国家的无线接入使用问题。

6. 802.11e 标准

802.11e 是 IEEE 为满足服务质量（Quality of Service，QoS）方面的要求而制订的 WLAN 标准。在一些语音、视频等的传输中，QoS 是非常重要的指标。在 802.11 MAC 层，802.11e 加入了 QoS 功能，它的分布式控制模式可提供稳定合理的服务质量，而集中控制模式可灵活支持多种服务质量策略，让影音传输能及时、定量，保证多媒体的顺畅应用，Wi-Fi 联盟将此称为 WMM（Wi-Fi MultiMedia，Wi-Fi 多媒体）。

7. 802.11g 标准

IEEE 802.11g 于 2003 年 7 月通过了第三种调变标准。其载波的频率为 2.4 GHz（跟 802.11b 相同），原始传送速度为 54 Mb/s，净传输速度约为 24.7 Mb/s（与 802.11a 相同）。802.11g 的设备与 802.11b 兼容。802.11g 是为了提供更高的传输速率而制定的标准，它采用 2.4 GHz 频段，使用补码键控 CCK（Complementary Code Keying）技术与 802.11b 后向兼容，同时它又通过采用 OFDM 技术支持高达 54 Mb/s 的数据流，所提供的带宽是 802.11a 的 1.5 倍。

此外，IEEE 还制定了 802.11f、i、j、k、l、m、n、o、p、q、r、s、t、u、v、ac、ad、ae 等一系列标准，分别针对安全、特定国家的无线电频谱限制、MIMO（Multiple-Input Multiple-Output）、未来无线局域网发展等作出了规定。

习题 8

8.1 异步通信和同步通信的根本区别是什么？

8.2 串行通信和并行通信有什么异同？它们各自的优缺点是什么？

8.3 RS-232C 的最基本数据传送引脚各自的含义是什么？

8.4 为什么要在 RS-232C 与 TTL 之间加电平转换？

8.5 什么是 DCE？什么是 DTE？这两种设备在串行通信中的作用是什么？

8.6 调制解调器的功能是什么？如何利用 Modem 的控制信号进行通信的联络控制？

8.7 假定异步串行通信初始化为 7 位数据位，奇校验，2 位停止位。试写出传输字符 A 的传输帧的二进制串表示。

8.8 面向字符和面向比特通信协议有什么不同？各自的帧数据格式是怎样的？

8.9 已知异步串行通信波特率为 9 600 b/s，异步串行帧格式为 7 位数据位，奇校验，1 位停止位。请问传输 1MB 数据需要多长时间，有效数据传输率是多少？

8.10 8250 内部有哪些寄存器？分别举例说明它们的作用和使用方法。

8.11 8254 的方式 2 与方式 3 的共同点是什么？有什么区别？

8.12 编写一个在计数操作进行过程中读取计数器 2 内容的指令序列，并把读取的数值装入 AX 寄存器。假定 8253 的端口地址从 40H~43H 开始。

8.13 8254 中的计数器 1 编程工作于方式 4。CLK1=1.193 18 MHz，GATE 信号保持为 +5 V，为了在开始计时 10 μs 后产生一个选通信号，应装入的计数初值是多少？

8.14 通道 0 按方式 3 工作，时钟 CLK0 的频率为 10 MHz，输出方波的频率为 20 kHz，计数初值是多少？

8.15 8253-5 的通道 0 按方式 3 工作，时钟 CLK0 的频率为 1 MHz，要求输出方波的重复频率为 40 kHz，此时应如何写入计数初值。

8.16　图 8-45 中，计数器 0、1、2 及控制口地址分别为 320H、321H、322H 以及 323H，用计数器 0 与计数器 1 级联定时，在 OUT1 输出对称方波，使 LED 点亮 0.5 s，熄灯 0.5 s，不断重复。对计数器 0 和计数器 1 完成初始化编程。

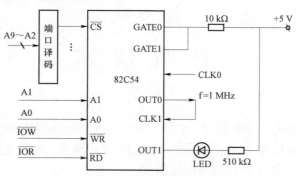

图 8-45　8254 用于控制 LED

8.17　8254 的 CLK0 的时钟频率是 8 kHz，问（1）T/C0 最大定时时间是多少？（2）要求 8254 端口地址为 90H、92H、94H 和 96H，请使用 74LS138 译码器加简单门电路完成地址连线。（3）要求使用该 8254 产生周期为 9 s，占空比为 4:9 的方波，请在（2）基础上完成电路，并编写初始化程序。

8.18　简述红外通信技术的主要优缺点。

8.19　IrDA 主从通信时令牌的作用是什么？

8.20　Wi-Fi 网络有几种主要的网络结构？试简述这几种结构特点。

8.21　查找资料，简述 IEEE 802.11g 的特点。

第9章
中 断 技 术

现代计算机中都采用了中断技术。中断技术使 CPU 和外设能同时工作，使系统可以及时地响应外部事件，提高 CPU 的利用率和输入输出的响应速度。本章主要介绍中断技术基本原理，以及 8259 和 APIC 等中断控制器编程模型。

9.1 中断概述

9.1.1 中断基本原理

简单来说，中断是一种使 CPU 中止正在执行的程序而转去处理特殊事件的操作。这些引起中断的事件称为中断源，它们可能是来自外设的输入输出请求，也可能是 CPU 内部软件或者硬件产生的一些异常事件或其他内部原因。具体地说，中断是这样一个过程：在特定的事件（中断源，也称中断请求信号）触发下引起 CPU 暂停正在运行的程序（主程序），转而去执行一段为处理特定事件而编写的程序（中断处理程序），中断处理程序执行完毕后，再回到主程序被中断的地方继续运行。其执行过程如图 9-1 所示。

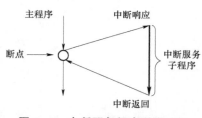

图 9-1 中断服务程序调用过程

Intel 系列微处理器的对外的中断引脚包括两个申请中断的硬件引脚（INTR 和 NMI），一个响应 INTR 中断的硬件引脚（INTA）。除此之外微处理器还有软件中断 INT，INTO，INT3 和 BOUND，在中断结构中的 2 个标志位 IF（Interrupt Flag，中断标志）和 TF（Trap Flag，陷阱标志）和一个特殊的返回指令 IRET（在 80386、80486 或者 Pentium～Pentium4 中为 IRETD）。Intel 系列 CPU 最多包含 256 个中断向量，其中前 5 个在 8086～Pentium 的所有 Intel 系列的微处理器中是相同的，一般保留前 32 个为 Intel 各种微处理器系列成员专用，用户可以使用后面 224 个向量。

9.1.2 中断和异常

CPU 把中断分为内部中断和外部中断两大类。为了支持多任务和虚拟存储器等功能，保护模式下，把外部中断称为"中断"（Interrupt），把内部中断称为"异常"（Exception）。通常在两条指令之间响应中断或异常。CPU 最多处理 256 种中断或异常。

1. 中断

Intel 的官方文档里将中断和异常看作为两种中断当前程序执行的不同机制。中断

（Interrupt）是异步的事件，一般由外部事件引起，中断信号来自于 CPU 外部。外部事件及 CPU 对该中断的响应和当前正在执行的指令没有关系。如指示 I/O 设备的一次操作已完成，通知 CPU 对该 I/O 设备继续发出数据读写操作等。

中断可以分为可屏蔽中断和不可屏蔽中断。Intel 系列 CPU 的 INTR（Interrupt Request）和 NMI（Non-maskable Interrupt）引脚接受外部中断请求信号。其中 INTR 接受可屏蔽中断请求，NMI 接受不可屏蔽中断请求。不可屏蔽中断是上升沿触发的，一旦 NMI 的输入被激活，也就是当引脚上出现一个从低电平到高电平的跳变，就产生中断，中断类型号（Type Code）固定为 2，由内部译码电路提供。CPU 一接收到不可屏蔽中断请求就马上响应，进入中断处理子程序。在实际应用中，NMI 一般由硬件检测电路提供，比如提示系统电压过低等，这时 CPU 就必须马上采取保护现场的操作。INTR 为可屏蔽中断，电平触发。由于这种特性，它必须保持高电平直到中断申请被 CPU 识别为止。标志寄存器 EFLAGS 中的 IF 标志决定是否响应 INTR 的中断请求。IF 为 0 时，CPU 不响应 INTR 信号，只有 IF 为 1 时 INTR 才会被响应，因此将 INTR 称为可屏蔽中断请求。CPU 只有一个 INTR 引脚，外部中断源有很多，因此一般需要中断控制器对外部中断源进行管理，选择优先级最高的中断请求发送到 CPU 的 INTR 引脚，常见的中断控制器有 8259 芯片，高级可编程中断控制器 APIC（Advanced Programmable Interrupt Controller）等。

2. 异常

异常（Exception）是同步的事件。异常是 CPU 在执行指令期间检测到不正常的或非法的操作所引起的。异常是不可屏蔽的，每一种异常类别具有不同的异常号码。异常发生后，处理器就像响应中断那样，根据异常号码，转相应的异常处理程序。软中断指令"INT n"和"INTO" 执行时会导致 CPU 产生异常事件，也属于异常而不称为中断。异常一般与正在执行的指令有直接的联系。例如，指令访问一个内存单元，如果其线性地址的页描述符中的 P 位等于 0，即该页不在内存中就会触发一个异常。在异常处理过程中，操作系统将页面从外存调入，再继续执行原先的访问内存指令，就可以对该内存单元进行读写了。当发生异常后，到对该异常处理完毕前，引起该异常的指令不能成功地执行。因此该例中，只有当操作系统调入了线性地址对应的页面后，才能读写该内存单元。

异常分为故障（Fault）、陷阱（Trap）和中止（Abort）3 种。

（1）故障

故障是在引起异常的指令之前，把异常情况通知给系统的一种情况。故障的特点是可排除的。当控制转移到故障处理程序时，在堆栈中保存的断点 CS 及 EIP 的值指向引起故障的指令。这样在故障处理程序将故障排除后，执行 IRET 返回到引起故障的程序，刚才引起故障的指令可重新得到执行。例如，在执行一条指令时，如果发现它要访问的段没有在内存中（段描述符的 P 位等于 0），那么停止该指令的执行，并产生一个段不存在异常（Segment Not Present），对应的故障处理程序可通过从外存加载该段到内存的方法来排除故障，之后，原先引起异常的指令就可以继续执行，而不再产生异常。

（2）陷阱

陷阱是在引起异常的指令执行之后触发的一种情况。当控制转移到异常处理程序时，在堆栈中保存的断点 CS 及 EIP 的值指向引起陷阱的指令的下一条指令。在转入陷阱处理程序时，引起陷阱的指令已完成。陷阱处理程序执行完毕后，返回到引起陷阱的指令的下一条指令。软中断指令"INT n"、单步异常等是陷阱的例子。

图9-2表示了故障和陷阱的区别。"INC [EBX]"指令产生故障，处理完毕后继续执行这一条指令；对"INT 2EH"指令产生陷阱，处理完毕后执行下一条指令。

图 9-2　故障和陷阱

（3）中止

中止是在系统出现严重的不可恢复的事件时触发的一种异常，产生中止后，正执行的程序不能被恢复执行，系统要重新启动才能恢复正常运行状态。

对应的异常处理程序分别称为故障处理程序、陷阱处理程序和中止处理程序。CPU 能识别出多种异常，并给每一种异常赋予一个异常类型号，表9-1列出了异常的类型及其向量号。某些异常还以出错码的形式提供一些附加信息传递给异常处理程序。

表 9-1　异常的类型及其向量号

向量号	异常名称	异常类型	出错代码	相关指令
00H	除法出错	故障	无	DIV/IDIV
01H	单步/调试异常	故障/陷阱	无	任何指令
02H	NMI	中断	无	
03H	单字节 INT3	陷阱	无	INT 3
04H	溢出	陷阱	无	INTO
05H	边界检查	故障	无	BOUND
06H	非法操作码	故障	无	非法指令编码或操作数
07H	无浮点处理器	故障	无	浮点指令或 WAIT/FWAIT
08H	双重故障	中止	有	
09H	协处理器段越界	中止	无	访问存储器的浮点指令
0AH	无效 TSS 异常	故障	有	JMP、CALL、IRET 或中断
0BH	段不存在	故障	有	装载段寄存器的指令
0CH	堆栈段异常	故障	有	访问 SS 段的指令
0DH	通用保护异常	故障	有	特权指令、访问存储器的指令
0EH	页异常	故障	有	任何访问存储器的指令
10H	协处理器出错	故障	无	浮点指令或 WAIT/FWAIT
20H～0FFH	软中断 硬件中断	陷阱 中断	无 无	INT n

值得注意的是，异常类型号和中断类型号是统一编号的，即一个号码如果已经作为异常类型号，就不能再作为中断类型号使用。图 9-3 给出了实模式下的 CPU 的中断源以及中断类型号。但保护模式下的异常类型号与实模式的外部硬件中断类型号（08H~0FH）发生了冲突。因此在保护模式下系统重新设置中断控制器，将外部硬件中断类型号设置在 20H~FFH 之间。例如，原来实时钟终端类型号为 08H，现改为 38H，原键盘中断类型号为 09H，现设置为 31H 等。

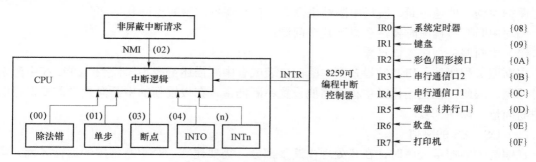

图 9-3　CPU 的中断源

实模式下，NMI 和 INTR 引脚接收外部中断源产生的中断请求，由 CPU 外部中断源发出的中断请求叫做外部中断，左侧实线框里面列出的是在 CPU 内部中断源产生的中断，叫做内部中断。内部中断包括除法出错中断、单步中断、断点中断、溢出中断、INT n 指令等。内部中断的类型号固定或者包含在指令中，如图 9-3 括号内所示。发生内部中断时，不执行外部中断所需的中断响应周期。CPU 中标志寄存器的 IF=0 时不能禁止这些内部中断。

CPU 内部中断主要包括除法错、单步、断点、INTO 和 INT n 几类。

（1）除法出错中断

在执行除法指令 DIV 或 IDIV 时，如果除数等于 0 或者得到的商超出目标寄存器所能表达的范围，则 CPU 立即产生一个除法出错中断，其中断类型为 00H。

例 9.1　以下程序段产生除法错。

```
MOV        AX, 2015H
MOV        BL, 1
DIV        BL                ;商 =2015H，不能用 AL 表达，产生除法错中断。
```

（2）单步中断

当 CPU 内标志寄存器中的 TF 置"1"时，CPU 处于单步工作方式。在单步工作时，每执行完一条指令，CPU 就自动产生单步中断，其类型码为 01H。

（3）断点中断

断点中断的类型码为 03H。指令码为 0CCH，只占一个字节。在调试程序时，在程序中的某处设置断点，就是用这个字节替换程序中的指令，执行到 0CCH 时就会暂停，以便检查并显示当前寄存器以及变量的内容。

（4）溢出中断

如果 CPU 内标志寄存器中的溢出标志 OF 置"1"，那么在执行程序中的 INTO 指令时，产生一个溢出中断，类型码为 04H。

（5）INT n 指令中断

程序中的"INT n"指令，当执行完这条指令就立即产生中断。CPU 根据该指令中的中断类型码 n，确定调用哪个服务程序来处理这个中断。

9.1.3 中断服务程序

CPU 响应中断时，CPU 暂停当前正在执行的程序转而执行中断服务程序。中断服务程序包括保护现场、处理中断、发送中断结束命令、恢复现场、中断返回几个部分。

编写中断服务程序时要注意以下几个问题：

（1）中断服务程序入口设置

中断服务程序的入口必须设置到中断向量表或者中断描述符表中，才会被 CPU 在中断响应时调用。因此，在初始化时主程序需要设置中断向量，在设置新的中断向量之前要保存旧的中断向量，以便恢复。

（2）DS、ES 的赋值

在编写中断服务程序时，在"处理中断"部分，需要建立一个中断程序的运行环境。实模式下进入中断时，CS:IP 已指向中断服务程序；SS:SP 指向被中断的程序的栈顶；DS、ES 的值也是指向被中断的程序的相应数据段。因此，在中断服务程序中，如果要用 DS、ES 访问程序自己的数据段，那么必须先给它们赋值。可以使用被中断的程序的堆栈，但要注意，不能过度使用，导致堆栈溢出。

（3）软件中断的返回结果

对于某些软件中断（如 INT 21H 服务程序），其返回参数保存在寄存器中，这时中断服务程序就不需要在堆栈中保存这些寄存器。某些标志位也用来表示结果状态，中断服务程序就应该采用 RETF 2 返回，而不应采用 IRET。

9.2 实模式的中断处理

9.2.1 中断向量表

实模式下不论是内部中断还是外部中断，当中断发生以后，CPU 都能得到一个中断类型号。CPU 以中断类型号作为索引，通过查找内存中的中断向量表来寻找中断服务程序的入口。

中断向量表（Interrupt Vector Table，IVT）就是各种中断类型的处理程序的地址表。中断向量表实质上就是由程序预先设置好的一块内存区域。256 个中断服务程序的入口地址（段地址和偏移量，即中断向量）按中断类型码从小到大顺序存放。见第 3 章图 3-14 中断向量表。

8086/8088 的中断向量表位于存储器的 00000H～003FFH 单元，占据 1 024 个字节，这1 024 个字节被分为 256 个中断向量，每个中断向量占 4 个字节。这个 4 字节的中断向量包含了中断服务程序的段地址和偏移量。此时中断类型码 n 与中断服务程序入口地址的存放地址关系为：n×4。实模式下的中断向量表与 8086/8088 兼容。

例 9.2 实模式下中断向量表实例。

```
0000:0000    68 10 A7 00 BB 13 73 05 - 16 00 98 03 B1 13 73 05
0000:0010    8B 01 70 00 B9 06 0E 02 - 40 07 0E 02 FF 03 0E 02
```

```
0000:0020    46 07 0E 02 0A 04 0E 02 - 3A 00 98 03 54 00 98 03
0000:0030    6E 00 98 03 88 00 98 03 - A2 00 98 03 FF 03 0E 02
INT 8H:   8*4=0020h   020E:0746
```

9.2.2　中断处理过程

实模式下，微处理器执行完当前指令后会按顺序检查软件中断、NMI、INTR 以及 TF=1，如果满足条件，有中断发生则按照如下流程，进行中断处理。

① 标志寄存器的内容压入堆栈，保护各个标志位。

② 清除中断标志（IF）和陷阱标志（TF），禁止可屏蔽中断 INTR 引脚和陷阱或单步功能。

③ 保存断点；将断点逻辑地址（返回地址）压入堆栈，先将代码段（CS）内容压入堆栈，然后指令指针（IP）内容压入堆栈。

④ 从中断类型号乘 4 的主存地址中取出中断向量内容，送 CS 和 IP。

⑤ 开始执行中断服务程序。

⑥ 当执行到中断服务程序的指令 IRET 时，IRET 指令从堆栈中移出 6 个字节：IP 两个字节，CS 两个字节以及 FLAGS 两个字节。弹出的断点值（返回地址）送 CS 和 IP 寄存器，同时弹出标志寄存器，使 IF 和 TF 回到中断前的状态。

值得注意的是返回地址（CS:IP）在中断期间压入堆栈，一般这个地址是指向程序中的下一条指令，但中断类型 0，5，6，7，8，10，11，12 和 13 压入堆栈的返回地址指向错误指令，目的是使在发生某些错误的情况下可能重新执行指令。

9.2.3　写中断向量表

1. 直接读写中断向量表

例 9.3　下例程序段添加新的 40H 号中断到中断向量表，并驻留。

```
Old40    DD        ?                        ;保存旧的中断向量
;**********新中断服务程序 40H*********
New40    PROC    FAR                        ;中断必须被定义为 far 程序
…………                                       ;新的 40 号中断服务程序的主体
IRET                                         ;中断服务程序必须有 IRET
New40    ENDP
;初始化
Start:
MOV      AX, 0                               ;寻址 0000H 段
MOV      DS, AX
MOV      AX, DS:[40h*4+0H]                   ;得到 40H 号中断的偏移地址
MOV      WORD PTR CS:old40, AX               ;保存旧的偏移地址
MOV      AX, DS:[40h*4+2H]                   ;得到 40H 号中断的段地址
MOV      WORD PTR CS:old40+2, AX             ;保存旧的段地址
…………
```

```
MOV     CS:[40h*4+0H], OFFSET new40   ;放入新的偏移地址
MOV     CS:[40h*4+2H], CS             ;放入新的段地址
```

程序退出时为了保证中断仍然会被 CPU 调用，则退出前必须恢复中断向量，即将原先的中断向量写入中断向量表。

2. DOS 系统功能调用

除了直接修改中断向量表主存内容之外，还可以调用 DOS 功能调用 INT 21H 的 25H、35H 功能来设置和读取中断向量。

（1）中断服务程序入口地址获取

功能号：AH＝35H

入口参数：AL＝中断向量号

出口参数：ES:BX 为中断服务程序入口地址（段基址：偏移地址）

例 9.4　利用 INT 21H 获取 40h 号中断服务程序入口地址。

```
MOV     AX, 3540H          ;利用 DOS 功能 35H 号
INT     21H                ;获取原 40H 中断服务程序入口地址
MOV     old40, BX          ;保存偏移地址
MOV     old40+2, ES        ;保存段基地址
```

（2）中断服务程序入口地址设置

功能号：AH＝25H

入口参数：AL＝中断向量号，DS:DX 为中断服务程序入口地址（段基址：偏移地址）

例 9.5　设置新中断服务程序入口地址。

```
PUSH    DS
MOV     DX, OFFSET new40   ;取中断程序偏移地址
MOV     AX, SEG new40      ;取中断程序段地址
MOV     DS, AX
MOV     AX, 2540H
INT     21H
POP     DS
```

9.3　保护模式的中断处理

保护模式与实模式不同，保护模式下使用中断描述符表（Interrupt Descriptor Table，IDT）来存储 256 个中断向量。

9.3.1　中断描述符表

保护模式下响应中断或者处理异常时，CPU 根据中断/异常向量号执行对应的处理程序，把中断类型号作为中断描述符表 IDT 中描述符的索引，取得一个描述符，从中得到中断/异常处理程序的入口地址。

单核系统中只有一个中断描述符表 IDT，多核系统中每个 CPU 核都有自己的 IDT，即一个 CPU 核具有唯一的一个 IDT。IDT 的位置不定，中断描述符表寄存器 IDTR 指示 IDT 在内

存中的位置。通过 SIDT 指令可以获得 IDT 的地址，但在多核系统中，SIDT 指令获得的是当前 CPU 核的地址。由于 CPU 只识别 256 个中断类型号，所以 IDT 最大长度是 2 KB（256×8 B=2 048 B）。

中断描述符表 IDT 所包含的描述符只能是中断门、陷阱门和任务门。段描述符、调用门、LDT 描述符等类型的描述符不能放到中断描述符表中。

任务门的格式参见第 2 章介绍。中断门描述符和陷阱门描述符都属于门描述符。在类型字段中，TYPE=0110B 或 1110B（06H 或 0EH）时，为中断。D=1 表示这是一个 32 位的门（80386 中断门）；D=0 表示这是一个 16 位的门（80286 中断门）。TYPE=0111B 或 1111B（07H 或 0FH）时，为陷阱门。D=1 表示这是一个 32 位的门（80386 陷阱门）；D=0 表示这是一个 16 位的门（80286 陷阱门）。中断门、陷阱门如图 9−4 所示。中断门的 T 位等于 0，而陷阱门的 T 位等于 1。

图 9−4　中断门描述符、陷阱门描述符的格式

这里的段选择符和偏移就是中断/异常处理程序的入口地址，陷阱门用于所有异常的处理。

9.3.2　中断和异常的处理过程

1. 中断和异常响应步骤

在中断或异常产生后，CPU 依据中断类型号或异常号（以下统称中断类型号）进行中断响应或异常处理的步骤如下：

① 如果是异常处理，首先根据异常类型确定返回地址（CS:EIP），对于故障，CS:EIP 指向引起故障的指令；对于陷阱，CS:EIP 指向引起陷阱的指令的下一条指令。如果有出错代码，就把出错码压入堆栈。为了保证堆栈指针按双字边界对齐，16 位的出错码以 32 位的形式压入，其中高 16 位的值为 0。

② 判断中断类型号要索引的门描述符是否超出 IDT 的界限。若超出界限，就触发通用保护故障。

③ 再从 IDT 中取得对应的门描述符，分解出选择符、偏移量和属性字节，并进行有关检查。如描述符只能是任务门（TYPE=5）、286 中断门（TYPE=6）、286 陷阱门（TYPE=7）、386 中断门（TYPE=0EH）或 386 陷阱门（TYPE=0FH），否则就触发通用保护故障。如果是由 INT n 指令或 INTO 指令引起转移，还要检查该描述符中的 DPL 是否满足 $CPL \leqslant DPL_{GATE}$；对于其他的异常或中断，则不检查 $CPL \leqslant DPL_{GATE}$ 条件。这种检查可以防止 CPL=3 的应用程序通过执行 INT n 指令来调用为各种硬件中断设置的处理程序。如果检查不通过，就引起通用保护故障。门描述符中的 P 位必须是 1，表示门描述符是一个有效项，否则就引起段不存在故障。

④ 根据门描述符类型，分别转入中断或异常处理程序。如果中断类型号所指示的门描述符是中断门或陷阱门，那么控制转移到当前任务的一个处理程序过程，并且可以变换特权级。与其他调用门的 CALL 指令一样，从中断门和陷阱门中获取指向处理程序的 48 位地址指针（16 位段:32 位偏移）。其中 16 位段选择符是对应处理程序或代码段的选择符，它指向一个全局描述符表 GDT 或局部描述符表 LDT 中的代码段描述符；32 位偏移是处理程序入口点在代码段内的偏移量。

2. 跳转到中断服务程序的途径

对中断的响应和异常的处理，CPU 允许使用中断门或陷阱门实现由中断/异常处理程序进行处理，不进行任务切换，运行环境在当前的任务中；也允许通过使用任务门由另一个任务来响应中断和处理异常。

（1）通过中断门或者陷阱门的跳转

从中断门或者陷阱门取得 48 位地址指针（16 位段选择符:32 位偏移）后，CPU 执行以下步骤跳转到该中断/异常处理程序：

① 若段选择符为 0，则产生通用保护故障；

② 在 GDT/LDT 中取对应的描述符；

③ 若描述符不是一个代码段描述符，则产生通用保护故障；

④ 若代码段（C=0）且 DPL＞CPL，则产生通用保护故障；

⑤ 调整段选择符的 RPL=0（不修改门中的段选择符，在 CPU 内部调整）；

⑥ 把段选择符装入 CS；

⑦ 若偏移超过段长，则产生通用保护故障；

⑧ EFLAGS 压入堆栈；

⑨ CS 压入堆栈；EIP 压入堆栈。这里的 CS:EIP 是指中断/异常的返回地址；

⑩ 置 TF=0，NT=0；

⑪ 若为中断门，则使 IF=0；

⑫ 若有出错码，则把出错码压入堆栈；

⑬ 把偏移装入 EIP，跳转到处理程序。

中断门或陷阱门中指示处理程序的选择符必须指向描述一个可执行的代码段的描述符（S=1 且 E=0）。

中断或异常可以转移到同一特权级或高特权级。是否要转移到高特权级，由代码段的描述符中的类型（C 位）及 DPL 字段决定。

① 如果 C 位 =1（一致性代码段），则不改变特权级。

② 如果 C 位 =0（非一致性代码段）且 DPL＜CPL，则特权级提升。

③ 如果 C 位 =0 且 DPL=CPL，不改变特权级。

④ 如果 C 位 =0 且 DPL＞CPL，产生通用保护异常，因为不能通过中断或异常而降低特权级。

把 TF 置为 0，不允许处理程序单步执行。把 NT 置为 0，表示处理程序在执行完毕后，使用 IRET 指令返回时，返回到同一任务而不是一个嵌套任务。需要注意的是，任何特权级的程序都可改变 NT 位，这样可以利用中断或陷阱处理程序完成任务切换。通过中断门的转移和通过陷阱门的转移之间的差别只是对 IF 标志的处理。对于中断门，在转移过程中把 IF

置为 0，使得在处理程序执行期间屏蔽掉 INTR 中断（在中断处理程序中可以再调用 STI 指令允许中断，使得在处理程序执行期间 CPU 能够响应 INTR）；对于陷阱门，在转移过程中保持 IF 位不变。只有异常处理才会有出错码，此时，在转入处理程序之前还要把出错码压入堆栈。

图 9-5 给出了通过中断门或陷阱门转移时的 4 种情况。

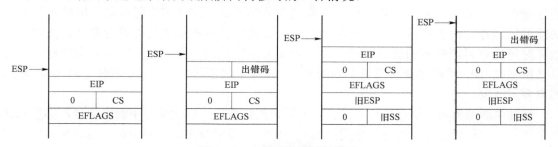

图 9-5　中断或异常后的堆栈

前两种情况，特权级不变，仍然使用原先的堆栈，第 1 种情况没有出错码，第 2 种情况有出错码。后两种情况，在特权级提升后，才能执行中断/异常处理程序，切换到高特权级堆栈，原先的堆栈指针保存在新的堆栈中，第 3 种情况没有出错码，第 4 种情况有出错码。

（2）通过任务门的跳转

如果以中断类型号为索引，在中断描述符中取出的是一个任务门描述符，那么控制将转移到新的任务。将任务门放在 IDT 表中，在响应对应的中断或异常时，可根据该任务门实现任务的自动调度。这种任务调度由 CPU 直接执行，速度快，开销小。

在下面的例子中，中断类型号 8 对应的就是一个任务门。在出现双重故障（异常 8）时，Windows 切换到新的任务中运行，通常是显示一个死机蓝屏（Blue Screen Of Death，BSOD）。

```
:idt 08
INT  Type       Sel:Offset       Attributes Symbol/Owner
0008 TaskG      0050:00001178    DPL=0    P
:gdt 0050
Sel.  Type      Base             Limit          DPL        Attributes
0050 TSS32      8053D180         00000068       0          P
```

任务门中的选择符指明一个 TSS 段描述符，TSS 段描述符应该是一个可用的 TSS（B 位等于 0）。在发生中断/异常时，通过任务门的转移（任务门从 IDT 中取得），和执行一个 JMP/CALL 指令通过任务门（任务门从 GDT/LDT 中取得）的跳转很相似，详细的跳转方法见第 2 章。主要的区别是：当发生异常时，有一个出错码，在完成任务切换之后，CPU 把出错码压入新任务的堆栈中。而 JMP/CALL 指令通过任务门进行转移时，返回地址和低特权级栈指针不压入新任务的堆栈。

通过任务门的转移，在进入中断或异常处理程序时，标志寄存器 EFLAGS 中的 NT 位被置为 1，表示是嵌套任务。IRET 指令返回时，沿 TSS 中的链接字段返回到最后一个被挂起的任务。

（3）两种方式的比较

使用中断门或陷阱门跳转到中断服务程序，处理程序较为简单，不用进行任务切换，可以很快地转移到处理程序，同时还可以对当前任务的状态直接进行访问。但处理程序要负责保存及恢复 CPU 的寄存器等现场，并且处理程序必须存于当前任务的地址空间中。

使用任务门跳转到中断服务程序，需要进行任务切换，转移到处理程序要花费较长时间，在任务切换过程中，CPU 会自动地保存及恢复寄存器内容等现场。这种方法将转移到一个新的任务中进行处理，因此，处理程序与原任务是隔离的，即使在原任务的环境被破坏后，仍能继续运行。由于切换到了一个新的任务，访问原任务的状态变得较为复杂。假定在页故障时需要取得原任务的页目录和页表。如果采用陷阱门，发生异常时不会切换任务，可以直接根据 CR3 的内容获得页目录表的地址；如果采用任务门，发生异常时切换任务，CR3 的内容被改变。

硬件中断通常与正执行的任务无关，如果使用任务门，每次硬件中断发生时，都进入同一个任务内的处理程序，这是任务门的优点。但如果要求较快地响应中断，应该使用中断门（而不是任务门）。因为中断随时都可能发生，可能发生在任何任务的环境中，所以通过中断门访问的中断处理程序必须置于全局地址空间中，保证在所有的任务运行时都能响应中断。

在使用中断门时，中断处理程序必须被安排在特权级 0，否则，如果正在特权级 0 中执行程序时发生了中断，则不能进入中断处理程序（因为如果进入中断处理程序，特权级将从 0 降低到中断处理程序的特权级），而会引起通用保护故障。如果使用任务门，中断处理程序可以在任何特权级上运行，因为任务切换可以从任何特权级之间切换。

3. 中断或异常处理后的返回

中断返回指令 IRET 用于从中断或异常处理程序中返回。该指令的执行根据任务嵌套标志 NT 位是否为 1 分为两种情形。由任务门转入中断或异常处理程序时，NT 位被置 1；由中断门或陷阱门转入中断或异常处理程序时，NT 位被清 0。

NT 位为 1 时，IRET 执行的是嵌套任务的返回。当前 TSS 中的链接字段保存前一任务的 TSS 的选择符，取出该选择符进行任务切换就完成了返回。这种情形在通过任务门转入的处理程序返回时出现。

NT 位为 0 时，IRET 执行的是当前任务内的返回。这种情形在通过中断门或陷阱门转入的处理程序返回时出现。具体进行的操作包括：

① 从堆栈顶弹出返回指针 EIP 及 CS，然后弹出 EFLAGS 值。根据弹出的 CS 选择符的 RPL 字段，确定返回后的特权级。

② 如果返回选择符的 RPL 与 CPL 相同，则不进行特权级改变。

③ 若 RPL 规定了一个较低的特权级，则需要特权级改变，从当前堆栈中弹出低特权级堆栈的指针 ESP 及 SS 的值。这里使用 CS 选择符的 RPL，而不是由选择符标识的段描述符中的 DPL，是为了返回到可能不在 DPL 给定特权级的一致代码段（在一致代码段中运行的程序，CS 的低 2 位 CPL 可能大于或者等于段描述符中的 DPL）。

④ 若弹出的 CS 的选择符的 RPL 比当前 CPL 小，则产生通用保护故障，因为这意味着从处理程序返回后特权级提升，这是不允许的。

⑤ 弹出的 CS 的选择符还必须指向代码段描述符，而不能是系统段或门描述符，否则将引起通用保护故障。

对于提供出错代码的异常处理程序，必须由异常处理程序从堆栈中弹出出错代码，然后再执行 IRET 指令。中断返回指令 IRET 不仅能够用于由中断/异常引起的嵌套任务的返回，而且也适用于由段间调用指令 CALL 通过任务门引起的嵌套任务的返回。在执行通过任务门进行任务切换的段间调用指令 CALL 时，标志寄存器中的 NT 位被置为 1，表示任务嵌套。而 RET 指令不能实现此功能。

4. 任务切换

如图 9-6 所示，执行段间转移指令 JMP、段间调用指令 CALL、中断指令 INT 和中断返回指令 IRET 都可以引起任务切换。这些切换是主动的任务切换，在执行这些指令时，转移到一个新的任务。中断（不包括 INT 指令）和异常引起的任务切换是被动的任务切换，或者说是不受当前任务控制的任务切换，可能在程序执行的任何时刻发生。

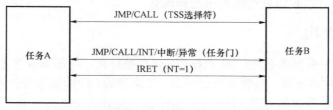

图 9-6　任务切换

伴随着任务切换，特权级可能发生变换。只要任务切换发生时特权级的变换取决于目标任务 TSS 段中的 CS 段选择符，而与当前任务的特权级无关即可。

任务内特权级变换的途径如图 9-7 所示。通常 RET 与 CALL 对应；IRET 与 INT、中断/异常对应。也可以通过在堆栈中建立合适的参数和环境，使 RET 或 IRET 从高特权级变换到低特权级。

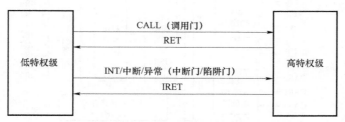

图 9-7　任务内特权级的变换

任务内相同特权级转移的途径很多，如图 9-8 所示。除了图 9-8 的所有转移途径外，还增加了 JMP 调用门、JMP/CALL 段选择符等途径。在执行一致代码段（C=1）中的程序时，特权级不改变。

图 9-8　任务内相同特权级的转移

一些保护模式中断（类型 8、10、11、12 和 13）将错误代码紧跟返回地址压入堆栈。错误代码识别引起中断的选择符，如果不包括选择符，则错误代码为 0。

9.4 可编程中断控制器 8259

8259 是一种可编程中断控制器（Programmable Interrupt Controller，PIC）。一片 8259 可以管理 8 个硬件中断源，最多支持 64 个中断源，包括 1 个主片和 8 个从片。每一个中断源的请求都可以通过程序进行屏蔽或者许可。在中断响应周期，8259 提供中断源的中断类型号。8259 有多种工作方式，可以通过编程来选择设置。

9.4.1 内部结构

8259 是一个 28 引脚的芯片，通常采用双列直插封装，内部有 8 个基本组成部分：内部总线缓冲器、读写控制逻辑、级联缓冲比较器、控制逻辑、中断请求寄存器（Interrupt Request Register，IRR）、中断服务寄存器（Interrupt Service Register，ISR）、中断屏蔽寄存器（Interrupt Mask Register，IMR）和优先权比较器（Priority Comparator，PR）。内部结构如图 9−9 所示。

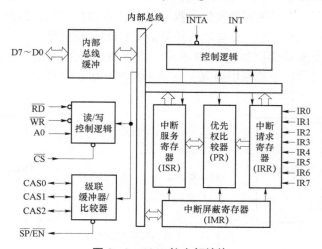

图 9−9　8259 的内部结构

1. 外部引脚及功能

8259 引脚除了电源和地以外，其余外部引脚分为三类：

（1）面向 CPU 的信号（14 个）

① D7～D0：三态 8 位双向数据总线，与 CPU 数据总线连接，完成命令、状态信息的传送。中断类型号也是由数据缓冲器送到 CPU 的。

② $\overline{CS}$：片选使能输入信号，低电平有效。

③ $\overline{WR}$：接 CPU 的写选通信号（$\overline{IOW}$），写控制输入信号。

④ $\overline{RD}$：接 CPU 的读选通信号（$\overline{IOR}$），读控制输入信号。

⑤ A0：地址信号，接 CPU 的地址总线，用来对 8259 内部不同命令字进行选择。

⑥ INT：中断输出引脚，高电平有效。主 8259 的 INT 与微处理器的 INTR 相连，从 8259

的 INT 接主片 8259 的 IR 引脚。

⑦ $\overline{INTA}$：中断响应，与微处理器的 $\overline{INTA}$ 引脚相连。

（2）面向外设的信号（8 个）

IR7～IR0：8 个中断请求输入信号，高电平或上升沿有效（可编程决定），用于接收外部设备（中断源）的中断请求。在电平触发方式下，IR 引脚变为高电平，表示向 CPU 申请中断。CPU 响应中断后，必须将 IR 恢复为低电平，否则会引起第 2 次重复中断。在边沿触发方式下，IR 引脚从低电平变为高电平时，表示向 CPU 申请中断。对于外设来说，实现这种方式比较简单，没有重复中断的问题。

（3）面向同类芯片的信号（4 个）

① CAS2～CAS0：级联信号。由多片 8259 构成的主从结构中，只有一个主片，一个或多个从片，从片最多有 8 个。主片和从片的 CAS2～CAS0 全部对应相连，在中断响应时，主片发送从片的标识码（0～7）。在第 2 个 $\overline{INTA}$ 脉冲期间，只有标识码匹配的从片才把中断类型码送至数据总线。

② $\overline{SP}/\overline{EN}$：主从/使能信号。当 8259 工作在缓冲方式时，$\overline{SP}/\overline{EN}$ 是输出信号，用作数据总线缓冲器的使能信号（$\overline{EN}$），即用它来控制数据收发器的工作；当 8259 工作在非缓冲方式时，$\overline{SP}/\overline{EN}$ 是输入信号，用来指明该 8259 是主片还是从片。$\overline{SP}/\overline{EN}$=0 时，8259 为从片；=1 时，为主片。8259 是否工作在缓冲方式也是由 CPU 编程来决定的。

2. 内部模块及功能

（1）数据总线缓冲器

8 位的双向三态缓冲器与 CPU 数据总线 D7～D0 连接，完成命令、状态信息的传送。中断类型号也是由数据缓冲器送到 CPU 的。

（2）读写控制逻辑

接收来自 CPU 的读写命令，完成规定的操作。操作过程由 $\overline{CS}$、A0、$\overline{RD}$、$\overline{WR}$ 等输入信号共同控制。在 CPU 写 8259 时，把数据送至相应的命令寄存器中。在 CPU 读 8259 时，将相应寄存器的内容输出到数据总线上。

（3）级联缓冲/比较器

级联缓冲/比较器用于实现多个 8259 之间的级联，使得中断源由 8 个扩展至最多 64 个。

（4）控制逻辑

控制逻辑按初始化设置的工作方式控制 8259 的全部工作。该电路可根据中断请求寄存器的内容和优先权判断结果向 CPU 发中断请求信号 INT，并接收 CPU 发回的中断响应信号 $\overline{INTA}$，使 8259 进入中断服务状态。

（5）中断请求寄存器

IRR 是与外部接口的中断请求线相连的寄存器，请求中断处理的外设通过 IR0～IR7 向 8259 请求中断服务，并把中断请求信号锁存在中断请求寄存器中。有中断请求发生时，对应位置为 1，同时有多个中断源发出中断请求时，IRR 里面会有多个 1，如当引脚 IR0、IR1 上有中断请求发生时，IRR 的内容为 03H。IRR 的内容为 0FH 表示引脚 IR0～IR3 上有中断请求输入，IR4～IR7 引脚上没有中断请求输入等。

（6）中断屏蔽寄存器

IMR 用来设置中断请求的屏蔽信息。当 IMR 中某一位设为 1 时，8259 就屏蔽对应 IR 引脚发出的中断请求信号，不向 CPU 发送该中断源的中断请求。如设置 IMR 中断屏蔽字为 FF，表示屏蔽所有 8259 芯片 8 个 IR 引脚的中断请求输入。

（7）中断服务寄存器

ISR 用于存放当前正在进行处理的中断源。ISR 中 Di 为 1 表示 IRi 正在服务，为 0 表示没有被服务。ISR 中置 1 的位在中断响应时由 8259 清除，也可以由 CPU 向 8259 发送中断结束命令来清除，具体的清除方式可以由程序控制。

（8）优先权电路

检测到来自 IR 引脚的中断请求后，优先权电路负责检查该中断源的优先级，并与 ISR 中记录的中断（正在服务的中断）进行比较，以确定是否将这个中断请求送给 CPU。假定它比正在服务中的中断具有更高的优先级，则 PR 就使 INT 线变为高电平，送给 CPU，提出中断申请，并在中断响应时将它记入 ISR 的对应位中。如果它等于或低于正在服务中的中断优先级，则 PR 不为其提出申请，直到 ISR 中比它优先级高的位被清除。

9.4.2　8259 中断过程

单片 8259 的中断处理过程为：当一条或多条中断请求线 IR0～IR7 变高时，设置相应的 IRR 位为 1；然后 PR 对中断优先权和中断屏蔽寄存器的状态进行判断，如果某中断优先权最高且为允许中断状态，就向 CPU 发高电平中断请求信号 INT，请求中断服务；要注意与 NMI 不同，CPU 的可屏蔽中断 INTR 是电平触发的，因此，INT 请求时，必须保持高电平直到中断申请被 CPU 识别为止。CPU 响应中断时，送出中断响应信号 $\overline{\text{INTA}}$。CPU 响应中断时，会发出两个 $\overline{\text{INTA}}$，如图 9-10 所示。8259 接到来自 CPU 的第一个 $\overline{\text{INTA}}$ 信号时，将当前中断服务寄存器中相应位置位，并把 IRR 中相应位复位。同时，8259 准备向数据总线发送中断类型码。在第二个 $\overline{\text{INTA}}$ 负脉冲期间，中断类型码被读入 CPU，如果是在 AEOI（自动结束中断）方式下，在第二个 $\overline{\text{INTA}}$ 负脉冲结束时，8259 会复位 ISR 的相应位。在非自动中断结束方式下，ISR 相应位要由中断服务程序结束时发出的 EOI 命令来复位。

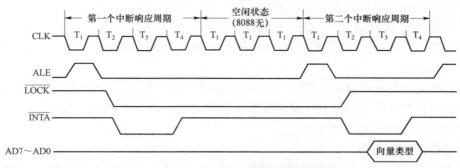

图 9-10　CPU 的中断响应周期

假设 8259 中断请求引脚的优先级顺序由高到低为 IR0、IR1、IR2、…、IR7，初始时，ISR=00000000B。假定 IR2 引脚上有中断请求发生，则 8259 的工作流程如下：

① IR2 出现中断请求，该引脚的对应的中断屏蔽字相应位为 0，即没有被屏蔽。此时由于 ISR 全为 0，没有比它的优先级更高的中断正在执行，IR2 的请求被送往 CPU。

② CPU 响应中断时，8259 将 ISR 的值变为 00000100B，标志 IR2 正在被服务。

③ 假定 IR7 出现中断请求。由于 IR2 比 IR7 优先级更高，此请求暂时被忽略。

④ 假定 IR1 出现中断请求。由于 IR1 比 IR2 优先级更高，此请求被送往 CPU。

⑤ CPU 响应中断时，8259 将 ISR 的值变为 00000110B，标志 IR2 被中断，IR1 正在被服务。

CPU 在当前指令执行完毕后才会响应中断。CPU 识别一个外部中断请求所需的时间称为"中断等待时间"，这取决于当前指令执行时间的长短。一般而言，在执行乘法、除法、移位等指令时，其等待时间最长。

9.4.3　8259 的级联

图 9-11 中给出了 3 片 8259 的级联。主片的 INT 连接到 CPU 的 INTR，而从片 1 和 2 的 INT 连接到主片的 IR4 和 IR7。CPU 的 $\overline{\text{INTA}}$ 三片并接，并且三片 8259 的数据都并联到数据总线上，级联 CAS0～CAS2 并联。3 片 8259 能够支持的最大中断源数目为 8×2+6=22，其中主片的 IR4 和 IR7 被从片所占用。图 9-11 中 8259 工作在非缓冲方式，$\overline{\text{SP}}/\text{EN}$ 用来确定主、从关系。$\overline{\text{SP}}/\text{EN}$ 输入为高时表示主片，故连接到 +5 V，同时，2 个从片的 $\overline{\text{SP}}/\text{EN}$ 连接到地。每个芯片的 $\overline{\text{CS}}$ 连接到不同的地址译码输出上，这样 3 个 8259 有各自的编程地址，CPU 可以分别对它编程。CPU 将标示码 4 赋给从片 1，标示码 7 赋给从片 2。从片的标示码就是它所连接的主片 IR 的编号。

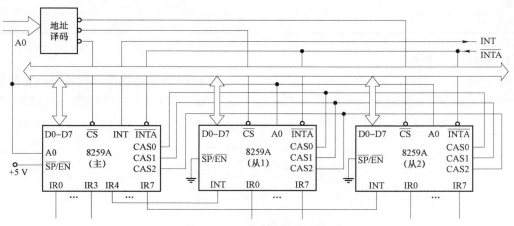

图 9-11　8259 的主从连接

当从片 1 的 IR7 产生中断请求时，从片将请求通过 INT 传送给主片的 IR4。主片从 IR4 接收到请求后，通过 INT 发送给 CPU。CPU 的中断应答信号 $\overline{\text{INTA}}$ 被连接到所有的 8259 上，主片收到 $\overline{\text{INTA}}$ 后，确认是从它的 IR4 产生的。由于 IR4 连接在从片上，所以主片把 100B（编号为 4）送到 CAS2～CAS0 上。从片 1 和从片 2 都收到了 $\overline{\text{INTA}}$，它们检查 CAS2～CAS0 上的信号与它自己的标示码是否一致。从片 1 的标示码为 4，与 CAS2～CAS0 的值相同，因此它将它的 IR7 的中断类型码放到 D7～D0 上。如果是主片的 IR3 产生请求，CPU 响应中断时，出现在 CAS2～CAS0 上的信号为 011B，2 个从片的标示码都不匹配，由主片将它的 IR3 的中断类型码放到 D7～D0 上。

9.4.4　8259 的编程

8259 是根据收到 CPU 的命令字进行工作的。CPU 的命令字分两类：初始化命令字（ICW1～ICW4）和操作命令字（OCW1～OCW3）。初始化命令字（Initialization Command Word，ICW）往往是在系统启动时，由初始化程序（BIOS 或操作系统）来设置的。初始化命令字一旦设定，一般在系统工作过程中就不再改变。操作命令字（Operation Command Word，OCW）则是在计算机系统运行过程中，由 CPU 利用这些控制字来控制 8259 执行不同的操作，如中断屏蔽、中断结束、优先权循环和中断状态的读出和查询等。OCW 可在初始化之后的任何时刻写入 8259，并可多次设置。

和其他外围芯片（如 8255、8254、8250 等）相同，8259 也是依靠 $\overline{CS}$、A0、$\overline{RD}$、$\overline{WR}$ 等信号的组合来实现和 CPU 的数据交互的，包括由 CPU 向 8259 写入命令字（ICW 和 OCW）、从 8259 读出各种状态等。8259 只有一个地址线 A0，一般将 A0 与 CPU 的 A0 相连接，此时 A0=0 时就是偶地址，A0=1 时就是奇地址。8259 控制信号对应的操作见表 9-2。

表 9-2　8259 控制信号对应的操作表

$\overline{CS}$	$\overline{WR}$	$\overline{RD}$	A0	读写操作
0	0	1	0	写 ICW1、OCW2、OCW3
0	0	1	1	写 ICW2、ICW3、ICW4、OCW1
0	1	0	0	读 IRR、ISR、查询字
0	1	0	1	读 IMR

1. 初始化命令字

8259 有 4 个初始化命令字 ICW1～ICW4，用于对 8259 的初始状态进行设置。它的初始化过程必须按顺序连续完成，中间不允许插入 OCW。8259 的初始化过程如图 9-12 所示。

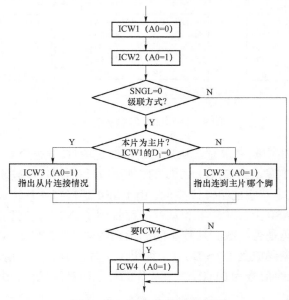

图 9-12　8259 的初始化过程

（1）初始化命令字 ICW1

ICW1 应写入偶地址端口，即 A0=0，其格式如图 9-13 所示。

7	6	5	4	3	2	1	0
D7	D6	D5	1	LTIM	D2	SNGL	IC4

D7~D5	当 8259 与 8086/8088/Pentium 连接时，此位无意义
D4	必须为 1。表示这是一个 ICW1 命令字
LTIM	=0, 边沿触发；=1, 电平触发
D2	无意义
SNGL	=1, 系统中只有 1 片 8259，单片使用；=0，多片 8259 级联使用
IC4	=0, 不需要写入 ICW4；=1,需要写入 ICW4

图 9-13 ICW1 的格式

ICW1 中的 D7、D6、D5、D2 只有在 8259 与 8 位 CPU（如 8080/8085 等）连接时才有意义。对于与 8086/8088/Pentium 连接的 8259，ICW1 中的 D7、D6、D5、D2 可以设置为 0。

例 9.6 某 8088 系统中，使用单片 8259，中断请求信号为上升沿触发，需要设置 ICW4，该片 8259 的端口地址为 20H 和 21H，则 ICW1 应为多少？请写出初始化程序。

解答：初始化命令字 ICW1 为：00010011B=13H

设置 ICW1 的指令为：

```
MOV     AL, 13H
OUT     20H, AL
```

（2）初始化命令字 ICW2

在 CPU 响应中断时，8259 在第 2 个 $\overline{INTA}$ 有效时必须向 CPU 提供 8 位中断类型码。中断类型码由两部分构成：高 5 位 T7~T3 是由 CPU 通过编程确定的，这就是初始化命令字 ICW2；类型码的低 3 位，由 8259 内部电路自动产生，分别对应于 8 个中断源（IR0~IR7）的编号，IR0 为 000B，IR1 为 001B，…，IR7 为 111B。

ICW2 应写入奇地址端口（即 A0=1），格式如图 9-14 所示。

7	6	5	4	3	2	1	0
T7	T6	T5	T4	T3	0	0	0

T7~T3	中断响应码的高 5 位

图 9-14 ICW2 的格式

例 9.7 假设系统中使用单片 8259，该片 8259 的端口地址为 20H 和 21H，8 个中断源的中断类型码为 08H~0FH（00001000B~00001111B），则应如何初始化 ICW2？

解答：初始化命令字 ICW2 应为：00001000b=08H。

设置 ICW2 的指令为：

```
MOV    AL, 08H
OUT    21H, AL
```

（3）初始化命令字 ICW3

只有当系统中有多片 8259 级联时（ICW1 的 SNGL 位等于 0），才需要设置 ICW3，单片 8259 时不用设置 ICW3。当多片 8259 级联时，ICW3 有两种格式，主片和从片的 ICW3 格式不同。主片的 ICW3 格式如图 9-15 所示。

7	6	5	4	3	2	1	0
S7	S6	S5	S4	S3	S2	S1	S0

S7~S0	Si 位等于 0 时，IRi 不连接从片；等于 1 时，IRi 连接从片。i=0~7

图 9-15　主片 ICW3 的格式

从片 ICW3 格式如图 9-16 所示。

7	6	5	4	3	2	1	0
0	0	0	0	0	ID2	ID1	ID0

ID2~ID0	从片的标识码（0~7），即从片连接到主片的 IRi。i=0~7

图 9-16　从片 ICW3 的格式

注意：级联方式下，主片和从片都要独立地进行初始化。

例 9.8　在 PC 系统中，使用两片 8259，主片 8259 的端口地址为 20H 和 21H，从片 8259 的端口地址为 0A0H 和 0A1H，从片 8259 的 INT 连接到主片的 IR2 上，则应如何初始化 ICW3？

解答：主片的 IR2 接从片，则主片 ICW3 为：00000100B=04H，从片 ICW3 为：00000010B=02H。

主片、从片应分别进行初始化。

参考程序如下所示：

```
MOV    AL, 04H       ;主片 ICW3 初始化
OUT    21H, AL
MOV    AL, 02H       ;从片 ICW3 初始化
OUT    0A1H, AL
```

（4）初始化命令字 ICW4

当 ICW1 中的 D0=1 时，初始化 8259 时，需要写入 ICW4。ICW4 写入奇地址端口（即 A0=1），其格式如图 9-17 所示。

① D7~D5：设置为 0；

② D4：SFNM（Special Fully Nested Mode）位等于 0 时，工作在普通全嵌套方式；等于 1 时，8259 工作于特殊全嵌套方式。普通全嵌套方式是 8259 初始化后自动进入的优先级管理方式。该方式下，IR 引入的中断具有固定的优先级，优先级从 IR0→IR7 依次降低。若当前正

7	6	5	4	3	2	1	0
0	0	0	SFNM	BUF	M/S	AEOI	uPM

SFNM	=0，普通全嵌套方式；=1，特殊全嵌套方式
BUF	=0，非缓冲模式；=1，缓冲模式
M/S	=0，从片；=1，主片。BUF=0 时，此位无意义
AEOI	=0，非自动结束方式；=1，中断自动结束方式
uPM	=0，用于 8080/8085 等 8 位 CPU 系统；=1，用于 8088/8086/Pentium

图 9-17　ICW4 的格式

在处理 IR_i 中断，PR 允许比 IR_i 优先级高的中断进行中断嵌套。每结束一级中断处理，需发一个中断结束命令。例如，当前正在响应 IR4 的中断时，又来了 IR3 请求，IR3 优先级更高，允许嵌套。在特殊全嵌套方式下，当微处理器正在处理某一级中断请求时，不但允许较高级的中断实现嵌套，也允许平级中断实现嵌套。特殊全嵌套通常用在 8259 级联使用的场合，主片工作在特殊全嵌套方式，从片工作在普通全嵌套方式，这样使得从片的高优先级中断能够嵌套在低优先级的中断服务程序中。设从片的 INT 连接在主片的 IR2，从片设定为普通全嵌套方式，中断输入引脚优先级由高到低的顺序为 IR0，IR1，…，IR7。假定主片工作在普通嵌套方式下，当从片的 IR5 产生请求后，主片将它传送给 CPU，同时将主片 ISR 的第 2 位置为 1。直到 CPU 发出 EOI 命令清除 ISR 中的第 2 位之前，从片的所有 IR 请求将不会被主片传送给 CPU，即使从片的 IR0 产生了请求，它也不会被主片所处理。如果主片被设定为特殊嵌套方式下，则当主片中的 ISR 中的第 2 位为 1 时，从片向主片产生请求后，那么主片仍然会将从片的中断请求传送给 CPU（当然，主片中的其他高优先级中断源的 ISR 位必须等于 0）。

③ D3：BUF 位等于 1 时，8259 工作于缓冲模式，$\overline{SP/EN}$ 管脚作为输出，控制数据总线传输方向。一般将 BUF 位设为 0，$\overline{SP/EN}$ 作为输入，决定 8259 是主片还是从片。

④ D2：M/S 只有在 BUF 位 =1 即缓冲模式才有意义，这时主片、从片的选择要靠 CPU 来指定。

⑤ D1：AEOI=1 时，为中断自动结束方式。在这种方式下，当第 2 个中断响应负脉冲 $\overline{INTA}$ 结束时，将中断服务寄存器 ISR 的相应位清零，不需要另外发送 EOI（End of Interrupt）。这是最简单的中断结束方式。但是这种方式的使用是有前提的，即在该中断结束之前不会产生较低级的中断。因为中断处理期间 ISR_i 已被清除，新产生的任何中断都会被响应，如果响应了新的非高级中断，就违反了嵌套原则，故一般将 AEOI 位设为 0。在非自动结束方式下，即普通中断结束方式下，中断处理程序的 IRET 之前，微处理器需向 8259 发送一个普通中断结束命令 EOI（通过写 OCW2 实现），使 ISR 中最高优先级的置 1 位清除，以结束当前正在处理的中断。在特殊全嵌套方式下的中断结束处理时，8259 无法用固定的优先级顺序判断该将哪一级中断结束就不能用普通 EOI 结束中断，必须采用特殊中断结束方式。在特殊中断结束命令中，指出结束中断处理的 ISRi 位的 i 值。通过程序写 OCW2 完成。在级联系统中，一般不使用中断自动结束方式，而用非自动结束方式。并且不管是使用普通中断结束方式，还是使用特殊的中断处理方式，在中断服务程序结束时，都必须发出两次中断结束命令，一次是对主片，一次是对从片。

⑥ D0：μPM=0 时，表示 8259 用于 8080/8085 等 8 位 CPU 机组成的系统；μPM=1 时，表示 8259 用于 8088/8086、Pentium 等 16、32 位 CPU 组成的系统。一般应设置 μPM=1。

例 9.9 8086 系统中，假定包含两片 8259。主片地址为 20H 和 21H，从片的地址为 A0H 和 A1H；两片都工作在特殊嵌套方式、非缓冲模式，采用非自动中断结束。试写出主片和从片的 ICW4 初始化程序。

解答：主片和从片的 ICW4 均为 00010001B=11H。

参考程序段：

```
MOV     AL, 11H
OUT     21H, AL
OUT     0A1H, AL
```

2. 操作命令字

（1）中断屏蔽操作命令字 OCWl

OCW1 用来实现对中断源的屏蔽功能，OCW1 的内容被直接写入 IMR 屏蔽寄存器。OCW1 写入奇地址端口（即 A0=1），其格式如图 9-18 所示。

7	6	5	4	3	2	1	0
M7	M6	M5	M4	M3	M2	M1	M0

M7~M0	Mi 位等于 0 时，该中断源 IRi 不会被屏蔽；等于 1 时；IRi 被屏蔽

图 9-18 OCW1 的格式

例 9.10 8259 的端口地址为 20H 和 21H，试编写程序屏蔽 IR2、IR5 两个中断源。

解答：OCW1=00100100B=24H

参考程序段为：

```
MOV     AL, 24H
OUT     21H, AL
```

（2）优先级循环方式和中断结束方式操作命令字 OCW2

OCW2 有两个功能：设置中断结束方式和优先级循环方式，要求写入偶地址端口（A0=0），其格式如图 9-19 所示。

7	6	5	4	3	2	1	0
R	SL	EOI	0	0	L2	L1	L0

R	=1，优先级循环
SL	=1，特定优先级，L2~L0 有效；=0 时，L2~L0 不起作用
EOI	=1，中断结束命令，使中断服务寄存器 ISR 中的某一位清 0
L2~L0	三位二进制编码，代表 0~7 共 8 种中断源

图 9-19 OCW2 的格式

最高 3 位一共 8 种组合，其含义为：

① 000B：在自动中断结束方式下，不使用循环优先级。优先级顺序始终为 IR0（最高）、IR1、IR2、IR3、IR4、IR5、IR6、IR7（最低）。

② 001B：普通 EOI 命令（不使用 L2～L0）。清除 ISR 中优先级最高的位。

③ 010B：保留。

④ 011B：特殊 EOI 命令（使用 L2～L0）。清除 ISR 中的某一位（由 L2～L0 决定）。

⑤ 100B：在自动中断结束方式下，使用循环优先级。某一个 IR 请求被响应后，它自动变为最低优先级。例如，IR2 请求被响应后，优先级变为：IR3、IR4、…、IR0、IR1、IR2。

⑥ 101B：普通 EOI 命令（不使用 L2～L0），使用循环优先级。和 3 位为 000B 相同，但优先级自动循环。

⑦ 110B：指定 L2～L0 为最低优先级。

⑧ 111B：特殊 EOI 命令（使用 L2～L0），使用循环优先级。和 3 位为 001B 相同，但优先级自动循环。

例 9.11　假定 8259 地址为 20H 和 21H，编写程序完成如下操作：

① 清除 IR2 对应的 ISR

② 设置 IR4 为最高优先级

解答：

① 清除 IR2 对应的 ISR，应该向偶地址即 20H，写入 OCW2 控制字。

OCW2 控制字为：01100010B＝62H

参考程序段为：

```
MOV     AL, 62H
OUT     20H, AL
```

② 设置某 IR_i 为最高优先级，只需要采用循环优先级，设置前一个 IR_{i-1} 为最低优先级即可。因此，指定 IR3 为最低优先级，OCW2＝11000011B＝0C3H，那么此时优先级由高到低的顺序为：IR4、IR5、IR6、IR7、IR0、IR1、IR2、IR3。

参考程序段为：

```
MOV     AL, 0C3H
OUT     20H, AL
```

（3）特殊屏蔽方式和中断查询方式操作命令 OCW3

OCW3 要求写入偶地址端口（A0＝0），包含 3 个功能：设置和撤销特殊屏蔽方式；执行中断查询方式；读出 ISR 或 IRR 寄存器的内容。

OCW3 的控制字格式如图 9－20 所示。

1）设置和撤销特殊屏蔽方式

8259 可以通过 OCW1 命令将中断屏蔽寄存器 IMR 的相应位置"1"，实现普通屏蔽方式。此时当 IR 引脚上有中断请求产生时，只有 IMR 相对应的位不为 1 时，中断请求才被送入。对于固定优先级情况，只允许高级中断打断当前的服务，如果要允许优先级低的中断进入，则需要采用特殊屏蔽方式。在特殊屏蔽方式下，8259 用 OCW1 写入屏蔽寄存器时，只有屏蔽位等于 1 的中断源才会被屏蔽，而其他的屏蔽位等于 0 的中断源发出的请求都会被响应，即使这些中断源的优先级小于 ISR 中正在服务的优先级。在中断服务程序中，特殊屏蔽方式和 OCW1

相配合，可以用来动态地允许、禁止某些中断请求，而不考虑 ISR 对中断源的优先级限制。

7	6	5	4	3	2	1	0
0	ESMM	SMM	0	1	P	RR	RIS

ESMM SMM	ESMM=1 且 SMM=0 时，退出特殊屏蔽方式。 ESMM=1 且 SMM=1 时，进入特殊屏蔽方式。 ESMM=0 时，SMM 位无效
P	=1 时，执行中断查询命令
RR	=0 时，RIS 位无效；=1 时，由 RIS 来确定读取 IRR 还是 ISR
RIS	RR=1 且 RIS=0 时，下一次读取的是 IRR(中断请求寄存器)。 RR=1 且 RIS=1 时，下一次读取的是 ISR(中断服务寄存器)

图 9-20 OCW3 的格式

例如，在固定优先级的情况下，当 ISR 中的值为 00000010B 时，IR1 的中断正在处理，所以 IR2～IR7 的所有请求都不会发送给 CPU。如果向 8259 写入 OCW3=01101000B，进入特殊屏蔽方式，然后向 8259 写入 OCW1=00000010B，此时只屏蔽 IR1，其他 IR0、IR2～IR7 的请求，无论优先级高低，都可得到处理。

2）查询命令

多于 64 个中断源，或者 8259 没有连接到 CPU 的 INTR、$\overline{\text{INTA}}$ 时，或者 CPU 的 IF 为 0 时，不能通过正常的中断请求、响应过程来处理中断，CPU 可以利用查询命令来获取中断信息。该查询字可以通过软件译码，当发现有效中断时，则转到中断服务程序的入口地址，此时发给 8259 的下一个 $\overline{\text{RD}}$ 脉冲被解释为中断响应。

将 OCW3=00001100B=0CH 写入 8259 偶地址（A0=0），执行查询命令后，这个操作被 8259 当作 $\overline{\text{INTA}}$ 应答，有中断请求时，设置 ISR 中的响应位。读出的内容如图 9-21 所示。

7	6	5	4	3	2	1	0
I	0	0	0	0	W2	W1	W0

I	=0 时，没有中断请求；=1 时，有中断请求
W2W1W0	有效中断请求（IR0～IR7）中优先级最高的中断源的编号

图 9-21 查询字的格式

3）读取 IRR 或 ISR

8259 内部有 3 个寄存器（IRR、ISR、IMR）可供 CPU 读出。CPU 在发读命令之前，须先指定读取哪个寄存器，然后再发 IN 指令，才能读取 IRR 和 ISR 中的内容。

例 9.12 编写程序段读取 8259 中 IRR 和 ISR 的值。

解答： OCW3=00001010B=0AH 或 00001011B=0BH 写入 8259 偶地址，然后对 8259 执行读操作（A0=0）可以获得 IRR 和 ISR 值。

参考程序段为：

```
MOV     AL, 0BH        ;读取 ISR 寄存器
OUT     20H, AL
IN      AL, 20H
MOV     AL, 0AH        ;读取 IRR 寄存器
OUT     20H, AL
IN      AL, 20H
```

8259 初始化完毕后，中断屏蔽寄存器 IMR 自动定位为 A0=1 的地址。此时，不必事先写入 OCW3，直接读取 A0=1 的端口即可获得中断屏蔽码。

读取 IMR 中断屏蔽字参考程序段如下：

```
IN      AL, 21H        ;读取 IMR 寄存器
```

3. 命令字小结

8259 一共有 7 个命令字：ICW1～ICW4、OCW1～OCW3。

ICW1、OCW2、OCW3 写入偶地址端口（A0=0）。标志位 D4、D3 对它们进行区分，见表 9−3。

表 9−3　写入偶地址控制字表示

D4	D3	控制字
1	X	ICW1
0	0	OCW2
0	1	OCW3

ICW2、ICW3、ICW4、OCW1 写入奇地址端口（A0=1）。如果 CPU 在前面已经写入了 ICW1，那么随后对奇地址端口的写入操作就会被认为是 ICW2～ICW4，直到初始化过程结束。执行过程中对奇地址端口的写入被认为是 OCW1，直到 CPU 再次写入 ICW1。

例 9.13　8259 初始化举例。

假定两片 8259 级联使用，从片连接在主片的 IR2 引脚，主片端口地址为 20H、21H，从片端口地址为 A0H、A1H，要求主片中断向量号设置为 20H～27H，从片中断向量号设置为 28H～2FH。中断向量采用边沿触发的方式，主片采用特殊嵌套方式，从片采用普通嵌套方式，仅仅开启定时中断，屏蔽其他中断。参考程序段如下所示：

```
MOV     AL, 11H
OUT     20H, AL        ;主 8259, ICW1
OUT     0A0H, AL       ;从 8259, ICW1
MOV     AL, 020H       ;IRQ0 对应中断向量 0x20
OUT     021H, AL       ;主 8259, ICW2
MOV     AL, 028H       ;IRQ8 对应中断向量 0x28
OUT     0A1H, AL       ;从 8259, ICW2
MOV     AL, 04H        ;IR2 对应从 8259
```

OUT	021H, AL	;主 8259, ICW3
MOV	AL, 02H	;对应主 8259 的 IR2
OUT	0A1H, AL	;从 8259, ICW3
MOV	AL, 11H	
OUT	021H, AL	;主 8259, ICW4
MOV	AL, 01H	
OUT	0A1H, AL	;从 8259, ICW4
MOV	AL, 11111110B	;仅仅开启定时器中断
OUT	021H, AL	;主 8259, OCW1
MOV	AL, 11111111B	;屏蔽从 8259 所有中断
OUT	0A1H, AL	;从 8259, OCW1

9.4.5　8259 在 PC 中的应用

IBM PC/XT 机中只包含一片 8259,最多支持 8 个中断源。从 PC/AT 机开始,系统中增加了一片 8259,两片 8259 支持最多 15 个中断源。从片的 INT 连接到主片的 IR2 上。一般主片的 8259 地址为 20H 和 21H,从片的地址为 A0H 和 A1H。BIOS 初始化的时候,会对 8259A 进行编程配置,系统启动后,8259 就可以接受外部设备的中断请求。PC 中两片 8259 的级联如图 9–22 所示。

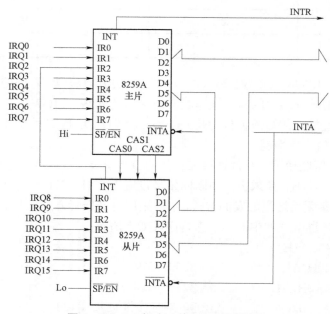

图 9–22　PC 机内 2 片 8259 级联示意

PC 机对 8259 级联的中断分配情况见表 9–4。一般来说,为了保持软件和硬件的兼容性,用户不要改变这些分配方式。

表 9–4　两片 8259 级联的 15 个中断输入

IRQ0	时钟	IRQ7	并口
IRQ1	键盘	IRQ8	RTC（Real-time Clock）
IRQ2	8259 级联	IRQ9	ACPI
IRQ3	COM2	IRQ10，IRQ11	自由使用
IRQ4	COM1	IRQ12	PS/2 鼠标
IRQ5	声卡或者第二并口	IRQ13	数字协处理器
IRQ6	软驱	IRQ14	两个 IDE 接口

　　随着芯片集成度的提高，8259 的功能被集成到芯片组中，一直保留在各种微机中。在 DOS 等实模式系统中，一般将主片的 ICW2 设置为 08H，设置主片引脚 IR0～IR7 的中断类型码为 08H～0FH，从片的 ICW2 设置为 70H，设置从片引脚 IR8～IR15 的中断类型码为 70H～77H。但在 Windows、Linux 等操作系统保护模式下，中断类型码 08H～0FH 被 CPU 所使用，因此操作系统重新为 8259 设置了 ICW2。例如，将 ICW2=30H 写入主片 8259，使 IRQ0～IRQ7 对应的中断类型码为 30H～37H，避免了与 CPU 内部中断的冲突。

9.5　高级可编程中断控制器

9.5.1　APIC 概述

　　标准 PC 上两片级联的 8259 提供了理论上 15 个中断输入源，但实际系统中这些中断源远远不够用。从 Pentium 开始，微机系统中引入了高级可编程中断控制器 APIC（Advanced Programmable Interrupt Controller），APIC 兼容 PIC（Programmable Interrupt Controller）。新型高级可编程中断控制器 SAPIC（StreamLined Advanced Programmable Interrupt Controller）是 APIC 的 64 位升级版本。

　　APIC 可以用于单 CPU 和多 CPU 系统中。引入 APIC 一方面是为了支持多处理器系统需要，使外部中断能被有选择地交给某一个 CPU 来处理。CPU 利用处理器间中断 IPI（Inter-Processor Interrupt），可以将一个外部中断交给另一个 CPU 来处理，也可以在 CPU 之间发布消息，或者实现抢占式调度。多处理器系统中，CPU 通过彼此发送中断来完成它们之间的通信。另一方面，扩展了系统可用的中断数达到 24 个，分隔了 PCI/ISA 设备使用的中断，在 APIC 系统中只有 PCI 设备才能使用 16～23 号中断，而 ISA 设备仍然使用常规的 0～15 号中断，解决了使用 8259 中断控制器所带来的中断共享、中断优先级不易控制等问题。值得注意的是，只有 Windows 2000 以后的操作系统才支持 APIC，Linux 可以支持但需要定制，缺省安装并不支持。BIOS 运行于实模式，不支持 APIC，APIC 只有在保护模式下才能使用。

　　整个 APIC 系统可以分为两大部分：LAPIC（Local APIC）和 IO APIC，如图 9–23 所示。单核或者多核情况下，每个处理器中都有自己的 LAPIC，而 IO APIC 是作为系统芯片组中一部分，在 PCI-to-ISA bridge 的 LPC 控制器内，系统最多有 8 个 IO APIC。LAPIC 通过系统总线接收该处理器产生的本地中断（例如时钟中断等）及处理器间中断，并接收外部的中断消息，如来自 IO APIC 的消息等。IO APIC 负责接收所有外部的硬件中断，并翻译成消息选择发给接收中断的处理器。

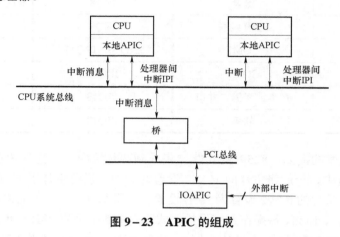

图 9-23　APIC 的组成

APIC 功能可以被关闭。APIC 被关闭时，由集成在芯片组内的 8259 功能模块来处理中断，此时 LAPIC 的引脚 LINT0 连接到 INTR，LINT1 连接到 NMI。本节介绍的 APIC 以 Pentium 4 和 Xeon 为主，Pentium 采用的 APIC 有所不同。

9.5.2　LAPIC

LAPIC（Local APIC，本地 APIC）包含了 8259 和 8254 的功能。它能响应以下几种中断：

① 系统中断：IO APIC 送来的系统中断请求，由 IO APIC 交给中断请求指定的目标处理器处理。

② 处理器间中断：经 APIC 总线（或系统总线）送来的处理器间中断请求（IPI）。

③ 本地中断：本地 APIC 产生的系统中断请求（计时器、LINT0/LINT1、性能监控、温度传感器、错误）。本地中断只能由该 CPU 处理。

从 P6 系列处理器开始，可以用特殊命令 CPUID 探测 LAPIC 的存在。如执行以下命令：

```
MOV     EAX, 1
CPUID
```

返回值在 EDX 寄存器中，当返回值第 9 位为 1 时，表示本地 APIC 存在，否则表示不存在。下面简要介绍 LAPIC 的相关机制。

（1）中断发布方式

本地 APIC 的中断发布方式分为静态和动态两种。在静态方式下，根据重定向表中的信息，中断消息无条件地提交给某一个、几个或全部 CPU；在动态方式下，中断消息通过 TPR（Task Priority Register）判断提交给最低优先权的 CPU 或焦点 CPU（已接收或正在处理该中断）。如果有多个 CPU 都执行相同优先级的进程，则必须采用仲裁（Arbitration）技术。

（2）IA32_APIC_BASE 寄存器

在模式专用寄存器（Model Specific Register）中，有一个 IA32_APIC_BASE 寄存器，其索引为 1BH。CPU 通过它来配置和控制本地 APIC，例如允许、禁止本地 APIC 及设置本地

APIC 寄存器的基地址。IA32_APIC_BASE 寄存器的格式如图 9-24 所示。

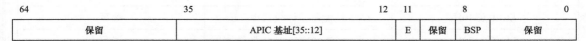

64	35	12	11		8		0
保留	APIC 基址[35::12]		E	保留	BSP	保留	

图 9-24　IA32_APIC_BASE 寄存器

E=1 时，启用本地 APIC。BSP=1 时，此 CPU 为引导处理器；BSP =0 时，为应用处理器。在多 CPU 系统中，只能有一个引导处理器。

本地 APIC 寄存器是多个寄存器的集合，其基地址由 IA32_APIC_BASE 指定，使用 4 KB 存储器空间。默认情况下，Intel 将 LAPIC 的寄存器都映射到了物理地址 0xFEE00000H。本地 APIC 寄存器长度为 32 位、64 位或者 256 位，所有地址边界按照 16 字节即 128 位为边界来访问。APIC 地址映射见表 9-5。

表 9-5　APIC 的地址映射

地址	寄存器名称	读写
FEE0 0000H – FEE0 0010H	保留	
FEE0 0020H	LAPIC ID 寄存器	读写
FEE0 0030H	LAPIC 版本寄存器	只读
FEE0 0040H – FEE0 0070H	保留	
FEE0 0080H	任务优先权寄存器（TPR）	读写
FEE0 0090H	仲裁优先权寄存器（APR）	只读
FEE0 00A0H	处理器优先权寄存器（PPR）	只读
FEE0 00B0H	EOI 寄存器	只写
FEE0 00C0H	保留	
FEE0 00D0H	逻辑目的寄存器	读写
FEE0 00E0H	目的格式寄存器	第 0～27 位只读，第 28～31 位读写
FEE0 00F0H	伪中断向量寄存器	第 0～8 位读写，第 9～31 位只读
FEE0 0100H – FEE0 0170H	中断服务寄存器（ISR）	只读
FEE0 0180H – FEE0 01F0H	触发模式寄存器（TMR）	只读
FEE0 0200H – FEE0 0270H	中断请求寄存器（IRR）	只读
FEE0 0280H	错误状态寄存器	只读
FEE0 0100H – FEE0 0170H	保留	
FEE0 0300H	中断命令寄存器（ICR0-31）	读写
FEE0 0310H	中断命令寄存器（ICR32-63）	读写
FEE0 0320H	LVT 时钟寄存器	读写
FEE0 0330H	LVT 温度传感器寄存器	读写

续表

地址	寄存器名称	读写
FEE0 0340H	LVT 性能监控计数器寄存器	读写
FEE0 0350H	LVT LINT0 寄存器	读写
FEE0 0360H	LVT LINT1 寄存器	读写
FEE0 0370H	LVT 错误中断寄存器	读写
FEE0 0380H	计时器初始计数寄存器（CR）	读写
FEE0 0390H	计时器当前计数寄存器（CCR）	只读
FEE0 03A0H－FEE0 03D0H	保留	
FEE0 03E0H	计时器除数寄存器（DCR）	读写
FEE0 03F0H	保留	

（3）局部向量表

偏移为 320H～370H 的 6 个本地 APIC 寄存器构成局部向量表 LVT（Local Vector Table），分别代表 6 种中断：计时器中断、温度传感器中断、性能监控中断、LINT0 中断、LINT1 中断和错误中断。LVT 中各个寄存器的格式如图 9-25 所示。

类型	地址	31 ～ 18	17	16	15	14	13	12	11	10 ～ 8	7 ～ 0
计时器	FEE00320H	保留	循环	屏蔽	—	—	—	状态	—	—	中断向量号
温度传感器	FEE00330H	保留	—	屏蔽	—	—	—	状态	—	提交模式	中断向量号
性能监控	FEE00340H	保留	—	屏蔽	—	—	—	状态	—	提交模式	中断向量号
LINT0	FEE00350H	保留	—	屏蔽	触发	远程	极性	状态	—	提交模式	中断向量号
LINT1	FEE00360H	保留	—	屏蔽	触发	远程	极性	状态	—	提交模式	中断向量号
错误	FEE00370H	保留	—	屏蔽	—	—	—	状态	—	—	中断向量号

图 9-25 局部向量表 LVT

① D16 屏蔽位等于 1 时，对应的中断类型被屏蔽。
② D15 触发位等于 0 时，边沿触发；等于 1 时，电平触发。
③ D14 远程位等于 1 时，本地 APIC 收到中断请求。收到中断结束命令时，置为 0。
④ D13 极性位等于 0 时，LINT0/LINT1 高电平有效；等于 1 时，低电平有效。
⑤ D12 状态位等于 1 时，已经向 CPU 提交了中断请求，但 CPU 还没有应答。
一共有 5 种提交模式，见表 9-6。

表 9-6 局部中断提交模式

提交模式	触发方式	意　义
000（固定）	边沿/电平	向 CPU 提交中断，中断向量从 LVT 中读取
010（SMI）	边沿	向 CPU 提交系统管理中断，LVT 中的中断向量必须设置为 00H

提交模式	触发方式	意　义
100（NMI）	边沿	向 CPU 提交 NMI 中断，LVT 中的中断向量无效
101（INIT）	边沿	要求 CPU 执行初始化，LVT 中的中断向量必须设置为 00H
111（外部）	电平	CPU 从外部总线读取中断向量（如同响应来自 8259 的中断）

当提交模式等于 000B 时，CPU 读取 LVT 中的低 8 位作为中断向量。

（4）计时器中断

本地 APIC 中的计时器相关寄存器包括当前计数寄存器 CCR、计数初值寄存器 CR 和除数寄存器 DCR。给 CR 寄存器赋值时，初始值装入 CCR，CCR 的值按一定频率递减，递减的频率等于系统总线频率除以刻度系数。刻度系数由 DCR 确定。CCR 的值递减到 0 时，向处理器提交计时器中断。

当计时器采用单次模式（循环位等于 0）时，提交计时器中断后，CCR 的值一直保持为 0，直到向 CR 寄存器装入新的初值。采用循环模式时，提交计时器中断后，CR 的值重新到 CCR，继续递减。计数过程中若初始计数寄存器被重置了，则将使用新的初始计数值，重新开始计数。

（5）发布中断

通过写入 ICR 寄存器，CPU 可以向自身或者其他 CPU 发布处理器间中断 IPI。ICR 寄存器为 64 位，低 32 位的地址为 FEE00300H，高 32 位的地址为 FEE00310H。ICR 的主要功能包括：发送一个中断给另外一个处理器；允许处理器转发它收到的一个中断，但不对另一个处理器的请求提供服务；把处理器定向到中断本身，即执行一次自我中断；传送特定的 IPI，比如启动 IPI（SIPI）消息，到其他处理器。ICR 寄存器格式如图 9-26 所示。

63　　　56	55　　　20	19　18	17　16	15	14	13	12	11	10　　8	7　　　0
目标 ID（MDA）	保留	目标指示	保留	触发模式	有效电平	保留	提交状态	目标模式	提交模式	中断向量号

图 9-26　ICR 格式

ICR 寄存器中，D13、D16、D17、D20～D55 均保留。其他位含义如下：

① D7～D0 表示中断向量号。

② D10～D8 表示提交模式：

a. 000（固定）：传送向量域中指定的中断到目标处理器或者处理器组。

b. 001（最低优先权）：除了把中断传送给目的域中指定的目标处理器组中的优先级最低的处理器之外，其他同于固定模式。处理器传送最低优先权 IPI 的能力是与模型相关的，BIOS 和操作系统软件应该避免它。

c. 010（SMI）：传送一个 SMI 中断给目标处理器或者处理器组。为了与未来兼容，该向量域应该设成 00H。

d. 011（保留）。

e. 100（NMI）：传送一个 NMI 中断给目标处理器或者处理器组。忽略向量信息。

f. 101（INIT）：传送一个 INIT 请求给目标处理器或者处理器组，使之执行一次初始化。作为这个 IPI 消息的结果之一，所有处理器都执行一次初始化。

g. 110（未激活 INIT 的电平）：发送一个同步消息给系统中的所有本地 APIC，把它们的仲裁 ID 设置成它们的 APIC ID。对于这个传送模式，电平标志必须设为 0，触发模式标志设为 1，目标指示应为 10（Pentium 4 和 Intel Xeon 处理器中不支持）。

③ D11 用来指定接收目标的模式。D11=0 时，使用物理目标模式；D11=1 时，使用逻辑目标模式。

④ D12 提交状态是只读位。等于 1 时，表示上一次发送的 IPI 消息还没有被目标 CPU 接收。

⑤ D14 有效电平位。0 表示无效电平；1 表示有效电平。注意，无效电平可能是高电平或者低电平，有效电平也可能是高电平或者低电平。

⑥ D15 触发模式位。0 表示边沿触发；1 表示电平触发。

⑦ D19～D18 目标指示位。等于 00 时，表示根据目标 ID 确定发送目标；等于 01 时，发送给自己；等于 10 时，发送给所有 CPU；等于 11 时，发送给所有 CPU（自己除外）。

⑧ D64～D56 表示消息的目标地址（Message Destination Address，MDA）。目标地址的表示方式包括两种：物理目标模式和逻辑目标模式。

下面介绍这两种模式。

a. 物理目标模式。每一个本地 APIC 都有唯一的 APIC ID。在 ICR 寄存器的第 63～56 位中指定一个 APIC ID，消息将发送给与它相同的另一个 APIC。当第 63～56 位为 FFH 时，消息广播给所有的 APIC。对于 Pentium 4 和 Intel Xeon 处理器来说，一个单个目的（本地 APIC ID 从 00H 到 FEH）或对所有 APIC 的广播（APIC ID 是 FFH）都可能在物理模式下指定。对于 P6 系列和 Pentium 处理器来说，一个单个目的是由具有从 0H 到 0EH 的本地 APIC ID 的物理目的传送模式指定的，允许 APIC 总线中访问多达 15 个本地 APIC。对所有本地 APIC 的广播，是由 0FH 指定的。

b. 逻辑目标模式。使用逻辑目标模式发送 IPI 时，目标 APIC 可以采用平面模式和集群模式。本地 APIC 中有一个目标格式寄存器（Destination Format Register，DFR），如图 9-27 所示，它的高 4 位（第 31～28 位）等于 1111B 时，表示平面模式；等于 0000B 时，表示集群模式。

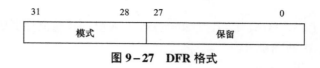

图 9-27　DFR 格式

平面模式：本地 APIC 中的逻辑目标寄存器（Logic Destination Register，LDR）的高 8 位保存的是逻辑 APIC 标识，如图 9-28 所示。将逻辑 APIC 标识与 MDA 相与，如果得到的结果有任何一位等于 1，那么这个 APIC 就接收 IPI 消息。在平面模式下，由于逻辑 APIC 标识有 8 个二进制位，支持最多 8 个 CPU。

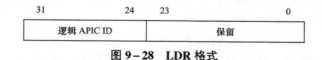

图 9-28　LDR 格式

集群模式：Pentium CPU 支持平面集群模式和层次集群模式，而 Pentium 4 只支持层次集群模式。在层次集群模式下，在 CPU 的外部还必须设置专门的集群管理设备，支持最多 15 个集群，每个集群上最多连接 4 个 APIC，每个集群使用单独的 APIC 或系统总线。

例 9.14 假设三个 CPU 的 logical 模式配置为：CPU 1 的 LDR 值为 0000 0001b，CPU 2 的 LDR 值为 0001 0010b，CPU3 的 LDR 值为 0000 0100b，此时 DFR 的 model 值为 0000b。IO APIC 发出一条中断消息，其 Destination Mode 为 1，Destination field 值为 0000 0001b。试分析该中断消息由哪些 CPU 接收。

解答：三个 LAPIC 收到该消息后，CPU1、CPU3 通过 Destination field 的高 4 位判断出该消息目的地为本簇，再将自身 Logical APIC ID 的低 4 位与 Destination field 低 4 位进行位与操作，CPU1 与结果不为 0，故最终 CPU1 接收该中断消息，CPU2、CPU3 丢弃。

（6）处理中断

本地 APIC 接收到系统中断、处理器间中断、本地中断后，按照以下流程进行处理：

① 检查系统中断、处理器间中断消息中的目标地址与本地 APIC 是否匹配，如果不匹配，则忽略此消息。

② 检查中断消息中的提交模式，如果是 NMI、SMI、INIT、ExtINT 或者 SIPI，那么由这个 CPU 直接处理；否则设置 IRR 寄存器（共 256 位）中的相应位。

③ 当有 IRR 和 ISR 寄存器中记录了中断请求时，按照中断请求的中断向量、任务优先权寄存器 TPR、处理器优先权寄存器 PPR 进行优先级判断，交给某一个 CPU 处理。

④ 中断结束。提交模式为固定时，中断服务程序写 LAPIC 的 EOI 寄存器，将中断从 ISR 寄存器中清除，如果是电平触发，LAPIC 向系统总线发送一条消息，表示中断处理结束。提交模式为 NMI、SMI、INIT、ExtINT 或者 SIPI 时，中断服务程序不需要写入 EOI 寄存器。

（7）中断请求寄存器 IRR 和中断服务寄存器 ISR

中断请求寄存器 IRR 共 256 位，地址为 FEE00200H～FEE00270H；中断服务寄存器 ISR 也是 256 位，地址为 FEE00100H～FEE00170H。

如果中断的提交模式为固定方式，中断请求寄存器 IRR 记录了本地 APIC 已经接收到的，但还没有指派给某一个 CPU 的中断。当 CPU 可以处理中断时，IRR 中具有最高优先级的中断（即中断向量最大）对应的位被置为 0，再将 ISR 中的对应位置为 1。ISR 中具有最高优先级的中断被发送给 CPU 进行处理。

在处理高优先级的中断时，如果发生了低优先级的中断，该中断的 IRR 位置为 1。在高优先级的中断处理完成后，中断服务程序写入 EOI 寄存器，清除高优先级中断的 ISR 位。这时低优先级中断就会被处理。在处理某个优先级的中断时，如果发生了相同优先级的中断，该中断的 IRR 位置为 1。前一个中断处理完成后，后面的中断才会被处理。在处理某个优先级的中断时，如果发生了更高优先级的中断，本地 APIC 可以向 CPU 发送中断，前一个中断被暂停，进入新的中断服务程序。这就是中断嵌套。

触发模式寄存器 TMR 也是 256 位。当中断的 IRR 位置为 1 时，边沿触发中断的 TMR 位清为 0，电平触发中断的 TMR 位置为 1。

（8）优先权

中断优先权由它的中断向量号决定，中断优先权等于中断向量号除以 16，即中断向量号的高 4 位，范围是 2～15。注意，中断向量号 0～31 由 CPU 保留。

任务优先权寄存器 TPR 的地址为 FEE00080H，格式如图 9－29 所示。

	地址	31　　8	7　　4	3　　0
TPR	FEE000080H	保留	任务优先权	任务优先权子类

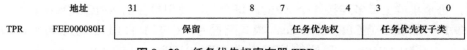

图 9－29　任务优先权寄存器 TPR

处理器优先权寄存器 PPR 的地址为 FEE000A0H，格式如图 9－30 所示。

	地址	31　　8	7　　4	3　　0
PPR	FEE000080H	保留	处理器优先权	处理器优先权子类

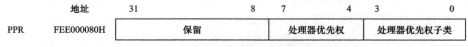

图 9－30　处理器优先权寄存器 PPR

中断优先权大于任务优先权时，中断才会被处理。CPU 通过设置任务优先权寄存器 TPR，禁止低级别的中断。例如，把 TPR 中的第 7～4 位（任务优先权）设为 15 时，那么所有的外部中断（除 NMI、SMI、INIT、ExtINT 等）都会被屏蔽。而任务优先权设为 0 时，这些外部中断不被屏蔽。

处理器优先权寄存器不能被程序所修改，是一个只读寄存器。它反映了当前 CPU 正在执行的程序的优先级。PPR 的值是当前正在服务的中断向量和 TPR 二者之间较高的值。设 ISRV 是 ISR 中被设置为 1 的最高优先权的中断向量，ISR 中所有位等于 0 时，ISRV 等于 0。PPR 按照以下公式来确定：

```
IF   TPR[7::4] ≥ ISRV[7::4]
THEN
        PPR[7::0] = TPR[7::0]
ELSE
        PPR[7::4] = ISRV[7::4]; PPR[3::0] = 0
```

（9）消息信号中断

PCI 2.2 规范中引入了消息信号中断 MSI（Message Signaled Interrupts）。PCI 设备可以用两种方法向 CPU 发出中断请求：

①用设备的一个引脚发送中断请求信号；

②用 MSI 向处理器传送中断请求。

采用 MSI 向 CPU 发送中断请求时，PCI 设备发起一个 PCI 写操作，向一个特殊的地址写入一个特定数据。地址的格式如图 9－31 所示，数据的格式如图 9－32 所示。

31　　20	19　　12	11　　4	3	2	1　0
0FEEEH	目标 ID	保留	RH	DM	保留

图 9－31　MSI 地址格式

63　　16	15	14	13　11	10　8	7　　0
保留	触发模式	有效电平	保留	提交模式	中断向量号

图 9－32　MSI 数据格式

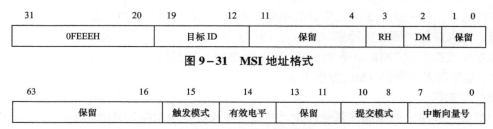

在地址中，目标 ID 指定了 MSI 消息发送给哪一个（组）CPU，RH 说明是否要把消息发送给一组中具有最低优先权的 CPU，DM 则指示采用物理目标模式或者逻辑目标模式。

在数据部分，触发模式有边沿触发和电平触发两种，后者又分高电平有效和低电平有效。提交模式分为固定、最低优先级、SMI、NMI、INIT、ExtINT 等几种。

9.5.3　IO APIC

IO APIC 用来替代传统的 8259 中断控制器，一般集成在 ICH 芯片组中。表 9－7 中列出了 IO APIC 管理下每个中断源对应的中断向量。

表 9－7　IO APIC 的 IRQ 源

IRQ	来自 SERIRQ	来自引脚	来自 MSI	说　明	中断向量号
0	No	No	No	8254 计数器 0、高精度定时器 $\overline{\text{HPET0}}$	FFh
1	Yes	No	Yes		B3h
2	No	No	No	用于 8259 级联	FFh
3	Yes	No	Yes		51h
4	Yes	No	Yes		A2h
5	Yes	No	Yes		FFh
6	Yes	No	Yes		FFh
7	Yes	No	Yes		FFh
8	No	No	No	实时钟、高精度定时器 $\overline{\text{HPET1}}$	D1h
9	Yes	No	Yes	系统控制中断 SCI、总体拥有成本控制 TCO	B1h
10	Yes	No	Yes		FFh
11	Yes	No	Yes		FFh
12	Yes	No	Yes		FFh
13	No	No	No	用于浮点运算错误处理（$\overline{\text{FERR}}$）	FFh
14	Yes	Yes	Yes	用于 ATA/SATA 主通道	72h
15	Yes	Yes	Yes	用于 ATA/SATA 次通道	92h
16	$\overline{\text{PIRQA}}$	$\overline{\text{PIRQA}}$	No	USB UHCI 控制器	83h
17	$\overline{\text{PIRQB}}$	$\overline{\text{PIRQB}}$	No	AC'97 音频、Modem，或者 SMBus	FFh
18	$\overline{\text{PIRQC}}$	$\overline{\text{PIRQC}}$	No	USB UHCI 控制器，或者 PCI IDE 控制器	FFh
19	$\overline{\text{PIRQD}}$	$\overline{\text{PIRQD}}$	No	USB UHCI 控制器	93h
20	N/A	$\overline{\text{PIRQE}}$	No	网卡、SCI、TCO、$\overline{\text{HPET0/1/2}}$	A3h
21	N/A	$\overline{\text{PIRQF}}$	Yes	SCI、TCO、$\overline{\text{HPET0/1/2}}$	FFh
22	N/A	$\overline{\text{PIRQG}}$	Yes	SCI、TCO、$\overline{\text{HPET0/1/2}}$	FFh
23	N/A	$\overline{\text{PIRQH}}$	No	USB UHCI 控制器	FFh

和 8259 相比，IO APIC 能支持 24 个中断源，不需要中断应答周期，可以将中断请求发送给某一个指定的 CPU。IO APIC 的中断优先权由中断向量来确定，与中断源（IRQ）无关。系统中最多可以拥有 8 个 IO APIC，每一个 IO APIC 都分别有自己的输入编码，加起来一台 PC 上会有上百个 IRQ 可供设备中断使用。IO APIC 和 LAPIC 共同起作用，如果系统中没有 IO APIC，那么 LAPIC 就没有用处，此时操作系统会使用 8259。Intel 系统中常用 82093AA 芯片来作为 IO APIC。

（1）IO APIC 寄存器地址

Intel 系统中，IO APIC 默认映射到物理地址 FEC0 0000H。IO APIC 一共有 4 个寄存器地址，见表 9-8。

表 9-8　IO APIC 的寄存器

地址	名称	说　明	读/写
FEC00000h	索引寄存器(IND)	先写入索引，再访问内部寄存器	读写
FEC00010h	数据寄存器(DAT)	通过此地址读、写内部寄存器	读写
FEC00020h	中断引脚寄存器(IRQPA)	写入 0~23 到该寄存器，对应的 IRQ 有效，产生中断	只写
FEC00040h	中断结束寄存器(EOI)	写入中断向量到该寄存器，清除对应的远程 IRR 位	只写

一共有 64 个 32 位内部寄存器，其索引为 0~63。内部寄存器索引见表 9-9。

表 9-9　IO APIC 内部寄存器

索引	名　称	说　明
00H	APIC ID	第 27~24 位表示这个 IO APIC 的标识。通过编程确定
01H	APIC 版本	第 23~16 位：这个 IO APIC 支持的最大 IRQ 数目减一。第 15 位：等于 1 时，支持 IRQPA 寄存器。第 7~0 位：版本号
02H~0FH	保留	
10H、11H	重定向表 0	IRQ0 的重定向表，共 64 位
12H、13H	重定向表 1	IRQ1 的重定向表，共 64 位
...	...	...
3EH、3FH	重定向表 23	IRQ23 的重定向表，共 64 位

（2）重定向表

中断重定向表中的每一项都有可以被单独编程，用来指明中断向量和优先级、目标处理器及选择处理器的方式。重定向表中的信息用于把每个外部 IRQ 信号转换为一条消息，然后通过 APIC 总线把消息发送给一个或者多个本地 APIC 单元。

重定向表的格式如图 9-33 所示。

63　　56	55　　48	47　　17	16	15	14	13	12	11	10　　8	7　　0
目标 ID	扩展目标 ID	保留	屏蔽	触发模式	远程 IRR	有效电平	提交状态	目标模式	提交模式	中断向量

图 9-33　重定向表

目标 ID 确定哪一个（组）CPU 处理这个中断。目标模式等于 0 时，即物理目标模式，目标 ID 的第 59～56 位表示某一个 CPU 的 APIC ID；等于 1 时，即逻辑目标模式，目标 ID 的第 53～56 位与 CPU 中的逻辑 APIC 标识匹配，确定目标。

向 CPU 发送中断时，扩展目标 ID(8 位)被放置在地址的第 11～4 位。地址格式如图 9-33 所示。

屏蔽位等于 1 时，这个中断不会向 CPU 发送。

触发模式分为边沿触发（D15=0）和电平触发（D15=1）两种，后者又分高电平有效（D13=0）和低电平有效（D13=1）。

在电平触发时，远程 IRR 位有效。等于 1 时，表示 CPU 的本地 APIC 已接受此中断，收到本地 APIC 发送的 EOI 后，将此位清 0。相对于本地 APIC 和 CPU 核心而言，IO APIC 和本地 APIC 之间的传递是远程的。

提交状态等于 1 时，表示中断消息已产生，但还没有发送给本地 APIC。

提交模式分为固定（000B）、最低优先级（001B）、SMI（010B）、NMI（100B）、INIT（101B）、ExtINT（111B）等几种。最低优先级表示把这个中断按照目标 ID 提交给 PPR 最低的 CPU。

重定向表的第 7～0 位表示该中断对应的中断向量号，在表 9-7 中列出了某系统中各个 IRQ 对应的中断向量号。

习题 9

9.1　INTR 中断和 NMI 中断有什么区别？

9.2　中断向量表的作用是什么？如何设置中断向量表？中断类型号为 15H 的中断向量存放在哪些存储器单元中？

9.3　实模式下，中断类型码 10H 对应的中断向量表中的表项位置是什么？

9.4　若 8086 系统中使用 1 片 8259A，中断请求信号采用边沿触发方式。中断类型号为 08H～0FH，采用完全嵌套、中断非自动结束方式。8259A 在系统中的连接采用非缓冲方式，它的端口地址为 0FFFEH、0FFFCH。请画出系统连接图及编写初始化 8259A 的程序段。

9.5　某系统内有 8 个 INTR 外中断源，用一片 8259A 管理 8 级中断源。设 8259A 占用地址 24H、25H，各中断源的类型码为 40H～47H，各级中断对应的服务程序入口地址 CS：IP 分别为 1000H:0000H，2000H:0000H，…，8000H:0000H。试写出初始化程序，并编程向中断向量表中置入各中断向量。

9.6　简述 8086 的中断类型。非屏蔽中断和可屏蔽中断有哪些不同之处？CPU 通过什么响应条件来处理这两种不同的中断？

9.7　已知对应于中断类型码为 25H 的中断服务程序存放在 0020H:2015H 开始的内存区

域中，求对应于 18H 类型码的中断向量存放位置和内容。

9.8 8259A 对中断优先权的管理和对中断结束的管理有几种处理的方式？各自应用在什么场合？

9.9 8259A 仅有两个端口地址，它们如何识别 ICW 命令和 OCW 命令？

9.10 在两片 8259A 级联的中断系统中，主片的 IR6 接从片的中断请求输出，请写出初始化主片、从片时，相应的 ICW3 的格式。

9.11 已知 8086 系统采用单片 8259A，中断请求信号使用电平触发方式，完全嵌套中断优先级，数据总线无缓冲，采用自动中断结束方式，中断类型码为 20H～27H，8259A 的端口地址为 B0H 和 B1H，试编程对 8259A 设定初始化命令字。

9.12 简述 8259A 的工作原理及初始化过程。

9.13 外设向 CPU 提出中断申请，但没有得到响应，其原因有哪些？

9.14 写操作命令字实现禁止 8259A 的 IR0 和 IR7 引脚的中断请求，然后撤销这一禁止命令。设 8259A 的端口地址为 200H、202H。

9.15 编写程序实现。允许 8259A 的 IR0～IR4 共五个中断源，屏蔽其他三个中断源，并且优先级顺序为 IR4，IR5，IR6，IR7，IR0，IR1，IR2，IR3。设置中断类型码为 4BH，4CH，4DH，4EH，4FH。假定 8259A 的端口地址为 80H，81H，允许它们以全嵌套方式工作。

9.16 某 8086 系统中接口连接关系如图 9-34 所示。试确定 8255、8253、8259 及 8251 的端口地址。并对 8259 完成初始化，要求 8259 上升沿触发，采用非缓冲方式、特殊全嵌套方式、非自动 EOI，中断类型号范围为 80H～87H。

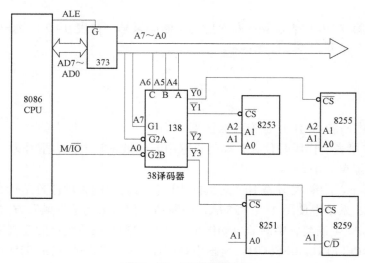

图 9-34 8086 连接图

9.17 查找资料，写一篇短文介绍 64 位微机系统中的中断原理。

9.18 编写程序，枚举 IO APIC 重定向表中的内容。

附录
Visual Studio 2017 编写汇编语言程序步骤

1. Visual Studio 2017 安装
① 在微软的官网上下载 Visual Studio 2017 的在线安装程序。

② 在联网状态下，打开 Visual Studio 2017 的安装程序，等待安装程序下载后，出现如附图 1 所示界面。

附录图 1　Visual Studio 2017 安装界面

③ 勾选"使用 C++的桌面开发"，右边的摘要部分按照默认安装即可，单击"安装"按钮开始执行安装程序，如附录图 2 所示。

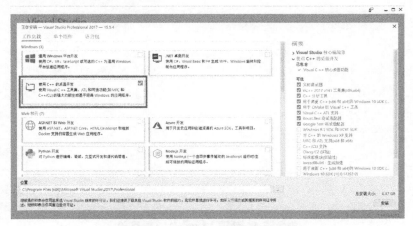

附录图 2　安装 C++桌面开发环境

④ 安装后重启计算机。

2. 搭建 Visual Studio 2017 汇编语言开发环境

① 从官网下载"MASM32 SDK"并安装。

② 建立 Visual C++项目。启动 Visual Studio 2017，在菜单栏中选择"文件"→"新建"→"项目"，如附录图 3 所示。

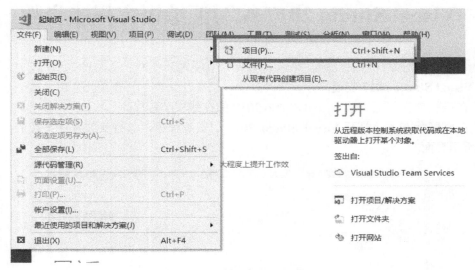

附录图 3　新建 Visual C++项目–1

③ 在弹出的对话框中选择"Visual C++"中的"空项目"。填写好项目名称及保存的位置，单击"确定"按钮，如附录图 4 所示。

附录图 4　新建 Visual C++项目–2

④ 使用建立好的 Visual C++项目配置汇编语言开发环境。在 Visual Studio 2017 窗体右侧的"解决方案管理器"中选中刚刚建立好的项目，右键单击，并选择"生成依赖项"→"生成自定义"，如附录图 5 所示。

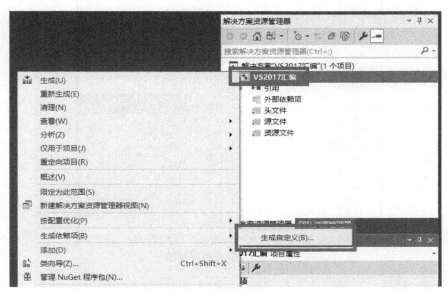

附录图 5　生成依赖项

⑤ 在弹出的对话框中勾选"masm(.targets，.props)"，并单击"确定"按钮，如附录图 6 所示。

附录图 6　勾选 masm(.targets, .props)

⑥ 在"解决方案管理器"中选中项目，右键单击，并选择"属性"，如附录图 7 所示。
⑦ 在弹出的窗口左侧展开"链接器"节点，选择"系统"选项，将"子系统"选择为"控制台(/SUBSYSTEM:CONSOLE)"或"窗口(/SUBSYSTEM:WINDOWS)"，如附录图 8 所示。

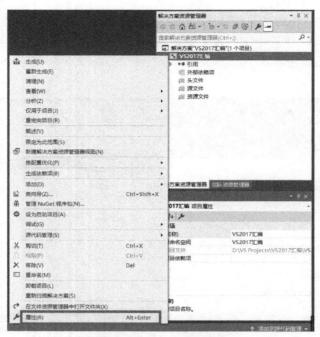

附录图7　更改项目属性

附录图8　设置子系统为"控制台(/SUBSYSTEM:CONSOLE)"

⑧ 选择"常规"选项，在"附加库目录"中填入 masm32 安装目录下的 lib 文件夹路径（例如：C:\masm32\lib），如附录图9所示。

⑨ 展开"MicrosoftMacroAssembler"节点，选择"General"选项，在"IncludePaths"中填入 masm32 安装目录下的 include 文件夹路径（例如：C:\masm32\include），如附录图10所示。

附录图 9　设置附加库目录

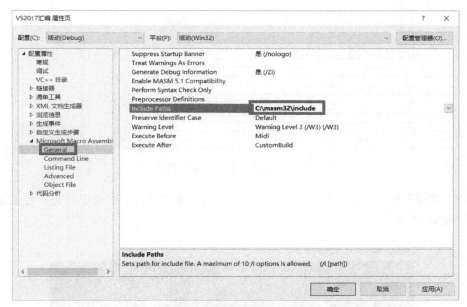

附录图 10　设置 IncludePath

⑩ 添加或新建汇编语言程序。

在"解决方案管理器"中选中项目中的"源文件"并右键单击，选择"添加"→"新建项"（用于编写新的汇编语言程序）或"现有项"（将已有的汇编语言程序添加到当前项目中），如附录图 11 所示。（注：新建项时，需要将文件扩展名设置为.asm）

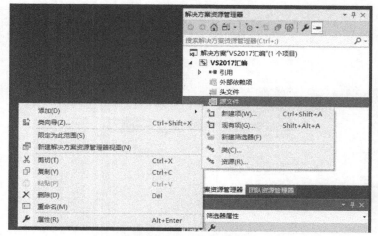

附录图 11　添加汇编语言源文件

已经编写好的汇编代码示例如附录图 12 所示。

```
1    .386
2    .model flat, stdcall
3    option casemap:none
4
5    includelib    msvcrt.lib
6    printf        PROTO C :ptr sbyte, :VARARG
7
8    .data
9    szMsg         sbyte          'Hello World!', 0ah, 0
10
11   .code
12   main          proc
13                 invoke         printf, offset szMsg
14                 ret
15   main          endp
16   end           main
17
```

附录图 12　编写好的汇编语言程序代码

选择"调试"菜单中的"开始执行（调试）"或按下 Ctrl+F5 组合键即可执行汇编语言程序，如附录图 13 所示。

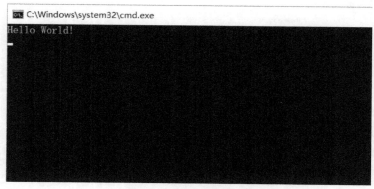

附录图 13　汇编程序执行结果

网上还有适用于 Visual Studio 2017 的汇编语言语法高亮插件，如有需要，请自行查找安装。

3. 使用 Visual Studio 2017 调试汇编语言程序

① 首先要将主函数设置为 "main proc…main endp" 的格式，才能进行调试，如附录图 14 所示。

```
11      .code
12   main          proc
13                 invoke        printf, offset szMsg
14                 ret
15   main          endp
16   end           main
```

附录图 14　调试时主程序格式

② 鼠标左键单击行号左侧灰色部分设置断点，如附录图 15 所示。

```
1    .386
2    .model flat, stdcall
3    option casemap:none
4
5    includelib    msvcrt.lib
6    printf        PROTO C :ptr sbyte, :VARARG
7
8    .data
9    szMsg         sbyte            'Hello World!', 0ah, 0
10
11   .code
12   main          proc
13                 invoke        printf, offset szMsg
14                 ret
15   main          endp
16   end           main
```

附录图 15　调试过程中断点设置

③ 选择 "调试" 菜单下的 "开始调试" 或按下 F5 键，进入调试的状态。

④ 选择 "调试"→"窗口" 子菜单下的 "寄存器"，调出寄存器查看窗口，此时可以看到各个寄存器中存放的值，如附录图 16 所示。（在调试过程中，当寄存器值发生改变时，寄存器值会变成红色）

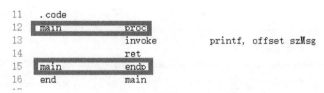

附录图 16　调试过程中，调出寄存器查看窗口并查看寄存器值

⑤ 选择 "调试"→"窗口"→"内存" 子菜单下的 "内存 1"～"内存 4"，可以调出 4 个内存查看窗口，可以同时查看 4 个不同内存区域的内存值，如附录图 17 所示。

附录图 17　调试过程中调出内存查看窗口

⑥ 内存查看窗口的"地址"一栏可以填写需要查看内存区域的地址。在上述程序"HelloWorld"中，查看"szMsg"变量所处内存区域的值，只需在内存查看窗口的"地址"一栏填写"&szMsg"即可（&是 C 语言中的取地址符号）。如附录图 18 所示，左侧显示十六进制内容，右侧显示文本内容（在调试过程中，当内存值发生改变时，改变的值会用红色显示）。

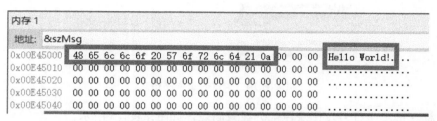

附录图 18　调试过程中的内存区域值

⑦ 在 Visual Studio 2017 界面上方工具栏空白区域单击右键，勾选"调试"，即可调出调试工具栏，使用"逐语句（F11）""逐过程（F10）"进行汇编语言程序的调试，如附录图 19（a）和附录图 19（b）所示。

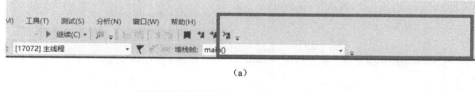

（a）

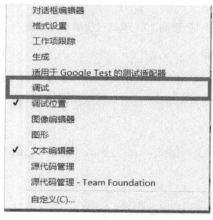

（b）

附录图 19　调出调试工具栏

参 考 文 献

［1］ 张雪兰，谭毓安，李元章. Intel 80X86/Pentium 汇编语言程序设计（第 3 版）［M］. 北京：北京理工大学出版社，2009.

［2］ 王娟，张全新，李元章，谭毓安，张启坤. 微机原理与接口技术［M］. 北京：清华大学出版社，2016.

［3］ 钱晓捷. 16/32 位微机原理、汇编语言及接口技术教程［M］. 北京：机械工业出版社，2011.

［4］（美）Muhammad Ali Mazidi. x86 PC 汇编语言、设计与接口（第五版）［M］. 高升，译. 北京：电子工业出版社，2011.

［5］ 谭毓安，王娟，张全新. Pentium 微机原理与接口技术［M］. 北京：机械工业出版社，2008.

［6］ 张雪兰，谭毓安，李元章. 汇编语言程序设计——从 DOS 到 Windows［M］. 北京：清华大学出版社，2006.

［7］ 谭毓安，张雪兰，李元章. Windows 汇编语言程序设计实验指导［M］. 北京：清华大学出版社，2008.

［8］ 谭毓安，张雪兰. Windows 汇编语言程序设计教程［M］. 北京：电子工业出版社，2005.

［9］ 沈美明，温冬婵. IBM PC 汇编语言程序设计［M］. 第 2 版. 北京：清华大学出版社，2001.

［10］（美）Barry B.Brey. Intel 微处理器（原书第 8 版）（第 2 版）［M］. 金惠华，艾明晶，尚利宏，等，译. 北京：机械工业出版社，2010.

［11］ 李忠，王晓波，余洁. x86 汇编语言：从实模式到保护模式［M］. 北京：电子工业出版社，2013.

［12］ 英特尔®64 和 IA-32 架构软件开发人员手册合并版［S/OL］. http://www.intel.cn/content/www/cn/zh/processors/architectures-software-developer-manuals.html.

［13］ Universal Serial Bus 3.0 Specification Revision［S/OL］. http://www.usb.org/developers/docs/.

［14］ David A Patterson，John L Hennessy. Computer Organization and Design: The Hardware / Software Interface (Fifth Edition)［M］. Morgan Kaufmann，2013.